Thermodynamik und Umweltökonomie

Umwelt und Ökonomie Band 17

Band 1: Michael Schröder
Die volkswirtschaftlichen Kosten von Umweltpolitik
1991, ISBN 3-7908-0535-1

Band 2: Karl Heinz Gruber
Zur methodischen Auswahl von Emissionsminderungsmaßnahmen
1991, ISBN 3-7908-0547-5

Band 3: Helmuth-M. Groscurth
Rationelle Energieverwendung durch Wärmerückgewinnung
1991, ISBN 3-7908-0552-1

Band 4: Frank Stähler
Kollektive Umweltnutzungen und individuelle Bewertung
1991, ISBN 3-7908-0572-6

Band 5: Rolf Winkler
Konzeption und Bewertung technischer Entsorgungswege
1992, ISBN 3-7908-0577-7

Band 6: Michael van Mark/
Erik Gawel/Dieter Ewringmann
Kompensationslösungen im Gewässerschutz
1992, ISBN 3-7908-0638-2

Band 7: Maria J. Welfens
Umweltprobleme und Umweltpolitik in Mittel- und Osteuropa
1993, ISBN 3-7908-0654-4

Band 8: Hans-Dietrich Haasis
Planung und Steuerung emissionsarm zu betreibender industrieller Produktionssysteme
1994, ISBN 3-7908-0768-0

Band 9: Ute Bennauer
Ökologieorientierte Produktentwicklung
1994, ISBN 3-7908-0779-6

Band 10: Maria J. Welfens/
Nadja Schiemann (Hrsg.)
Umweltökonomie und zukunftsfähige Wirtschaft
1994, ISBN 3-7908-0788-5

Band 11: Rolf Jacobs
Organisation des Umweltschutzes in Industriebetrieben
1994, ISBN 3-7908-0797-4

Band 12: Frank Jöst
Klimaänderungen, Rohstoffknappheit und wirtschaftliche Entwicklung
1994, ISBN 3-7908-0809-1

Band 13: Georg Müller-Fürstenberger
Kuppelproduktion
1995, ISBN 3-7908-0883-0

Band 14: Andreas Pfnür
Informationsinstrumente und -systeme im betrieblichen Umweltschutz
1996, ISBN 3-7908-0894-6

Band 15: Christian Kölle
Ökonomische Analyse internationaler Umweltkooperationen
1996, ISBN 3-7908-0901-2

Band 16: Rainer Souren
Theorie betrieblicher Reduktion
1996, ISBN 3-7908-0933-0

Fritz Söllner

Thermodynamik und Umweltökonomie

Mit 2 Abbildungen

Physica-Verlag

Ein Unternehmen
des Springer-Verlags

Reihenherausgeber
Werner A. Müller
Peter Schuster

Autor
Dr. Fritz Söllner
Universität Bayreuth
Lehrstuhl Volkswirtschaftslehre III
D-95440 Bayreuth

ISBN-13:978-3-7908-0940-4

CIP-Titelaufnahme der Deutschen Bibliothek
Söllner, Fritz:
Thermodynamik und Umweltökonomie/Fritz Söllner. – Heidelberg: Physica-Verl., 1996
(Umwelt und Ökonomie; Bd. 17)
Zugl.: Bayreuth, Univ., Habil.-Schr., 1995/96
ISBN-13:978-3-7908-0940-4 e-ISBN-13:978-3-642-61209-1
DOI: 10.1007/978-3-642-61209-1

NE: GT

SPIN 10537075 88/2202-5 4 3 2 1 0 – Gedruckt auf säurefreiem Papier

Für Astrid

Vorwort

Das vorliegende Buch entspricht weitestgehend meiner Habilitationsschrift, die im Wintersemester 1995/96 von der Rechts- und wirtschaftswissenschaftlichen Fakultät der Universität Bayreuth angenommen wurde.

Zur Beschäftigung mit dem Verhältnis zwischen Thermodynamik und Umweltökonomie hat mich ein auffälliger Gegensatz in der Literatur angeregt: Während einige Ökonomen der Thermodynamik eine zentrale Rolle für die Umweltökonomie, ja sogar für die Ökonomie überhaupt, zuweisen, sprechen andere ihr jegliche ökonomische Relevanz ab. Deshalb erschien es mir notwendig, die verschiedenen Möglichkeiten der Integration der Thermodynamik in die Umweltökonomie systematisch darzustellen und auf ihre Leistungsfähigkeit hin zu überprüfen. Es sei hier nur soviel vorweggenommen: Die Wahrheit liegt, wie häufig, in der Mitte - die Umweltökonomie darf die Erkenntnisse der Thermodynamik zwar nicht außer acht lassen, aber sich auch nicht zuviel von ihr erwarten, insbesondere nicht die Lösung genuin ökonomischer und politischer Probleme.

Die Arbeit an dieser Untersuchung wurde mir wesentlich erleichtert durch die freundliche Unterstützung, die ich von vielen Seiten erfahren habe: *Bettina Falckenthal*, *Andreas Nolten* und *Susanne Rether* sind mir bei der Literatursuche und -beschaffung behilflich gewesen. *Prof. Dr. Franz-Georg Mertens* hat die beiden physikalischen Exkurse durchgesehen und mich auf einige Unstimmigkeiten in deren ursprünglicher Fassung aufmerksam gemacht. Die ganze Arbeit gelesen haben *Joachim Braun*, *Jörg Dörler*, *Prof. Dr. Dieter Fricke*, *Prof. Dr. Egon Görgens* und *Matthias Panzer*; von ihren wertvollen Hinweisen habe ich sehr profitiert. Bei ihnen allen möchte ich mich an dieser Stelle herzlich bedanken.

Meinem Doktorvater, *Prof. Dr. Dieter Fricke*, schulde ich nicht nur Dank für seine kritischen Anregungen, sondern auch - und vor allem - dafür, daß er mir an seinem Lehrstuhl die Freiheit gelassen hat, mich mit dieser etwas unorthodoxen Thematik auseinanderzusetzen.

Bayreuth, im Februar 1996 *Dr. Fritz Söllner*

Inhaltsverzeichnis

I. Entropie und Ökonomie - eine unheilige Allianz?

Die Rolle thermodynamischer Konzepte, vor allem der Entropie, in der Ökonomie im allgemeinen und der Umweltökonomie[1] im besonderen wird sehr kontrovers diskutiert - und zwar bis in die jüngste Zeit.[2] Dies überrascht ein wenig, da die ersten Versuche einer Synthese von Thermodynamik und Ökonomie schon über hundert Jahre alt sind[3] und diese Problematik in neuerer Zeit zuerst durch das Erscheinen von *Nicholas Georgescu-Roegens* (1971) bedeutendem Werk *The Entropy Law and the Economic Process*[4] und dann durch die Ölkrise in den Mittelpunkt des wissenschaftlichen Interesses gerückt wurde. Die daraufhin einsetzende Flut sich mit dieser Thematik auseinandersetzender Publikationen führte aber zu keiner befriedigenden und allgemein akzeptierten Antwort auf die Frage nach der Relevanz der Thermodynamik für die Wirtschaftswissenschaft - im Gegenteil: Diese Frage ist womöglich heute noch umstrittener, als sie es vor zwanzig Jahren war. Die bisherige Diskussion hat, vor allem dadurch, daß jeder Autor unter Entropie etwas anderes zu verstehen scheint, weniger zur Klärung dieser Problematik beigetragen, als vielmehr beträchtliche Verwirrung und Unklarheit hervorgerufen, so daß die Entropie in der Ökonomie ihrem Ruf als Verursacherin von Unordnung durchaus gerecht geworden ist (*O'Connor* 1991; *Proops* 1987).

Dies gilt auch für die *ökologische Ökonomie*: Bei dieser Mitte der achtziger Jahre entstandenen wirtschaftswissenschaftlichen Teildisziplin handelt es sich um eine alternative Umweltökonomie, die sich im weitesten Sinne mit dem Verhältnis und der Interdependenz von Ökosystem und Wirtschaftssystem beschäftigt.[5] Sie unter-

---

[1] In unserer Arbeit wird nicht - wie dies häufig geschieht - „Umweltökonomie" mit „neoklassischer Umweltökonomie" gleichgesetzt, sondern unter „Umweltökonomie" wird ganz allgemein jegliche ökonomische Analyse der Beziehungen zwischen Wirtschaftssystem und natürlicher Umwelt verstanden - unabhängig von deren paradigmatischer Ausrichtung.

[2] Vgl. z.B. in *Ecological Economics*: *Bianciardi, Donati und Ulgiati* (1993), *M. Binswanger* (1993), *Khalil* (1990; 1991), *Lozada* (1991), *O'Connor* (1991), *Williamson* (1993); im *Journal of Environmental Resources and Management*: *Daly* (1992b), *Townsend* (1992), *Young* (1991; 1994); in *Land Economics*: *Burness und Cummings* (1986), *Burness et al.* (1980), *Daly* (1986); und in der *Zeitschrift für angewandte Umweltforschung*: *H. Zimmermann* (1991).

[3] Zur Geschichte der ökologischen, d.h. auch und vor allem thermodynamisch fundierten, Ökonomie vgl. *Georgescu-Roegen* (1986b), *Martinez-Alier* (1987) und *Proops* (1985).

[4] Da auf *Georgescu-Roegen* noch häufiger eingegangen werden wird, sei schon an dieser Stelle auf die Würdigungen seines Werkes durch *Dragan und Demetrescu* (1991) und *Mirowski* (1992b) hingewiesen, von welchen die erste ausführlich, aber unkritisch, die zweite dagegen kritischer, aber recht knapp ist. Vgl. auch *Dalys* (1995) Nachruf auf *Georgescu-Roegen*, der Ende Oktober 1994 verstarb.

[5] Vgl. zur ökologischen Ökonomie *Costanza* (1989), *Costanza, Daly und Bartholomew* (1991), *Hampicke* (1992, Kap. 5.3), *Pearce und R.K Turner* (1990, Kap. 1), *Proops* (1989) und *Seifert* (1995).

scheidet sich von der neoklassischen Umweltökonomie vor allem durch einen bewußt interdisziplinären Ansatz, ein dynamisch-evolutionäres Weltbild, Skepsis gegenüber den Möglichkeiten von Technik und Wissenschaft sowie eine explizite Berücksichtigung ethisch-moralischer Aspekte. Angesichts dieser Orientierung und insbesondere der Aufgeschlossenheit gegenüber anderen Disziplinen, verwundert es nicht, daß sich auch viele ökologische Ökonomen näher mit der Thermodynamik befaßten. Eher verwundert dagegen, daß auch innerhalb der ökologischen Ökonomie keine Einigkeit herrscht und die unterschiedlichsten Meinungen vertreten werden, die von einer entschiedenen Ablehnung thermodynamischer Konzepte in der Ökonomie (vgl. z.B.: *Khalil* 1990; *Young* 1991) bis zu deren enthusiastischer Aufnahme in Form einer Energiewertlehre (vgl. z.B.: *Costanza* 1980; 1981a; 1984; *Costanza und Herendeen* 1984) reichen.

Aus diesem Durcheinander hat nicht zuletzt die neoklassische Theorie Nutzen gezogen, da es ihr entweder als Rechtfertigung für die Außerachtlassung thermodynamischer Konzepte dient oder aber ihr erlaubt, dieselben dergestalt zu rezipieren, daß sie mit ihren physikalischen Ursprüngen nur noch den Namen gemein haben, dafür aber mit dem neoklassischen Paradigma vereinbar sind. Am weitaus häufigsten ist dabei die erste Alternative, die völlige Vernachlässigung der Thermodynamik (vgl. z.B. die Standardlehrbücher *Baumol und Oates* 1988 und *Siebert* 1995). Zwar gibt es auch Beispiele für eine (aktive) Auseinandersetzung mit thermodynamischen Konzepten (und deren Verwerfung), doch bleibt es im Regelfall bei einer (passiven) Ignorierung der Thermodynamik. Hinsichtlich der Außerachtlassung derselben steht die Neoklassik nicht alleine, sondern befindet sich in bemerkenswerter Übereinstimmung mit den konkurrierenden Schulen, die ihre Einstellung zur Thermodynamik teilen: Dies gilt sowohl für die Marxisten, die Keynesianer und die österreichischen Liberalen als auch für die amerikanischen Institutionalisten[6] (*Gowdy* 1981; *Martinez-Alier* 1987, 2ff; *Spengler* 1976).

Desungeachtet beschränkt sich die Diskussion des *a-* bzw. sogar *antithermodynamischen* Standpunktes ausschließlich auf die Neoklassik - zum einen weil sie unbestritten das dominierende wirtschaftswissenschaftliche Paradigma darstellt und auch die vorherrschende Umweltökonomie größtenteils neoklassischer Prägung ist, zum anderen aber weil es sich hier um ein interessantes Beispiel für die Problematik der Übertragung physikalischer Konzepte und deren Konsequenzen handelt.

Im Mittelpunkt der vorliegenden Arbeit steht die Diskussion der Frage, ob - und wenn ja, inwieweit - thermodynamische Konzepte für die Umweltökonomie relevant sind. Da die bisherigen Darstellungen zu diesem Thema innerhalb der ökologischen Ökonomie nicht zu einem schlüssigen Ergebnis führten, erscheint die Wahl eines weitergehenden, neuen Ansatzes gerechtfertigt, ja sogar notwendig, eines Ansatzes, der die eigentliche umweltökonomische Fragestellung in einen größeren Zusammen-

[6] Erinnert sei hier nur an die unkritische Technikbegeisterung *Veblens* (1983; 1990, 1ff) und die Leugnung der tatsächlichen Knappheit natürlicher Ressourcen durch *C.E. Ayres* (1944, 113); Institutionalisten wie *E.W. Zimmermann*, der auf die Endlichkeit der Rohstoffvorräte hinwies und für die Zukunft eine Solartechnologie forderte (*E.W. Zimmermann* 1933, 71f), blieben bis in die jüngste Zeit eine große Ausnahme (für einen Überblick vgl. *Swaney* 1987).

hang einordnet. Diese weitere Perspektive wird die *Werttheorie* liefern. Es mag etwas überraschen, daß gerade die Werttheorie für die Klärung unseres Problems hilfreich, ja sogar notwendig sein soll - verbindet man mit ihr doch im allgemeinen nur entweder die Marxsche Arbeitswertlehre oder bloß „metaphysische" Spekulationen und spricht ihr deshalb häufig jegliche Relevanz für die Ökonomie ab. Dies ist jedoch ein großer Irrtum, denn die Werttheorie ist zentraler und fundamentaler Bestandteil jeglicher ökonomischer Theorie, wie zu zeigen sein wird. Die Vernachlässigung der Werttheorie hat weitreichende Konsequenzen - von denen die bisherige Konfusion hinsichtlich der ökonomischen Verwendung des Entropiekonzeptes (und der Thermodynamik im allgemeinen) nur eine Facette darstellt.

Am Anfang unserer Überlegungen steht daher eine kurze Analyse der Bedeutung der Werttheorie für die Wirtschaftswissenschaften (Teil II). Daran schließen sich Betrachtungen über das Verhältnis von Ökonomie und Naturwissenschaften an (Teil III), insbesondere über die Übertragbarkeit naturwissenschaftlicher Konzepte in die Ökonomie. In Teil IV wird das Paradebeispiel für ein derartiges Vorgehen, die Neoklassik, diskutiert, wobei vor allem auf deren Defizite im umweltökonomischen Bereich eingegangen wird. Die Notwendigkeit und die Möglichkeit, diese Defizite mit Hilfe der Thermodynamik zu beseitigen, werden im Hauptteil der Arbeit (Teil V) eingehend untersucht. Hier ist zunächst die Frage nach der Relevanz der Thermodynamik zu beantworten; bejaht man diese, so gibt es zwei Alternativen für eine konstruktive Rolle der Thermodynamik in der Umweltökonomie - die Berücksichtigung thermodynamischer Gesetze als Randbedingungen und die thermodynamische Fundierung der Ökonomie in Form einer Energiewertlehre. Daneben ist auch auf möglicherweise umweltökonomisch relevante thermodynamische Analogien einzugehen, unter denen vor allem diejenige zwischen Information und Entropie für viel Verwirrung gesorgt hat. Im Schlußteil unserer Arbeit (Teil VI) wird versucht, Konsequenzen aus der Thermodynamik-Diskussion für die Weiterentwicklung der Umweltökonomie, aber auch der Ökonomie im allgemeinen, zu ziehen - insbesondere hinsichtlich der Rolle, die naturwissenschaftliche Konzeptionen dabei spielen können. In zwei Exkursen werden die wichtigsten Grundlagen der klassischen Mechanik (Teil IV, Exkurs 1), auf der die Neoklassik basiert, und der Thermodynamik (Teil V, Exkurs 2) dargestellt. Es versteht sich von selbst, daß diese Darstellung zwangsläufig knapp und rudimentär bleiben muß. Aber unser Ziel hierbei ist auch keine erschöpfende Diskussion dieser Gebiete, vielmehr geht es uns nur darum, die für das Verständnis der vorliegenden Arbeit unabdingbaren Konzepte und Zusammenhänge von klassischer Mechanik und Thermodynamik darzulegen. Besonderer Wert wurde dabei auf die Verdeutlichung des Gegensatzes zwischen diesen beiden Disziplinen gelegt.

Die vorliegende Arbeit ist eine wirtschaftswissenschaftliche - ihr Gesichtspunkt ist der ökonomische und ihr Anliegen ist ökonomischer Erkenntnisfortschritt. Im Rahmen des interdisziplinären Ansatzes unserer Untersuchung ist die Physik nur Mittel zum Zweck; es wird lediglich versucht, den Wissensstand in der Physik, soweit er für die Ökonomie von Relevanz ist, möglichst fehler- und vorurteilsfrei zu rezipieren. Um diesem Anspruch zu genügen und um nicht „incomprehension and dismissive hostility" (*Faber und Proops* 1985, 599) hervorzurufen, wie das bei machen Ausflügen von Ökonomen über die Grenzen ihres Fachgebietes hinaus der Fall gewesen ist, haben wir uns bemüht, bei der Darstellung der für uns wichtigen physikalischen Grundlagen vor allem auf Genauigkeit und Klarheit zu achten.

II. Werttheorie und Konservierungsprinzipien

Das Problem des Wertes - d.h. die Werttheorie - wird in der zeitgenössischen ökonomischen Diskussion fast vollständig vernachlässigt. Die Beschäftigung damit wird allgemein als weltfremde, metaphysische Spekulation oder lediglich historisch interessante Dogmenanalyse abgetan. Aber dem ist mitnichten so: Die Werttheorie ist vielmehr von entscheidender Bedeutung für die ökonomische Theorie; ja mehr noch, ohne eine zugrundeliegende Wertkonzeption ist eine wissenschaftliche Analyse des Wirtschaftsgeschehens überhaupt nicht möglich. Das heißt allerdings nicht, daß sich jeder Nationalökonom auch des jeweiligen Wertbegriffs, auf dem seine Arbeit zwangsläufig basiert, bewußt ist (*Pasinetti* 1986, 415f). Oft, allzu oft, ist dies nicht der Fall und es existiert zwar ein *Wertbegriff*, aber keine *Werttheorie*. Die sich aus dieser Divergenz ergebenden Probleme sind für viele Irrwege der modernen Ökonomie verantwortlich, wie im weiteren Verlauf der Arbeit noch deutlich werden wird.

Doch zunächst muß etwas weiter ausgeholt werden, um die behauptete Unverzichtbarkeit der Werttheorie für die Ökonomie zu belegen: Denn der ökonomische Wert ist eine Ausprägung eines fundamentalen heuristischen Prinzips, das *allen* wissenschaftlichen Disziplinen gemein ist - des Konservierungsprinzips. Die zu diesem Prinzip führenden Überlegungen gehen bis auf *Epikur* (1973, 79) zurück, der sich die folgenden Fragen stellte: Wie lassen sich Gesetze, Ursache-Wirkungs-Beziehungen, aufstellen in einer sich ständig ändernden Welt? Wie läßt sich das „Werden" *Heraklits* mit dem „Sein" von *Parmenides* vereinbaren? Die Antwort auf diese Fragen besteht seit den Anfängen der Philosophie und Wissenschaft im *Konservierungsprinzip* - es ist der Ausgangspunkt jedes Versuchs, die Welt zu verstehen (*Meyerson* 1930, 584ff).

> „No exact science can progress until it has established within its province laws of conservation, and decided what are the real quantities which do not change with progress of time and circumstance." (*Soddy* 1933, 102)

Denn wenn man Kausalitäten aufdecken will - seit jeher Ziel der Wissenschaft - darf eben *nicht alles* in Frage gestellt werden, oder zumindest nicht alles gleichzeitig. Es muß eine unveränderliche Größe geben, vor deren Hintergrund Ursache und Wirkung, überhaupt jegliche Veränderung, beobachtet werden können; wäre alles im Fluß, ließe sich keinerlei Gesetzmäßigkeit ergründen. So wird z.B. in der klassischen Mechanik die Erhaltung der Summe von kinetischer und potentieller Energie und in der Thermodynamik die Energiekonservierung im allgemeinen postuliert. Konservierungsprinzipien sind nichts anderes als Invarianz- bzw. Symmetrieannahmen; gemäß *Noethers Theorem* läßt sich zu jedem Konservierungsprinzip eine äquivalente

Symmetriebedingung formulieren - und umgekehrt. Sie werden getroffen, um ein bestimmtes Problem überhaupt definieren und behandeln zu können. Es handelt sich also um eine Annahme - eine Annahme, die zwar begründet und hinterfragt werden kann, die jedoch nicht zweifelsfrei bewiesen werden kann. D.h. der *Glaube* an nicht beweisbare Konzepte ist unabdingbarer Bestandteil jeder Wissenschaft (*Polanyi* 1958, 297). Selbstverständlich ist kein Phänomen in natura (oder im Experiment) vollständig reversibel und keine Größe absolut invariant - aber gewisse Vereinfachungen und Abstraktionen sind unabdingbar, sind der Preis für jede wissenschaftliche Erkenntnis. Konservierungs- und Symmetrieprinzipien erfüllen also wichtige heuristische Funktionen - sie sind nicht *wahr*, aber je nach Problemstellung und Erkenntnisobjekt mehr oder weniger *zweckmäßig*. Ihr Wert liegt darin, inwieweit sie die Ableitung von Kausalitäten ermöglichen; ihre Aufgabe ist es nicht, die konservierte bzw. symmetrische Entität zu erklären, ihr *wirkliches* Wesen zu ergründen: Dies ist weder notwendig noch überhaupt möglich (*Meyerson* 1930, 408f). So erzielte die Physik große Fortschritte durch die Postulierung der Energieerhaltung, ohne letztlich genau sagen zu können, *was* denn nun Energie eigentlich ist.

Und in der Ökonomie? Auch hier sind Konservierungsprinzipien unabdingbar - die konservierte Entität heißt in diesem Fall *Wert*. Der Wert ist jene Größe, die erst die Herstellung einer Struktur und Ordnung all der unterschiedlichen ökonomischen Phänomene und mithin erst deren wissenschaftliche Analyse ermöglicht.[7]

> „Value in the economic sphere may be regarded as the imposition of a set of invariance principles which are factually false but are eminently useful on both a pragmatic and a deeper conceptual level." (*Mirowski* 1990b, 695)

Denn um aus der Unmenge ökonomischer Daten und Beobachtungen theoretische Aussagen ableiten zu können, wird der Wert als *zusätzlicher* Faktor benötigt, als Prinzip, das gewisse Invarianzen postuliert, das von gewissen qualitativen Veränderungen abstrahiert, wodurch erst die beobachtete ökonomische Wirklichkeit wissenschaftlich untersucht werden kann.

> „[D]as, was wir den wirtschaftlichen 'Wert' nennen, [ist] keineswegs eine psychologische oder sonstwie reale Tatsache, sondern ein theoretisches Apriori des nationalökonomischen Denkens (...), ein von dem Forscher an die Erscheinung herangebrachter Gesichtspunkt." (*Sombart* 1950, 190)

Vom Wertbegriff zu unterscheiden ist die jeweilige *Verhaltensannahme*: Diese beschreibt das Verhalten der Wirtschaftssubjekte in bezug auf die den Wert verkörpernde Größe; z.B. sind die Annahme der Maximierung oder die des Anstrebens eines befriedigenden Niveaus denkbar. Wichtig ist, daß jede ökono-

---

[7] *Heilbroner* (1983, 253f), *Lowe* (1981, 786ff), *Mirowski* (1990b, 689ff; 1991, 565ff; 1994b, 185ff), *Pasinetti* (1986, 414ff), *Wieser* (1968, VIf).

mische Verhaltenstheorie bzw. -annahme notwendigerweise auf einer entsprechenden Werttheorie bzw. -konzeption aufbaut.

Die Aufgabe der Werttheorie ist die Postulierung des der ökonomischen Analyse zugrundeliegenden Konservierungsprinzips, also des Wertes. Aber der axiomatische Charakter der Werttheorie impliziert keineswegs, daß die Wahl des jeweiligen Wertbegriffs völlig willkürlich erfolgen kann; denn je nach Wertkonzept ergeben sich unterschiedliche ökonomische Theorien, die zur Erklärung der Wirklichkeit besser oder schlechter geeignet bzw. mehr oder weniger zweckmäßig sind. Ein mögliches Kriterium für die Werttheorie kann in der Nähe des *theoretischen* Wertes zum *praktischen* Wert bestehen: Es gibt nämlich einen wesentlichen Unterschied zwischen ökonomischen und naturwissenschaftlichen Konservierungsprinzipien: Die Untersuchungsgegenstände der Naturwissenschaft wählen selbst keine Konservierungsprinzipien - im Gegensatz zu denen der Wirtschaftswissenschaft. Denn nicht nur die Wirtschaftswissenschaftler, sondern auch die *Wirtschaftssubjekte selbst* müssen bestimmte Invarianzen annehmen. Wie anders könnten sie sonst die Konsequenzen ihrer ökonomischen Handlungen einschätzen, Kausalbeziehungen voraussetzen und so Wirtschaftspläne aufstellen? Man kann also einen theoretischen *und* einen praktischen Wertbegriff unterscheiden - beide müssen nicht identisch sein.[8] Eine Werttheorie, die sich um eine möglichst genaue Erfassung des praktischen Wertbegriffs bemüht, folgt der empirisch-analytischen Methode des kritischen Rationalismus (*Weimann* 1987, 46ff). Aber auch eine andere Methode, die normativ-analytische Methode, läßt sich für die Sozialwissenschaften rechtfertigen: Hier werden nicht-empirische, normative Annahmen über Verhaltensmotive eingeführt, um alternative Rationalitäten bzw. potentielle Kausalbeziehungen darzustellen, welche der Befriedigung eines immanenten Informationsbedarfs dienen, der infolge der grundsätzlichen Gestaltbarkeit und Indeterminiertheit der Sozialbeziehungen besteht (*Weimann* 1987, 59ff). Den genannten nicht-empirischen Verhaltensmotiven entspricht ein nicht-empirischer, normativer Wertbegriff in der Ökonomie, so daß sich Abweichungen zwischen theoretischem und praktischem Wert ergeben können.

Konkret hat die Werttheorie Fragen wie die folgenden zu beantworten: Wodurch werden verschiedene Güter vergleichbar und so einer Bewertung zugänglich gemacht? Welche Größen in Wirtschaftsprozessen sind als invariant anzusehen? Wie werden die Konservierungsprinzipien gerechtfertigt, da sie letztendlich nicht beweisbar sind? In welchem Verhältnis stehen praktische und theoretische Wertkonzeption?

Die fundamentale Bedeutung der Werttheorie zeigt sich auch in der Entwicklung der Wirtschaftswissenschaft: So erkannte *Schmoller* zwar die Unzulänglichkeiten

---

[8] Aber beide sind auch keineswegs unabhängig voneinander: Denn der praktische Wertbegriff ist nicht positivistisch als „objektive" und unabänderliche Realität zu sehen, sondern wird von der ökonomischen Theorie - insoweit diese von den wirtschaftlichen Akteuren wahrgenommen und akzeptiert wird - mit beeinflußt (vgl. *Priddat* 1994, 11). Deshalb ist es durchaus möglich, daß z.B. eine etwaige Divergenz zwischen theoretischem und praktischem Wertkonzept im Lauf der Zeit durch Anpassung des letzteren „von selbst" verschwindet.

des von *Menger* vertretenen Ansatzes, unterlag aber dennoch im Methodenstreit, weil er keine (wert-) theoretisch fundierte Alternative, sondern lediglich ein Faktenkonvolut anbieten konnte.

> „Es fehlte ein gesundes Verhältnis zur Erkenntnistheorie und Psychologie. (...) So verblieb es (...) bei dem unwirksamen Protest einer lebendigeren und tieferen Anschauung, die sich weder zu entwickeln noch zu begründen vermochte, gegen eine dürftige und niedere, die aber der Analyse Herr war." (*Dilthey* 1962, 16)

Ein ähnliches Schicksal erlitten die zu Beginn des 20. Jahrhunderts gegen die Neoklassik kämpfenden Institutionalisten in den Vereinigten Staaten. Diese stellten durch ihre Kritik zwar den Wertbegriff der Neoklassik implizit in Frage, versäumten aber, einen eigenen zu entwickeln;[9] deshalb erwuchs dem neoklassischen Paradigma in den Institutionalisten keine wirklich gefährliche Konkurrenz (vgl. dazu auch *Elsner* 1986, 293ff).[10]

Ein bestimmter Wertbegriff ist conditio sine qua non jeder ökonomischen Theorie - es besteht nicht die Wahl zwischen einer Ökonomie mit und einer ohne Wertkonzept, sondern nur zwischen verschiedenen Wertkonzepten! Wer also die Werttheorie bzw. das Wertkonzept per se ablehnt, muß auch jeglicher wissenschaftlicher Beschäftigung mit der Ökonomie entsagen; ein solcher ökonomischer Nihilismus wurde z.B. von *Bailey* (1967) und *Thornton* (1870) vertreten. Ein grundlegender Wertbegriff ist also unabdingbarer und konstitutiver Bestandteil des *harten Kerns* jedes ökonomischen Forschungsprogramms (vgl. zur Methodik der Forschungsprogramme z.B. *Lakatos* 1970).[11]

> „Jedes grosse System der Politischen Oekonomie hat bisher als letzte theoretische Begründung seiner praktischen Forderungen eine eigenthümliche Meinung über den Werth ausgebildet, und so wird auch jede neue grosse Reformbestrebung ihre praktischen Forderungen erst dann endgültig begründet haben, wenn sie sie auf eine neue und vollkommnere Theorie des Werthes stützen kann." (*Wieser* 1968, VIf)

Aber auch heute ist der geschilderte Zusammenhang noch keineswegs klar: So ist die Verwirrung, in der *Arnoux* (1985) seine Leser zurückläßt, darauf zurückzuführen, daß er zwar die Werttheorie als Eckpfeiler der Ökonomie bezeichnet (*Arnoux* 1985, 351f), aber keine überzeugende Begründung für diese Behauptung liefern

---

[9] Der Versuch von *B.M. Anderson* (1966), eine *soziale* Werttheorie zu formulieren, mißlang aufgrund von Unklarheiten über die zentrale Funktion dieser Werttheorie.

[10] Unser Erklärungsversuch für das Scheitern dieser beiden Neoklassik-Rivalen bezieht sich *nicht* auf die tatsächlich geführte Auseinandersetzung (die sich nicht um die Werttheorie bzw. deren Fehlen drehte), sondern stellt eine zwar einseitige, unserer Meinung nach aber durchaus plausible Interpretation derselben dar - welche zugegebenermaßen noch einer gründlichen dogmenhistorischen Analyse bedarf.

[11] Dies gilt uneingeschränkt nur für jede umfassende ökonomische Theorie, die ein grundlegendes Erklärungsprinzip offeriert, welches für alle ökonomischen Phänomene Gültigkeit beansprucht.

kann, da er sich offensichtich selbst nicht ganz klar darüber ist, was unter „Wert" eigentlich zu verstehen ist bzw. welche Funktion die Werttheorie nun eigentlich hat; deshalb zieht er auch aus seiner Erkenntnis der Fragwürdigkeit *naturwissenschaftlicher* Werttheorien einen recht destruktiven Schluß für die Wirtschaftswissenschaft: „[E]conomics will never be, at best, but the phantasm of a class of merchants and finance people, a cold myth, a lack of culture or its reduction to power." (*Arnoux* 1985, 363)

Im Gegensatz dazu sind wir der Meinung, daß eine wissenschaftliche Auseinandersetzung mit der Ökonomie durchaus möglich ist. Die Voraussetzung dafür ist die (im- oder explizite) Wahl eines Wertbegriffes; diese Wahl - also die jeweilige Werttheorie, sofern es sich um eine bewußte Wahl handelt - hat erhebliche Konsequenzen für das auf dieser Grundlage zu errichtende Theoriegebäude. Dies gilt auch für den Gegenstand unserer Untersuchung - die Relevanz der Thermodynamik für die Umweltökonomie. Geht man von einem bestimmten Wertbegriff aus, so können nur diejenigen Aspekte der Thermodynamik, die sich mit diesem Wertbegriff vereinbaren lassen, in der jeweiligen ökonomischen Theorie Verwendung finden. Will man darüber hinaus gehen, so kommt man nicht umhin, den ursprünglichen Wertbegriff entsprechend zu modifizieren - andernfalls sind Widersprüche und Inkonsistenzen unausweichlich. Es ist auch möglich, eine *thermodynamisch fundierte* Ökonomie zu konstruieren, indem man das Wertkonzept selbst aus der Thermodynamik übernimmt. Sich diese Möglichkeiten und Zusammenhänge bewußt zu machen ist der Schlüssel zu einer sinnvollen Thermodynamikrezeption in der Ökonomie - und der Schlüssel zum Verständnis der bisherigen Schwierigkeiten in dieser Hinsicht.

Die mögliche Rolle der Thermodynamik in der Umweltökonomie wird deshalb vor dem Hintergrund der Werttheorie analysiert und es wird sich zeigen, daß unsere Ergebnisse - über die eigentliche Fragestellung hinaus - auch nicht unwesentliche Konsequenzen für die weitere Entwicklung der Werttheorie selbst haben.

Zunächst wollen wir uns aber der Frage zuwenden, *woher* die in der Ökonomie verwandten Wertkonzepte stammen.

III. Naturwissenschaftliche Konzeptionen in der Ökonomie

In diesem Kapitel soll der Zusammenhang hergestellt werden zwischen der Werttheorie und der Rolle der naturwissenschaftlichen Konzepte in der Ökonomie - der Zusammenhang, in dem auch die Frage der Relevanz der Thermodynamik für die Umweltökonomie analysiert werden wird.

Nach einem kurzen Überblick über die Herkunft der bisherigen Werttheorien wird auf die Interdependenzen zwischen Natur- und Sozialwissenschaften eingegangen, woran sich eine Diskussion der Übertragbarkeit naturwissenschaftlicher Konzepte in die Ökonomie anschließt.

Es sei darauf hingewiesen, daß diese Punkte nur äußerst knapp dargestellt werden können, da sie lediglich als Ausgangspunkt für das eigentliche Thema dienen - desungeachtet handelt es sich um sehr wichtige epistemologische und methodologische Probleme, die eine weit ausführlichere Würdigung verdienen.[12]

1. Natürliche Werttheorien

Die Untersuchung der wichtigsten bislang aufgestellten Werttheorien führt zu der überraschenden Erkenntnis, daß *alle* diese Werttheorien naturwissenschaftlichen Ursprungs sind - d.h. die entsprechenden Wertbegriffe sind ohne Ausnahme von naturwissenschaftlichen Konzepten abgeleitet worden.

Bei näherer Betrachtung stellt man fest, daß sich im wesentlichen zwei Arten *natürlicher* Wertlehren unterscheiden lassen:

Zum einen gibt es *Substanztheorien des Wertes*: Der Wert der Güter wird dabei durch eine in ihnen enthaltene *Wertsubstanz* verkörpert (*Mirowski* 1989b, Kap. 4). Diese Wertsubstanz kann, wie im Fall von *Quesnay* und den Physiokraten, aus Korn bestehen; sie kann, wie dies z.B. *Adam Smith* getan hat, mit Kapital (*stock*) gleichgesetzt werden; oder sie kann, im Sinne von *Marx* und *Ricardo*, als Arbeit aufgefaßt werden. In jedem Fall wird die jeweilige Wertsubstanz durch Produktion vermehrt, beim Austausch erhalten und durch Konsum vermindert. Die Substanztheorien des Wertes entsprechen der kartesianischen Physik, welche alle Phänomene

[12] Vgl. zu dieser Thematik vor allem *Mirowski* (1989b), die Diskussion der zentralen Thesen dieses Werkes im „Review Symposium" von *Philosophy of Social Sciences* (*Barnes* 1992; *A.J. Cohen* 1992; *Hands* 1992; *Mirowski* 1992a; *Wise* 1992) und im Ergänzungsband 1993 von *History of Political Economy* (*de Marchi* 1993) sowie die Aufsätze in *Mirowski* (1994a).

der materiellen Welt auf die Bewegung von Substanzen reduzierte; ganz analog wird das Wirtschaftsleben als Bewegung der Wertsubstanz zwischen den verschiedenen Wirtschaftssubjekten beschrieben.[13]

Als zweite natürliche „Metapher" ist die *Feldtheorie des Wertes* zu nennen, welche das Herzstück der neoklassischen Ökonomie darstellt (*Mirowski* 1989b, Kap. 5). Diese setzt Wert mit Nutzen gleich, der - analog dem Energiefeld - als Skalarfeld definiert wurde. Damit wird der Wert nicht mehr in den Gütern, sondern in den Individuen (genauer gesagt, deren Präferenzen) lokalisiert und er muß folglich bei Tauschvorgängen nicht länger erhalten bleiben, sondern kann variieren. Die der Neoklassik entsprechende physikalische Theorie ist die Newtonsche Mechanik; auf die Konsequenzen der *mechanischen* Grundlagen der Neoklassik, insbesondere auch für die neoklassische Umweltökonomie, wird in Teil IV näher eingegangen.

Die *physikalische Herkunft* der verschiedenen Wertkonzepte impliziert keineswegs, daß die darauf aufbauenden ökonomischen Theorien rigoros und in allen Einzelheiten der physikalischen Vorlage folgen - im Gegenteil, in jedem Fall gibt es mehr oder minder große Abweichungen, die durch das Streben nach ökonomischer Plausibilität bedingt sind - was freilich kaum etwas am *physikalischen Charakter* der jeweiligen ökonomischen Theorie zu ändern vermag. So ist es zwar möglich, neben dem Wertkonzept auch die entsprechende Verhaltensannahme aus der Physik zu entlehnen, aber dies ist keineswegs zwingend.

Die früher anerkannten Werttheorien und das heute dominierende Wertkonzept der Neoklassik sind also naturwissenschaftlichen, genauer physikalischen Ursprungs. Es stellt sich nun die Frage, ob dies nur Zufall ist oder ob es Gründe für eine solche Verbindung zwischen Natur- und Sozialwissenschaften gibt. Dieser Frage soll im nächsten Abschnitt nachgegangen werden.

2. Natürliche Sozialwissenschaft oder soziale Naturwissenschaft?

Die *natürliche* Herkunft der Werttheorien ist - paradoxerweise - auf ihre Nichtbeweisbarkeit zurückzuführen.

Der Positivismus, der mit *Hume* seinen Höhepunkt erreichte, war bis in die erste Hälfte des 20. Jahrhunderts - der Zeit der Neupositivisten wie *Carnap* oder *Schlick* - die vorherrschende Methodologie. Nach positivistischer Auffassung ist es die Aufgabe der Wissenschaft, anhand von Beobachtungen *tatsächlicher* Ereignisse - also induktiv - die unabhängig von menschlicher Einwirkung existierenden, unver-

[13] Vgl. zum kartesianischen Charakter der Ökonomie von *Adam Smith* vor allem *V. Foley* (1976); zur Rolle der Analogie in der Smithschen Argumentation vgl. auch *Kerr* (1993, 12ff).

änderlichen Naturgesetze zu entdecken.[14] Mit diesem Wissenschaftsverständnis ist offensichtlich der heuristische Charakter von Konservierungsprinzipien, und damit von Werttheorien, nicht zu vereinbaren; auch diese müssen *bewiesen* werden, müssen auf *objektive Tatsachen* zurückgeführt werden. „Our objectivism, which tolerates no open declaration of faith, has forced modern beliefs to take on implicit forms" (*Polanyi* 1958, 288). Wie können aber die Konservierungsprinzipien *objektiviert* werden? Welche positive Begründung kann es für sie geben, obwohl sie nicht bewiesen werden können, sondern postuliert werden müssen? Der Ausweg aus diesem Dilemma bestand darin, die verschiedenen Konservierungsprinzipien *gegenseitig* als Rechtfertigung zu benutzen. Dabei ist die Dichotomie zwischen Sozial- und Naturwissenschaften und die Notwendigkeit der Verwendung von Konservierungsprinzipien zum Verständnis von sowohl sozialer als auch natürlicher Welt hilfreich: Denn so können die Kategorien der sozialen Welt als Vorbild und Rechtfertigung der Kategorien der natürlichen Welt dienen und umgekehrt - ohne daß unmittelbar auffällt, daß letztlich *kein* Konservierungsprinzip auf objektiven Tatsachen beruht (*Mirowski* 1989b, 116f). Die Instrumente dieser Übertragungen stellen die *Metapher* und die *Analogie* dar, mit deren Hilfe *ein* grundlegendes Konzept in verschiedenen Disziplinen unter verschiedenen Bezeichnungen angewandt werden kann. Die verschiedenen Konservierungsprinzipien können folglich als Verkörperungen *eines* fundamentalen Metaprinzips angesehen werden - der Wandel dieses Metaprinzips spiegelt dabei die Abfolge kultureller und wissenschaftlicher Epochen wieder (*Mirowski* 1989b, Kap. 3; vgl. auch *Simmel* 1930, 62ff und *Skourtos* 1994, 33ff).

Diese Interdependenz der Erkenntnis von sozialer und natürlicher Welt wurde zuerst von *Durkheim und Mauss* (1903) belegt: Sie zeigten, daß bestimmte primitive Gesellschaften soziale Klassifikationen auf die natürliche Welt übertrugen (vgl. zu ähnlichen Beobachtungen *Evans-Pritchard* 1937). Dieses Phänomen ist aber keineswegs auf primitive Gesellschaften beschränkt; so wurde *Robert Boyles* korpuskulare und mechanische Naturphilosophie wesentlich von seinem Gesellschaftsbild beeinflußt (*Bloor* 1982, 284ff). An diesem Beispiel läßt sich auch erkennen, daß die Übertragung keineswegs eine einseitige bleiben muß: *Boyles* Naturphilosophie hatte wiederum Rückwirkungen auf das Verständnis der analogen sozialen Strukturen.[15]

> „The social body constrains the way the physical body is perceived. The physical experience of the body, always modified by the social categories through which it is known, sustains a particular view of society. There is a continual exchange of meanings between the two

---

[14] Der auf den Positivismus folgende kritische Rationalismus ist sich mit diesem hinsichtlich einer unabhängig von der Wissenschaft existierenden und von dieser entdeckbaren Wahrheit einig; gravierende Unterschiede bestehen dagegen in bezug auf die Möglichkeit, diese Wahrheit jemals mit Sicherheit zu erkennen und demzufolge auch in bezug auf die anzuwendende Methode.

[15] Für weitere Beispiele vgl. *B. Cohen* (1993).

> kinds of bodily experience so that each reinforces the categories of the other." (*Douglas* 1982, 65)

Allerdings dominierte die eine Übertragungsrichtung, von der natürlichen in die soziale Welt, seit dem Erfolg der Newtonschen Mechanik und dem damit einhergehenden ungeheuren Prestigegewinn der Naturwissenschaften, insbesondere der Physik, so daß ein naturwissenschaftlicher methodologischer Monismus die Überhand gewann und die naturwissenschaftliche Fundierung der Sozialwissenschaft angestrebt wurde - welches Ziel vor allem die Neoklassiker mit großem Eifer verfolgten und immer noch verfolgen (vgl. Teil IV). Wesentlich für diese Entwicklung war auch der unterschiedliche *Charakter* von Natur- und Sozialwissenschaft: Während bei jener nur die empirisch-analytische Methode sinnvoll ist, kann diese durchaus auch auf die normativ-analytische Methode zurückgreifen (*Weimann* 1987, 71f). Aber da gerade bei der letztgenannten Methode die Auswahl der zu analysierenden Zweckrationalitäten rein normativ erfolgt, sieht sich eine so arbeitende Sozialwissenschaft einem beträchtlichen Rechtfertigungsdruck ausgesetzt - insbesondere wenn dieses Vorgehen nicht offen eingestanden und akzeptiert wird, sondern die naturwissenschaftliche Methode als allein zulässiges Leitbild postuliert wird (*Weimann* 1987, 73); dieser Rechtfertigungsdruck kann, zumindest teilweise, durch den Rückgriff auf naturwissenschaftliche Konzepte und die so mögliche Vorspiegelung von „Naturwissenschaftlichkeit" begegnet werden.

Dennoch wurde die umgekehrte Übertragungsrichtung - von den Sozial- zu den Naturwissenschaften - zwar weit zurückgedrängt, aber nicht vollständig verdrängt: So ließ sich *Carnot* bei seiner Analyse der Wärmekraftmaschine von *Quesnays Tableau Economique* inspirieren; und der Energieerhaltungssatz war letztlich eine *ökonomische Metapher*, wie die Argumentation von *Mayer* oder *Helmholtz* zeigt, die sich häufig auf *Bilanzen* bezogen (*Helm* 1887, 18f; vgl. auch *Renault* 1992, 60); auch wurde Energie mit Geld verglichen:

> „It is, in fact, the fate of all kinds of energy of position to be ultimately converted into energy of motion. The former may be compared to money in a bank, or capital, the latter to money which we are in the act of spending" (*Stewart* 1883, 26).

Neben der *epistemologischen* Funktion der Metaphernbildung gibt es auch eine (damit zusammenhängende) *politische* Funktion, auf die insbesondere *Mary Douglas* hingewiesen hat, aber worauf hier nicht näher eingegangen werden soll.[16]

---

[16] Im wesentlichen besagt die These von *Douglas* folgendes: Soziale Systeme müssen durch gewisse Ordnungsprinzipien oder Institutionen stabilisiert werden; und diese Prinzipien können ihre Funktion umso leichter erfüllen, je mehr sie *natürlich* gerechtfertigt werden können, d.h. der natürlichen Welt bzw. den Naturwissenschaften entlehnt und somit scheinbar von profanen Partikularinteressen unabhängig dargestellt werden können - andernfalls, wenn sie als mehr oder weniger willkürlich wählbare Ordnungsprinzipien erkannt werden, würden sie laufend in Frage gestellt werden, wodurch ihnen die Erfüllung ihrer stabilisierenden Funktion beträchtlich erschwert werden würde (*Douglas* 1991, 84f; vgl. auch *Monod* 1973, 204ff). Es sei angemerkt, daß nicht nur die Naturwissenschaft, sondern auch und vor allem die Religion zur Rechtfertigung der sozialen

Im Zuge der Abkehr vom Positivismus (und immer mehr auch vom kritischen Rationalismus) und der Verbreitung eines methodischen Pluralismus gerät die gegenseitige Rechtfertigung der verschiedenen wissenschaftlichen Grundkonzepte zunehmend in die Kritik der Methodologen. Denn die Erkenntnis beginnt sich durchzusetzen, daß es eben nicht eine zu entdeckende absolute und objektive Wahrheit gibt, sondern daß diese - vor allem im Bereich der Sozialwissenschaften - durch die wissenschaftlichen Aktivitäten beeinflußt und - zumindest teilweise - mit *konstruiert* wird (vgl. *Blaug* 1992, 27ff). Von daher wird die metaphorische Rechtfertigung zunehmend als überflüssig angesehen, ja sogar als schädlich, da sie die eigenständige, dem jeweiligen Forschungsgegenstand angemessene Weiterentwicklung der verschiedenen Disziplinen einschränkt; dieser Nachteil tritt natürlich vor allem bei den *Zieldisziplinen* dieser Übertragungen auf, also vor allem bei den Sozialwissenschaften.

Dieser Prozeß der erkenntnistheoretischen Relativierung ist in den Naturwissenschaften (nicht zuletzt im Gefolge von Quantenmechanik und Relativitätstheorie) schon recht weit fortgeschritten;[17] so wird etwa der Energieerhaltungssatz heute eher als heuristisches Prinzip denn als absolute Wahrheit angesehen.[18] Ähnliches gilt für die Sozialwissenschaften - mit Ausnahme der Ökonomie, deren neoklassischer „mainstream" in seinem Streben nach *Naturwissenschaftlichkeit* weiterhin an der Vorbildfunktion der Physik und damit am von der Newtonschen Mechanik entlehnten Wertbegriff festhält (vgl. Teil IV.1). Die theoretische Weiterentwicklung der Wirtschaftswissenschaft setzt deshalb vor allem voraus, daß der heuristische Charakter des Wertkonzepts und die Notwendigkeit einer Werttheorie akzeptiert werden. Nur auf dieser Grundlage kann die kritische Analyse der bisher verwandten Wertbegriffe und die bewußte Auswahl bzw. Konstruktion des den Zielen der Ökonomie am besten entsprechenden Wertkonzepts - im Zuge der Formulierung einer Werttheorie - erfolgen. Dementsprechend sollte man sich bei Verwendung der analytisch-normativen Methode ausdrücklich zu derselben bekennen und sich um eine *ökonomische* Rechtfertigung bemühen, so daß eine pseudo-naturwissenschaftliche Begründung zur Wahrung des empirisch-analytischen Scheins überflüssig wird.

Dieses Vorgehen schließt die Übertragung naturwissenschaftlicher Konzeptionen keinesfalls a priori aus, verhindert aber deren unkritische Übernahme: Mit der Frage, welche Anforderungen an die Durchführung eines aus ökonomischer Sicht sinnvollen Transfers zu stellen sind, befaßt sich der folgende Abschnitt.

Ordnung dienen kann - eine Funktion, die letztere früher sehr effektiv erfüllte, aber seit Beginn der Aufklärung allmählich an die Naturwissenschaft abgegeben hat.

[17] Am deutlichsten bringt dies vielleicht *C.F.v. Weizsäcker* zum Ausdruck: „Ein Ausgangspunkt von absoluter Gewissheit ist nicht vorhanden. Wir müssen einen Glauben voraus-setzen." (*C.F. v. Weizsäcker* 1995, 53)

[18] Dies wurde auch von dem Nobelpreisträger *Manfred Eigen* anläßlich eines Vortrages im Rahmen des physikalischen Kolloquiums der Universität Bayreuth (4.7.1995) bestätigt: „Von den Physikern weiß heute niemand, was Energie eigentlich ist."

3. Die Übertragbarkeit naturwissenschaftlicher Konzeptionen in die Ökonomie

Als Voraussetzung der Überlegungen dieses Abschnitts soll die Einteilung in Sozial- und Naturwissenschaften sowie die Zuordnung der Ökonomie zu ersteren akzeptiert werden - ohne zu verkennen, daß diese Einteilung keineswegs zwangsläufig ist, sondern auf Konventionen beruht und von daher zu relativieren ist (vgl. *Blaug* 1992, 51ff; *C.M.A. Clark* 1992, Kap. 2).[19]

Wir haben bisher unspezifisch von „Übertragungen" gesprochen. Welcher Art können nun diese Übertragungen sein, und auf welche möglichen Probleme ist zu achten?

Erstens kann es zu einer *interdisziplinären Zusammenarbeit* kommen, der „mildesten" Form des Transfers: Sie ist durch die Berücksichtigung naturwissenschaftlicher Erkenntnisse im Rahmen der bestehenden Ökonomie gekennzeichnet, wobei letztere nicht in ihrem *Kern* tangiert wird, d.h. ihre typischen Methoden, Konzepte und Denkweisen beibehält; lediglich ihr „Schutzgürtel" wird um zusätzliche Nebenbedingungen angereichert.[20] Gerechtfertigt wird die interdisziplinäre Zusammenarbeit meist mit wichtigen Interdependenzen zwischen den jeweiligen Disziplinen. Allerdings ist dieser Transfer nicht so problemlos wie es auf den ersten Blick den Anschein hat: Wie gezeigt werden wird, können nicht einfach beliebige naturwissenschaftliche Konzepte im Rahmen jeder beliebigen Ökonomie Berücksichtigung finden, sondern letztere kann aufgrund der Ausgestaltung ihres jeweiligen „hard core" u.U. nicht in der Lage sein, bestimmte zu diesem „hard core" inkompatible naturwissenschaftliche Konzepte zu rezipieren. Diese Gefahr besteht natürlich vor allem dann, wenn dieser „hard core" selbst naturwissenschaftlichen Ursprungs ist, so daß letztlich zwei nicht miteinander vereinbare naturwissenschaftliche Konzepte aufeinandertreffen können. In solchen Fällen kann aber von der Unfruchtbarkeit der Zusammenarbeit immerhin eine kritische Hinterfragung des betreffenden ökonomischen „hard core" ausgelöst werden.

Zweitens kann es zu *Entlehnungen* aus der Naturwissenschaft kommen, die sich auf den harten Kern der jeweiligen Ökonomie selbst beziehen: Diese finden vor allem in Form von Analogien, d.h. der Identifikation von Gleichartigkeiten zwischen Phänomenen verschiedener Disziplinen statt (vgl. z.B.: *Biela* 1991; *B. Cohen* 1993, 11ff). Bei Analogien unterscheidet man hauptsächlich *formelle* und *materielle* Analogien; bei jenen werden nur gewisse Strukturen transferiert, wohingegen bei diesen auch die Phänomene per se miteinander in Zusammenhang gebracht werden; die Übergänge sind allerdings nur theoretisch scharf, tatsächlich aber fließend.

---

[19] Der Themenstellung unserer Arbeit entsprechend beschränken wir uns im folgenden auf die Übertragung von den Naturwissenschaften in die Ökonomie, womit jedoch die Existenz oder Bedeutung der umgekehrten Übertragung nicht in Frage gestellt werden soll.

[20] „Nebenbedingungen" sind hier allgemein und nicht nur als mathematische Nebenbedingungen für Optimierungskalküle zu verstehen.

Analogieschlüsse sind von unbestrittener heuristischer Bedeutung und können darüber hinaus auch zu Erklärungszwecken dienen. Allerdings bestehen auch nicht unerhebliche Gefahren (*B. Cohen* 1993, 32ff; *Daniel* 1955): Insbesondere im Fall ihres explikatorischen Einsatzes können Analogien leicht die Zieldisziplin dominieren; denn wenn die Analogie nicht nur als Anregung dient, sondern auch die eigentliche Theoriebildung dieser regelrecht folgt, geht leicht der Blick für alle außerhalb der Analogie liegenden Phänomene der eigenen Disziplin verloren, selbst wenn es sich bei denselben um die eigentlich wichtigen und charakteristischen handelt. Als Paradebeispiel einer solchen Analogiedominanz kann die Neoklassik mit ihrem *mechanischen* „hard core" gelten (vgl. Teil IV.1). Gegenüber den Analogien von nachgeordneter Bedeutung ist die Metapher (vgl. *McCloskey* 1985, 74ff), die durch ein weniger rigoroses Vorgehen und eine lediglich illustrative bzw. heuristische Verwendung von der Analogie abgegrenzt werden kann, wenngleich nicht in jedem Fall eindeutig.[21]

Drittens ist als endgültige Übertragungsstufe noch der *Reduktionismus* zu nennen (vgl. *B. Cohen* 1993, 9f): In diesem Fall werden alle Phänomene einer Disziplin durch die Theorien und Konzepte einer anderen erklärt, so daß erstere zu einer Teildisziplin letzterer reduziert wird und es keinen eigenständigen harten Kern der Zielwissenschaft mehr gibt. Ausgangspunkt einer solchen Reduktion kann insbesondere eine materielle Analogie sein, die zunehmend an Einfluß gewonnen hat. Da diese Art der Übertragung im Fall des Verhältnisses zwischen Ökonomie und Naturwissenschaften aber die eingangs vorausgesetzte Disziplineneinteilung sprengen würde, darf die reduktionistische Ausdehnung nicht nur als Transferinstrument betrachtet werden, sondern ist vor allem auch auf übergeordneter Ebene, d.h. hinsichtlich der Abgrenzung der Wissenschaften und der Formulierung gewisser ontologischer und epistemologischer Grundpositionen wichtig.

Welche Konsequenzen sind nun aus den genannten Problemen zu ziehen? Da wir die Abkehr vom Positivismus und methodischen Monismus akzeptieren und begrüßen, soll und kann hier nicht die „richtige" wissenschaftliche Vorgehensweise bei Übertragungen in Form rigider Vorschriften vorgeschrieben werden, sondern es sollen unter Verzicht auf ein generelles Demarkationskriterium einige wenige *Grundregeln* vorgeschlagen werden, denen zwar keine unbedingt bindende Wirkung zugeschrieben werden kann, deren Befolgung sich unseres Erachtens aber auch im Rahmen eines methodischen Pluralismus durchaus rechtfertigen läßt. Denn Methodenpluralismus kann und darf nicht gleichgesetzt werden mit unreflektiertem Methodenwildwuchs, in unserem Fall also der unkritischen und wahllosen Übertragung beliebiger naturwissenschaftlicher Konzepte in die Ökonomie.

Zuallererst ist festzuhalten, daß die Übertragung naturwissenschaftlicher Konzepte immer vom Gesichtspunkt der Ökonomie aus beurteilt werden sollte (*Backhouse* 1991, 541; *Coats* 1991, 134; *B. Cohen* 1993, 31f). Auch veraltete, nicht

---

[21] Bei der Neoklassik handelt es sich also um eine physikalische *Analogie* (vgl. Teil IV.1), nicht um eine *Metapher*. Wenn *Mirowski* (1989b) in diesem Zusammenhang trotzdem von einer „Metapher" spricht, dann nur weil er beide Begriffe synonym verwendet.

richtig verstandene oder sogar fehlerhaft bzw. unvollständig übertragene Konzepte könnten ja sinnvoll in der Ökonomie anwendbar sein - zumindest besteht die theoretische Möglichkeit. Von daher ist also ein Übertragungspurismus, der nur eine vollständige und genaue Übertragung des jeweils aktuellsten naturwissenschaftlichen Konzeptes zuläßt, als unnötige methodische Restriktion abzulehnen. Andererseits ist eine kritische Analyse und Hinterfragung jeder Übertragung aus ökonomischer Sicht notwendig, wobei vor allem der Ursprung der übertragenen Konzepte nicht aus dem Blick verloren werden darf. So ist die Neoklassik in verschiedenen Punkten von ihrem physikalischen Vorbild abgewichen, was zwar sicher zulässig, aber dennoch insofern problematisch war, als sie darüber ihren physikalischen Ursprung verdrängt und die Auseinandersetzung mit demselben, d.h. mit den aus diesem Ursprung resultierenden Schwierigkeiten, vernachlässigt hat (vgl. Teil IV.1).

Bereits für die interdisziplinäre Zusammenarbeit ist das Bewußtsein der Herkunft des jeweiligen ökonomischen Paradigmas hilfreich, da man sich so a priori fruchtlose Versuche interdisziplinärer Zusammenarbeit im Fall konfligierender naturwissenschaftlicher Konzeptionen ersparen kann. Im Fall der Analogieschlüsse können Fehlentwicklungen nur dann vermieden oder korrigiert werden, wenn Analogien nicht nur technisch sauber gebildet werden, sondern - im Bewußtsein der Analogieherkunft - auch die Angemessenheit der übertragenen Kausalbeziehungen für den jeweiligen Untersuchungsgegenstand sichergestellt wird. Nur dadurch läßt sich auch die Gefahr einer unbeabsichtigten reduktionistischen Ausdehnung verhindern. Auch diese kann nicht a priori verworfen werden, bedarf aber selbstverständlich einer besonders kritischen Überprüfung, da sehr weitreichende Konsequenzen, auch metawissenschaftlicher Art, zu gewärtigen sind.

Als Fazit kann festgehalten werden, daß die Ökonomie für Übertragungen aus den Naturwissenschaften durchaus offen und nicht durch strenge methodologische Regelwerke eingeschränkt sein sollte, daß aber diese Übertragungen stets *bewußt* und unter der Voraussetzung einer kritischen *ökonomischen* Überprüfung durchgeführt werden sollten - wobei selbstverständlich allein die Tatsache der Herkunft aus der Naturwissenschaft *kein* Argument zugunsten der Verwendung eines bestimmten Konzepts in der Ökonomie darstellen darf.

IV. Neoklassik - das dominierende Paradigma

Bevor im Hauptteil der Arbeit die Rolle thermodynamischer Konzepte in der Umweltökonomie diskutiert wird, soll in diesem Abschnitt die Notwendigkeit einer solchen Diskussion begründet werden, indem die Unzulänglichkeiten der konventionellen, d.h. der neoklassischen, Umweltökonomie aufgezeigt werden. Zu diesem Zweck ist es sinnvoll, zunächst auf die Entstehungsgeschichte der Neoklassik und ihren mechanischen Wertbegriff einzugehen (Teil IV.1), da nur vor diesem Hintergrund die inhärenten, da konzeptionsbedingten, Probleme der neoklassischen Umweltökonomie (Teil IV.2) verständlich werden.

Aufgrund der sehr engen Verbindung von Neoklassik und Mechanik wird der eigentlichen ökonomischen Diskussion ein Exkurs vorangestellt, in dem die Grundzüge der klassischen Mechanik und des darauf basierenden Weltbildes zusammengefaßt sind.

Exkurs 1: Klassische Mechanik[22]

Die klassische Mechanik ist die älteste der exakten Wissenschaften und hat nicht nur die Entwicklung der Naturwissenschaften im allgemeinen und der Physik im besonderen entscheidend beeinflußt, sondern war und ist auch von großer Bedeutung für philosophische bzw. erkenntnistheoretische Fragen - wie für die nach der Rolle der Zeit, dem Naturverständnis des Menschen oder den Grenzen wissenschaftlicher Erkenntnis (*Prigogine und Stengers* 1986, Kap. 1-3). Nicht zuletzt ist die klassische Mechanik, wie zu zeigen sein wird, auch die Grundlage der neoklassischen Ökonomie (vgl. Teil IV.1).

Die klassische Mechanik befaßt sich mit „the motions of material bodies of ordinary size moving at speeds that are small compared with the speed of light." (*Cowie und Szebehely* 1989, 803)

Das „Projekt" der klassischen Mechanik wurde im dritten Jahrhundert vor Christus von *Archimedes* begonnen, der bestimmte Hebelgesetze formulierte. Seine Arbeit wurde erst im 16. Jahrhundert von *Stevin*, einem holländischen Mathematiker, fortgeführt; ihm folgten *Galileo* und *Huygens*. Den entscheidenden

[22] Diesem Exkurs liegen vor allem *Goldstein* (1980), *Kuypers* (1989), *Scheck* (1990) und *Straumann* (1987) sowie der Encyclopaedia Britannica-Aufsatz von *Cowie und Szebehely* (1989) zugrunde.

Fortschritt aber erzielte *Newton* im 17. Jahrhundert mit der Postulierung der drei Newtonschen Bewegungsgesetze, die in seinen 1686 der Royal Society in London vorgelegten *Principia* enthalten waren.[23] Ergänzt und vervollständigt wurde seine wissenschaftliche Großtat im 18. Jahrhundert von *Bernoulli, d'Alembert, Euler* und *Lagrange* sowie anfangs des 19. Jahrhunderts von *Hamilton*.

Wenden wir uns zunächst der elementaren Newtonschen Mechanik zu:

Die drei Newtonschen „Grundgesetze" (von welchen sowohl die Galileischen Fallgesetze als auch die Keplerschen Planetengesetze abgeleitet werden können) lauten:

(1) „Jeder Körper verharrt in seinem Zustand der Ruhe oder der gleichförmig geradlinigen Bewegung, wenn er nicht durch einwirkende Kräfte gezwungen wird, seinen Bewegungszustand zu ändern.

(2) Die Änderung der Bewegung ist der Einwirkung der bewegenden Kraft proportional und geschieht nach der Richtung derjenigen geraden Linie, nach welcher jene Kraft wirkt.

(3) Die Wirkung ist stets der Gegenwirkung gleich; oder: die Wirkungen zweier Körper aufeinander sind stets gleich und von entgegengesetzter Richtung." (*Scheck* 1990, 1f)

Als Voraussetzung für weitere Aussagen sind zunächst einige Begriffe zu klären:[24] Körper sind idealisierte Massepunkte oder punktförmige Teilchen der Masse m. Sie bewegen sich auf Bahnkurven $\mathbf{r}(t)$ in einem Ortsraum R^3 mit den Raumkoordinaten x, y und z (wobei $\mathbf{r}$ den momentanen Ort beschreibt und die Zeit t Bahnparameter ist) oder, genauer gesagt, in dem homogenen isotropischen Euklidraum E^3 mit festgelegtem Ursprung. Dabei impliziert das erste Newtonsche Gesetz die Auswahl bestimmter Bezugssysteme - Inertialssteme oder Galileo-Systeme. Die Zusammenfassung von Ort und entsprechendem Zeitpunkt - $(\mathbf{r}, t) \in R^3 \times R$ - wird Ereignis genannt. Bewegung selbst wird mit dem Impuls

$$\mathbf{p}(t) = m\mathbf{v}, \tag{1}$$

d.h. dem Produkt von Masse m und momentaner Geschwindigkeit $\mathbf{v}$, identifiziert. Dabei gilt

$$\mathbf{v} = \frac{\mathbf{r}(t)}{dt}. \tag{2}$$

Aus dem zweiten Gesetz folgt dann für die Kraft $\mathbf{F}$[25]

[23] Es sei noch erwähnt, daß *Newton* zum Zweck der Analyse mechanischer Systeme - etwa zur gleichen Zeit wie *Leibniz* - die Differentialrechnung entwickelte.

[24] Im folgenden werden Vektoren fett und Skalare normal geschrieben.

[25] Natürlich gilt die Konstanz von m nur für nicht-relativistische Geschwindigkeiten.

$$\text{(3)} \qquad \mathbf{F} = \frac{d\mathbf{p}}{dt} = m\frac{d\mathbf{v}}{dt} = m\mathbf{a},$$

wobei **a** den Beschleunigungsvektor bezeichnet, für den auch gilt

$$\text{(4)} \qquad \mathbf{a} = \frac{d^2\mathbf{r}}{dt^2}.$$

Die Kraft **F** kann als *Kraftfeld* beschrieben werden, d.h. als eine vektorwertige Funktion **F**(**r**,**v**,t) über den Raum der Ortsvektoren und - bei Geschwindigkeitsabhängigkeit von **F** - auch der Geschwindigkeitsvektoren; d.h. für jeden Punkt dieses sechsdimensionalen Raumes wird die Kraft angegeben, die auf einem zum Zeitpunkt t sich etwa dort befindlichen Massepunkt wirkt. Diese Kraftfelder gehen i.d.R. von anderen physikalischen Körpern aus.[26]

Arbeit ist definiert als das Produkt von einwirkender Kraft und dem durch diese Einwirkung zurückgelegten Weg **s**:

$$\text{(5)} \qquad W = \mathbf{F}\mathbf{s}$$

Für eine längs des Weges veränderliche Kraft gilt:

$$\text{(6)} \qquad W = \int_{s_1}^{s_2} \mathbf{F}(\mathbf{s})d\mathbf{s}$$

Die ausgeübte Arbeit entspricht der Zunahme der Energie E des betreffenden Teilchens. Nimmt ausschließlich seine kinetische Energie T zu, so gilt:

$$\text{(7)} \qquad W = T_{s_2} - T_{s_1}$$

Dieses ist dann wiederum in der Lage, Arbeit zu leisten, denn Energie entspricht Arbeitsvermögen. Die Energie kann sich in zweierlei Weise manifestieren. Zum einen kann sie kinetisch, also das Resultat der Bewegung des Teilchens sein; diese kinetische Energie T ist definiert als

$$\text{(8)} \qquad T = \frac{1}{2}m\mathbf{v}^2.$$

Zum anderen kann es sich um potentielle Energie U handeln, wenn das Arbeitsvermögen eines Teilchens *nicht* aus dessen Bewegung resultiert. Im Fall eines sich in Höhe h über der Erdoberfläche befindenden Teilchens mit der Masse m beträgt dessen potentielle Energie U = mgh. Potentielle Energie kann auch als Fähigkeit, kinetische Energie zu gewinnen, aufgefaßt werden. Die Gesamtenergie E eines Teilchens beträgt

$$\text{(9)} \qquad E = T + U.$$

Bei der Betrachtung von Teilchensystemen ist die Unterscheidung zwischen *äußeren* Kräften und *inneren* Kräften wichtig; von großer Bedeutung sind *konservative*

---

[26] Die vier fundamentalen Kräfte in der Natur sind Gravitation, elektrische Ladung sowie schwache und starke Kernkraft.

Systeme, d.h. Systeme, die isoliert sind (es existieren also keine äußeren Kräfte) und keine Reibungsverluste aufweisen. In solchen Systemen wirken nur *konservative* Kräfte; diese lassen sich als negatives Gradientenfeld einer zeitunabhängigen potentiellen Energie U(**r**), d.h. einer Skalarfunktion der Position, schreiben:[27]

(10) $\mathbf{F} = -\nabla U(\mathbf{r})$

(11) $\mathbf{F} = -\left(\frac{\delta U}{\delta x}, \frac{\delta U}{\delta y}, \frac{\delta U}{\delta z}\right) = \left(F_x, F_y, F_z\right)$

F ist dabei die Summe der auf die Teilchen wirkenden Kräfte. Unter der Einwirkung solcher Kräfte bzw. in einem solchen Kraftfeld hängt die geleistete Arbeit entlang eines Weges nur von Anfangs- und Endpunkt, nicht aber vom genauen Verlauf dieses Weges, ab:

(12) $W = \int_{\mathbf{r}_0}^{\mathbf{r}} \mathbf{F}(\mathbf{s})d\mathbf{s} = -\left(U(\mathbf{r}) - U(\mathbf{r}_0)\right) = T(\mathbf{r}) - T(\mathbf{r}_0)$

Insbesondere ist die auf einem *geschlossenen* Pfad geleistete Arbeit gleich Null:

(13) $\oint \mathbf{F}(\mathbf{s})d\mathbf{s} = 0$

Ein Kraftfeld ist dann konservativ, wenn

(14) $\frac{\delta F_x}{\delta F_y} = \frac{\delta F_y}{\delta F_x} = 0$

und das aus **F** abgeleitete Rotationsfeld

(15) $\mathrm{rot}\mathbf{F} = \left(\frac{\delta F_z}{\delta y} - \frac{\delta F_y}{\delta z}, \frac{\delta F_x}{\delta z} - \frac{\delta F_z}{\delta x}, \frac{\delta F_y}{\delta x} - \frac{\delta F_x}{\delta y}\right)$

verschwindet; d.h. das Kraftfeld muß wirbelfrei sein. Im konservativen System gilt der *Energieerhaltungssatz*[28]

(16) $E = T + U = \mathrm{const.},$

und zwar auch für jeden einzelnen Partikel i (i = 1,...,n):

(17) $E_i = T_i + U_i = \mathrm{const.}$

Insbesondere ist die Impulssumme konstant:

(18) $\sum \mathbf{p}_i = \mathrm{const.}$

Ein System befindet sich im *Gleichgewicht*, wenn auf jedes seiner Teilchen entweder keine Kräfte einwirken oder sich die einwirkenden Kräfte kompensieren,

[27] Zeitabhängige Potentialkräfte sind nicht konservativ.

[28] Der Energieerhaltungssatz der klassischen Mechanik bezieht sich selbstverständlich nur auf die mechanische Energie.

d.h. $\mathbf{F}_i = 0$. Dementsprechend ist die Geschwindigkeit aller Teilchen konstant und auch ihre Bewegungsrichtung ändert sich nicht. Voraussetzung dafür ist, daß die potentielle Energie minimiert wird, d.h. bis auf Null oder soweit es etwaige Nebenbedingungen zulassen abnimmt.

Diese Nebenbedingungen waren eines der Motive, die zu einer Weiterentwicklung der elementaren Mechanik Anlaß gaben; denn deren geometrischer Ansatz erwies sich als inflexibel und einschränkend und mußte der analytischen und abstrakten Vorgehensweise der Lagrangeschen und Hamiltonschen Mechanik weichen, die einen wesentlich tieferen Einblick in die Struktur der Mechanik erlaubte.

Falls die Teilchen eines mechanischen Systems sich nicht völlig unabhängig voneinander bewegen können, sondern gewissen Einschränkungen unterliegen, spricht man von Nebenbedingungen, aufgrund derer Zwangskräfte $\mathbf{Z}_i$ auf die Teilchen ausgeübt werden. Die Bewegungsgleichungen lauten also nicht mehr bloß

$$(19) \qquad m_i \mathbf{a}_i = \mathbf{F}_i$$

sondern

$$(20) \qquad m_i \mathbf{a}_i = \mathbf{F}_i + \mathbf{Z}_i$$

Das hat zwei Konsequenzen: Zum einen sind die Raumkoordinaten $\mathbf{r}_i$ nicht mehr voneinander unabhängig, die Zahl der *Freiheitsgrade* wird reduziert und ist deshalb kleiner als 3n. Zum anderen sind die $\mathbf{Z}_i$ Unbekannte und erschweren die Lösung der Gleichungssysteme. Die Newtonschen Gleichungssysteme sind bei Vorliegen von Nebenbedingungen *nicht* generell lösbar, so daß neue Ansätze erforderlich werden.

Ein erster Schritt zur Lösung dieser Problematik stellt die Einführung *generalisierter Koordinaten* q_j dar; dabei werden die kartesischen Koordinaten durch je nach Zweckmäßigkeit gewählte Größen, die die Konfiguration einer mechanischen Anordnung kennzeichnen, eben die generalisierten Koordinaten, ersetzt. Es wird also

$$(21) \qquad \mathbf{r}_i = \mathbf{r}_i(\mathbf{r}_1, \mathbf{r}_2, \ldots, \mathbf{r}_n, t) \qquad i = 1, \ldots, n$$

durch

$$(22) \qquad \mathbf{r}_i = \mathbf{r}_i(q_1, q_2, \ldots, q_{3n}, t) \qquad i = 1, \ldots, n$$

ersetzt. Sind die Nebenbedingungen *holonom*, d.h. lassen sie sich durch unabhängige Gleichungen der Form

$$(23) \qquad f_l(\mathbf{r}_1, \mathbf{r}_2, \ldots, \mathbf{r}_n, t) = 0 \qquad l = 1, \ldots, k$$

bzw.

$$(24) \qquad f_l(q_1, q_2, \ldots, q_{3n}, t) = 0 \qquad l = 1, \ldots, k$$

beschreiben (sind also die *Integrabilitätsbedingungen* erfüllt), so lassen sich die 3n (aufgrund der Nebenbedingungen) abhängigen generalisierten Koordinaten durch

3n-k *unabhängige* generalisierte Koordinaten ersetzen - und zwar mittels folgender Transformationsgleichungen:

$$(25) \qquad q_j = q_j(q_1, q_2, \ldots, q_{3n-k}, t) \qquad j = 1, \ldots, 3n$$

Systeme mit holonomen Nebenbedingungen lassen sich auf diese Weise mittels der Newtonschen Bewegungsgleichungen lösen; allerdings tauchen immer noch Zwangskräfte in den Gleichungen auf und komplizieren diese erheblich.

Als nächster Schritt ist daher die Eliminierung dieser Zwangskräfte aus den Systemgleichungen notwendig - ein Schritt, mit dem endgültig die Newtonsche Mechanik, die eher auf Problemstellungen ohne Nebenbedingungen zugeschnitten ist, verlassen wird. Hierzu bedient man sich des *d'Alembert-Prinzips*, welches sich auf *virtuelle Verrückungen* bezieht, d.h. auf beliebige infinitesimale Änderungen der Systemkoordinaten, die mit den Nebenbedingungen vereinbar sind und unendlich schnell durchgeführt werden. Dabei sollen die Zwangskräfte *keine* virtuelle Zwangsarbeit verrichten:

$$(26) \qquad \sum_{i=1}^{n} \mathbf{Z}_i \delta \mathbf{r}_i = 0$$

Diese Annahme ist zwar plausibel, kann aber *nicht* von den Newtonschen Gesetzen abgeleitet werden, sondern stellt ein *eigenständiges Axiom* der Mechanik dar. Aus diesem d'Alembert-Prinzip und den Newtonschen Bewegungsgleichungen (20) folgt die d'Alembert-Gleichung

$$(27) \qquad \sum_{i=1}^{n} (m_i \mathbf{a}_i - \mathbf{F}_i) \delta \mathbf{r}_i = 0,$$

die *keine* Zwangskräfte enthält. Unter der Voraussetzung holonomer Nebenbedingungen lassen sich unabhängige generalisierte Koordinaten formulieren, welche die Nebenbedingungen implizit berücksichtigen, so daß sich

$$(28) \qquad \frac{d}{dt}\left(\frac{\delta T}{\delta \dot{q}_j}\right) - \frac{\delta T}{\delta q_j} = Q_j$$

ableiten läßt, wobei die Q_j die *verallgemeinerten Kräfte* bezeichnen. Handelt es sich um konservative Kräfte, d.h. Kräfte die gleich dem negativen Gradienten eines Potentials U sind (vgl. Gleichung 10), lassen sich T und U zur Lagrangefunktion L

$$(29) \qquad L(q_j, \dot{q}_j, t) = T(q_j, \dot{q}_j) - U(q_j, t)$$

zusammenfassen, und (28) nimmt folgende Gestalt an:

$$(31) \qquad \frac{d}{dt}\left(\frac{\delta L}{\delta \dot{q}_j}\right) - \frac{\delta L}{\delta q_j} = 0$$

Diese Lagrange-Gleichungen sind das Herzstück der Lagrangeschen Mechanik und erlauben zumindest grundsätzlich die Lösung mechanischer Probleme.

Soll jedoch die klassische Mechanik als Basis für die Entwicklung weiterer physikalischer Theorien verwandt werden, ist der *Hamilton-Formalismus* überlegen, der in die statistische Mechanik und die Quantenmechanik einzuführen vermag. Im Lagrange-Formalismus gibt es für ein System von n Teilchen und k Nebenbedingungen 3n-k = m Bewegungsgleichungen. Da diese zweiter Ordnung sind, ist das System nur dann vollständig determiniert, wenn 2m Anfangswerte angegeben sind, z.B. für einen bestimmten Zeitpunkt die m generalisierten Koordinaten und deren m Ableitungen nach der Zeit. Der Hamilton-Formalismus, obwohl physikalisch äquivalent, basiert auf einem völlig anderen Prinzip: Das System soll durch Gleichungen erster Ordnung beschrieben werden; da die Anzahl der determinierenden Anfangsbedingungen natürlich immer noch gleich 2m ist, muß es 2m unabhängige Bewegungsgleichungen erster Ordnung mit 2m unabhängigen Variablen geben. Das Verhalten des Systems wird durch die Bewegung eines Punktes im Phasenraum, d.h. durch eine *Trajektorie*, beschrieben, dessen Koordinaten die 2m unabhängigen Variablen bilden. Die eine Hälfte dieser Variablen sind die m generalisierten Koordinaten q_j, als andere Hälfte werden die m generalisierten Impulse p_j gewählt:

$$(31) \qquad p_j = \frac{\delta L}{\delta \dot{q}_j}$$

Die generalisierten Koordinaten und Impulse werden auch *kanonische Variablen* genannt. Der Variablenwechsel wird durch folgende *Legendre-Transformation* bewerkstelligt:

$$(32) \qquad H(q,p,t) = \sum_{j=1}^{m} \dot{q}_j p_j - L(q,\dot{q},t)$$

H ist die Hamilton-Funktion. Hieraus lassen sich die Hamilton-Gleichungen

$$(33) \qquad \dot{q}_j = \frac{\delta H}{\delta p_j},$$

$$(34) \qquad \dot{p}_j = -\frac{\delta H}{\delta q_j}$$

sowie die Gleichung

$$(35) \qquad \frac{\delta H}{\delta t} = -\frac{\delta L}{\delta t}$$

ableiten. Die 2m Hamilton-Gleichungen werden aufgrund ihrer Symmetrie und formalen Einfachheit auch *kanonische Gleichungen* genannt; sie ersetzen die m Lagrange-Gleichungen. Ein mechanisches System, das durch Hamilton-Gleichungen beschrieben werden kann, heißt *kanonisches System*. Für zeitunabhängige und holonome Nebenbedingungen, zeitunabhängige generalisierte Koordinaten und Potentialkräfte ist die Hamilton-Funktion gleich der Gesamtenergie, d.h. es gilt:

(36) $$H = U + T = E$$

Die Hamilton-Funktion ist *Erhaltungsgröße*, wenn sie nicht explizit von der Zeit abhängt,[29] d.h. wenn

(37) $$\frac{dH}{dt} = \frac{\delta H}{\delta t} = -\frac{\delta L}{\delta t} = 0.$$

Die Identifikation von H als Gesamtenergie und als Erhaltungsgröße sind *unabhängig* voneinander; gelten beide Bedingungen, so repräsentiert H die im System *konservierte Energie*.

Das Aufstellen der kanonischen Gleichungen ist jedoch nur der erste, einfachste Schritt bei der Untersuchung mechanischer Systeme. Eine analytische Lösung der Gleichungen setzt deren Integration voraus, die nicht grundsätzlich möglich ist. Integrabilität kann jedoch in bestimmten Fällen durch eine *kanonische Transformation* erreicht werden: Die Wahl der verallgemeinerten Koordinaten und Impulse kann nämlich u.U. so getroffen werden, daß alle Koordinaten *zyklisch* sind, d.h. daß die Lagrange-Funktion von solchen Koordinaten nicht explizit abhängt. Da die Impulse der zyklischen Koordinaten konstant, also Erhaltungsgrößen sind, ist H dann eine Funktion nur der konstanten Impulse:

(38) $$H = H(\bar{p}_j)$$

Dies entspricht der Eliminierung der potentiellen Energie aus dem mechanischen System, so daß dieses als System voneinander unabhängiger, wechselwirkungsfreier Teilchen dargestellt wird:

(39) $$H = T$$

Die kanonischen Gleichungen lassen sich in diesem Falle problemlos integrieren und analytische Lösungen können ermittelt werden. Dies führt zur Berechnung der Trajektorie des Systems im Phasenraum, die sämtliche relevanten Informationen enthält; sie stellt eine vollständige Beschreibung des Systems dar. Solche Systeme werden auch als *integrable Systeme* bezeichnet und galten bis Ende des 19. Jahrhunderts als Allgemeinfall der klassischen Mechanik.

Die kanonischen Gleichungen der klassischen Mechanik stellen den Abschluß und Höhepunkt der Entwicklung des mechanischen Weltbildes dar:[30] Alle Phänomene werden auf die Bewegung materieller Körper zurückgeführt; es gibt nur einen Prozeß - die relative Ortsänderung. Die materiellen Körper selbst sind unveränderlich; es gibt keine *qualitativen* Veränderungen im eigentlichen Sinne.

---

[29] Es handelt sich hier um einen Spezialfall des *Noether-Theorems*, das die Äquivalenz von Symmetrien und Konservierungsprinzipien postuliert.

[30] Vgl. dazu insbesondere *P.M. Harman* (1982, Kap. 1-3), *Prigogine* (1988, Kap. 2) und *Prigogine und Stengers* (1986, Kap. 1-3).

Die Gleichungen der klassischen Mechanik sind invariant gegenüber Zeitumkehr (bei gleichzeitiger Geschwindigkeitsumkehr) - es gibt keinen grundsätzlichen Unterschied zwischen Vergangenheit und Zukunft, keine bevorzugte Zeitrichtung; ein mechanisches System kann sowohl vorwärts als auch rückwärts ablaufen. Die Zeit ist nicht mehr als eine vierte Raumkoordinate.

> „Die Zeit ist ein Parameter, durch den diese Ortsveränderungen beschrieben werden können. Dadurch sind in der Welt der Dynamik Raum und Zeit unauflöslich miteinander verknüpft." (*Prigogine und Stengers* 1986, 68)

Die Instrumente der Erklärung und Enträtselung dieser mechanischen Welt stellen die Newtonschen Gesetze und die darauf aufbauenden kanonischen Gleichungen dar: Mit ihnen kann die Entwicklung jedes Systems, also auch des Systems der ganzen Welt, genau und vollständig beschrieben werden. Hat man Kenntnis von irgendeinem Momentanzustand des Systems, von irgendwelchen *Anfangsbedingungen* also, läßt sich seine Entwicklung von der fernsten Vergangenheit bis in die weiteste Zukunft hinein bestimmen und mittels seiner Trajektorie darstellen. Diese Trajektorien sind gesetzmäßig, determiniert und reversibel: Alles ist gegeben, nichts wirklich Neues kann geschehen.

Zwar gibt es offensichtliche praktische Probleme bei der Bestimmung der *Welt-Trajektorie*, aber ein überirdisches Wesen mit unbeschränkter Informationsverarbeitungskapazität - der *Laplacesche Dämon* - könnte *grundsätzlich* die bisherige Geschichte und das weitere Schicksal des gesamten Universums berechnen - und zwar bis in die kleinste Einzelheit.

Den größten Triumph feierte die klassische Mechanik 1846: Neptun wurde von *Adams* und *Leverrier* „entdeckt" - aber nicht im Teleskop, sondern durch Berechnungen auf der Grundlage von Bahnabweichungen des Uranus!

Eine gewisse Ernüchterung trat im Gefolge von *Poincarés* berühmtem Theorem von 1893 ein, in dem er bewies, daß die interessantesten Probleme der klassischen Mechanik - wie z.B. das Dreikörper-Problem - *nicht* zu integrablen Systemen führen, sondern daß letztere vielmehr einen seltenen Ausnahmefall darstellen; für die überwiegende Mehrzahl dynamischer Systeme sind analytische Lösungen nicht grundsätzlich bestimmbar. „Das Bemühen, die Welt auf nicht-wechselwirkende freie Einheiten zu reduzieren, war gescheitert." (*Prigogine und Stengers* 1986, 79)

1. Die Mechanik von Nutzen und Selbstinteresse

„[A]n interest in the history of ideas is good for the scientist's soul." (*Mandelbrot* 1983, 21)

Als „the mechanics of utility and self-interest" bezeichnete *Jevons* (1921, 21) die Ökonomie - genauer gesagt, die neoklassische Ökonomie, die er zusammen mit *Edgeworth*, *Menger* und *Walras* begründet hatte.[31] Und diese Bezeichnung ist in der Tat gerechtfertigt wie keine andere: Denn das Bestreben bei der Entwicklung der Neoklassik richtete sich von allem Anfang an auf die möglichst detailgetreue und möglichst vollständige Kopie der klassischen Mechanik, insbesondere der Newtonschen Mechanik (vgl. Exkurs 1).[32] Wie erwähnt verliehen die Erfolge der klassischen Mechanik der Physik eine exponierte Stellung unter den Wissenschaften - das Paradebeispiel einer exakten Wissenschaft, dem es zu folgen galt. Auch die neoklassischen Pioniere orientierten sich an diesem Maßstab und konstruierten eine Ökonomie nach dem Vorbild der klassischen Mechanik, mit dem Ziel, die Wirtschaftswissenschaft endlich als *richtige*, d.h. exakte, Wissenschaft zu etablieren, die, wenn sie schon nicht auf einer Ebene mit der Physik stehen könne, doch zumindest als *Physik der Sozialwissenschaften* gelten solle.

Die Physikkopie war jedoch nicht reiner Selbstzweck, sondern sollte auch die normativ-analytische Wahl der Verhaltensannahmen absichern und stützen, deren Ziel in der Rechtfertigung der Überlegenheit des Marktsystems bestand (*Weimann* 1987, 205ff); der Siegeszug der Neoklassik beruht wohl in nicht geringem Ausmaß auf der erfolgreichen Befriedigung dieses immanenten Erkenntnisinteresses - und nicht ausschließlich auf ihrem naturwissenschaftlichen Anschein.

Die Übertragung wurde hauptsächlich mittels formeller und materieller Analogien vollzogen, wohingegen ausgesprochen reduktionistische Versuche, die es ebenfalls gab, weitestgehend erfolglos blieben. Am deutlichsten wird die Verwandtschaft, ja Äquivalenz, zwischen klassischer Mechanik und neoklassischer Ökonomie bei *I. Fisher* (1926), der die analoge Verwendung physikalischer Größen in der Ökonomie en détail nachvollzog - aber die Übertragung ebensowenig wie

[31] Vgl. zum folgenden insbesondere *Mirowski* (1989b, Kap. 5), aber auch *Albert* (1980), *Georgescu-Roegen* (1978), *Hodgson* (1993, 21ff) und *Sombart* (1950, Kap. 9).

[32] Als Beispiele für *explizite* Kopien vgl. *Amoroso* (1950), *Edgeworth* (1881), *I. Fisher* (1926), *Helm* (1887, 72ff) und *Pikler* (1954).

seine Vorgänger oder Nachfolger konsequent zu Ende führte, was nicht ohne Folgen blieb.

Die Mechanikkopie sieht im einzelnen wie folgt aus:[33] An die Stelle der Raumachsen treten die Güterachsen (von denen es mehr als drei geben kann, wenngleich dadurch die *unmittelbare* Analogie zum Euklidraum verloren geht); die Ausgaben werden mit der Arbeit (bzw. der Änderung der kinetischen Energie) gleichgesetzt; (konservative) Güterpreise werden durch ein (negatives) Gradientenfeld des Nutzens beschrieben und ersetzen so die (konservativen) Kräfte (bzw. deren Komponenten entlang der verschiedenen Achsen) und das entsprechende Feld potentieller Energie.

> „The key to understand neoclassical economics is to realize that prices constitute a conservative vector field (...) such that, given a scalar field of utility (...), the price vector may be deduced from it." (*Mirowski* 1989b, 223)

In der klassischen Mechanik bewegt sich ein Teilchen innerhalb der Systemgrenzen hin zum Gleichgewicht, das durch das Minimum der potentiellen Energie gekennzeichnet ist, während das ökonomische Gleichgewicht dann erreicht ist, wenn sich das „Individuum" - reduziert auf ein fixes Präferenzenbündel - im Nutzenmaximum befindet, wobei dieses Individuum durch die ihm maximal möglichen Ausgaben, sein Budget, eingeschränkt ist. Dieser Übergang vom Minimum zum Maximum ist nur von - im wahrsten Sinne des Wortes - zweitrangiger Bedeutung; die Differentialrechnung unterscheidet zwischen minimalen und maximalen Optima erst auf der Ebene der zweiten Ableitung, so daß keine wesentlichen Abweichungen von den Formalia der klassischen Mechanik notwendig sind. Deshalb entsprechen sich auch - bis auf Bezeichnungsunterschiede - die *physikalischen* und die *ökonomischen* Gleichungen. Letztere sehen im Fall dreier Güter (x,y,z) wie folgt aus, wobei **P** den Preisvektor, E die Ausgaben, U den Nutzenskalar und q eine beliebige Richtung im Güterraum bezeichnen soll:

Die Ausgaben sind definiert als

(1) $$E = \int \mathbf{P} dq \,.$$

Die Voraussetzung für die Anwendung des Feldformalismus und damit für das weitere Vorgehen ist die *Konservativität* der Preise. Konservative Preise besagen, daß eine Reihe (virtueller) Transaktionen, die wieder zum Ausgangspunkt zurückführt, *kostenlos* ist.

(2) $$\oint \mathbf{P} dq = 0$$

[33] Es kann im Rahmen dieser Arbeit nicht im einzelnen auf die Entwicklung der physikalischen Analogie eingegangen werden, insbesondere nicht darauf, inwieweit sich das Vorgehen der frühen Neoklassiker in gewissen Details voneinander unterschied. Es wird nur das *Endergebnis* der Übertragung aus heutiger Sicht dargestellt.

Unter dieser Voraussetzung lassen sich die Preise als *negatives* Gradientenfeld des Nutzens schreiben:

$$(3) \qquad \mathbf{P} = -\nabla U(q) = -\left(\frac{\delta U}{\delta x}, \frac{\delta U}{\delta y}, \frac{\delta U}{\delta z}\right) = \left(P_x, P_y, P_z\right)$$

$$(4) \qquad \mathrm{rot}\mathbf{P} = \left(\frac{\delta P_z}{\delta y} - \frac{\delta P_y}{\delta z}, \frac{\delta P_x}{\delta z} - \frac{\delta P_z}{\delta x}, \frac{\delta P_y}{\delta x} - \frac{\delta P_x}{\delta y}\right) = 0$$

Die Proportionalität von Grenznutzen und Preis ist also keineswegs eine ökonomische Erkenntnis, sondern lediglich eine *formale* Implikation der mechanischen Analogie.

Durch dieses Vorgehen hat die Neoklassik uno actu Wertbegriff, also Nutzen, *und* Verhaltensannahme, also dessen Maximierung, vom mechanischen Modell übernommen. Die neoklassische Wertkonzeption ist also *mechanisch* - und dadurch gleichzeitig notwendigerweise *individualistisch*: Ähnlich voneinander unabhängigen mechanischen Systemen sind die individuellen Nutzenfelder *völlig unabhängig voneinander*; die Nutzeneinschätzungen der Wirtschaftssubjekte stehen in keinem Zusammenhang, allenfalls eine zufällige Koinzidenz kann auftreten.[34] Zusammengefaßt besteht der neoklassisch-mechanische Wert aus dem im Individuum lokalisierten und von diesem zu maximierenden Nutzen.

Wie erwähnt wurde das mechanische Vorbild nicht *exakt* kopiert: So entsprechen in (3) die Preise nicht einfach dem Grenznutzen, sondern genaugenommen dem *negativen* Grenznutzen. Von den Neoklassikern wurde dieses Minuszeichen als unschönes Detail einfach unterschlagen, was eine erste, wenngleich kaum bedeutsame Abweichung von der physikalischen Vorlage darstellt.[35] Wesentlich problematischer sind andere Modifikationen des mechanischen Modells: So wird die Höhe der Gesamtausgaben auf $\bar{E}$ beschränkt, um endliche Lösungen für das Maximierungsproblem zu gewährleisten, und das *Gesetz der Preiseinheitlichkeit* postuliert,[36] so daß das Integral (1) als Summe geschrieben werden kann; es ergibt sich folgende lineare Budgetrestriktion:

$$(5) \qquad E = \sum \mathbf{P}q \leq \bar{E}$$

[34] Damit wird *nicht* ausgeschlossen, daß der Nutzen eines Individuums als Argument in die Nutzenfunktion eines anderen eingehen kann; ausgeschlossen wird *nur*, daß ein (mehr als rein zufälliger) Zusammenhang zwischen der *Aufstellung* der einzelnen Nutzenfunktionen, unabhängig von deren Argumenten, besteht.

[35] Die Darstellung der physikalisch-neoklassischen Analogie bei *Mirowski* (1989b, 223) ist in diesem Punkt inkonsequent, da er von vornherein von einer *positiven* Skalarfunktion ausgeht.

[36] Da das Nutzenfeld unabhängig von den tatsächlichen Tauschvorgängen existiert und so jeder Gütereinheit ein unterschiedlicher Nutzen entsprechen kann, ist dieses „Gesetz" nicht modelltheoretisch erforderlich, sondern dient der willkürlichen Etablierung einer einheitlichen Nutzenmetrik (die eine grundsätzliche Meß- und interpersonelle Vergleichbarkeit des Nutzens impliziert) und linearer Nebenbedingungen. Auch das übliche Arbitrage-Argument kann nicht als Rechtfertigung dienen (*Bausor* 1986, 117).

Vor allem aber wurde der *Energieerhaltungssatz*, d.h. das Konservierungsprinzip der klassischen Mechanik, vernachlässigt; dieser besagt, daß im konservativen System die Summe von kinetischer und potentieller Energie konstant ist. Geht man von einem Ausgangszustand aus, in dem die kinetische Energie gleich Null ist, so lassen sich kinetische Energie und (geleistete) Arbeit gleichsetzen; im neoklassischen Analogon entsprechen dann also die Ausgaben der kinetischen Energie. Das neoklassische Konservierungsprinzip würde also lauten:[37]

$$(6) \qquad E + U = \text{const.}$$

Diese Addition von Geld und Nutzen erschien aus ökonomischer Sicht doch etwas zu absurd und wurde fallengelassen - umsomehr, als dieses Konservierungsprinzip die ontologische Identität von Nutzen und Geld impliziert und das Ziel der Neoklassik, eine *natürliche* und allgemein gültige, von sozialen Institutionen wie Geld unabhängige Ökonomie zu sein, ganz offensichtlich ad absurdum führen würde. Auch müßte Nutzen grundsätzlich meßbar und bei Preiseinheitlichkeit auch interpersonell vergleichbar sein.[38]

Die dem Erhaltungssatz äquivalenten Integrabilitätsbedingungen (4) erlitten ein ähnliches Schicksal, da sie eine empirisch unhaltbar Aussage - gleiche Kreuzpreiselastizitäten für alle Güterkombinationen im Gleichgewicht (was nur in offensichtlich irrelevanten Fällen möglich ist, z.B. in dem der *Hicksschen Volkswirtschaft*, in der die Einkommenselastizitäten der Nachfrage aller Konsumenten für alle Güter identisch sind) - implizierten und zudem nicht mit dem aufoktroyierten „Gesetz" der Preiseinheitlichkeit vereinbar waren.

Aber da eine Feldtheorie, überhaupt jegliche Optimierung unter Nebenbedingungen, ein Konservierungsprinzip voraussetzt, das dem zu beschreibenden System seine Identität verleiht, versuchten die Neoklassiker, das inakzeptable Originalprinzip durch ökonomisch unproblematischere Prinzipien zu ersetzen - wie die Konservierung des Nutzens, die Konstanz von Einkommen bzw. Ausgaben oder die Gleichheit von antizipiertem und realisiertem Nutzen. Durchgesetzt haben sich schließlich die Integrabilitätsbedingungen in Form von Anforderungen an die *Slutsky-Matrix*, die negativ semidefinit und symmetrisch sein muß; diese besteht aus den kompensierten *Slutsky-Substitutionstermen* S_{ij} aller möglichen Kombinationen zweier Güter i und j (*Hands* 1992, 99ff; vgl. auch *Boadway und Bruce* 1984, 203ff). Für S_{ij} gilt dabei:

$$(7) \qquad S_{ij} = \frac{\delta x_i}{\delta p_j} + x_j \frac{\delta x_i}{\delta E} = \frac{\delta x_i^c}{\delta p_j}$$

[37] Geht man von einer *positiven* Nutzenskalarfunktion aus, so folgt die Konstanz der *Differenz* von Ausgaben und Nutzen - eine gleichfalls ökonomisch wenig attraktive Bedingung: E - U = const.

[38] Die Abwendung vom kardinalen hin zum ordinalen Nutzenkonzept durch die „new welfare economics" war also keineswegs modelltheoretisch (d.h. aufgrund der mechanischen Analogie) notwendig - sondern eher ein Ausweichmanöver, um das Nutzenkonzept vor Angriffen aufgrund der Meßbarkeitsprobleme zu immunisieren (und deshalb allenfalls notwendig im Sinne einer Härtung des „hard core").

Die Symmetriebedingungen gelten nun nicht mehr für den Güter-, sondern für den Budgetraum. Dementsprechend bilden nicht mehr *normale* Preise P_i ein konservatives Vektorfeld des Nutzens, sondern *kompensierte* Preise P_i^c (d.h. die Inversen der kompensierten Nachfragefunktionen x_i^c) ein konservatives Vektorfeld der Ausgaben (*Hands* 1993, 122ff; *Mirowski* 1993a, 328ff):

$$(8) \qquad \mathbf{P}^c = -\nabla E$$

Das Konservierungsprinzip wird dadurch, unter der Bedingung konstanten Nutzens, zu

$$(9) \qquad E = \text{const.}$$

bzw. vollständiger zu

$$(10) \qquad E + \overline{U} = \text{const.}.$$

Ursache dieser Modifikationen des ursprünglichen Modells ist letztlich die Existenz von Einkommenseffekten; würden diese nicht existieren, dann würden tatsächlich die *unkompensierten* Preise ein Nutzenvektorfeld bilden. Diese Berücksichtigung von Einkommenseffekten ändert aber, darauf ist ausdrücklich hinzuweisen, *nichts* am eigentlichen „Charakter" des Konservierungsprinzips; weiterhin werden Geld und Nutzen addiert.

Der Feldformalismus durfte nicht auf den Konsum beschränkt bleiben, sondern mußte auch auf die Produktion ausgedehnt werden, sollte der generelle Erklärungsanspruch der Neoklassik gerechtfertigt werden. Dabei werden die Güter und ihre Preise durch Produktionsfaktoren und Faktorpreise ersetzt, an die Stelle des Nutzens tritt der Output und die Ausgaben- wird zur Kostenfunktion. Entsprechend ergeben sich bei drei Produktionsfaktoren (Boden B, Kapital K und Arbeit L), dem Faktorpreisvektor **P** und dem Output Y folgende Gleichungen:

Für die Kosten C gilt:

$$(11) \qquad C = \int \mathbf{P} dq$$

Auch hier müssen die Preise konservativ sein; d.h. eine Abfolge (virtueller) Produktionsvorgänge, die wieder bei der Faktorkombination anlangt, von der sie ausgegangen ist, verursacht keine Kosten:

$$(12) \qquad \oint \mathbf{P} dq = 0$$

Die Faktorpreise lassen sich dann als negatives Gradientenfeld des Outputs schreiben:

$$(13) \qquad \mathbf{P} = -\nabla Y(q) = -\left(\frac{\delta Y}{\delta B}, \frac{\delta Y}{\delta K}, \frac{\delta Y}{\delta L}\right) = \left(P_B, P_K, P_L\right)$$

$$(14) \qquad \text{rot}\mathbf{P} = \left(\frac{\delta P_L}{\delta K} - \frac{\delta P_K}{\delta L}, \frac{\delta P_B}{\delta L} - \frac{\delta P_L}{\delta B}, \frac{\delta P_K}{\delta B} - \frac{\delta P_B}{\delta K}\right) = 0$$

Die Preise der Produktionsfaktoren sind also proportional zu ihrer jeweiligen Grenzproduktivität. Auch hier wird das Minuszeichen in (13) vernachlässigt, das „Gesetz" der Preiseinheitlichkeit angewandt und eine Budgetrestriktion eingeführt:

$$(15) \qquad C = \sum \mathbf{P}q \leq \bar{C}$$

Im Produktionsfall wird der Output bei gegebenen Kosten maximiert. Alternativ können auch die Kosten bei gegebenem Input minimiert werden oder - was die übliche Variante ist - es wird der Gewinn maximiert; in letzterem Fall erhält man endliche Lösungen allerdings nur bei zusätzlichen Annahmen über Kostenverläufe und/oder Outputpreis. Alle diese Varianten beruhen aber gleichermaßen auf dem Feldformalismus - dessen Konservierungsprinzip aber auch hier aus offensichtlichen Gründen unterschlagen wurde; denn es würde lauten:[39]

$$(16) \qquad C + Y = \text{const.}$$

Dieses mißliebige Element der Analogie wurde durch andere Konservierungsprinzipien ersetzt - entweder die Annahme konstanter Skalenerträge oder die Annahme der Gleichheit von Input- und Outputwert (wobei eventuelle Gewinne den Konsumenten als *Output* zugerechnet werden müssen). Die Substitute stellen aber - im Gegensatz zur Slutsky-Matrix im Konsumfall - *keine tatsächlichen Modifikationen* dar, die sich ökonomisch begründen lassen, sondern es handelt sich bei ihnen um lediglich *kosmetische Veränderungen*, da sie inhaltlich der Gleichung 16 entsprechen.[40]

Die Anwendung der mechanischen Analogie verursachte im Produktionsbereich weit größere Probleme als im Konsumbereich: Vor allem setzt die Annahme des Outputfeldes voraus, daß alle möglichen Technologien durch dieses Feld repräsentiert werden - und zwar unabhängig vom *tatsächlichen* Ablauf der Produktion. Diese wird dann beschrieben als durch die Faktorpreisrelationen determinierte Kombination gegebener Produktionsfaktoren, ähnlich dem Packen eines Picknickkorbes, so daß das Endprodukt über keine *neuen* Qualitäten im Vergleich zu den Produktionsfaktoren verfügen kann (*Georgescu-Roegen* 1976b, 287ff). Das Unternehmen selbst existiert nur in Form dieses Technologiefeldes und hat weiter keinerlei Bedeutung. Diese Produktion findet in Nullzeit statt und die Konservativität des Outputfeldes impliziert, daß die Produktionsfaktoren kontinuierlich und - zumindest grundsätzlich - vollständig *substituierbar* sind und daß der Produktionsablauf *pfadunabhängig* und *reversibel* ist. Auch gibt es keinen technischen Fortschritt; alle Verfahren sind gegeben und unveränderlich; Faktorpreisänderungen induzieren lediglich Übergänge von einem bekannten Verfahren zum anderen. Ein weiteres Problem besteht in der Identität der Güter bzw. in der Verbindung zwischen Produktions- und Konsumsphäre. In dieser wird ein Gut durch die Nutzenfelder der

---

[39] Die aufgrund der Vernachlässigung des Minuszeichens eigentlich korrekte Konservierungsbedingung fordert die Konstanz der *Differenz* von Kosten und Output: C - Y = const.

[40] Genauer gesagt entsprechen die Substitute nicht (16), sondern der erwähnten korrekten Konservierungsbedingung C - Y = const.

Individuen, also *psychologisch*, bestimmt, wohingegen in jener die *physikalischen* Charakteristika ausschlaggebend sind. Diese Divergenz ist im Zusammenhang zu sehen mit der von *Lowe* (1981, 791f) beklagten Inkonsistenz bei den Verhaltensannahmen: Während die Konsumenten ihren Nutzen maximieren, spielt dieser bei den Produzenten keine unmittelbare Rolle, da sie ihren Gewinn (oder Output) maximieren. Die so zwangsläufig „schizophrene" Geisteshaltung der Unternehmer (die ja immer auch Konsumenten sind) und die erwähnte Güteridentitätsproblematik sind beide Ausdruck des Dilemmas, einerseits eine vom Geld unabhängige, auf dem *natürlichen* Nutzen basierende Ökonomie zu vertreten, andererseits aber den Nutzen nicht in der Feldtheorie der Produktion verwenden zu können. Denn

> „...the comparison of the technology of a production process to a field of force is surely gratuitous and meaningless, a mere artifact of the *problems* thrown up by the original (...) metaphor, a rhetorical ploy to make it appear as if production had been subsumed under the same structure of explanation as the equilibrium of the consumer." (*Mirowski* 1989b, 315)

Zu welchen Konsequenzen hat nun die Übernahme des mechanischen Modells für die Ökonomie geführt? Denn wie wir gesehen haben (vgl. Teil III.3) kann die Übertragung physikalischer Konzepte in die Ökonomie nicht a priori und grundsätzlich befürwortet oder abgelehnt werden. Auch ist, wegen der Notwendigkeit einer *ökonomischen* Beurteilung, die Tatsache, daß es sich beim neoklassischen Vorbild, der klassischen bzw. Newtonschen Mechanik, um eine *veraltete* Physik handelt, kein entscheidendes Kriterium - ebensowenig wie die Unvollständigkeit der Übertragung.[41] Aber es gibt genug wirkliche Schwachstellen, die Zweifel am Sinn der Übertragung aufkommen lassen.

Vor allem zeichnet sich die nach dem mechanischen Grundmuster errichtete neoklassische Ökonomie, die „Schwesterwissenschaft der Mechanik" (*Knight* 1935, 85), *zwangsläufig* durch dieselben Eigenschaften wie diese aus: Sie ist deterministisch, gleichgewichtsorientiert, reversibel und zeitlos.[42]

Und diese Charakteristika wurden nicht etwa als problematisch erkannt, sondern von der Mehrzahl der Neoklassiker als durchaus erstrebenswert angesehen; denn die Nachahmung der Mechanik erstreckte sich auch auf die physikalische Methodologie

---

[41] Solche Punkte würden nur dann eine Rolle spielen, wenn die Ökonomie *vollständig* auf den Status einer physikalischen Subdisziplin reduziert worden wäre; entsprechende Versuche blieben aber erfolglos.

[42] Auf die sich daraus ergebenden Unzulänglichkeiten bei der Behandlung ökonomischer Phänomene soll hier nicht eingegangen werden; dies ist durch eine Vielzahl von Autoren schon zur Genüge geschehen. Lediglich die Konsequenzen für die Umweltökonomie werden im nächsten Teil dieser Arbeit näher diskutiert.

Es sei noch angemerkt, daß *zeitlos* hier im Sinne von *ahistorisch* zu verstehen ist. Denn die Variable „Zeit" erscheint nur in statischen Modellen überhaupt nicht, in komparativ-statischen oder dynamischen Modellen dagegen sehr wohl. Aber auch in diesen Fällen wird die Zeit, wie in der Mechanik auch, lediglich wie eine *Raumkoordinate* behandelt, der die eigentlich entscheidenden Charakteristika der realen, historischen Zeit abgehen.

und ging so weit, daß alle nicht-mathematischen bzw. nicht durch Zahlen erfaß- und ausdrückbaren Konzepte als *nichtwissenschaftlich* ignoriert oder abgelehnt wurden - was z.B. im Motto der *Cowles-Kommission* zum Ausdruck kommt:[43] „Science Is Measurement." Durch diese Konzentration auf, wie sie *Georgescu-Roegen* genannt hat, „arithmomorphische" Konzepte und die Vernachlässigung „dialektischer" Ideen (wie Evolution, Freiheit oder Moral) kam es zu einem formalistischen Wildwuchs, dem häufig jeder Bezug zur ökonomischen Realität abgeht und der eine kritische Reflektion der Rolle der Mathematik vermissen läßt:[44] „Mechanics thus seems to be the justification for any flight of fancy in economics." (*Georgescu-Roegen* 1979c, 327) Dies führte dazu, daß der *homo oeconomicus* auch nur ein Zerrbild eines tatsächlichen Menschen darstellt (*Sen* 1982b; *Veblen* 1990, 73f). Da jede mechanische Analogie ein Konservierungsprinzip und eine Optimierungsregel beinhaltet, kann eine mechanische Ökonomie gar nicht anders, als die wichtigsten ökonomischen Vorgänge - die *Veränderungen* von Zielen, Präferenzen, Technologie, institutionellem Rahmen etc. - zu vernachlässigen. Hierin liegt die Antwort auf die Frage „why a science interested in *economic* means, ends, and distribution should dogmatically refuse to study also the process by which new *economic* means, new *economic* ends, and new *economic* relations are created." (*Georgescu-Roegen* 1971, 320)

Soweit zu den *zwangsläufigen* Folgen der Mechanikimitation per se - aber daneben blieb auch deren *Unvollständigkeit* nicht ohne Konsequenzen: So führte vor allem die Ignorierung der ursprünglichen Konservierungsbedingungen zu erheblichen Problemen. Zwar mag man einwenden, daß es im Wesen einer Analogie (und einer Metapher) liegt, daß diese *nicht* vollständig und exakt dem Original entspricht und daß es deshalb durchaus zulässig ist, nur die ökonomisch *passenden* Teile des Vorbildes zu übernehmen - aber dieses Belieben hat auch Grenzen, insbesondere im vorliegenden Fall: „While the notion of the field is a very flexible concept, it does possess a modicum of structural regularity that, if absent, undermines its logical integrity." (*Mirowski* 1989b, 272) Deshalb *mußten*, wie erwähnt, Substitute gefunden werden; das hauptsächlich verwandte Konservierungsprinzip in Gestalt der Slutsky-Matrix hat jedoch einen großen Nachteil: Zwar ist es ökonomisch sinnvoller als die ursprünglichen Integrabilitätsbedingungen (4), doch wird dies durch den Verlust einiger wertvoller Eigenschaften des physikalischen Vorbilds erkauft - vor allem die Eindeutigkeit und Stabilität von Gleichgewichtssituationen.[45] Dies ändert nichts am deterministischen Charakter der Neoklassik, doch können die zum Nachweis der *Existenz* eines Gleichgewichts hinreichenden Konkavitäts- bzw. Konvexitätsbedingungen *nicht* auch dessen *Stabilität* oder *Eindeutigkeit* garantieren (*Hands* 1994, 274f; *Ingrao und Israel* 1990, Kap. 10-12; *Saari* 1992): „Anything can

[43] Im auffälligen Widerspruch dazu steht freilich das Versagen hinsichtlich der Messung des Nutzens, der desungeachtet *die* zentrale Rolle in der Neoklassik spielt.

[44] Vgl. dazu z.B.: *Albert* (1963), *Beed und Kane* (1991), *Blaug* (1992, XXIff), *Georgescu-Roegen* (1971, 39-59; 1979c), *Kuttner* (1985), *Mirowski* (1986; 1993b), *Schneider* (1992).

[45] Zur Diskussion von Eindeutigkeit und Stabilität des Gleichgewichts aus neoklassischer Sicht vgl. vor allem *Arrow und F.H. Hahn* (1971, Kap. 9-12).

happen!" (*Saari* 1992, 360) Dies ist nicht der Fall bei den *Original-Integrabilitätsbedingungen*, die ein stabiles und eindeutiges Gleichgewicht sicherstellen; sie würden aber nur in extremen Ausnahmefällen wie der *Hicksschen Volkswirtschaft* (in der auch das *Samuelsonsche Korrespondenzprinzip* gilt) realisiert werden, sind also, wie erwähnt, ökonomisch unhaltbar. Auch die konsequente Dynamisierung der rein statischen Analogie mußte am Widerspruch zwischen ökonomischer Plausibilität und formaler Konsistenz scheitern, was z.B. die entsprechenden Versuche von *English* (1974, 289ff) zeigten. Abgesehen von den durch die Nichteindeutigkeit und Instabilität der Gleichgewichte verursachten Problemen würde jede die Zeit explizit berücksichtigende Formulierung das unterdrückte Konservierungsprinzip offensichtlich machen. Die von *Pikler* (1954, 313ff) geforderte *Hamiltonsche Ökonomie* konnte aber auch aus einem anderen Grund nicht realisiert werden: Der Hamilton-Formalismus würde die Einführung generalisierter Koordinaten und Impulse notwendig machen, die ökonomisch kaum sinnvoll zu definieren, geschweige denn zu interpretieren wären.

> „As a consequence, generations of neoclassicals have felt free to assert anything they pleased about the dynamics of their model, without understanding that their freedom was spurious." (*Mirowski* 1989b, 252)

Dem kritischen Punkt der mechanischen Analogie, dem Konservierungsprinzip, wurde jedoch nicht die ihm zukommende Bedeutung eingeräumt - denn durch die dann zwangsläufige Offenlegung der Nutzen-Geld-Äquivalenz wäre das gesamte neoklassische Projekt in Frage gestellt worden. Folglich ließ man das Konservierungsprinzip ganz unter den Tisch fallen, ersetzte es durch die zwar de facto äquivalenten, aber auf den ersten Blick weniger auffälligen Integrabilitätsbedingungen, die als unvermeidliches, aber bloß technisches Detail oder als eine reine mathematische Formalität angesehen wurden (analog war das Vorgehen im Fall der Produktionstheorie). Diese Negierung des Konservierungsprinzips führte dazu, daß die Neoklassik zwar einen *Wertbegriff* - den mechanischen Nutzen - hat, aber keine *Werttheorie*, die diesen Namen tatsächlich verdient.[46] Und aufgrund der unterbliebenen Auseinandersetzung mit ihrem Wertkonzept, aufgrund des Fehlens einer Werttheorie, konnte keine kritische und konstruktive Diskussion über das Herzstück der Neoklassik geführt werden, die mechanische Analogie, konnte also nicht erkannt werden, worauf letztlich alle Unzulänglichkeiten und Probleme der Neoklassik zurückzuführen sind. Stattdessen wurde und wird der mechanische Ursprung der Neoklassik entweder ignoriert oder als unwichtig angesehen, da es sich ja um eine „bloße Analogie" oder gar nur um eine „harmlose Metapher" handele und die Neoklassik heute ohnehin kaum mehr etwas gemein habe mit der klassischen Mechanik bis auf einige unbedeutende und oberflächliche Details. Diese Argumentation dient nicht zuletzt dazu, um sich gegen eine etwaige Kritik an der *Veraltetheit* der physikalischen Grundlagen zu schützen. Dem muß entgegengehalten werden,

---

[46] Ungeachtet des Titels seiner Monographie beschäftigt sich *Debreu* (1959) *nicht* mit der Werttheorie; er geht vielmehr von den neoklassischen Grundannahmen aus und setzt Ausgaben mit *Wert* gleich.

daß ohne Anerkennung und Diskussion der mechanischen Grundlagen alle darauf aufbauenden Erweiterungen und Ergänzungen nichts am eigentlichen *Charakter* der Neoklassik und somit nichts am Hauptproblem ändern.

Unsere kritische Darstellung der Entstehungsgeschichte und der Hintergründe der neoklassischen Ökonomie sollte nicht dahingehend mißverstanden werden, daß auf Grundlage neoklassischer Konzepte überhaupt nicht sinnvoll Ökonomie betrieben werden könne. Denn sicherlich existieren genügend Fragestellungen, insbesondere partialanalytischer Art, bei denen die Anwendung des neoklassischen Modells durchaus fruchtbar sein kann, Fragestellungen, bei denen die „mechanischen" Eigenschaften dieses Modells nur eine untergeordnete Rolle spielen. Mehr als zweifelhaft ist dagegen, ob der umfassende und generelle Erklärungsanspruch der Neoklassik angesichts dieser Eigenschaften aufrechterhalten werden kann.

2. Umwelt und Neoklassik

Die Entstehungsgeschichte bzw. der mechanische Charakter der Neoklassik hat offensichtliche Konsequenzen für deren Methode, Erklärungsanspruch und Realitätsnähe. Der Großteil dieser Konsequenzen kann und soll hier nicht näher diskutiert werden. Wir wollen uns im folgenden auf die Behandlung der Umwelt durch die Neoklassik konzentrieren, da sich die Verwendung thermodynamischer Konzepte vor allem durch etwaige Unzulänglichkeiten der dominierenden, also der neoklassischen Umweltökonomie rechtfertigen ließe. Es soll zunächst auf das generelle Verhältnis der Neoklassik zur Natur eingegangen werden (Teil IV.2.1); daran schließt sich eine Diskussion der neoklassischen Umweltökonomie (Teil IV.2.2) und deren Schwachstellen (Teil IV.2.3) an.

2.1. Die Rolle der Natur in der Neoklassik

Grundsätzlich wird die Natur von der Neoklassik *ignoriert* (*Hall, Cleveland und Kaufmann* 1986, 33). Dies stellt einen der Hauptunterschiede zur Klassik dar, auf deren Tradition sich die Neoklassik häufig, aber ungerechtfertigterweise beruft. Die klassischen Autoren, insbesondere *Malthus*, *Mill* oder *Ricardo* waren sich nämlich durchaus der Bedeutung der natürlichen Umwelt für die Ökonomie bewußt und warnten schon vor den Gefahren von sowohl Ressourcenerschöpfung als auch

Umweltverschmutzung.[47] Im Gegensatz dazu isoliert sich die Neoklassik vollständig von der Natur: Denn die Volkswirtschaft wird als ein sich selbst erhaltendes und von der Umwelt isoliertes System interpretiert - eine Art Perpetuum mobile, das einen *ewigen* Kreislauf zwischen Produktion und Konsum ermöglicht (*H.C. Binswanger* 1991, 169ff; *Georgescu-Roegen* 1976a, 4; 1979d, 16; 1981, 44f; *Leipert* 1994, 55f). Diese Konzeption entspricht den mechanischen Grundlagen der Neoklassik; in der Mechanik kann ein isoliertes, konservatives System permanent in Bewegung sein - wie etwa ein Pendel oder ein Planetensystem.

> „[E]conomic theory considers the economy to be a kind of perfect ageless machine. In this view, there is a cyclic relationship between *production* or supply on the one hand and *consumption* or demand on the other.“ (*R.U. Ayres* 1978, 2)

Dies impliziert, da ja die Existenz der natürlichen Umwelt nicht schlichtweg geleugnet werden kann, daß die Natur die Wirtschaftsprozesse in keiner Weise determiniert, einschränkt oder sonstwie beeinflußt - d.h. daß die *Rohstoffvorräte unendlich* und die *Reststoffabsorptionskapazität unbegrenzt* ist (vgl. kritisch dazu: *Boulding* 1968, 281; *Daly* 1987, 323; *Perrings* 1987, 4ff).

Zwar gab es einige wenige Neoklassiker, die sich schon früh mit der Umwelt befaßten, doch blieben ihre diesbezüglichen Arbeiten ohne größere Auswirkungen; So wurde und wird z.B. die pessimistische Prognose von *Jevons* (1865) über die Konsequenzen der Erschöpfung der britischen Kohlevorräte nur als abschreckendes Beispiel für eine Fixierung auf natürliche, physikalische Größen genannt; *Hotellings* (1931) wegweisender Beitrag zur Nutzung erschöpfbarer Ressourcen aus neoklassischer Sicht definiert das Rohstoffproblem durch sehr einschränkende Annahmen eher weg als es zu lösen - und dient deshalb seither als Rechtfertigung, die Endlichkeit der Rohstoffvorräte weiterhin außer acht zu lassen (vgl. Teil IV.2.2 und Teil IV.2.3). Auch die Tatsache, daß in unzähligen neoklassischen Produktionsfunktionen der Faktor „Land“ auftaucht, spricht nicht *für* eine Berücksichtigung der Natur, sondern eher *dagegen* - denn beim neoklassischen „Land“ handelt es sich um „ricardianisches Land“ (*Georgescu-Roegen* 1971, 2; 1979a, 95); dieses „Land“ ist ein Faktor, der sowohl in Menge als auch Qualität ausdrücklich als konstant angenommen wird und eher mit *Raum* bezeichnet werden sollte. Die Künstlichkeit dieses Landkonzeptes drückt sich am besten dadurch aus, daß es problemlos unter den Faktor Kapital subsumiert werden kann - wie dies ja heute in der neoklassischen Produktionstheorie meist geschieht.[48] „Diese Produktionsfunktion ist nun tatsächlich gefeit gegen jede natürliche Beschränkung des Wirtschaftswachstums.“ (*H.C. Binswanger* 1991, 171) Aber die neoklassische Produktionsfunktion beschreibt *nicht* die tatsächlichen Produktionsprozesse, sondern nur ein Zerrbild derselben, da die Produktion letztlich analog dem mechanischen Tauschparadigma dargestellt wird

---

[47] Vgl. z.B.: *H.C. Binswanger* (1991, 113ff), *Christensen* (1989, 19ff), *Immler* (1985), *Peterson und A.C. Fisher* (1977, 681), *Skourtos* (1994), *Umaña* (1981b, 23f).

[48] Dieses Vorgehen läßt sich auf *J.B. Clark* (1965) zurückführen.

(*Christensen* 1989, 22ff). Dieses mechanische Grundmodell, das zur Analyse marktlicher Austauschprozesse (oder, genauer gesagt, des Idealbildes derselben) übernommen wurde, wurde auch der Produktion übergestülpt - und zwar aus Gründen der formalen Geschlossenheit des neoklassischen Weltbildes und mathematischer Einfachheit, also *nicht* etwa aufgrund eines hohen Erklärungswertes (vgl. Teil IV.1).[49]

Slessers Charakterisierung der vorherrschenden Ökonomie - „In effect, economics treats the world as a closed system having access to limitless amounts of energy, whose acquisition takes only time, capital, labour and technology." (*Slesser* 1975, 170) - ist also durchaus gerechtfertigt.

Die neoklassische Umweltökonomie soll hier keinesfalls ignoriert oder gar geleugnet werden; festzuhalten ist aber, daß die *Grundkonzeption* der Neoklassik *anatürlich* ist und deshalb die Umwelt *nicht* als integrierender Bestandteil figuriert, sondern als *Fremdkörper* gewissermaßen nur zusätzlich und ergänzend berücksichtigt werden kann.

Sieht man einmal von einigen frühen rohstoffökonomischen Ansätzen ab, so entstand die moderne neoklassische Umweltökonomie im Laufe der sechziger Jahre, als vor allem die Umweltverschmutzung und deren Probleme unübersehbar wurden, und erfuhr wesentliche Impulse durch die Ölkrisen der siebziger Jahre und durch den im Gefolge dieser beiden Phänomene auftretenden Wertewandel bei großen Teilen der Gesellschaft (*Pearce und R.K Turner* 1990, 12ff).[50] Besonders hinzuweisen ist in diesem Zusammenhang auf den einflußreichen Aufsatz *Bouldings* (1968), der mit seiner Metapher des „Raumschiffs Erde" die Bedeutung und die Endlichkeit der natürlichen Umwelt in das Bewußtsein nicht nur von vielen Ökonomen, sondern auch der Öffentlichkeit rief. Es ist bezeichnend für die Neoklassik und ihre *Anatürlichkeit*, daß diese - eigentlich recht triviale - Erkenntnis *Bouldings* fast euphorisch als „one of the most enlightening ideas" (*d'Arge* 1972, 11) gefeiert wurde.

Die Frage, ob die konzeptionsbedingte Naturferne der Neoklassik durch die Entwicklung der neoklassischen Umweltökonomie weitgehend überwunden bzw. kompensiert werden konnte oder ob auch diese noch unter ihren mechanischen Ursprüngen leidet, soll in den folgenden zwei Abschnitten erörtert werden.

---

[49] Vor allem *Georgescu-Roegen* hat sich als hartnäckiger Kritiker der neoklassischen Produktionstheorie hervorgetan (vgl. z.B.: *Georgescu-Roegen* 1971, Kap. 9; 1976c; 1976d; 1986a; 1990).

[50] Es ist zu vermuten, daß nicht nur solche „äußeren" Umstände für die Entstehung der neoklassischen Umweltökonomie verantwortlich waren, sondern auch das Hegemoniestreben der Neoklassik, die um die Okkupation immer neuer Erkenntnisbereiche bemüht war und ist.

2.2. Die neoklassische Umweltökonomie

Die neoklassische Umweltökonomie soll hier nicht erschöpfend dargestellt werden. Für unsere Zwecke reicht eine Beschreibung ihrer Grundkonzepte und wichtigsten Erkenntnisse bzw. Politikempfehlungen aus, so daß die zahlreichen Verästelungen und Verfeinerungen vernachlässigt werden können.[51] Auch muß betont werden, daß im folgenden lediglich die neoklassische *Standard-Umweltökonomie* behandelt wird - *nicht* jedoch die Versuche, dieselbe durch physikalische bzw. thermodynamische Konzepte zu erweitern. Nicht zuletzt aufgrund dieser Versuche ist die Grenze zwischen neoklassischer Umweltökonomie und ökologischer Ökonomie wohl nur theoretisch scharf zu ziehen; im übrigen können die Arbeiten vieler Umweltökonomen nicht ausschließlich einem dieser beiden Felder zugeordnet werden. Die folgenden Ausführungen sind nur unter diesem Vorbehalt zu verstehen.

Zunächst soll kurz auf die wichtigsten positiven und normativen Elemente des umweltökonomischen „hard core" eingegangen werden (*Hampicke* 1992, 30ff).[52] Die übliche Unterscheidung zwischen positiven und normativen Theoriebestandteilen wird zwar beibehalten, doch muß darauf hingewiesen werden, daß *auch* die positiven Elemente auf *Entscheidungen* beruhen[53] - vor allem auf der Entscheidung für eine bestimmte Wertkonzeption (vgl. Teil II). Wir wollen uns zuerst den wichtigsten *positiven* Grundannahmen zuwenden. Zum einen ist der *Individualismus* zu nennen: Die Entscheidung für den *methodologischen* Individualismus wird meist mit der Annahme des *politischen* Individualismus verbunden, nach deren positiver Interpretation die Individuen über ihre Wohlfahrt und Präferenzen selbst am besten Bescheid wissen. Grundlage dafür ist das Postulat *individueller Rationalität*, die von Ökonomen meist mit individueller Nutzenmaximierung gleichgesetzt wird (vgl. *Hausman* 1992, Kap. 1). Des weiteren ist die Annahme der Leistungsfähigkeit des Marktes bzw. des Preismechanismus zu nennen; gestützt auf Ergebnisse der allgemeinen Gleichgewichtstheorie wird der Markt als überlegener Allokationsmechanismus angesehen und deshalb - in seiner *vollkommenen* Form - als Referenz für alle ökonomischen Probleme und allgemein anzustrebendes Ideal unterstellt: Auch wenn die Notwendigkeit staatlicher Interventionen aufgrund von Marktunvollkommenheiten im Umweltbereich allgemein zugestanden wird, dient als Orientierungsgröße für die entsprechende Umweltpolitik das fiktive Ergebnis eines vollkommenen Marktes. Die Überlegenheit des Marktes stützt sich wiederum auf eine weitere wichtige Annahme - die der grundsätzlich möglichen Substituierbarkeit aller Güter und Produktionsfaktoren (vgl. *Sohmen* 1976). Diese Substituierbarkeit erlaubt

---

[51] Für einen genaueren Überblick vgl. die Übersichtsaufsätze *Cropper und Oates* (1992), *A.C. Fisher und Peterson* (1976) und *Peterson und A.C. Fisher* (1977), die Standardlehrbücher *Baumol und Oates* (1988) und *Siebert* (1995) sowie die dort angegebene Literatur.

[52] Zum harten Kern der Neoklassik im allgemeinen vgl. *R.M. Fisher* (1986), *Schneider* (1990) und *Weintraub* (1985, 25f).

[53] Vgl. z.B.: *Blaug* (1992, Kap. 5), *Myrdal* (1976), *Proctor* (1991), *Weimann* (1987, 78ff).

inkrementale Anpassungsreaktionen; es sind keine grundlegenden und langfristig bedeutsamen Entscheidungen auf übergeordneter Ebene zu treffen, sondern eine Anpassung an sich ändernde Rahmenbedingungen ist durch dezentrale und allmähliche Marktentscheidungen möglich: Wird ein Gut bzw. ein Produktionsfaktor knapper und damit teurer, wird es bzw. er sukzessive durch andere Güter bzw. Produktionsfaktoren substituiert. Veranschaulicht wird der *reibungslose* Charakter dieser Anpassungsreaktionen am besten durch die im Regelfall unterstellten kontinuierlichen, zweifach differenzierbaren und streng quasikonkaven Produktions- und Nutzenfunktionen. Gerechtfertigt wird die Substituierbarkeitsannahme durch die bisherige technologische Entwicklung, in deren Verlauf zahllose Substitutionsprozesse stattfanden. Auf den seit Beginn der industriellen Revolution erreichten technischen Fortschritt gründet sich auch ein allgemeiner Technologieoptimismus, der meist implizit vorausgesetzt wird und der zur Begründung nicht nur von allgemeiner Substituierbarkeit, sondern auch von weiter zunehmender Produktivität der Produktionsfaktoren dient (*Pearce und R.K Turner* 1990, 14f).

Die *normative* Vorgabe der neoklassischen Umweltökonomie bildet - wie in der neoklassischen Wohlfahrtstheorie üblich - eine zu maximierende Zielfunktion, für welche es zwei Alternativen gibt: Entweder es wird ein Paretooptimum angestrebt, oder es wird nicht nur das Effizienz-, sondern auch das Distributionsziel berücksichtigt, indem eine soziale Wohlfahrtsfunktion maximiert wird, also das *optimum optimorum* zu realisieren gesucht wird. Aufgrund der Problematik sozialer Wohlfahrtsfunktionen steht eindeutig die erste Zielalternative im Vordergrund; und auch wenn eine soziale Wohlfahrtsfunktion zugrundegelegt wird, werden meist nur hochaggregierte Größen berücksichtigt, so daß wesentliche Elemente der Distribution ausgeklammert bleiben. Im Einklang mit der „new welfare economics" werden hauptsächlich ordinal meßbare, interpersonell nicht vergleichbare Nutzengrößen angenommen; nur im Fall der sozialen Wohlfahrtsfunktion wird häufig auf das ältere utilitaristische Nutzenkonzept zurückgegriffen.[54]

Zu welchen Ergebnissen ist die neoklassische Umweltökonomie nun gelangt? Der üblichen - wenngleich nicht unumstrittenen (*Dasgupta* 1982b, 301ff; 1990, 58ff) - Konvention folgend, soll hier zwischen Externalitäten- und Ressourcenökonomie unterschieden werden.

(1) Externalitätenökonomie

Die Externalitätenökonomie befaßt sich mit den (negativen) externen Effekten, die durch die Beeinträchtigung der natürlichen Umwelt aufgrund ökonomischer Aktivitäten verursacht werden - also die mit Produktion und Konsum einhergehende Umweltverschmutzung, *insoweit* diese Kosten bzw. Nutzen Dritter erhöht bzw.

[54] Es muß an dieser Stelle darauf hingewiesen werden, daß das neoklassische Nutzenkonzept zwangsläufig teleologisch bzw. konsequentialistisch ist und daher Pflichten oder Rechte nur unzureichend berücksichtigen kann (vgl. Teil VI).

vermindert. Dieser jüngere - erst im Laufe der sechziger Jahre entstandene - Zweig der Umweltökonomie wird im allgemeinen als der heute wichtigere angesehen.[55] Die Gründe dafür liegen auf der Hand: Zum einen ist die Umweltverschmutzung für jeden offensichtlich und beeinträchtigt schon das Wohlergehen der gegenwärtigen Generation, während das Problem des Managements der Ressourcen erst bei deren (absehbarer) Erschöpfung in voller Schärfe zu Tage tritt, also künftige Generationen am meisten betrifft. Zum anderen bestehen für die Mehrzahl der Ressourcen (im Gegensatz zu den durch die Umweltverschmutzung betroffenen „Umweltmedien") wohldefinierte Verfügungsrechte, so daß deren marktliche Allokation grundsätzlich möglich ist. Allerdings werden auch die Externalitäten als *Ausnahmefall* interpretiert, die durch einzelne Interventionen ohne weiteres korrigiert werden können (vgl. z.B. *A.C. Fisher* 1981, Kap. 6).

Die allgemein akzeptierte Lösung des Schadstoffproblems besteht in der Erhebung einer Pigousteuer, durch die sich ein Paretooptimum auch bei Auftreten von Umweltexternalitäten verwirklichen läßt. Unterstellt man die üblichen streng quasikonkaven Nutzen- und Produktionsfunktionen, so ergibt sich als Voraussetzung für ein Paretooptimum ein Vektor der optimalen Preise aller Güter und Produktionsfaktoren, von dem bei Auftreten von Externalitäten der Marktpreisvektor abweicht, so daß dieser durch Pigousteuern entsprechend zu korrigieren ist. Im einfachsten Fall, wenn keine weiteren Marktunvollkommenheiten existieren, ist eine Pigousteuer pro Einheit des Schadstoffes, dessen Emission die Externalität verursacht, in Höhe der Differenz zwischen marginalen sozialen und marginalen privaten Kosten der der Emission zugrundeliegenden Aktivität zu erheben. Im Zuge der Gewinn- bzw. Nutzenmaximierung wird im Gleichgewicht dann ein Paretooptimum erreicht (*Baumol und Oates* 1988, Kap. 4; *Siebert* 1995, Kap. 3-4). Allerdings wird *nicht jede* Externalität auf diese Weise internalisiert, sondern nur die „paretorelevanten" Externalitäten, d.h. diejenigen Umweltbelastungen, für die der Grenznutzen der Internalisierung höher ist als die Grenzkosten (*Buchanan und Stubblebine* 1962).

Solange die Schadstoffe nicht akkumulieren, also über die betrachtete Periode hinaus nicht relevant sind, ist diese statische Betrachtung ausreichend - die Pigousteuern müßten zwar im Laufe der Zeit an sich ändernde Produktions- und Nutzenfunktionen (sowie an variierende außerökonomische Faktoren, wie etwa das Wetter) angepaßt werden, eine intertemporale Optimierung ist aber nicht notwendig. Kommt es jedoch zur Schadstoffakkumulation, so ist eine dynamische Betrachtung unausweichlich, da die aktuelle Schadstoffemission auch die künftige Umweltqualität beeinflußt. Im allgemeinen wird in diesem Fall eine intertemporale soziale Wohlfahrtsfunktion maximiert, um den optimalen Verlauf der Schadstoffemission und -akkumulation und damit die entsprechende Pigoubesteuerung zu bestimmen (*Siebert* 1995, Kap. 15). Die dabei übliche Abdiskontierung der zukünftigen Kosten und Nutzen wird gerechtfertigt zum einen mit einer sozialen Zeitpräferenz (die wiederum auf eine *reine* Zeitpräferenz, also Ungeduld, und auf die Erwartung eines

---

[55] Vgl. z.B.: *Baumol und Oates* (1988, 7ff), *A.C. Fisher und Peterson* (1976,25), *Krutilla* (1967), *Nordhaus* (1992, 1f), *Siebert* (1995, 9ff).

größeren zukünftigen Wohlstandes, also die Abnahme des sozialen Grenznutzens des Konsums, zurückgeführt wird) und zum anderen mit der Kapitalproduktivität bzw. Umwegsrentabilität von Kapital. Auf vollkommenen Kapitalmärkten entspricht der Gleichgewichtszinssatz sowohl der sozialen Zeitpräferenzrate als auch der marginalen Kapitalproduktivität und bewirkt so eine optimale intertemporale Allokation; sind die Kapitalmärkte jedoch nicht vollkommen, so stellt sich das Problem der Wahl des *richtigen* Zinssatzes. Dem auch bei perfekten Kapitalmärkten auftretenden Problem der Niedrigschätzung des Nutzens künftiger Generationen, die zu erheblicher Schadstoffakkumulation führen kann, wird durch den Verweis auf künftigen technischen Fortschritt begegnet, der eine problemlose Bewältigung der Altlasten erlauben würde. Will man dem Problem der Wahl der *richtigen* Diskontierungsrate aus dem Weg gehen, so bietet sich als Alternative die intertemporale Paretooptimierung an, bei der der Nutzen eines beliebigen Individuums einer beliebigen Generation unter Konstanthaltung des Nutzens aller anderen Individuen maximiert wird. Auch ein weiteres Problem kann so vermieden werden - das der im Fall der Maximierung einer sozialen Wohlfahrtsfunktion notwendigen kardinalen und interpersonell vergleichbaren Nutzengrößen, die sich mit der sonst propagierten „new welfare economics" nicht vereinbaren lassen.

Bisher sind wir von der Umweltpolitik bei vollkommener Information ausgegangen. Welche Änderungen ergeben sich nun bei Unsicherheit? Die Vorgehensweise bleibt grundsätzlich dieselbe, nur wird jetzt nicht mehr der Nutzen, sondern der *erwartete* Nutzen maximiert, wofür bestimmte Wahrscheinlichkeitsverteilungen unterstellt werden (*Dasgupta* 1982a; *Siebert* 1995, Kap. 17). Aus Gründen der mathematischen Handhabbarkeit wird meist Riskikoneutralität unterstellt, wenngleich die Dominanz von Risikoaversion in der Realität (und vor allem im Umweltbereich) zugestanden wird.[56]

Zusätzliche Komplikationen treten auf, wenn weitere Marktunvollkommenheiten vorliegen, die gemäß der Theorie des Zweitbesten bei der Berechnung der Pigousteuern zu berücksichtigen sind. Kann man nicht von genereller Quasikonkavität ausgehen, was insbesondere aufgrund der Externalitäten der Fall sein kann, sind zudem die vorgestellten Optimierungsverfahren ohnehin nicht anwendbar.

Aber selbst wenn eine Pigoubesteuerung theoretisch möglich wäre, ist sie doch aus ganz offensichtlichen Gründen in der Realität unmöglich durchzuführen - die Informationserfordernisse und der Implementierungsaufwand sind exzessiv. Aufgrund dieser Praktikabilitätsprobleme kam es zu einer Abschwächung des Anspruches der Externalitätenökonomie: Nicht mehr ein Paretooptimum (oder gar das *optimum optimorum*) soll angestrebt werden, sondern lediglich die kostenminimale Realisation eines bestimmten politisch vorgegebenen Umweltzieles. Im Rahmen dieses *Standard-Preis-Ansatzes* (*Baumol und Oates* 1988, Kap. 11) werden neben dem traditonellen Instrument - der Steuer - auch alternative Instrumente in Betracht gezogen; zu nennen sind hier vor allem Emissionszertifikate, aber auch

---

[56] Zur Thematik von Unsicherheit und Information in der Ökonomie vgl. z.B. *Hirshleifer und Riley* (1992) und *Schulenburg* (1993).

Regulierungen wird unter praxisnäheren Bedingungen nicht mehr jede Berechtigung abgesprochen (*Baumol und Oates* 1988, 155ff). Wenig Berücksichtigung findet dagegen der *Property-Rights-Ansatz*: Zwar wird eingeräumt, daß die Externalitäten letztlich auf das Fehlen von wohldefinierten Verfügungsrechten im Umweltbereich zurückzuführen sind. Doch wird eine *rein* marktliche Lösung auf der Grundlage des *Coase-Theorems* durch Schaffung und Zuweisung entsprechender Verfügungsrechte sowie anschließende private Verhandlungen aufgrund prohibitiv hoher Transaktionskosten im allgemeinen abgelehnt - eine Ausnahme wird nur für die wenigen Fälle mit einer geringen Zahl Beteiligter gemacht (*Baumol und Oates* 1988, 9ff; *Siebert* 1995, 102ff).

(2) Ressourcenökonomie

Im Gegensatz zu der interventionistischen Grundentscheidung der Externalitätenökonomie wird in der Ressourcenökonomie dem Markt die dominierende Rolle eingeräumt, so daß prinzipiell kein Bedarf für eine Ressourcenpolitik gesehen wird.

Die Ressourcenökonomie unterscheidet erneuerbare und nicht erneuerbare Ressourcen und unterstellt ebenfalls die erwähnten Differenzierbarkeits- und Konkavitätsbedingungen.[57]

Die moderne Theorie nicht erneuerbarer Ressourcen geht auf *Hotelling* (1931) zurück, dessen Ansatz letztlich eine Integration der Rohstoffe in die Kapitaltheorie darstellt. Seine Fragestellung lautete: Unter welchen Bedingungen ist der Ressourcenabbau effizient, also paretooptimal? Abgesehen von der unmittelbar einsichtigen Bedingung, daß die Vorräte genau am Ende der Planungsperiode aufgebraucht sein müssen, besteht die Antwort in der bekannten *Hotelling-Regel*: Bei Vernachlässigung von Förderkosten muß der Ressourcenabbau so verlaufen, daß der Ressourcenpreis kontinuierlich steigt - und zwar mit einer dem Diskontierungssatz entsprechenden Rate; das *absolute* Preisniveau hängt dabei von der Länge des Planungshorizontes und der Höhe der Nachfrage ab. Berücksichtigt man außerdem die Förderkosten, so erhöht sich dieser Preis, der den Nutzungskosten bzw. dem Kapitalwert des Rohstoffs entspricht, um die marginalen Förderkosten (*Dasgupta und Heal* 1979, Kap. 6; *Siebert* 1983, Kap. 4). Stehen Rohstofflager mit unterschiedlichen Förderkosten zur Verfügung, so ist ein Übergang von billig zu teuer abbaubaren Beständen im Zeitablauf effizient. Da sich *unendliche* Lösungen ergeben können, d.h. unendliche Preissteigerungen und Ressourcenerschöpfung erst in unendlich ferner Zukunft, werden häufig zusätzliche Annahmen getroffen, um endliche Lösungen zu gewährleisten. Im Regelfall wird nicht einfach ein endlicher Planungshorizont unterstellt, sondern vielmehr eine sogenannte *Backstop-Technologie* vorausgesetzt, ein perfektes Ressourcensubstitut, welches zu einem

[57] Strenggenommen können sich natürlich auch bestimmte *nicht erneuerbare* Ressourcen, wie Öl oder Kohle, regenerieren - aber in für menschliche Maßstäbe zu vernachlässigender Größenordnung.

bestimmten vorgegebenen Preis verfügbar ist und keinerlei Bestandsrestriktionen unterliegt (*Nordhaus* 1973, 532f); als Beispiel wird häufig die Fusionsenergie als Substitut für fossile Energieträger genannt.

Die Berücksichtigung von Unsicherheit - etwa hinsichtlich des Umfangs der Ressourcenvorräte - erfolgt wie bei der Externalitätenökonomie (vgl. z.B.: *Devarajan und A.C. Fisher* 1982; *Heal* 1979).

Es läßt sich zeigen, daß unter den Voraussetzungen vollkommener Konkurrenz das Marktgleichgewicht auch paretooptimal ist (*Dasgupta und Heal* 1979, Kap. 4). Allerdings sind die Bedingungen für vollkommenen Wettbewerb in diesem Fall besonders schwer zu erfüllen. Es muß die Existenz von Zukunftsmärkten bis in die fernste Zukunft (oder zumindest bis zum Übergang auf die Backstop-Technologie) vorausgesetzt werden, deren Anzahl sich bei Unsicherheit durch die dann notwendige Einführung *kontingenter* Zukunftsmärkte noch vervielfacht; notwendig ist auch das Vorliegen von homogenen, nur auf die Gegenwart bezogenen Budgetrestriktionen, was vollkommene Kapitalmärkte impliziert. Zwar wird die Restriktivität dieser Bedingungen anerkannt, doch wird auf die realen Kapital-, Termin- und Versicherungsmärkte als brauchbare Näherungslösung verwiesen (*Dasgupta und Heal* 1979, 107ff; *Ströbele* 1987, 48ff). Keinesfalls gewährleisten können Märkte, selbst wenn sie perfekt sind, die korrekte Wahl des optimalen Konsumpfades aus der Menge der effizienten Pfade, also die Maximierung der sozialen Wohlfahrtsfunktion. Unterstellt man die übliche utilitaristische Wohlfahrtsfunktion, so impliziert das Wohlfahrtsmaximum aufgrund der Abdiskontierung künftiger Wohlfahrt einen säkular abnehmenden Ressourcenverbrauch und ein Absinken von sowohl Konsum- als auch Nutzenniveau gegen Null (*Dasgupta und Heal* 1979, Kap. 10). Aufgrund der ethischen Problematik einer solchen Lösung stellt sich die Frage, ob ein permanentes Aufrechterhalten eines bestimmten Mindestkonsumniveaus - etwa im Sinne von *Rawls* - angesichts endlicher Ressourcenvorräte überhaupt möglich ist oder ob, selbst bei einer weniger gegenwartsorientierten sozialen Wohlfahrtsfunktion, ein ökonomischer Verfall auf Dauer nicht zu vermeiden ist. Von zentraler Bedeutung ist hier die Frage der Substituierbarkeit: Ist die Ressource *unnötig*, kann sie also vollständig ersetzt werden, so spielt sie für die künftige wirtschaftliche Entwicklung keine wesentliche Rolle.[58] Ist vollständige Substitution nicht möglich, ist der betreffende Rohstoff also *nötig*, so sind zwei Fälle zu unterscheiden: Zum einen kann die Ressource *inessentiell* sein, wenn sich ihr Einsatz so strecken läßt, daß sie erst in unendlich ferner Zukunft vollständig aufgebraucht sein wird.[59] Dagegen erscheint der Niedergang unvermeidlich, wenn die Ressource *essentiell* ist, eine fortlaufende Verminderung ihrer Verwendung also nicht möglich ist (*R.M.*

---

[58] Dies ist bei einer CES-Produktionsfunktion und einer Substitutionselastizität von größer als eins der Fall.

[59] Dies tritt ein, wenn die Substitutionselastizität gleich eins ist, die CES- also zum Spezialfall der Cobb-Douglas-Produktionsfunktion degeneriert *und* die Produktionselastizität des Kapitals größer als die des Rohstoffs ist (bei konstantem Arbeitseinsatz), so daß sich ein Mindestkonsumniveau auf Dauer aufrechterhalten läßt - und zwar bei Befolgung der *Hartwick-Regel*, d.h. Reinvestition aller Knappheitsrenten (*Hartwick* 1977).

Solow 1974a, 1986).[60] Rettung vor der ökonomischen Katastrophe bietet sich jedoch in Form technischen Fortschritts an, von dem im allgemeinen optimistischerweise angenommen wird, daß er alle Probleme, die sich aus der Ressourcenknappheit ergeben könnten, überwinden wird.[61]

Gestützt wird diese Argumentation nicht nur durch die Geschichte des bisherigen technischen Fortschritts, sondern auch durch die Preisentwicklung von Rohstoffen, die nicht auf eine besorgniserregende Rohstoffverknappung hindeutet.[62] Ausgehend von diesen grundsätzlichen Ergebnissen werden zahlreiche weitere Komplikationen berücksichtigt, etwa externe Effekte bei der Ressourcenförderung, Besteuerung von Ressourcen oder Ressourcenmonopole (*Dasgupta und Heal* 1979, Kap. 11-12; *Peterson und A.C. Fisher* 1977; *Siebert* 1983, Kap. 12-14), auf die an dieser Stelle nicht weiter eingegangen werden soll, da hierdurch die grundlegenden Resultate zwar relativiert, aber nicht in Frage gestellt werden.

Erneuerbare Ressourcen - also Tier- und Pflanzenpopulationen - unterscheiden sich von erschöpfbaren Ressourcen vor allem dadurch, daß sie sich mit für menschliche Zeithorizonte relevanten Raten regenerieren. Hier ist also die *Regenerationsfunktion* der Ressource zu berücksichtigen, welche den Zusammenhang zwischen Populationsbestand und Bestandsveränderung beschreibt; neben dem Bestandsmaximum und dem Bestand, bei welchem das Wachstum maximal ist (dies entspricht der maximalen dauerhaften Ernte- bzw. Fangmenge), ist vor allem das Bestandsminimum relevant, unterhalb dessen die Population ausstirbt. Von entscheidender Bedeutung für das Ressourcenmanagement ist dabei die *Eigenertragsrate* der entsprechenden Population (d.h. die erste Ableitung der Regenerationsfunktion), welche angibt, wie sich eine Bestandsänderung auf das Bestandswachstum auswirkt (*Dasgupta und Heal* 1979, 113ff; *Siebert* 1983, 110ff). Wie sieht nun die effiziente Nutzung solcher nachwachsenden Ressourcen aus? Wenn man in einem ersten Schritt Fang- und Erntekosten vernachlässigt, ergibt sich eine einfache Effizienzbedingung: Auf Dauer sollte die Ressource so genutzt werden, daß sich ein Bestand einstellt, dessen Eigenertragsrate gleich dem Zinssatz ist; wenn der Anfangsbestand nicht diesem Optimalbestand entspricht, sollte er schnellstmöglich durch eine entsprechende Ernte- bzw. Fangpolitik (die auch in einer mehr oder weniger langen Nutzungspause bestehen kann) realisiert werden. Der Optimalbestand - und damit die dauerhafte Nutzungsmenge - ist bei positivem Zinssatz geringer als der Bestand der maximalen nachhaltigen Nutzung. Dennoch

---

[60] Dies passiert, wenn die Substitutionselastizität kleiner als eins ist oder, im Fall der Cobb-Douglas-Produktionsfunktion, wenn die Produktionselastizität des Kapitals nicht größer als die der Ressource ist (bei konstantem Arbeitseinsatz).

[61] Vgl. z.B.: *Barnett* (1979), *Beckerman* (1972), *Boserup* (1980), *D.B. Brooks und Andrews* (1974), *Dasgupta und Heal* (1979, 224f), *A.C. Fisher* (1981, Kap. 4), *Goeller und Weinberg* (1977), *Johnson* (1990), *Nordhaus* (1973; 1974; 1977; 1979; 1992), *Nordhaus und Tobin* (1972), *Peterson und Fisher* (1977), *Simon* (1981), *R.M. Solow* (1973; 1974a; 1974b), *Stiglitz* (1979), *Ströbele* (1985), *Weinberg* (1982).

[62] Vgl. z.B.: *Barnett* (1979), *Barnett und Morse* (1963), *Leontief* (1977), *Nordhaus* (1973; 1974; 1979; 1992), *Nordhaus und Tobin* (1972), *Siebert* (1983, 48ff).

führt eine Ressourcennutzung unter rein ökonomischen Gesichtspunkten im allgemeinen nicht zu einer Ausrottung der Population - außer in einem Fall: Wenn die Eigenertragsrate geringer als der Zinssatz ist, dann ist die Ausrottung ökonomisch effizient (*Dasgupta und Heal* 1979, Kap. 5; *A.C. Fisher* 1984; *Siebert* 1983, Kap. 5). Das einfache Ergebnis wird wesentlich kompliziert durch die Einführung von Ernte- bzw. Fangkosten: Sind diese nämlich abhängig von der Bestandsgröße (d.h. nehmen diese Kosten „pro Stück" mit zunehmendem Bestand ab), wovon realistischerweise auszugehen ist, dann muß die Effizienzbedingung auch die zukünftigen Kostenzunahmen bzw. -abnahmen durch die Bestandsverminderungen bzw. -erhöhungen infolge der aktuellen Nutzungsintensität mit berücksichtigen. Zwar kann aufgrund dieser Kostenfaktoren beim paretooptimalen Bestand die Eigenertragsrate vom Zinssatz abweichen; erstere könnte im Optimum sogar negativ sein, was einen entsprechend hohen Bestand impliziert. Doch sind auch hier Konstellationen denkbar, bei denen der Zinssatz zu hoch ist, um durch Eigenertragsrate und künftige Kostenersparnisse kompensiert zu werden, so daß es zu einer paretooptimalen Ausrottung kommen kann.

Es läßt sich zeigen, daß vollkommener Wettbewerb die Erfüllung der Effizienzbedingungen garantiert - und zwar unter einfacheren Voraussetzungen als im Fall nicht erneuerbarerer Ressourcen, da sich Zukunftsmärkte und Budgetrestriktion hier nur auf einen *endlichen* Zeitraum beziehen müssen, nämlich die maximale Lebensdauer der Individuen der jeweiligen Tier- oder Pflanzenpopulation. Andererseits fällt bei diesen Ressourcen die Erfüllung der Bedingung wohldefinierter Verfügungsrechte schwerer - so ist bei freiem Zugang mit einer Übernutzung zu rechnen, die tendenziell zur Ausrottung führt.

Aber selbst ein (diesbezüglich) vollkommener Markt berücksichtigt nur den *Nutzungswert* einer Spezies. Es sind Fälle denkbar, in denen der *tatsächliche Wert* höher liegt und das Marktergebnis deshalb entsprechend korrigiert werden müßte (*Johansson* 1991; *Pearce und R.K Turner* 1990, 120ff). So mögen Naturfreunde die bloße *Existenz* einer Art, ohne diese mittel- oder unmittelbar zu nutzen, hochschätzen; dieser Art wäre dann ein zusätzlicher *Existenzwert* zuzuordnen, der nur schwierig rein individualistisch-nutzentheoretisch begründet werden kann (*Pearce und R.K. Turner* 1990, 136). Auch die übliche Unsicherheitsberücksichtigung durch die Maximierung des Erwartungsnutzens kann sich als unzureichend erweisen: Zum einen kann es bei Unsicherheit hinsichtlich der künftigen Bewertung einer Ressource und Risikoaversion angebracht sein, bei deren Bewertung auch einen *Optionswert* zu berücksichtigen, der den Wert der Option einer künftigen Nutzung widerspiegelt. Es läßt sich jedoch keine eindeutige Aussage über das Vorzeichen des Optionswerts treffen, da dieses (auch bei Unterstellung von Risikoaversion) in Abhängigkeit davon, worin die Unsicherheit im einzelnen besteht, variiert (*Pearce und R.K. Turner* 1990, 133f). Dies gilt nicht für den *Quasi-Optionswert,* der eindeutig positiv ist und im Fall von Irreversibilität den Erwartungswert der *reversiblen* Handlungsalternative (also z.B. die Nichtausrottung einer Art) erhöht, falls im Licht möglicher zukünftiger Erkenntnisse eine

Entscheidungsrevision vorteilhaft sein könnte (*Arrow und A.C. Fisher* 1974; *Henry* 1974).

Diese zusätzlichen Wertkonzepte sind vor allem für Tier- und Pflanzenpopulationen relevant, können aber auch bei nicht erneuerbaren Ressourcen von Bedeutung sein, und hier vor allem bei einer besonderen Art derselben - Naturschönheiten wie unberührte Wälder, nicht regulierte Flußläufe oder malerische Felsformationen (*A.C. Fisher und Krutilla* 1974; *A.C. Fisher, Krutilla und Cicchetti* 1972; *Krutilla und A.C. Fisher* 1975, Kap. 3-4).

Die Ergebnisse der Ressourcenökonomie können wie folgt zusammengefaßt werden: Der Markt gewährleistet grundsätzlich eine effiziente Ressourcenallokation, so daß sich staatliche Interventionen (wenn erst einmal wohldefinierte Verfügungsrechte spezifiziert und zugewiesen sind) weitgehend erübrigen; die Tatsache der Begrenztheit der Ressourcenvorräte beeinträchtigt die wirtschaftliche Entwicklung kaum, da durch Substituierung und technischen Fortschritt Abhilfe geschaffen werden wird.

2.3. Die Unzulänglichkeiten der neoklassischen Umweltökonomie

An der orthodoxen neoklassischen Umweltökonomie läßt sich vielerlei Kritik üben.[63] Wir wollen uns hier jedoch, der Zielsetzung unserer Arbeit entsprechend, auf die *naturwissenschaftlichen* Aspekte konzentrieren, auf die Aspekte also, bei denen eine Berücksichtigung thermodynamischer Konzepte Abhilfe schaffen könnte.[64] Probleme der tatsächlichen Umsetzung neoklassischer Umweltpolitik (vgl. z.B.: *Hanley und Spash* 1993; *Johansson* 1993; *Weimann* 1987, 301ff) bleiben folglich ebenso außer acht wie die der Vernachlässigung der sozialen und politischen Gesichtspunkte der Umweltfrage (vgl. z.B.: *Bromley* 1991; *Buchanan und Tullock* 1975; *R.W. Hahn* 1990). Ebenfalls nicht näher diskutiert werden die konsequentialistische Vernachlässigung von Rechten und Freiheiten (vgl. z.B. *Mishan* 1967; 1980) und Fragen der intergenerationellen Gerechtigkeit.[65] Da aber gerade der letztgenannte Punkt noch häufiger angesprochen werden wird, soll zumindest

---

[63] Für einen Überblick über die Kritik an der neoklassischen Umweltökonomie vgl. *Söllner* (1993a).

[64] In Teil VI wird sich allerdings zeigen, daß die hier vorgenommene Trennung nicht rigoros aufrechterhalten werden kann, wenn es um eine Neukonzeption der Umweltökonomie im Sinne der ökologischen Ökonomie geht.

[65] Vgl. z.B.: *Broome* (1994), *Georgescu-Roegen* (1976a; 1979a), *Goodin* (1985), *Hampicke* (1992, 283ff), *Heilbroner* (1980, 179ff), *Jonas* (1979), *Pearce und R.K Turner* (1990, Kap. 14-15), *Pigou* (1952, Kap. 2), *Ramsey* (1928), *Rawls* (1971, 284ff). Für einen allgemeinen Überblick über die umweltethische Diskussion, in der neben anthropozentrischen auch sehr umstrittene biozentrische Positionen vertreten werden, vgl. *Hampicke* (1993).

festgestellt werden, daß die ethisch-moralische Notwendigkeit einer Rücksichtnahme - in welcher Form auch immer - auf zukünftige Generationen als Datum akzeptiert wird - wenngleich im Rahmen der vorliegenden Arbeit nicht näher auf die Rechtfertigung dieser Position und alle vielschichtigen Aspekte dieser Problematik eingegangen werden kann. Selbstverständlich handelt es sich hier um ein *Werturteil* - aber eines, das sich allgemeiner Zustimmung erfreut (obgleich darüber, *wie* diese Zukunftsvorsorge auszusehen hat, höchst unterschiedliche Meinungen bestehen), so daß dessen Voraussetzung durchaus plausibel und sinnvoll erscheint.[66] Auch die allermeisten Neoklassiker bemühen sich schließlich, ihre Ergebnisse hinsichtlich der Auswirkungen auf die Nachwelt zu rechtfertigen, so daß sie das Problem der Sorge um künftige Generationen auf jeden Fall als solches anerkennen und eine „Après nous le déluge!"-Einstellung verwerfen.[67] Eine entsprechende Erweiterung des neoklassischen „hard core" findet freilich *nicht* statt.

Ungeachtet dieser Einschränkungen bleiben genügend Kritikpunkte: Bei näherer Betrachtung stellt sich nämlich schnell heraus, daß die schon konstatierte Naturferne der Neoklassik insbesondere die neoklassische Umweltökonomie sehr beeinträchtigt. Denn gerade bei der Analyse der Interaktionen zwischen Ökonomie und natürlicher Umwelt dürfen Naturgesetze nicht einfach ignoriert werden, wie dies die neoklassische Umweltökonomie zum Großteil tut - und was sich äußert in der Außerachtlassung natürlicher Grenzen, der Vernachlässigung von wichtigen Interdependenzen und der unzureichenden Berücksichtigung der Rolle der Zeit.

Wenden wir uns zunächst dem auffälligsten Punkt zu, dem fehlenden Bewußtsein für natürliche Grenzen.[68] Dies wird geradezu verkörpert durch das Ideal des exponentiellen Wirtschaftswachstums - ein Ideal, an dem aller Kritik[69] zum Trotz unentwegt festgehalten wird.[70]

Auf die Absurdität fortgesetzten *exponentiellen* Wachstums angesichts endlicher Rohstoffvorräte, endlicher Schadstoffabsorptionskapazitäten und endlichen Raums auf der Erde haben schon seit langem auch Naturwissenschaftler hingewiesen - vor

---

[66] Unter dieser „Rücksichtnahme auf zukünftige Generationen" soll allgemein die dauerhafte Gewährleistung ökonomischer und ökologischer Grundlagen verstanden werden, so daß die Nachwelt eine ähnlich hohe Wohlfahrt bzw. Lebensqualität wie die aktuelle Generation prinzipiell erreichen kann. Dies bedeutet *nicht*, daß in die natürliche Umwelt nicht eingegriffen oder (nicht erneuerbare) Rohstoffe nicht verbraucht werden dürfen. Schließlich kann „natürliches Kapital" durch ökonomisches Kapital (in materieller oder immaterieller Form) substituiert werden - zumindest innerhalb gewisser Grenzen. Entscheidend (und umstritten!) ist allerdings, *wo* diese Grenzen liegen.

[67] Zu den wenigen Ausnahmen zählen *Burness und Cummings* (1986), *Thurow* (1973) und *Zeckhauser* (1973).

[68] *Scherhorn* (1994) kritisiert zu Recht die komplementäre Annahme der Grenzenlosigkeit der Bedürfnisse. Diese ist zwar von großer umweltpolitischer Relevanz, aber es soll hier nicht näher auf sie eingegangen werden, da sie mit unserer eigentlichen Fragestellung unmittelbar nichts zu tun hat.

[69] Vgl. z.B. die *Club of Rome*-Studien *Meadows et al.* (1972; 1992), *Daly* (1991b), *Georgescu-Roegen* (1971) und *Mishan* (1993).

[70] Vgl. z.B.: *Beckerman* (1972; 1992), *Gordon* (1974), *Johnson* (1990), *Nordhaus* (1992), *Simon* (1981).

allem der Nobelpreisträger *Frederick Soddy* (1922; 1933) ist hier zu nennen.[71] Solche Kritik wurde von der Neoklassik jedoch weitgehend ignoriert[72] - nicht zuletzt, weil eine eingehende und ernsthafte Beschäftigung mit derselben die Infragestellung des mechanischen Paradigmas, des Fundaments der Neoklassik, zwangsläufig mit sich gebracht hätte.

Worin bestehen nun die erwähnten natürlichen Grenzen im einzelnen?

Die offensichtlichste Grenze der wirtschaftlichen Entwicklung besteht in der Endlichkeit der Erde selbst, die ja ein geschlossenes System darstellt - also im begrenzten zur Verfügung stehenden Raum, in den endlichen Rohstoffvorräten und schließlich in den begrenzten Kapazitäten zur Schadstoffabsorption (*Boulding* 1968; *Daly* 1993a, 15; *Georgescu-Roegen* 1982b, 9ff; 1986a, 252ff).

Diese Grenzen werden zwar nicht explizit geleugnet, aber doch als ökonomisch weitgehend irrelevant angesehen - und zwar aufgrund der Substituierbarkeit natürlicher Ressourcen und des ressourcensparenden technischen Fortschritts (der z.B. zu verbesserten Recyclingverfahren führt). Letzterer würde durch Rohstoffpreissteigerungen zuverlässig und zur rechten Zeit initiiert, so daß als Knappheitsindikatoren nicht absolute physikalische Mengen, sondern relative Preise angemessen seien. Ressourcen seien folglich zwar *physikalisch* knapp, eine *ökonomische* Verknappung sei jedoch nicht zu befürchten, da Substituierbarkeit und Technologiefortschritt *keinen* natürlichen Grenzen unterlägen: So postulieren *Goeller und Weinberg* (1977) ein *Prinzip unendlicher Substituierbarkeit*, dank dessen die Rohstoffvorkommen als *praktisch unbegrenzt* angesehen werden können und dem z.B. auch *Fritsch* zustimmt: „Physikalisch bestehen praktisch keine Begrenzungen." (*Fritsch* 1991, 111) *R.M. Solow* geht noch weiter:

> „The world can, in effect, get along without natural resources, so exhaustion is just an event, not a catastrophe. (...) [A]t some finite cost, production can be freed of dependence on exhaustible resources altogether." (*R.M. Solow* 1974b, 11)

Begründet wird dies durch ein überoptimistisches Vertrauen in die weitere technische Entwicklung, der zufolge Backstop-Technologien, also unerschöpfliche Ressourcensubstitute, wie z.B. die von *Goeller und Weinberg* vorausgesetzte „inexhaustible, non-polluting source of energy" (*Goeller und Weinberg* 1977, 137), in absehbarer Zukunft realisiert werden können; *R.M. Solow* spricht sogar auch explizit von *unbegrenztem* technischem Fortschritt (*R.M. Solow* 1974a, 40). Diese Substitutions- und Fortschrittsbegeisterung findet ihren logischen Abschluß bei *Simon*, der physikalischen Größen jegliche ökonomische Relevanz abspricht:

---

[71] Ein guter Überblick über *Soddys* Ausflüge in die Ökonomie findet sich bei *Daly* (1980); vgl. auch *Martinez-Alier* (1987, Kap. 9). Der von *Soddy* (1933) diskutierte Gegensatz zwischen der Möglichkeit eines unendlich wachsenden Geldvermögens und der Unmöglichkeit eines unbegrenzten Realvermögenszuwachses wurde in jüngster Zeit von verschiedenen Autoren wieder aufgegriffen (vgl. z.B.: *H.C. Binswanger* 1991; 1994; *M. Binswanger* 1995; *Diefenbacher* 1994; *Seidel* 1994).

[72] Eine Ausnahme stellen z.B. *Smith und Krutilla* (1984) dar, die ebenfalls Zweifel anmelden am üblichen Wachstumsenthusiasmus.

„[T]here is no meaningful physical limit - even the commonly mentioned weight of the earth - to our capacity to keep growing forever." (*Simon* 1981, 346) Auch *Fritsch* meint, „daß die wahren Grenzen nicht (ausschließlich) physischer Natur sind, sondern in uns selbst liegen" (*Fritsch* 1991, 307). Stellen Rohstoffvorräte schon keine Wachstumsgrenzen dar, so gilt dies erst recht für die Schadstoffabsorptionskapazität; auf diese wird meist überhaupt nicht näher eingegangen, vielmehr einfach die problemlose Bewältigbarkeit auftretender Externalitäten vorausgesetzt - immer unter Verwendung des Arguments des technischen Fortschritts.[73]

Diese Fortschrittseuphorie, diese „mood of buyoant optimism" (*Rosenberg* 1980, 108), wird heute meist nicht mehr so unverblümt ausgedrückt, in seltenen Fällen sogar relativiert, liegt aber weiterhin der neoklassischen Umweltökonomie zugrunde.[74]

Zwar ist diese optimistische Einstellung gleichermaßen für Ressourcen- wie Externalitätenökonomie relevant, doch liegt der Hauptangriffspunkt alternativer Umweltökonomen bei ersterer (*Hampicke* 1992, 61f), da hier die Unhaltbarkeit dieses Optimismus am deutlichsten zu Tage tritt, der vielen naturgesetzlichen Zusammenhängen, die sowohl Substituierbarkeit als auch technischem Fortschritt eben doch Grenzen setzen, zuwiderläuft.

Zum einen sind Ressourcen *heterogen* und weisen unterschiedliche physikalische, chemische und biologische Qualitäten auf, so daß der Regelfall wohl eher in der Komplementarität als in der Substitutionalität bestehen dürfte - selbst wenn viele Ressourcen zum Teil und einige sogar vollständig ersetzt werden können (*Georgescu-Roegen* 1979b, 1035).

> „We cannot, to give a crude example, envisage the substitution of lead, uranium, or mercury for wheat, rice, or cassava as a staple in the human diet. The heterogeneity of resources under less than perfectly flexible production and consumption technology means that the exhaustion of resources is not only possible, but may be economically significant." (*Perrings* 1987, 126)

Vor allem ist es ein Trugschluß, aus der sicher möglichen Substituierbarkeit *einzelner* Rohstoffe zu schließen, daß die Endlichkeit der Vorräte *aller* Rohstoffe irrelevant ist. Denn es stellt sich die Frage, durch was die natürlichen Ressourcen letztlich ersetzt werden sollen. *R.M. Solows* lapidarer Verweis auf „other factors" (*R.M. Solow* 1974b, 11), welche Rohstoffe ersetzen könnten, ist *keine* Antwort - ebensowenig wie derjenige auf Kapital. Denn schließlich gibt es keine andere Materie als natürliche Ressourcen und auch Kapital besteht selbstverständlich daraus (*Georgescu-Roegen* 1976a, 17). *Ex nihilo nihil fit!*

---

[73] Besonders bemerkenswert ist diese Position angesichts der Tatsache, daß die Neoklassik bislang bei der Erklärung eben dieses oft beschworenen technischen Fortschritts weitgehend versagt hat - was einerseits widersprüchlich und inkonsistent anmutet, andererseits aber die Technologieillusionen zu erklären vermag.

[74] So setzt z.B. *Collard* (1994) bei seiner „Lösung" des Nachhaltigkeitsproblems implizit einen *unbegrenzten* Produktivitätsfortschritt voraus.

Zum anderen ist ein unbegrenzter technischer Fortschritt schon *theoretisch* unmöglich, da trotz allen Einfallsreichtums Naturgesetze nicht außer Kraft gesetzt werden können: So ist nach den Prinzipien der Thermodynamik für jeden technischen Prozeß ein gewisser Mindestenergieaufwand notwendig.

> „To be sure, actual efficiency depends at any one time on the state of the arts. But, as we know from Carnot, in each particular situation *there is a theoretical limit independent of the state of the arts, which can never be attained in actuality*. In effect, we generally remain far below it.“ (*Georgescu-Roegen* 1976a, 11)

Auch eine wirklich unerschöpfliche Energiequelle oder Ressource, wie sie in Form der Backstop-Technologie vorausgesetzt wird, ist unmöglich - was auch, im Gegensatz zur Meinung von *Ströbele* (1982), für die Sonnenenergie gilt, da diese zwar für einen de facto unendlich langen Zeitraum, aber eben *nicht* in unbegrenzter Menge pro Zeiteinheit zur Verfügung steht, und ihre Nutzung überdies durch die Knappheit des Faktors „Land“ begrenzt wird (*H.C. Binswanger* 1991, 81f).[75] Auf kurze und mittlere Sicht sind vor allem bestimmte praktische bzw. ingenieurwissenschaftliche Grenzen relevant, die von der jeweiligen Technologie abhängen. Diese Grenzen können zwar durchaus verschoben werden, machen aber ein tatsächliches Erreichen der thermodynamischen Limits hinsichtlich des Energieaufwands recht unwahrscheinlich (*R.U. Ayres* 1994b) und stehen auch dem theoretisch durchaus möglichen vollständigen Recycling im Wege, so daß auch die Endlichkeit der Vorräte von Nichtenergierohstoffen problematisch werden kann (*Georgescu-Roegen* 1976a, 12).

> „All material transformations are characterized by the fact that material inputs are used up in the process. (...) In the absence of perfect recycling, it follows that production under any recipe implies continuous drawings on the raw materials required by that recipe.“ (*Perrings* 1987, 126)

Aber auch im Bereich der zumindest denkbaren Technologien ist Skepsis angebracht: So wird häufig die kontrollierte Kernfusion als Backstop-Technologie angeführt, die zwar auch nur endliche Energiemengen liefern könnte, aber dafür sorgen würde, daß die Menschheit für sehr lange Zeit aller Energieprobleme ledig wäre. Jedoch ist äußerst fraglich, ob - und vor allem wann und zu welchen Kosten - diese Energiequelle tatsächlich verfügbar werden wird; außerdem können heute noch unabsehbare Probleme, die einen Einsatz in Frage stellen könnten, nicht ausgeschlossen werden. Als Beispiel mag die Brüter-Technologie dienen, die zu Anfang der siebziger Jahre noch als Backstop-Technologie en vogue war, sich zwischenzeitlich aber als zu riskant erwiesen hat. Auch solche Fehlprognosen wie „[m]y own expectation is that 1990 will arrive without a repetition of Three Mile Island“ (*Weinberg* 1982, 35), die vier Jahre vor dem Tschernobyl-Disaster gemacht wurde, lassen gewisse Zweifel an der Berechtigung der optimistischen Grundannahmen aufkommen. Die Backstop-Technologie und andere Patentrezepte sind keine

---

[75] Desungeachtet wird auch 20 Jahre nach der Postulierung der Backstop-Technologie durch *Nordhaus* (1973) immer noch auf dieselbe zurückgegriffen; vgl. z.B. *Fishelson* (1993).

technisch-wissenschaftlich fundierten Prognosen, sondern recht willkürliche Ad hoc-Annahmen, die getroffen werden, um endliche Lösungen der Optimierungsmodelle sicherzustellen.

Ein weiterer, unbegrenzter technischer Fortschritt kann auch aus der Technikgeschichte nicht abgeleitet werden - die Schlußfolgerung von der bisherigen Technologieentwicklung auf die Grenzenlosigkeit derselben in Zukunft ist reichlich naiv. „This argument is void of any value: the premise on which it is based and the inference which is drawn are entirely unfounded." (*Aage* 1984, 108) Gleiches gilt für das Marktmechanismus-Argument, demzufolge eine drohende Ressourcenknappheit Preissteigerungen induzieren würde, die wiederum ressourcensparenden technischen Fortschritt auslösen würden: Denn die Preissteigerungen müßten rechtzeitig und in genügendem Ausmaß erfolgen, um die gewünschten Anreizeffekte auszulösen, was selbst bei *effizienten* Marktpreisen u.U. nicht der Fall ist, da diese bei entsprechendem Zinssatz erst sehr spät und dann dafür explosionsartig ansteigen können. Außerdem ist ein *Anreiz* für Forschung und Entwicklung selbstverständlich noch keine *Garantie* für deren Erfolg (*Aage* 1984, 110f). Man kann also nicht davon ausgehen, daß der Markt mit der Endlichkeit der Ressourcen in jedem Fall von selbst so umgeht, daß diese kein Problem für die wirtschaftliche Entwicklung darstellt, was die in der Ressourcenökonomie vorherrschende Überzeugung von der Effizienz und Optimalität der unbeeinflußten und perfekten Marktpreise fraglich werden läßt (*Perrings* 1984, 138ff). Denn deren Paretoeffizienz garantiert keineswegs die angemessene Berücksichtigung künftiger Generationen. Nur bei Voraussetzung unrealistischer Substituierbarkeitsannahmen ist z.B. eine intergenerationell „gerechte" Ressourcenallokation gemäß dem Rawlsschen Maximin-Kriterium möglich. Ohne diese Annahmen kommt dagegen nur die Abdiskontierung der Wohlfahrt der Nachwelt im Rahmen der üblichen utilitaristischen sozialen Wohlfahrtsfunktion in Frage; zur Rechtfertigung dieses Vorgehens dienen dann gleichfalls unrealistische Annahmen über den künftigen technischen Fortschritt. Da sich aber solche überoptimistischen Annahmen nicht aufrechterhalten lassen, darf das Problem intergenerationeller Gerechtigkeit nicht einfach als nicht existent oder problemlos lösbar angesehen werden. Deshalb ist die Optimalität der effizienten Marktpreise durchaus kritisch zu hinterfragen. Auch der Hinweis auf die moderate Entwicklung der Preis von Rohstoffen kann nicht als Beleg für die Nichtzunahme der Knappheit derselben akzeptiert werden, da dieses Argument voraussetzt, daß die „tatsächliche" Knappheit von Rohstoffen durch Marktpreise korrekt wiedergegeben wird, wovon aus den genannten Gründen nicht ausgegangen werden kann.

Es muß betont werden, daß hier keinesfalls Technikfeindlichkeit oder Weltuntergangsprophezeiungen das Wort geredet werden soll; auch können sicherlich manche Wachstumskritiken, insbesondere die *Club of Rome*-Studien, zu Recht in vielen Punkten kritisiert werden. Aber dennoch müssen berechtigte Zweifel an den Grundannahmen der neoklassischen Umweltökonomie ernstgenommen werden, da andernfalls bestimmte Probleme einfach nicht gesehen werden können. Dementsprechend soll hier nur auf diese unrealistischen Voraussetzungen aufmerksam gemacht werden - ohne hieraus schon Prognosen der weiteren wirtschaftlichen Entwicklung oder umweltpolitische Empfehlungen ableiten zu wollen.

Nachteilig für die neoklassische Umweltökonomie wirkt sich auch deren Vernachlässigung wichtiger Interdependenzen aus.

Insbesondere werden nicht nur die Endlichkeit von sowohl Rohstoffvorräten als auch der Schadstoffabsorptionsfähigkeit, sondern auch die wichtigen Zusammenhänge zwischen beiden nicht beachtet. Es ist offensichtlich, daß alle Ressourceninputs früher oder später zu Abfall führen - entweder als Schadstoffemission während der Produktion oder des Konsums oder als Müll, insoweit er nicht rezykliert wird, nach Ablauf der wirtschaftlichen Lebensdauer; denn Materie kann weder vernichtet noch geschaffen und in einem geschlossenen System auch weder ex- noch importiert werden (*Perrings* 1987, 23ff); „waste is an *output* just as unavoidable as the input of natural resources" (*Georgescu-Roegen* 1976a, 13). Reststoffe können also nicht *beseitigt* werden, sondern nur in der einen oder anderen Form deponiert oder u.U. rezykliert werden - wofür jeweils Energie erforderlich ist, die wiederum nicht vermeidbare thermische Rückstände verursacht. Dieser Zusammenhang kann nicht nur wie bei *Siebert* (1990, 7) in einer Fußnote erwähnt werden, sondern verlangt nach einer Neukonzeption der Umweltökonomie, da er die bisherige Trennung zwischen Ressourcen- und Externalitätenökonomie höchst problematisch erscheinen läßt.

Aber auch *innerhalb* beider Teildisziplinen bestehen Interdependenzen, welche kaum Berücksichtigung finden: So können zwar Mineralien isoliert betrachtet werden, doch wird die gleiche Vorgehensweise im Fall von Tier- oder Pflanzenpopulationen sehr fragwürdig, da hier vielfältige und komplizierte ökologische Abhängigkeiten bestehen (vgl. z.B. *Ruth* 1993, 35ff). So müßten z.B. bei der Nutzung einer bestimmten Beutepopulation auch die Auswirkungen auf die entsprechende Räuberpopulation berücksichtigt werden, was allerdings die Optimierungsverfahren wesentlich komplizieren und deren Lösbarkeit gefährden würde (*Beckenbach* 1994, 265ff). Außerdem wäre in solchen Fällen eine effiziente Marktlösung nur noch bei entsprechend weit definierten Verfügungsrechten gewährleistet, die aber die Gefahr von Ressourcenmonopolen nach sich ziehen würden. Aus denselben Gründen ist das Existenzwertkonzept problematisch: Angesichts der Vernetztheit der verschiedenen Spezies ist die Auszeichnung einer bestimmten Art durch die Zuweisung eines Existenzwertes nicht nur sehr willkürlich, sondern auch - insoweit damit ein besonderer Schutz dieser Art bezweckt werden soll - möglicherweise wirkungslos.

Ein ähnliches Problem besteht bei der Analyse von Schadstoffwirkungen: Zum einen können durch die Verminderung des Ausstoßes eines Schadstoffes an anderer Stelle neue Probleme auftauchen. So wird z.B. die *Unschädlichmachung* von Schadstoffen (z.B. die Rauchgasentschwefelung) erkauft durch die Entstehung anderer Reststoffe (z.B. Filterrückstände) und zusätzliche Abwärme. Zum anderen geht die neoklassische Umweltökonomie implizit davon aus, daß jeder Schadstoff unabhängig von anderen wirkt und ihm deshalb eindeutige soziale Kosten zuordenbar sind. In der Realität gibt es aber vielfältige Interaktionen - so ist das Phänomen des Waldsterbens auf das Einwirken mehrerer Schadstoffe (vor allem Schwefelsäure, Stickoxide und Ozon) zurückzuführen (vgl. *Kindorf* 1995). Ganz abgesehen von Praktikabilitätsproblemen ist es allein theoretisch unmöglich, die von verschiedenen Schadstoffen zusammen verursachten Schäden denselben und ihren Emittenten paretooptimal zuzurechnen. Aufgrund dieser vielfältigen Interdependenzen und Wirkungszusammenhänge kann man nicht davon ausgehen, daß das Externalitätenproblem durch einige isolierte Interventionen ohne weiteres gelöst werden kann, wie dies z.B. *Beckerman* (1972, 343) oder *R.M. Solow* (1973, 49f) meinen, wobei letzterer „simple and knowable things" (*R.M. Solow* 1973, 50) für ausreichend hält. Aber externe Effekte, vor allem im Umweltbereich, sind keine seltene Ausnahmeerscheinung, sondern ein der Marktwirtschaft inhärenter Regelfall (*H.C. Binswanger und Minsch* 1992, 45ff; *Coddington* 1970; *Kapp* 1970), was mittlererweile auch von neoklassischen Umweltökonomen eingeräumt wird:

> „Externalities pervade virtually every sector of our economy; they are an unavoidable element of the productive process; and their consequences tend to grow disproportionately with increasing population and expansion of the economy's activities." (*Baumol und Oates* 1979, 77)

Dennoch geht die neoklassische Umweltökonomie unrealistischerweise weiterhin von einer grundsätzlich möglichen *vollständigen Kontrollierbarkeit* der Umwelt-Ökonomie-Beziehungen aus (*O'Connor* 1989, 46ff; *Perrings* 1987, 49f), vernachlässigt also die Komplexität der Interdependenzen - und auch die Rolle der Zeit.

Damit kommen wir auf den dritten der genannten Problembereiche zu sprechen - den der Vernachlässigung der Zeit: Diese äußerst sich einmal in der Eliminierung jeglicher *wirklicher* Unsicherheit aus dem ökonomischen Kalkül durch die übliche Unterstellung entweder vollständiger Information bei perfekter Voraussicht oder aber einer Wahrscheinlichkeitsverteilung aller möglichen (d.h. bekannten!) zukünftigen Ereignisse. Dadurch wird zwar die obige Kontrollierbarkeitsannahme verständlich, aber diese bleibt zwangsläufig Fiktion, weil das entscheidende Charakteristikum der Zeit, das Auftreten genuiner Neuerungen und Überraschungen, unterdrückt wird (*Edmonds und Reilly* 1985; *Georgescu-Roegen* 1967; 1971, Kap. 5-8; *Perrings* 1987, Kap. 8). Beispielsweise können selbst „pareto-irrelevante" Externalitäten im Zeitablauf kumulieren und zu nicht vorhergesehenen ökologischen Krisen führen, die auch ökonomisch höchst relevant sein können (*Leipert* 1994, 59f). Außerdem wird nicht nur der *Charakter* des Zeitablaufs, sondern mitunter selbst dessen bloße *Existenz* ignoriert - durch verschiedene Nullzeitannahmen: So wird von einer unendlich schnellen Reaktionsgeschwindigkeit des Marktmechanismus und der Marktteilnehmer bzw. Marktregulierer ausgegangen. Produktion und Konsum reagieren unendlich schnell auf umweltpolitische Maßnahmen durch Niveauänderungen und/oder Substitution; die Zeit, die durch Preisänderungen auszulösende technische Weiterentwicklungen benötigen, wird außer acht gelassen; und selbst die mit der Pigousteuererhebung befaßten Behörden können diese ohne jede

Verzögerung sich ändernden Verhältnissen genau anpassen. Das Vorliegen der für alle diese Reaktionen erforderlichen Informationen wird ja ohnehin vorausgesetzt. Diese Annahmen machen die Anwendung der *reinen* neoklassischen Umweltökonomie in der praktischen Umweltpolitik höchst fragwürdig, da z.B. die mögliche Entstehung von gefährlichen lokalen Schadstoffkonzentrationen („hot spots") gar nicht als Problem gesehen wird.[76] Schließlich werden nicht nur bezüglich Charakter und Existenz des Zeitablaufs, sondern auch bezüglich dessen *Richtung* unhaltbare Annahmen getroffen - die Neoklassik geht nämlich grundsätzlich von der *Reversibilität* aus:[77] „In theoretical economics there is no irreversibility concept." (*Samuelson* 1983, 36) Die Reversibilitätsannahme wird zwar nicht explizit getroffen, liegt aber der Struktur der Neoklassik zugrunde und ist Voraussetzung für deren Inkrementalismus, der davon ausgeht, daß alle Anpassungsreaktionen im Wirtschaftssystem in infinitesimalen, qualitativ identischen, jederzeit rückgängig machbaren Schritten verlaufen und keine kritischen Schwellen existieren, jenseits derer sich das System schlagartig verändert oder die eine Rückkehr, nachdem sie einmal überschritten wurden, nicht mehr zulassen (vgl. kritisch dazu z.B. *Ströbele* 1992). Im Bereich der Umweltökonomie äußert sich dies in einer vorsichtig-abwartenden Haltung gegenüber drohenden Umweltgefahren oder -katastrophen - wie z.B. derjenigen *Beckermans* (1991) gegenüber dem Treibhauseffekt. Denn warum sollte man jetzt Wachstumsopfer bringen, wenn das genaue künftige Schadensausmaß nicht feststeht? Schließlich gibt es ja, sollten sich die schlimmsten Befürchtungen doch bewahrheiten, einen Rückweg! Deutlich zum Ausdruck bringen diese Meinung *Cummings und Norton* (1974), die lediglich die Ausrottung von Spezies als irreversibel anerkennen und alle anderen Eingriffe in die Natur für rückgängig zu machen halten. „We can replant forests, de-pollute water, rebuild our city centers, and re-landscape our suburbs and the scenery around our highways." (*Johnson* 1990, 24)

Diese Meinung wird zwar nicht von allen neoklassischen Umweltökonomen geteilt und es wird versucht, Irreversibilitäten durch die Einführung des Quasi-Optionswertes gerecht zu werden.[78] Aber alle diese Versuche bleiben letztlich Stückwerk, da sie die Irreversibilität als seltenen Ausnahmefall begreifen (vgl. auch *Faber und Proops* 1986, 297) und Reversibilität weiterhin als die Regel voraussetzen. In der Realität sind jedoch aus physikalischer Sicht *alle* ökonomischen (und

---

[76] Diese Ausführungen sind natürlich zu relativieren für die *pragmatische* Fassung der neoklassischen Umweltökonomie, die nicht zuletzt aus den genannten Gründen das Ziel des Paretooptimums aufgegeben hat.

[77] Dies gilt ungeachtet der häufig ins Feld geführten (vgl. z.B.: *Faber, Niemes und Stephan* 1983, 83ff; 1987, 91ff; *Faber und Proops* 1986, 297f) *Irreversibilitätsbedingung* von *Koopmans* (1951, 47ff): Denn diese Bedingung wurde hauptsächlich deswegen eingeführt, weil sie die Existenzbeweise der allgemeinen Gleichgewichtstheorie vereinfacht, ohne für dieselben allerdings notwendig zu sein (*Arrow und F.H. Hahn* 1971, 74; *Koopmans* 1951, 47); zudem hat sie keine weitere Bedeutung für die neoklassische Ökonomie und wird im Regelfall vernachlässigt (vgl. dazu auch *R.U. Ayres* 1994a, 7).

[78] Vgl. z.B.: *A.C. Fisher, Krutilla und Cicchetti* (1972), *A.C. Fisher und Krutilla* (1974), *Johansson* (1991, 121ff), *Krutilla und A.C. Fisher* (1975, Kap. 3-4).

sonstigen) Prozesse *irreversibel*: Zwar lassen sich unstrittig bestimmte Maßnahmen (wie etwa die Begradigung eines Flusses) rückgängig machen, doch nur unter Inkaufnahme weiterer Veränderungen in der Umwelt (etwa durch die Abgase der zur Renaturierung eingesetzten Baumaschinen) - eine *wirkliche Reversibilität*, die einer Wiederherstellung des ursprünglichen Zustandes ohne jegliche zusätzliche Nebenwirkungen entspricht, ist aus physikalischen Gründen (selbstverständlich!) *nicht möglich* (*Georgescu-Roegen* 1976a, 14).

Damit soll zwar nicht bestritten werden, daß ein Großteil der ökonomischen Aktivitäten wenn nicht reversibel, so doch *revidierbar* ist und daß die Irreversibilität bei vielen ökonomischen Entscheidungen keine (oder nur eine untergeordnete) Rolle spielt, da deren Auswirkungen auf die Umwelt vernachlässigbar sind. Die Umweltökonomie, bei der es gerade um die Interaktionen zwischen Wirtschaftssystem und Umwelt geht, muß sich jedoch der Tatsache der Irreversibilität stets bewußt sein. Eine generelle Reversibilitätsannahme ist untragbar, da sie den Blick für nicht wiedergutzumachende Schäden und katastrophale Gefahren - insbesondere solche langfristiger Natur - trübt.

Alle drei genannten Kritikpunkte - Grenzenlosigkeit, Übervereinfachung und Zeitlosigkeit - sind nicht isoliert zu sehen, sondern spielen zusammen und beeinflussen sich gegenseitig: So wird die Reversibilitätsannahme durch den Technologieoptimismus unterstützt und erleichtert ihrerseits die Vernachlässigung komplexer Beziehungsgeflechte. Als Ergebnis dieses Zusammenwirkens kommen Politikempfehlungen zustande, wie z.B. der Ratschlag *Zeckhausers* (1973, 114), alle möglichen Katastrophen, die mehr als 100 Jahre entfernt liegen, bei unseren heutigen Handlungen *bewußt* zu ignorieren.

Diese Interdependenzen lassen sich vielleicht am besten veranschaulichen durch das Konzept der neoklassischen Produktionsfunktion, das ja ein wesentlicher Bestandteil auch der umweltökonomischen Überlegungen ist und in dem sich alle bisher genannten Schwachstellen wiederfinden: Die übliche, nur Kapital (K) und Arbeit (L) berücksichtigende, „anatürliche" Produktionsfunktion $Y = f(K,L)$ wird für umweltökonomische Fragestellungen erweitert; im Fall der Ressourcenökonomie auf $Y = f(K,L,R)$, wobei R den Rohstoffinput bezeichnet, der einer Bestandsrestriktion unterliegt,[79] und im Fall der Externalitätenökonomie auf $Y = f(K,L,J)$, wobei die Schadstoffemission J als „Absorptionsinput" der Umwelt interpretiert wird. Selbst wenn diese künstliche Trennung durch die Integration zu $Y = f(K,L,R,J)$ überwunden wird, so wird häufig der Zusammenhang zwischen Schadstoffemission und Rohstoffverbrauch vernachlässigt. Auch werden hier prima facie zwar natürliche Grenzen berücksichtigt, direkt durch Bestandsrestriktionen bei Rohstoffen und indirekt durch zunehmende Grenzkostenverläufe bei Schadstoffen, jedoch durch die üblichen Substituierbarkeits- und Fortschrittsannahmen nicht nur relativiert, sondern de facto gänzlich aufgehoben - unter völliger Vernachlässigung der relevanten Naturgesetze. Des weiteren wird weder der Ressourcen- und Schadstoffheterogenität

[79] Dabei wird i.d.R. nicht zwischen Energie- und Nichtenergierohstoffen unterschieden.

noch den komplexen Wechselwirkungen zwischen Ressourcen einerseits und Schadstoffen andererseits Rechnung getragen; die wichtige Rolle, die Energie bzw. Entropie spielen, wird gleichfalls vernachlässigt. Schließlich läuft die Produktion in Nullzeit ab und ist reversibel; es bestehen keine wirklichen Unsicherheiten und technischer Fortschritt ist problemlos realisierbar. „One is led, in short, to conclude that neoclassical production functions are basically inappropriate for the materials-processing sectors of the economy." (*R. U. Ayres* 1978, 40)

Es soll hier keineswegs die völlige Wertlosigkeit aller Ergebnisse der neoklassischen Standard-Umweltökonomie behauptet werden: Ihr sind schließlich wichtige Erkenntnisse über den Charakter der Umweltgüter und die Probleme ihrer Allokation zu verdanken (*Hampicke* 1992, 423f; *Leipert* 1994, 57); und sicherlich läßt sich das neoklassische Instrumentarium auf viele umweltökonomische Fragestellungen (vor allem solche kurzfristiger Natur), für die die genannten Kritikpunkte von eher geringer Bedeutung sind, erfolgreich anwenden - insbesondere bei einer pragmatischen Vorgehensweise (d.h. im Sinn des Standard-Preis-Ansatzes). Denn es soll keine „Endzeit-Umweltökonomie" postuliert werden, die sich nur mit in fernster Zukunft liegenden Problemen beschäftigt und darüber wichtige Gegenwartsprobleme vernachlässigt. Aber die Ausklammerung der - potentiell katastrophalen - Langzeitfolgen des heutigen Wirtschaftens ist ebensowenig vertretbar. Und es ist nicht zu verkennen, daß vor allem in dieser Hinsicht die neoklassische Umweltökonomie zahlreiche und erhebliche Mängel aufweist, aufgrund derer sie als *alleiniger* Ansatz unzureichend für die Bewältigung der Umweltproblematik ist. Denn „[m]any of the simple resource/environment models fail to satisfy even the First Law of thermodynamics, still less the deeper laws of physics." (*R. U. Ayres* 1978, 67) Eigentlich ist dies kaum verwunderlich, führt man sich die neoklassische Grundkonzeption vor Augen (vgl. Teil IV.1) - schließlich kann ein deterministisches, reversibles und zeitloses, also ein mechanistisches Grundmodell nur von begrenzter Relevanz sein für eine Welt, die durch irreversible, evolutorische und historische Prozesse gekennzeichnet ist, die sich fern vom Gleichgewicht befindet. „Consequently, the existence of such equilibrium states is essentially uninteresting." (*Perrings* 1987, 106) Deswegen werden neoklassische Umweltökonomen, *insoweit* sie sich in allgemeinen Gleichgewichtsmodellen bewegen, auch weiterhin Grund zur Klage über die Nichtberücksichtigung ihrer Arbeit in der praktischen Umweltpolitik haben (vgl. z.B.: *Cropper und Oates* 1992, 675; *Peterson und A.C. Fisher* 1977, 691).

Es bleibt also festzuhalten, daß die neoklassische Umweltökonomie nicht die Grenzen des mechanistischen neoklassischen Paradigmas überwinden kann und deshalb zu einer realistischen und umfassenden Analyse der Wirtschaftssystem-Umwelt-Interaktionen nur bedingt in der Lage ist. Sie ist vom Ziel einer „natürlichen" Umweltökonomie, d.h. einer Umweltökonomie, die nicht die genannten Unzulänglichkeiten aufweist und insbesondere nicht wichtige Naturgesetze außer acht läßt, weit entfernt. Es erscheint daher berechtigt und sinnvoll, zu überlegen, ob und inwieweit die Berücksichtigung nicht-mechanischer, also vor allem thermodynamischer Konzepte hier Abhilfe schaffen könnte - da viele Schwachstellen der neoklassischen Umweltökonomie offenbar mit Widersprüchen zur Thermodynamik zusammenhängen. Dies gilt auf jeden Fall für die Vernachlässigung natürlicher Grenzen und der Zeit; während die natürlichen Grenzen von der klassischen Thermodynamik aufgezeigt werden, betont die Nichtgleichgewichtsthermodynamik die wichtige Rolle der Zeit (vgl. Exkurs 2). Die Übervereinfachung dagegen ist weniger auf den mechanischen Charakter der Neoklassik per se zurückzuführen, sondern vielmehr auf deren Beschränkung auf isolierte bzw. konservative Systeme (vgl. Exkurs 1). Da die Einbeziehung thermodynamischer Überlegungen auch der neoklassischen Umweltökonomie möglich erscheint, also nicht in offensichtlichem Widerspruch zum neoklassischen „hard core" steht, überrascht es nicht, daß auch neoklassische Umweltökonomen, die sich den erwähnten Unzulänglichkeiten gestellt haben, diesen Weg beschritten haben. Die Analyse dieser Versuche und weitergehender Unternehmen zur Übertragung thermodynamischer Konzepte in die Umweltökonomie bildet den Gegenstand des nun folgenden Hauptteils unserer Arbeit.

V. Die Rolle thermodynamischer Konzepte in der Umweltökonomie

„The principles and ethics of human law and convention must not run counter to those of thermodynamics." (*Soddy* 1922, 9)

Nachdem im vorangegangenen Teil die Schwächen der orthodoxen neoklassischen Umweltökonomie aufgezeigt wurden, soll nunmehr versucht werden zu klären, ob die Thermodynamik bzw. deren Übertragung in die Umweltökonomie diesen Schwächen abzuhelfen vermag.

Hierzu ist zunächst eine Begründung der generellen Relevanz der Thermodynamik für die Umweltökonomie und eine Auseinandersetzung mit bestimmten häufig angeführten Argumenten, die eine Irrelevanz der Thermodynamik behaupten, notwendig (Teil V.1). Da sich diese als unhaltbar erweisen werden, kann mit der eigentlichen Diskussion der Übertragung thermodynamischer Konzepte in die Umweltökonomie begonnen werden. Grundsätzlich kann die Thermodynamik in diesem Zusammenhang zwei Rollen spielen: Zum einen können thermodynamische Nebenbedingungen im Rahmen des bisherigen neoklassischen Paradigmas verwandt werden (Teil V.2); zum anderen kann der Thermodynamik aber eine dominierende Stellung eingeräumt werden, indem unter Aufgabe des neoklassischen Wertbegriffs thermodynamische Werttheorien entwickelt werden (Teil V.3). Darüber hinaus gibt es aber auch zahlreiche analoge Übertragungen der Thermodynamik und insbesondere des Entropiebegriffs, auf die im Teil V.4 eingegangen wird, um dem Leser die Gefahren unreflektierter Thermodynamikkopien vor Augen zu führen. Die Ergebnisse unserer Analyse werden abschließend kurz zusammengefaßt (Teil V.5).

Grundlage für diesen Hauptteil bildet der nun folgende Exkurs 2, in dem die wichtigsten thermodynamischen Inhalte erläutert werden sollen. Dieser Exkurs muß relativ umfangreich ausfallen: Zum einen ist die Thermodynamik ein komplexes und umfassendes Gebiet; zum anderen erscheint eine halbwegs gründliche und zusammenhängende Darstellung vor allem deswegen geboten, weil sich nur so zahlreiche Wiederholungen bei der Diskussion der einzelnen Thermodynamiktransfers in die Ökonomie vermeiden lassen und sich nur auf dieser Basis die zumindest potentiell sinnvolle Übertragung thermodynamischer Konzepte vom bloßen, leider allzu häufigen Begriffsmißbrauch unterscheiden läßt.

Exkurs 2: Thermodynamik[80]

Thermodynamik bedeutet zwar soviel wie *Wärmelehre*, aber der Erklärungsanspruch der Thermodynamik geht viel weiter; sie befaßt sich allgemein mit

> „...the conditions that material systems may assume and the changes in conditions that may occur either spontaneously or as a result of interactions between systems, including interactions such as heat, which cannot be described in terms of mechanics.“ (*Keenan, Hatsopoulos und Gyftopoulos* 1989, 611)

Der Anwendungsbereich der Thermodynamik hat sich seit ihren Anfängen im 19. Jahrhundert stetig ausgedehnt und wird immer noch erweitert - eine Entwicklung, die durch ein immer besseres Verständnis der zugrundeliegenden Prinzipien möglich wurde.

Begonnen hatte dieser Siegeszug mit einem höchst prosaischen Gegenstand: der Dampfmaschine. Sie, die erste jener Wärmekraftmaschinen, die die Grundlage des Industriezeitalters bilden sollten, gab Anlaß zur wissenschaftlichen Beschäftigung mit dem Phänomen *Wärme* und dessen Auswirkungen. Obwohl die dem Feuer innewohnende Kraft seit Menschengedenken bekannt ist, verdrängte der Siegeszug der klassischen Mechanik (vgl. Exkurs 1) und des ihr zugrundeliegenden Weltbildes sogar offensichtliche Irreversibilitäten aus dem wissenschaftlichen Bewußtsein. Holz verbrennt zu Asche - aber aus Asche entsteht nie wieder Holz; Wärme geht von heißeren zum kühleren Körper über - und nicht umgekehrt.

Zwar befaßten sich schon im 17. Jahrhundert *Galileo* und *Black* mit dem Phänomen der Wärme, doch gilt *Carnot*, der Anfang des 19. Jahrhunderts die Effizienz von Wärmekraftmaschinen untersuchte, als der Pionier der Thermodynamik. Weitere Grundlagen wurden von *Joule*, *Kelvin* und *Mayer* gelegt; von dem Letztgenannten stammt auch das Energieerhaltungsgesetz, der spätere erste Hauptsatz der Thermodynamik. Von der Disziplin „Thermodynamik“ kann man jedoch erst seit 1850 sprechen, dem Jahr der Veröffentlichung des berühmten Aufsatzes von *Clausius*, in welchem er den zweiten thermodynamischen Hauptsatz formulierte - das Gesetz der Nichtabnahme der Entropie. Im Anschluß daran definierte *Maxwell* die Temperatur bzw. das Wärmegleichgewicht - stellte also das „nullte“ thermodynamische Gesetz auf. *Gibbs*, *Planck* und *Poincaré* leisteten noch wesentliche Beiträge zum Ausbau der klassischen Thermodynamik bevor deren Axiomatisierung 1918 abgeschlossen wurde, als *Nernst* das dritte thermodynamische Gesetz postulierte, welches die Beziehung zwischen Entropie und absolutem Nullpunkt zum Gegenstand hat. Im Laufe des 19. Jahrhunderts wurden die Widersprüche zwischen

[80] Dieser Exkurs basiert vor allem auf *Adam und Hittmaier* (1988), *Callen* (1985), *Falk und Ruppel* (1976), *Pathria* (1977), *Prigogine* (1967; 1988) sowie dem *Encyclopaedia Britannica*-Aufsatz von *Keenan, Hatsopoulos und Gyftopoulos* (1989). Als populärwissenschaftliche Einführung kann *Atkins* (1986) empfohlen werden; abzuraten ist dagegen von *Rifkin* (1982).

klassischer Mechanik und Thermodynamik immer deutlicher; einen Ausgleich herzustellen zwischen „Atomisten“ und „Energetikern“ versuchte die *statistische Thermodynamik*, deren Hauptprotagonisten sicherlich *Boltzmann* und *Gibbs* waren, wenngleich hier auch *Clausius*, *Helmholtz* und *Maxwell* zu nennen sind. Im 20. Jahrhundert konzentrierte sich die Weiterentwicklung der Thermodynamik auf den *nichtklassischen* Bereich, das Ungleichgewicht; hier leistete insbesondere *Prigogine* bahnbrechende Beiträge.

Unsere Darstellung wird nicht dem historischen Ablauf folgen, sondern sich an der Systematik der Hauptsätze orientieren.

Zunächst sind noch einige grundlegende Konzepte einzuführen: Als *thermodynamische Variable* werden direkt meßbare Eigenschaften eines Systems (wie Volumen, Masse oder Temperatur) bezeichnet, die entweder *extensiv* (d.h. additiv, wie z.B. die Masse) oder *intensiv* (d.h. nichtadditiv, wie z.B. die Temperatur) sind. Ein *thermodynamischer Zustand* wird durch die Werte eines Mindestsatzes unabhängiger thermodynamischer Variablen festgelegt. Ein *thermodynamisches Gleichgewicht* liegt vor, wenn sich der Systemzustand bei unveränderten Nebenbedingungen nicht mehr ändert. Ein Spezialfall ist das *thermische Gleichgewicht*, das definitionsgemäß dann erreicht ist, wenn alle Teile eines Systems, in dem thermischer Kontakt ohne Zustandsänderung möglich ist, gleiche Temperatur haben.

Die Temperatur T, die i.d.R. nach der Kelvin-Skala gemessen wird, determiniert den Energiefluß (in Form von Wärme) bei Entropiezufuhr; bei konstantem Volumen V gilt:

$$(1) \qquad T = \left(\frac{\delta U}{\delta S}\right)_V$$

Dabei steht U für die *innere Energie*[81] und S für *Entropie*. Gemäß dem „nullten“ Hauptsatz gilt: Wenn zwei Systeme mit einem dritten System im thermischen Gleichgewicht stehen (also gleiche Temperatur haben), stehen sie auch untereinander im thermischen Gleichgewicht (haben sie selbst auch gleiche Temperatur). Wärme Q wird definitionsgemäß von einem System aufgenommen (abgegeben), wenn sich seine Temperatur erhöht (erniedrigt). Die Zustandsänderung eines thermisch isolierten Systems wird *adiabatisch* genannt. Ein System ist *isoliert*, wenn es weder Materie noch Energie mit der Umgebung austauschen kann; es ist *geschlossen*, wenn nur ein Energietransfer möglich ist; und es ist *offen*, wenn sowohl Materie als auch Energie zwischen System und Umwelt ausgetauscht werden können. Der Begriff der Arbeit wird aus der Mechanik übernommen (vgl. Exkurs 1). Der Energieerhaltungssatz der klassischen Mechanik bezieht sich allerdings nur auf *mechanische* Energie. Nachdem verschiedene Versuche - und vor allem die Existenz der Dampfmaschine - zeigten, daß sich auch Wärme in Arbeit umwandeln läßt, mußte der Energieerhaltungssatz erweitert werden. Auch Wärme wurde als Energie-

---

[81] Die *innere Energie* oder *Ruheenergie* U bezeichnet die Systemenergie unter Vernachlässigung des Impulses des Systems; wird dieser mit einbezogen, spricht man von der *Gesamtenergie* E.

form aufgefaßt, so daß - bei Außerachtlassung weiterer Energieformen - die Gesamtenergie eines Systems aus der Summe von dessen mechanischer und thermischer Energie besteht. Der *erste Hauptsatz* der Thermodynamik lautet dementsprechend: Die Energie eines isolierten Systems ist konstant. Eine äquivalente Formulierung besagt, daß Energie weder erzeugt noch vernichtet, sondern nur von einer Form in die andere umgewandelt werden kann. Daraus folgt unmittelbar die Unmöglichkeit eines *Perpetui mobilis erster Art*, d.h. einer Maschine, die Arbeit abgibt, ohne Energie aufzunehmen.

Differentiell läßt sich der erste Hauptsatz wie folgt ausdrücken:

(2) $$dU = \delta W + \delta Q$$

D.h. die innere Energie U nimmt bei Zufuhr von Arbeit und/oder Wärme genau um die zugeführte Energie zu. Dabei ist dU ein exaktes, wegunabhängiges Differential:

(3) $$\oint dU = 0$$

Betrachtet man *alle* n voneinander unabhängigen Energieformen $\xi_i dX_i$, in denen ein System Energie austauschen kann, so lassen sich Energieänderungen allgemein durch die *Gibbssche Fundamentalform*

(4) $$dE = \xi_1 dX_1 + \xi_2 dX_2 + ... + \xi_n dX_n$$

ausdrücken, wobei E für die *Gesamtenergie* steht. Aus dem Energieerhaltungssatz und der Einsteinschen Energie-Masse-Äquivalenz $E = mc^2$ folgt, daß auch die Masse konserviert wird. Dementsprechend ist die Masse isolierter Systeme konstant, was näherungsweise auch für abgeschlossene Systeme unterstellt werden kann.

Der Energieerhaltungssatz der klassischen Mechanik erscheint hier als Spezialfall des allgemeinen thermodynamischen Energieerhaltungssatzes; der wesentliche Unterschied zwischen klassischer Mechanik und Thermodynamik liegt aber im zweiten thermodynamischen Hauptsatz: Dieser impliziert nämlich, daß - im Gegensatz zur klassischen Mechanik - *nicht* die gesamte Systemenergie vollständig in Arbeit transformiert werden kann, wenngleich sich umgekehrt alle Arbeit in Wärme umwandeln läßt. Mit dem zweiten Hauptsatz wird *Irreversibilität* eingeführt; er stellt das erste und bisher einzige *evolutorische Gesetz* der Physik dar. Denn der „Zeitpfeil" ist nicht umdrehbar - er gibt eine eindeutige Richtung vor: von der Vergangenheit zur Zukunft, von niedriger zu hoher Entropie (vgl. dazu auch *Coveney und Highfield* 1990). Der *zweite Hauptsatz* besagt: Es gibt *keine* thermodynamische Zustandsänderung, deren *einzige* Wirkung in der vollständigen Umwandlung von Wärme in Arbeit besteht. D.h. ein *Perpetuum mobile zweiter Art* - eine Maschine, die Wärme vollständig in Arbeit transformiert - existiert nicht. Der zweite Hauptsatz wurde zwar zuerst von *Clausius* formuliert, die Grundlagen legte aber schon *Carnot*: Im Mittelpunkt seines Interesses stand die Frage nach dem Verhältnis von Wärme und Arbeit bei Wärmekraftmaschinen. *Carnot* zeigte, daß eine zyklisch arbeitende Wärmekraftmaschine, die Arbeit liefert, zwischen *zwei* Wärmereservoirs unterschiedlicher Temperatur arbeiten muß und daß der maximale Wirkungsgrad η

$$(5) \qquad \eta = \frac{T_1 - T_2}{T_1} = \frac{Q_1 - Q_2}{Q_1} = \frac{W}{Q_1} < 1$$

beträgt. η bezeichnet dabei das Verhältnis zwischen Arbeit W und aufgenommener Wärme Q_1; Q_2 ist die abgegebene Wärme. Die Effizienz einer Wärmekraftmaschine ist also umso höher, je größer die Temperaturdifferenz zwischen Wärmequelle (mit Temperatur T_1) und Wärmesenke (mit Temperatur T_2) ist; aber auch unter idealen Bedingungen ist sie kleiner als 1. Solche Bedingungen findet man z.B. im *Carnotschen Kreisprozeß*, einer idealen Wärmekraftmaschine, in der alle Prozesse reversibel und reibungsfrei ablaufen und beide Wärmereservoirs konstante Temperatur beibehalten. „Der Preis für die Arbeit, die wir aus der von der heißen Quelle absorbierten Wärme gewinnen, ist also etwas Wärme, die wir an der Senke 'vergeuden' müssen." (*Atkins* 1986, 16)

Clausius definierte nun die *Entropie* S (von *tropein*; griechisch für *wenden, eine bestimmte Richtung geben*) über die infinitesimalen Wärmeübertragungen, die bei einer bestimmten Temperatur *reversibel* vorgenommen werden. Für die Änderung der Entropie gilt dabei:[82]

$$(6) \qquad dS = \frac{\delta Q}{T}$$

Da das Integral wegunabhängig ist, kann eine neue Zustandsfunktion, eben die Entropie S, abgeleitet werden:

$$(7) \qquad S = \int \frac{\delta Q}{T}$$

Die Entropie ist also die zur (intensiven) Temperatur gehörende extensive Größe, so daß $\delta Q = TdS$ ein Spezialfall der Gibbsschen Fundamentalform (4) ist, der nur die Übertragung von Wärmeenergie berücksichtigt. Dementsprechend setzt sich die Entropie eines Systems mit der Temperatur T_1 zusammen aus der Entropie bei $T = 0$ und dem Integral aller infinitesimalen Entropieänderungen durch infinitesimale Wärmetransfers. Die Entropiedifferenz zweier Zustände ist exakt bestimmbar; der absolute Wert der Entropie eines bestimmten Zustandes hängt aber von der Integrationskonstanten, der Entropie bei $T = 0$, ab. Dieser Unbestimmtheit konnte erst der *dritte Hauptsatz* abhelfen, der aus naheliegenden Gründen die Entropie im absoluten Nullpunkt gleich Null setzte.[83] Somit ist die Entropie also eine meßbare physikalische Größe und nicht - wie man aus vielen nichtphysikalischen Darstellungen schließen könnte - ein vage Vorstellung oder ein metaphysisches Konzept (*Schrödinger* 1951, 101). Insbesondere stellt Entropie *kein* Maß für das dar, was man im allgemeinen unter „Unordnung" versteht - abgesehen von den drei Spezialfällen der Mischung idealer Gase, der Mischung von Isotopen und der Kristalle nahe am absoluten Nullpunkt. Die beständigen Versuche, „an indeed quantitative and exact

[82] Für *irreversible* Prozeßrealisierungen tritt in (6) „>" an die Stelle von „=".

[83] Der dritte Hauptsatz besagt, daß die Entropie eines Systems bei Annäherung an den absoluten Nullpunkt gegen Null geht *und* daß der absolute Nullpunkt nicht erreicht werden kann.

notion, entropy" mit „something called disorder, which is loose and subjective and for which no definition exists" in Verbindung zu bringen, haben viel unnötige Verwirrung und Unklarheit verursacht (*Brostow* 1972, 125).

Für reversible Prozesse - also Prozesse, die unendlich langsam ablaufen - gilt

$$(8) \qquad dS = 0,$$

für irreversible Prozesse dagegen

$$(9) \qquad dS > 0.$$

Das heißt, die Entropie kann in isolierten Systemen nie abnehmen; sie kann höchstenfalls (bei idealen, reversiblen Prozessen) gleichbleiben, nimmt aber in aller Regel (bei irreversiblen Prozessen) zu; also:

$$(10) \qquad dS \geq 0$$

Für beliebige zyklische Prozesse gilt daher:

$$(11) \qquad \oint \frac{dQ}{T} \leq 0$$

Das Gleichheitszeichen gilt z.B. für den idealen Carnot-Kreislauf, das Ungleichheitszeichen für alle *realen* Zyklen. Aber auch im Carnot-Prozeß ist nur die Entropiezunahme Null, die Entropie selbst ist dagegen positiv (wenn auch konstant); ein bestimmter Teil der Energie wird „verschwendet". Die Entropie läßt sich deshalb generell als das Maß für den „Wert" der Energie eines Systems ansehen. Je geringer die Entropie, desto mehr Energie läßt sich in Arbeit umwandeln. Da bei irreversiblen Prozessen die Entropie zunimmt, also Energie dissipiert wird, ist aus der Sicht der Energienutzer eine möglichst geringe Entropiezunahme, also eine möglichst weitgehende Reversibilität wünschenswert. Die Thermodynamik führte zur Unterscheidung von zwei qualitativ verschiedenen *Energiearten* in der Physik: thermische Energie und nichtthermische Energie (wie z.B. chemische, mechanische oder elektrische Energie). Erstere ist von *niedriger* Qualität, da sie nicht vollständig in Arbeit umgewandelt werden kann; letztere ist dagegen von *hoher* Qualität, da es keine *thermodynamischen* Hindernisse für eine vollständige Umwandlung in Arbeit gibt.

Die Vorgabe der Richtung *natürlicher* Prozesse durch das Entropiegesetz läßt sich am Beispiel des Temperaturausgleichs zeigen: Wenn man zwei Körper mit den Temperaturen T_1 und T_2 ($T_1 > T_2$) in thermischen Kontakt bringt, werden sich ihre Temperaturen angleichen, indem Wärme vom wärmeren zum kühleren Körper fließt. Die Entropieabnahme im wärmeren Körper beträgt

$$(12) \qquad \Delta S_1 = -\frac{\Delta Q}{T_1}.$$

Im kälteren Körper nimmt die Entropie dagegen zu:

$$(13) \qquad \Delta S_2 = \frac{\Delta Q}{T_2}$$

Die Entropieänderung des Gesamtsystems

(14) $$\Delta S = \frac{\Delta Q}{T_2} - \frac{\Delta Q}{T_1} > 0$$

ist positiv, da $T_1 > T_2$. Wärme kann also nur vom wärmeren zum kühleren Körper fließen, da andernfalls die Entropie *abnehmen* würde.

Ein weiteres Beispiel besteht in der *Mischungsentropie*: Wird etwa die Trennwand entfernt zwischen zwei Behältern unterschiedlicher, chemisch *nicht* miteinander reagierender, idealer Gase A und B, von welchen n_A bzw. n_B Mol ($n_A + n_B = n$) vorhanden sind, so nimmt - bei konstantem Druck, konstanter Temperatur und konstantem Volumen - die Entropie des Systems durch die Mischung der Gase zu:

(15) $$dS = \Re\left(n_A \ln\frac{n}{n_A} + n_B \ln\frac{n}{n_B}\right) > 0$$

$\Re$ bezeichnet dabei die *allgemeine Gaskonstante*. Nur auf den ersten Blick besteht hier ein Widerspruch zur Definiton (6) der Entropiezunahme als Quotient von Wärmetransfer und Temperatur: Zwar findet in diesem Beispiel *keine* Wärmeübertragung statt, doch handelt es sich beim bloßen Entfernen der Trennwand um eine *irreversible* Prozeßrealisierung, bei der die Entropie auch ohne Wärmetransfer zunehmen kann. Würde man die Mischung mittels semipermeabler Membranen *reversibel* realisieren, wäre dieselbe dagegen mit dem von (6) verlangten Wärmetransfer verbunden.

Ein thermodynamisches Gleichgewicht ist für *isolierte* Systeme dann erreicht, wenn die Entropie maximal ist, d.h. nicht mehr zunimmt. Der zweite Hauptsatz gibt also eine eindeutige Zeitrichtung vor; der *Zeitpfeil* weist von geringer zu hoher Entropie, er kann nicht umgedreht werden: Die Zeit in der Thermodynamik ist - anders als in der klassischen Mechanik - irreversibel.

Im Fall *abgeschlossener* Systeme gibt es eine dem Prinzip des Entropiemaximums äquivalente Bedingung - die des Prinzips der Minimierung der inneren Energie. Das Gleichgewicht eines abgeschlossenen Systems ist also dann erreicht, wenn bei gegebener Energie die Entropie maximal ist bzw. wenn bei gegebener Entropie die Energie minimal ist.

Zur allgemeinen Bestimmung des Gleichgewichtszustands sind zwei Zustandsfunktionen einzuführen: die thermodynamischen Potentiale (Helmholtzsche) *freie Energie* F (auch *Exergie* genannt) und die *freie Enthalpie* G (Gibbssches Potential oder Gibbssche freie Energie). Erstere setzt konstantes Volumen, letztere konstanten Druck voraus.

(16) $$F = U - TS$$

(17) $$G = H - TS$$

H bezeichnet dabei die *innere Enthalpie* bzw. den Wärmeinhalt (also die bei konstantem Druck freisetzbare Wärme):

(18) $$H = U + pV$$

Also gilt auch:

$$(19) \qquad G = F + pV$$

Freie Energie und freie Enthalpie geben die maximal zu gewinnende Arbeit durch (hypothetische) reversible Prozesse an; sie kann nur dann gewonnen werden, wenn sich das System im Endzustand im thermodynamischen Gleichgewicht mit seiner Umgebung befindet („dead state"), also keine thermodynamischen Potentiale mehr existieren.

Bei konstanter Temperatur gilt für die Änderung der freien Energie F

$$(20) \qquad dF = dU - TdS$$

und für die Änderung der freien Enthalpie G

$$(21) \qquad dG = dH - TdS = dF + pdV = dU - TdS + pdV,$$

wobei

$$(22) \qquad dH = dU + pdV.$$

Die Gleichgewichtsbedingung für abgeschlossene Systeme mit konstantem Volumen lautet

$$(23) \qquad dF = 0,$$

wobei das Extremum ein Minimum sein muß (analog dG = 0 für abgeschlossene isobare Systeme).

Beschränken wir uns auf die freie Energie F, so wird aus (20) deutlich, daß das Minimum der freien Energie auf zweierlei Art erreicht werden kann: Die innere Energie kann abnehmen und/oder die Entropie kann zunehmen. Welcher der beiden Faktoren überwiegt, hängt von der Temperatur ab. Bei niedrigen Temperaturen überwiegt der Energieterm (wie z.B. bei der Kristallbildung), bei höheren Temperaturen dagegen der Entropieterm (wie z.B. bei der Eisschmelze).[84]

Offensichtlich besteht bei irreversiblen Prozessen eine inverse Beziehung zwischen Entropie und Exergie: Erstere nimmt zu, wohingegen letztere abnimmt. Lediglich bei reversiblen Prozessen bleiben beide konstant. Exergie unterliegt also *nicht* einem Konservierungsgesetz!

Clausius formulierte den ersten und den zweiten Hauptsatz auch für das Universum: Demnach sei dessen Energie konstant und seine Entropie würde zum Maximum tendieren. Diese Aussage ist jedoch nicht unumstritten, da keineswegs feststeht, ob bzw. inwieweit das Universum als isoliertes System angesehen werden

---

[84] Die obigen Gleichungen für freie Energie und freie Enthalpie geben die maximal zu gewinnende Arbeit nur bei *isothermen* Prozessen an, d.h. bei denen System und Umgebung (also das Wärmereservoir) die gleiche konstante Temperatur beibehalten. Handelt es sich um *monotherme* Prozesse, d.h. kann die Umgebungs- von der Systemtemperatur abweichen, sind die Gleichungen entsprechend zu erweitern. Ebenfalls sind Erweiterungen notwendig für den Fall von Systemen mit variabler Molzahl n; z.B. müßte (20) dann lauten dF = dU-TdS+μdn, wobei μ das *chemische Potential* eines Stoffes darstellt.

kann (vgl. *Frautschi* 1988, *Horwich* 1989, 72ff; *Schlegel* 1971).[85] Für unsere weiteren Betrachtungen sind diese kosmologischen Probleme jedoch irrelevant; wichtig ist für unsere Zwecke, daß die Erde als *geschlossenes* System angesehen werden kann: Sie empfängt Energie in Form der Sonnenstrahlung und gibt thermische Energie an den Raum ab; der materielle Austausch, der sich auf Meteoriteneinschläge einerseits und die Aussendung von Raumfahrzeugen sowie den minimalen Verlust atmosphärischer Bestandteile andererseits beschränkt, kann demgegenüber vernachlässigt werden.

In diesem abgeschlossenen System „Erde" beobachten wir zahllose Subsysteme (nicht zuletzt uns selbst!), die sich offensichtlich nicht im thermodynamischen Gleichgewicht befinden und sich deshalb schwerlich mit der bisher behandelten klassischen Thermodynamik vereinbaren lassen. Diese ist, wie wir gesehen haben, eine Gleichgewichtsthermodynamik; es werden thermodynamische Größen verschiedener Gleichgewichtszustände verglichen, die Entropie selbst ist ausschließlich als Gleichgewichtsentropie definiert. Aber in der realen Welt sind die Vorgänge eben nicht reversibel und laufen in endlicher Zeit ab. Man beobachtet nicht nur Gleichgewichtsstrukturen wie Eis (bei niedriger Temperatur) oder Wasserdampf (bei hoher Temperatur), sondern eine Fülle von Nichtgleichgewichtsstrukturen und Prozessen fern vom Gleichgewicht. „[T]he major progress in thermodynamics (...) is related to the extension of macroscopic methods to such processes." (*Prigogine* 1967, 15)

Unabdingbar für die Nichtgleichgewichtsthermodynamik ist die explizite Berechnung der Entropieänderung; hierzu ist es notwendig, nicht nur die durch systeminterne Prozesse erzeugte Entropiezunahme (d_iS), sondern auch den Entropiefluß über die Systemgrenzen hinweg (d_eS) zu berücksichtigen.[86] Da Entropie eine extensive thermodynamische Variable ist, beträgt die Gesamtentropieänderung dS eines Systems

$$(24) \qquad dS = d_iS + d_eS.$$

Die Terme d_iS und d_eS haben dabei eine grundsätzlich verschiedene physikalische Bedeutung: Die *interne* Entropieproduktion ist gemäß dem zweiten Hauptsatz *nicht negativ*, d.h. sie ist bei reversiblen Prozessen Null und bei irreversiblen Prozessen positiv. Der Entropiefluß kann dagegen sowohl Null - bei isolierten Systemen ($dS = d_iS$) - als auch - bei nicht isolierten Systemen - positiv (Entropieimport) oder negativ

[85] Selbst wenn man das Universum als isoliertes System auffaßt, läßt sich die Strukturbildung im Verlauf der kosmischen Evolution mit dem Entropiegesetz vereinbaren: Zwar nimmt durch die Entwicklung von Strukturen (wie Galaxien oder Planetensystemen) die Entropie *insoweit* ab; diese Abnahme wird jedoch durch die Entropiezunahme aufgrund der Expansion des Universums *überkompensiert*, so daß im Endeffekt eine Nettoentropiezunahme im Zeitablauf resultiert.

[86] Es muß betont werden, daß es sich bei „Entropieflüssen" um eine zwar gebräuchliche, aber unpräzise und zu Mißverständnissen Anlaß gebende Sprechweise handelt. Zwar können Entropiewerte aufgrund der Extensivität der Entropie addiert werden, doch handelt es sich *nicht* um eine Substanz. Wenn Entropie „fließt", so heißt das genau genommen, daß ein System dergestalt mit seiner Umwelt in Interaktion tritt (z.B. Wärme austauscht), daß sich dessen Entropie ändert. Auch existiert eigentlich keine „negative Entropie" (oder „Negentropie") - dieser Ausdruck bezeichnet lediglich eine „von außen" bewirkte Entropieabnahme des Systems.

(Entropieexport) sein. Je nachdem, ob das System geschlossen oder offen ist, bezieht sich der Entropiefluß nur auf Energie oder auf Energie und Materie.

Das thermodynamische Gleichgewicht ist dann erreicht, wenn d_iS Null ist, wenn keine Entropie mehr produziert wird. Die spontane interne Entropiemaximierung steht im Gegensatz zu der durch Randbedingungen vorgegebenen, *kontrollierten* Beeinflussung des Systems durch den externen Entropiefluß:

> „Im Gegensatz zum dynamischen Objekt ist das thermodynamische Objekt immer nur *partiell* kontollierbar; es kann passieren, daß es in eine spontane Entwicklung 'ausbricht'. *Für ein thermodynamisches System sind nicht mehr alle Veränderungen gleichbedeutend.*" (*Prigogine und Stengers* 1986, 129)

Bei der Nichtgleichgewichtsthermodynamik sind zwei Fälle zu unterscheiden - Systeme nahe und Systeme fern vom Gleichgewicht.

Im ersten Fall, dem der *linearen* Nichtgleichgewichtsthermodynamik,[87] gilt das *Minimaltheorem* von *Prigogine*. Dies besagt, aufbauend auf dem *Onsagerschen Reziprozitätstheorem*, daß ein System, welches das thermodynamische Gleichgewicht nicht erreichen kann (z.B. aufgrund des Aufrechterhaltens eines Temperaturunterschieds zwischen System und Umwelt), einen *stationären* Zustand anstrebt ($dS = 0$), der sich durch *minimale* Entropieproduktion (also minimale Energiedissipation) auszeichnet. d_iS ist also nicht Null, wohl aber konstant minimal: Das System ist nicht im Gleichgewicht, aber stationär (im „steady state").[88] Sowohl Gleichgewichte als auch stationäre Nichtgleichgewichte (in der Nähe des Gleichgewichts) sind „automatisch" stabil, d.h. bei Systemstörungen reagiert das gestörte System mit einer Rückkehr zur minimalen Entropieproduktion. Die lineare Nichtgleichgewichtsthermodynamik kann also ebenso wie die Gleichgewichtsthermodynamik durch ein Potential, die Entropieerzeugung, beschrieben werden; unabhängig von den Anfangsbedingungen wird der durch die Randbedingungen determinierte Endzustand erreicht.

Die Situation ändert sich radikal in Bereichen fern des Gleichgewichts, die von der *nichtlinearen* Nichtgleichgewichtsthermodynamik[89] beschrieben werden. Die Entropieproduktion ist kein Potential mehr, so daß völlig neue Effekte auftreten: So können sich auch fern vom Gleichgewicht stationäre Zustände einstellen, doch sind diese nicht durch minimale Entropieproduktion gekennzeichnet; auch sind solche Zustände nicht mehr grundsätzlich stabil. Bei Störungen kann es zwar durchaus zu einer Dämpfung der Fluktuation und zu einer Rückkehr zum stationären Zustand kommen; andererseits kann aber auch eine Verstärkung der Fluktuation und

---

[87] Nahe des Gleichgewichts sind die Flüsse der irreversiblen Prozesse *lineare* Funktionen der sie bewirkenden Kräfte.

[88] Offensichtlich ist ein stationärer Nichtgleichgewichtszustand nur bei nicht isolierten Systemen möglich, da im stationären Zustand $dS = 0$ gilt, also die (positive) Entropieproduktion durch (negativen) Entropieexport ausgeglichen werden muß.

[89] Fern vom Gleichgewicht gilt die lineare Beziehung zwischen Flüssen und Kräften nicht mehr.

Entfernung vom bisherigen stationären, aber labilen Zustand auftreten. Durch solche Störungen können dann neue stationäre Zustände erreicht werden; diese können hochgeordnet sein, wenn Korrelationen makroskopischer Reichweite auftreten: Aufgrund von Schwankungen kann also Ordnung entstehen, das Phänomen der *Selbstorganisation* kann auftreten; Irreversibilitäten kommt in solchen Fällen eine konstruktive Rolle zu. Solche geordneten Systeme fern vom Gleichgewicht werden *dissipative Strukturen* genannt; sie halten ihre Struktur und Ordnung durch Wechselwirkung mit ihrer Umgebung, durch Energiedissipation, aufrecht. Diese dissipativen Strukturen zeigen ein höchst komplexes Verhalten; sowohl interne als auch externe Schwankungen können zu Strukturneubildungen führen, andererseits können dissipative Strukturen auch gegenüber bestimmten Störungen strukturstabil sein. „Die Gleichgewichtsgesetze sind *universal*. In großer Ferne vom Gleichgewicht kann das Verhalten jedoch sehr *spezifisch* werden." (*Prigogine* 1988, 107) So können dissipative Strukturen Attraktoren verschiedenster Art aufweisen - von Fixpunkten über Grenzzyklen bis hin zu chaotischen, d.h. fraktalen Attraktoren. Bei der Selbstorganisation spielen sowohl deterministische als auch stochastische Elemente eine Rolle: Ab einer gewissen Entfernung vom thermodynamischen Gleichgewicht treten *Verzweigungspunkte* auf; an diesen Punkten eröffnen sich für das System plötzlich neue Wege - Wege neben dem Pfad der minimalen Entropieproduktion (dem *thermodynamischen Zweig*). Welchen Weg das System einschlagen wird, hängt ganz entscheidend von den spezifischen Randbedingungen ab. Solche Instabilitäten lassen sich mittels der *Bifurkationstheorie* untersuchen - einen Unterfall derselben stellt die *Katastrophentheorie* dar, welche die einfachsten Verzweigungen untersucht. Generell läßt sich sagen, daß ein System zwischen Verzweigungen deterministischen Gesetzen gehorcht und an den Verzweigungspunkten der Zufall ins Spiel kommt. Hier können kleinste Schwankungen zu völlig unterschiedlichen Entwicklungen führen, so daß das Systemverhalten chaotisch, also nicht vorhersagbar werden kann. Dies gilt umsomehr, als sich Schwankungen und Verzweigungen gegenseitig beeinflussen können; die Rolle des Zufalls ist wesentlich und kann *nicht* vernachlässigt werden. Da in der Nähe von Verzweigungen das Gesetz der großen Zahlen versagt, stellen Schwankungen *keine* untergeordnete Erscheinung mehr dar, die durch einen Mittelwert ersetzt werden können. Die Interpretation eines bestimmten Systemzustandes setzt deshalb die Kenntnis vom Verhalten dieses Systems an den vorhergehenden Verzweigungen, also dessen Vorgeschichte voraus, so „daß die Verzweigung gewissermaßen *Geschichte* in die Physik einführt." (*Prigogine* 1988, 120)

Die Nichtgleichgewichtsthermodynamik im allgemeinen und die Theorie der dissipativen Strukturen im besonderen erlauben die Überwindung eines (scheinbaren) Widerspruchs (*Wehrt* 1974, 157f): Einerseits besagt der zweite Hauptsatz, daß die Entropie bis zu ihrem Maximum zunimmt, d.h. bis das thermodynamische Gleichgewicht erreicht ist. Dies kann auch als Tendenz zur möglichst weitgehenden Gleichverteilung und Unstrukturiertheit verstanden werden. Andererseits ist die Evolution offenkundig *nicht* diesem Muster gefolgt, sondern hat im Gegenteil eine immer größere Formenvielfalt, eine immer komplexere Struktur und immer weiter vom Gleichgewicht entfernte Systeme hervorgebracht. Kann daraus gefolgert werden, daß die Thermodynamik für evolutorische Prozesse irrelevant ist, wie dies z.B. *Bergson* getan hat? Eine solche zweifelhafte Einschränkung des Geltungsbereiches eines Naturgesetzes kann vermieden werden, indem man auf das Konzept dissipativer Strukturen zurückgreift. Interpretiert man biologische Entitäten als dissipative Strukturen, so läßt sich deren Höher- und Weiterentwicklung mit der Thermodynamik in Einklang bringen: Ihre Gesamtentropie kann so zwar abnehmen oder konstant bleiben, doch gelingt dies nur durch Kompensation der unvermeidlichen Entropieproduktion mittels Export von Entropie bzw. Import von Negentropie. Folglich ist Leben nur in einer Umgebung möglich, in der die Entropie noch zunehmen kann, die sich also nicht im thermodynamischen Gleichgewicht befindet.

> „Jeder Vorgang, jedes Ereignis, jedes Geschehen - man kann es nennen, wie man will, - kurz alles, was in der Natur vor sich geht, bedeutet eine Vergrößerung der Entropie jenes Teiles der Welt, in welchem es vor sich geht. Damit erhöht ein lebender Organismus ununterbrochen seine Entropie - oder, wie man auch sagen könnte, er produziert eine positive Entropie - und strebt damit auf den gefährlichen Zustand maximaler Entropie zu, der den Tod bedeutet. Er kann sich ihm nur fernhalten, d.h. leben, indem er seiner Umwelt fortwährend negative Entropie entzieht (...). Das wovon ein Organismus sich ernährt, ist negative Entropie. Oder, um es etwas weniger paradox auszudrücken, das Wesentliche am Stoffwechsel ist, daß es dem Organismus gelingt, sich von der Entropie zu befreien, die er, solange er lebt, erzeugen muß." (*Schrödinger* 1951, 100f)

Zwar ist unbestritten, daß die Nichtgleichgewichtsthermodynamik nicht das Phänomen des Lebens vollständig erklären kann, daß die einfachen dissipativen Strukturen aus der Chemie, jene Musterbeispiele thermodynamischer Selbstorganisation, sich wesentlich von lebenden Organismen unterscheiden (*Campell* 1988; *Erbrich* 1988, 146ff; *Hopf* 1988), doch können mit der Theorie dissipativer Strukturen auf jeden Fall Thermodynamik und Evolution in Einklang gebracht werden (*Wicken* 1988).[90]

> „[I]t is not true, that structure is produced against the law of increase of entropy. On the contrary, this law is probably the basic law responsible for the existence of life and of the universe." (*Prigogine* 1989, 3)

Denn aus der Nichtgleichgewichtsthermodynamik läßt sich ein universales Evolutionskriterium ableiten, das sich auf ein verallgemeinertes Potential bezieht (*Prigogine, Nicolis und Babloyantz* 1972).[91]

---

[90] Zur vor allem von *Haken* geprägten, konkurrierenden Selbstorganisationslehre der *Synergetik* vgl. z.B. *Frehland* (1984) und *Haken* (1983a; 1983b).

[91] Vgl. zum Zusammenhang von Evolution und Thermodynamik auch *D.R. Brooks und Wiley* (1988), *D.R. Brooks et al.* (1989), *Collier* (1986), *Jantsch* (1986), *Laszlo* (1987), *Lotka* (1922b),

Der thermodynamische Zeitpfeil gilt für das gesamte Universum (genauer gesagt, für dessen Expansionsphase)[92] und ist im übrigen auch zwangsläufig identisch mit dem *psychologischen Zeitpfeil*, d.h. mit unserem subjektiven Empfinden für die Richtung der Zeit (*Hawking* 1988, 185f).

Unsere bisherigen Betrachtungen bezogen sich ausschließlich auf Makrogrößen wie Temperatur, Entropie etc.; aufgrund der Vernachlässigung von Mikrogrößen wird eine solche Thermodynamik auch *phänomenologisch* genannt - was häufig abwertend gemeint ist, insoweit damit impliziert werden soll, die *eigentlichen* Ursachen der untersuchten Phänomene würden nicht untersucht, und gewissermaßen würde man sich nur an der Oberfläche bewegen.

Dieser Auffassung waren vor allem die Väter der *statistischen Thermodynamik*, deren Hauptanliegen die *mechanische* Fundierung der phänomenologischen Thermodynamik war. Indem so versucht wurde, der Entropie ihre Grundsätzlichkeit abzusprechen, sollten die mechanischen Größen als zentrale und einzig *wirkliche* Erklärungsvariablen beibehalten werden, sollte das mechanische Weltbild aufrechterhalten werden.

Zu diesem Zweck wurde von *Boltzmann* erstmals die Wahrscheinlichkeitstheorie zu physikalischen Erklärungen herangezogen: Grundlegend ist dabei die Unterscheidung zwischen *Mikrozustand* und *Makrozustand*. Jener stellt eine vollständige (mechanische) Zustandsbeschreibung auf der Ebene der einzelnen Teilchen dar, dieser bezieht sich nur auf die thermodynamischen Variablen. Nun kann ein Makrozustand durch eine Vielzahl von Mikrozuständen realisiert werden, so daß die Bestimmung der makroskopischen Eigenschaften eines Vielteilchensystems *nicht* eine genaue mikroskopische Beschreibung desselben voraussetzt, sondern eine *statistische* Beschreibung i.d.R. ausreichend ist.

Betrachten wir beispielsweise eine aus vier gleichartigen Molekülen bestehende Gasmenge ($n = 4$) in einem Behälter mit zwei gleich großen Abteilen, d.h. möglichen Aufenthaltsorten der Gasmoleküle. Ein Makrozustand bezieht sich nur auf die *Zahl* der Teilchen in jedem Abteil, ein Mikrozustand dagegen beschreibt die Aufenthaltsorte der *einzelnen* Teilchen. Offensichtlich gibt es fünf Makrozustände: Im ersten Abteil können sich $n_1 = 0,1,2,3$ oder 4 Teilchen befinden, und im zweiten Abteil entsprechend $n_2 = n - n_1$ Teilchen. Die Anzahl W der Mikrozustände, die einem bestimmten Makrozustand, also bestimmten Werten für n_1 und n_2, entsprechen, beträgt im Beispielsfall

$$(25) \qquad W = \frac{n!}{n_1! n_2!}.$$

So gibt es für $n_1 = 0$ nur einen Mikrozustand, für $n_1 = 2$ dagegen sechs Mikrozustände. W, das auch als *thermodynamische Wahrscheinlichkeit* bezeichnet wird, ist

Nicolis und Prigogine (1977), die Aufsätze in *B.H. Weber, Depew und Smith* (1988), *B.H. Weber et al.* (1989) und *Wicken* (1986a; 1987).

[92] Zum *kosmologischen Zeitpfeil* vgl. *Davies* (1977) und *Hawking* (1988, 181ff).

offensichtlich dann maximal, wenn die Teilchen *gleichverteilt* sind. Da - bei gleicher Wahrscheinlichkeit aller Mikrozustände - die Wahrscheinlichkeit, daß ein bestimmter Makrozustand realisiert wird, proportional zur Anzahl seiner möglichen Mikrozustände ist, so beträgt die Wahrscheinlichkeit für den Makrozustand $n_1 = 0$ lediglich 1/16, für den Makrozustand $n_1 = 2$ dagegen 6/16. In Systemen mit großer Teilchenzahl sind die Verhältnisse noch wesentlich eindeutiger; die meisten Mikrozustände gehören zum Makrozustand der Gleichverteilung, der somit am weitaus wahrscheinlichsten ist. *Boltzmann* interpretierte als erster die irreversible Entropiezunahme als Tendenz zur Gleichverteilung, zur „Unordnung", und stellte folgende berühmte Gleichung auf, in der k die Boltzmannsche Universalkonstante bezeichnet:[93]

$$(26) \qquad S = k \ln W$$

Ersetzt man die thermodynamische Wahrscheinlichkeit W durch die dem Wahrscheinlichkeitsbegriff eher entsprechende Größe P = 1/W, so gilt:

$$(27) \qquad S = -k \ln P$$

Dem Gesetz der Entropiezunahme entspricht aus dieser Sicht das Gesetz des Übergangs zu wahrscheinlicheren Systemzuständen (d.h. Systemzuständen, die eine höhere Anzahl von Mikrozuständen umfassen), also die Maximierung der Entropiefunktion (26) bzw. (27).

> „The number of microstates among which the system undergoes transitions, and which thereby share uniform probability of occupation, increases to the maximum permitted by the imposed constraints." (*Callen* 1985, 331)

Beide Gleichungen gelten aber in dieser einfachen Form nur für Systeme mit *gleichwahrscheinlichen* Mikrozuständen (also Mikrozuständen, die die gleiche Energie aufweisen), d.h. die *mikrokanonischen Ensembles*, die durch Wechselwirkungsfreiheit der Teilchen (wie im Fall idealer Gase) und thermodynamische Isoliertheit gekennzeichnet sind. Dennoch kann schon in diesem einfachsten Fall die praktische Ermittlung der Zahl der Mikrozustände W sehr schwierig und aufwendig werden.

In *kanonischen Ensembles*, d.h. abgeschlossenen Systemen im Wärmebad, sind zudem die unterschiedlichen Wahrscheinlichkeiten P_i der Mikrozustände zu berücksichtigen, so daß gilt:

$$(28) \qquad S = -k \sum_{i=1}^{W} P_i \ln P_i$$

Weitere Komplikationen treten bei *großkanonischen Ensembles* auf, Systemen, die sowohl wärme- als auch teilchendurchlässig sind.

---

[93] Es sei betont, daß der präzise Unordnungsbegriff der statistischen Thermodynamik *nicht* mit dem allgemein gebräuchlichen, unpräzisen, anthropozentrischen Unordnungsbegriff gleichgesetzt werden darf.

Diese Resultate konnte *Boltzmann* durch sein *H-Theorem* wesentlich generalisieren, insofern dieses nicht nur das Gleichgewicht, sondern auch den Weg zum Gleichgewicht beschreibt - allerdings um den Preis einer Spezialisierung in anderer Hinsicht: Das H-Theorem bzw. die *kinetische Theorie* ist nur für Gase anwendbar, wohingegen die gleichgewichtsorientierte statistische Mechanik grundsätzlich für alle Aggregatzustände und alle Systeme gültig ist. *Boltzmann* formulierte eine Verteilungsfunktion f(r,v,t), deren Entwicklung die makroskopischen Systemeigenschaften widerspiegelt: Sie gibt die *durchschnittliche* Zahl der Teilchen an, welche sich zur Zeit t im Raum *um* r mit einer *mittleren* Geschwindigkeit v bewegen. Die zeitliche Ableitung der Geschwindigkeitsverteilung wurde von *Boltzmann* in zwei Teile zerlegt: den *Flußterm*, der sich auf die freie Bewegung der Teilchen bezieht und der problemlos nach mechanischen Grundsätzen berechnet werden kann, und den *Stoßterm*, welcher Teilchenkollisionen beschreibt. Wichtig beim Stoßterm sind der Bezug auf die durchschnittliche Kollisionszahl, d.h. die Vernachlässigung von Fluktuationen, und dessen *nicht-mechanische* Symmetrieeigenschaften; so entspricht der Stoßterm einem irreversiblen, der Flußterm dagegen einem reversiblen Prozeß.[94]

Aus der Verteilungsfunktion f leitete *Boltzmann* das Funktional H ab:

(29) $$H = \int d^3v f \ln f$$

H kann im Zeitablauf *nicht* zunehmen:

(30) $$\frac{dH}{dt} \leq 0$$

Der Bezug zur Entropie ist klar: H läßt sich als negative Entropie, als Negentropie, interpretieren:

(31) $$S = -kH$$

Die Boltzmannsche kinetische Theorie ist, wie erwähnt, nur auf ideale Gase anwendbar[95] - ein Manko, das *Gibbs* durch seine Fortführung der statistischen Mechanik zu beheben suchte. Er ersetzte die von *Boltzmann* verwandte Geschwindigkeitsverteilungsfunktion durch eine Dichtefunktion im Phasenraum, welche die *gesamten* statistischen Informationen eines Vielteilchensystems enthält. Die verschiedenen thermodynamischen Zustände eines Systems werden nun durch die Entwicklung dieser Dichtefunktion angegeben. Es läge nun nahe, aus der Dichtefunktion ein dem Boltzmannschen H entsprechendes Funktional H_G abzuleiten und der Entropie zuzuordnen; dies ist aber nicht möglich, da H_G konstant

[94] Die Verteilungsfunktion f kann nicht nur gleichwahrscheinliche Mikrozustände, sondern auch ungleiche Wahrscheinlichkeiten darstellen; vorausgesetzt ist - gemäß der *(quasi-)ergodischen Hypothese* - lediglich, daß das System früher oder später jeden der möglich Mikrozustände erreicht.

[95] Möglich ist allerdings daneben auch die Anwendung auf verdünnte Lösungen, die unter gewissen Voraussetzungen wie ideale Gase behandelt werden können.

ist. Die größere Allgemeinheit gegenüber *Boltzmann* wurde von *Gibbs* also mit dem Verzicht auf einen eindeutigen Entropiemaßstab erkauft.[96]

Gelang aber *Boltzmann* die *rein mechanische* Begründung der Thermodynamik bzw. der Entropie?

Die entsprechenden Behauptungen *Boltzmanns* stießen bald auf entschiedenen Widerspruch: Zum einen wurden die äußerst problematische Annahme der Gleichwahrscheinlichkeit der Mikrozustände und auch die (quasi-)ergodische Hypothese kritisiert. Zum anderen bemängelte *Poincaré* die nur intuitiven Begründungen *Boltzmanns* und machte darauf aufmerksam, daß die Prämissen *Boltzmanns* seinen Schlußfolgerungen widersprechen.[97] Präzisiert wurde diese Kritik von *Loschmidt*, der darauf hinwies, daß das kinetische Modell *Boltzmanns* bei einer Geschwindigkeitsumkehr nicht mehr gültig sein kann, da dann die Entropie abnehmen würde. Der Grund für diese Widersprüche liegt letztendlich in der Postulierung der zeitlichen Asymmetrie beim Stoßzahlansatz. *Boltzmann* geht vom molekularen Chaos aus, impliziert also, daß die Teilchen vor dem Zusammenstoß (d.h. in der Vergangenheit) unkorreliert sind, wohingegen diese Annahme beim Zusammenstoß (also für Gegenwart und Zukunft) nicht mehr gelten kann (*Wehrt* 1974, 176ff; *C.F.v. Weizsäcker* 1986, 135ff). Diese Zeitasymmetrie läßt sich aber *nicht* aus der Mechanik ableiten; im Gegenteil, das *Poincaré-Misra-Theorem* zeigt, daß Mechanik und Thermodynamik nicht miteinander vereinbar sind. Obwohl die von *Boltzmann* vorhergesagte Abnahme von H für viele Systeme inzwischen bestätigt wurde, ist das Vorhaben, die Thermodynamik mechanisch zu erklären, gescheitert, da die entscheidenden Faktoren nicht abgeleitet, sondern a priori postuliert wurden (vgl. auch *Layzer* 1988). „Diese Ausrichtung der Naturprozesse ist eine Folge der asymmetrisch, futuristisch strukturierten wirklichen Zeit. Man muß diese Struktur voraussetzen" (*Wehrt* 1974, 197). Da auch die subjektivistische Irreversibilitätserklärung - z.B. von *Brillouin*, *Gibbs* oder *Jaynes* - unbefriedigend geblieben ist (vgl. *K.G. Denbigh und J.S. Denbigh* 1985), muß der Thermodynamik grundsätzliche Bedeutung, muß insbesondere dem zweiten Hauptsatz der Rang eines eigenständigen Naturgesetzes zugestanden werden (*Keenan, Hatsopoulos und Gyftopoulos* 1989, 611).

Dennoch war *Boltzmanns* Ansatz zweifelsohne von großer konzeptioneller Bedeutung; die makroskopische Unterscheidung zwischen Reversibilität und Irreversibilität bzw. die Makrogröße Entropie wurde erstmals auf mikroskopische Erscheinungen zurückzuführen versucht. *Boltzmann* erkannte jedoch nicht, daß dies befriedigend und konsistent nicht im Rahmen der klassischen Mechanik möglich ist; vielmehr ist hierzu eine grundlegende Erweiterung der theoretischen Struktur der klassischen Mechanik - aber auch der Quantenmechanik - erforderlich, damit sowohl

---

[96] Sowohl die mangelnde Allgemeinheit *Boltzmanns* als auch die Zeitkonstanz von H_G läßt sich durch entsprechende Umformulierungen beheben: *Prigogine* wandte *Boltzmanns* Ansatz erfolgreich allgemein an, *Jaynes* erweiterte die Gibbssche Ensembletheorie auf zeitabhängige Prozesse (*Zucker* 1974, 43ff).

[97] Das sich auf *Poincaré* stützende „Wiederkehrparadoxon" von *Zermelo* konnte allerdings entkräftet werden.

reversible als auch irreversible Prozesse erfaßt werden können. Der zweite Hauptsatz läßt sich also nicht „um den Preis von einigen 'zusätzlichen Annahmen' wie etwa wahrscheinlichkeitstheoretischen Argumenten mit der Dynamik vereinbaren. (...) Der 'Preis' ist nicht gering: er verlangt eine neue Formulierung der Dynamik." (*Prigogine* 1988, 196) *Prigogine* führte zu diesem Zweck einen mikroskopischen Entropieoperator ein, dessen „Mittelwert" die makroskopische Entropie darstellt, und der letztlich Ausdruck des fundamentalen Charakters der Irreversibilität ist: „In der Irreversibilität manifestiert sich auf makroskopischem Niveau die 'Zufälligkeit' auf mikroskopischem Niveau." (*Prigogine* 1988, 186) Diese Formulierung beruht auf der Idee einer inneren Symmetriebrechung, welche einerseits bestimmte physikalische Zustände ausschließt und andererseits die Dynamik wahrscheinlichkeitstheoretisch fundiert. *Prigogine* setzt sich damit in Gegensatz zu der auf *Boltzmann* zurückgehenden und immer noch weit verbreiteten Auffassung, für die sich auch gute Gründe anführen lassen, wonach es lediglich *extrem unwahrscheinlich*, nicht jedoch ausgeschlossen ist, daß die Entropie abnimmt (vgl. z.B.: *Erbrich* 1988, 150; *Schlegel* 1971, 32).

> „Gewisse Naturzustände sind streng verboten und weder in der Natur zu finden noch von uns herzustellen; nur deshalb können wir den *erlaubten* Zuständen ein Wahrscheinlichkeitsmaß zuordnen." (*Prigogine* 1988, 240)

Boltzmanns Scheitern hatte also weitreichend Konsequenzen: Das Verfehlen des Hauptziels der statistischen Thermodynamik war gleichbedeutend mit dem endgültigen Zusammenbruch des mechanischen Weltbildes, so daß

> „...die Annahme des Zweiten Hauptsatzes als fundamentales Postulat weitreichende Konsequenzen nicht nur für unsere Auffassung von Raum, Zeit und Dynamik, sondern schließlich auch für unsere Bewertung der Stellung des Menschen in der Natur und das uralte philosophische Problem von Sein und Werden haben wird." (*Prigogine* 1988, 228)[98]

Das Scheitern der Mechanik war also Voraussetzung für die Entwicklung eines neuen naturwissenschaftlichen Weltbildes, das sich nicht mehr ausschließlich auf das Sein konzentriert, sondern auch dem Werden Beachtung schenkt, ja dieses sogar als untrennbar mit dem Sein verbunden ansieht.

> „Physik und Metaphysik treffen sich heute in einer Konzeption der Welt, die den Prozeß, das Werden, als konstitutiv für die physikalische Existenz annimmt und in der die existierenden Entitäten - anders als die Leibnizschen Monaden - miteinander wechselwirken und daher auch geboren werden und sterben können." (*Prigogine und Stengers* 1986, 291)

---

[98] Zu den philosophischen und wissenschaftstheoretischen Konsequenzen der Thermodynamik vgl. z.B. *Falk* (1990), *P.M. Harman* (1982), *Horwich* (1989), *Prigogine* (1988), *Prigogine und Stengers* (1986) und *C.F.v. Weizsäcker* (1986).

Auslöser dieser Entwicklung war zweifelsohne die Thermodynamik, welche die unüberwindlichen Gegensätze zwischen klassischer Mechanik und Natur aufzeigte, insbesondere anhand des Entropiegesetzes, dem vor allem *Eddington* und *Einstein* einen besonderen Ehrenplatz im Pantheon der physikalischen Gesetze zugestehen. Denn „[d]ie klassische Thermodynamik darf als die größte Abstraktionsleistung der Physik gelten." (*C.F.v. Weizsäcker* 1986, 250)

In unserem Jahrhundert schritt die Erneuerung der Wissenschaft weiter fort: Die Relativitätstheorie bedeutete das Ende der Universalität der physikalischen Erkenntnis und die Quantenmechanik setzte der Genauigkeit und Objektivität unserer Beobachtungen unüberwindbare Grenzen. Ungeachtet deren enormer Bedeutung ist und bleibt die Thermodynamik ein wesentlicher Baustein dieses neuen Weltbildes - so setzt z.B. die Quantenmechanik Irreversibilität voraus und erklärt sie nicht etwa. Und zukünftig wird insbesondere der Nichtgleichgewichtsthermodynamik eine wichtige Rolle bei der Erklärung von Leben und Evolution zukommen.

> „[D]iese neue Situation wird wahrscheinlich dazu führen, daß zwischen der Wissenschaft und den übrigen kulturellen Bestrebungen des Menschen neue Brücken geschlagen werden. Die Welt ist weder ein Automat noch ein Chaos. Sie ist eine Welt der Ungewißheit, aber auch eine Welt, in der das Handeln des Einzelnen nicht notwendig zur Bedeutungslosigkeit verurteilt ist, eine Welt, die nicht durch eine einzige Wahrheit zu beschreiben ist." (*Prigogine* 1988, 263)

1. Die grundsätzliche Relevanz der Thermodynamik

Unsere Analyse der neoklassischen Umweltökonomie hat gezeigt, daß diese zahlreiche Schwächen aufweist, die eine Einbeziehung thermodynamischer Konzepte nahelegen.

Bevor auf die verschiedenen Möglichkeiten einer solchen Berücksichtigung eingegangen werden kann, müssen wir uns näher mit der Frage der grundsätzlichen Relevanz der Thermodynamik für die Ökonomie und insbesondere für die Umweltökonomie befassen. Denn würde diese Frage verneint werden, so erübrigte sich eine weitergehende Diskussion, und auf der Suche nach einer angemessenen Umweltökonomie müßten andere Wege beschritten werden.

Als Ausgangspunkt soll uns die Veranschaulichung der Beziehungen zwischen Umwelt und Wirtschaftssystem anhand folgender Abbildung dienen:

Abb. 1: Umwelt-Wirtschaftssystem-Beziehungen

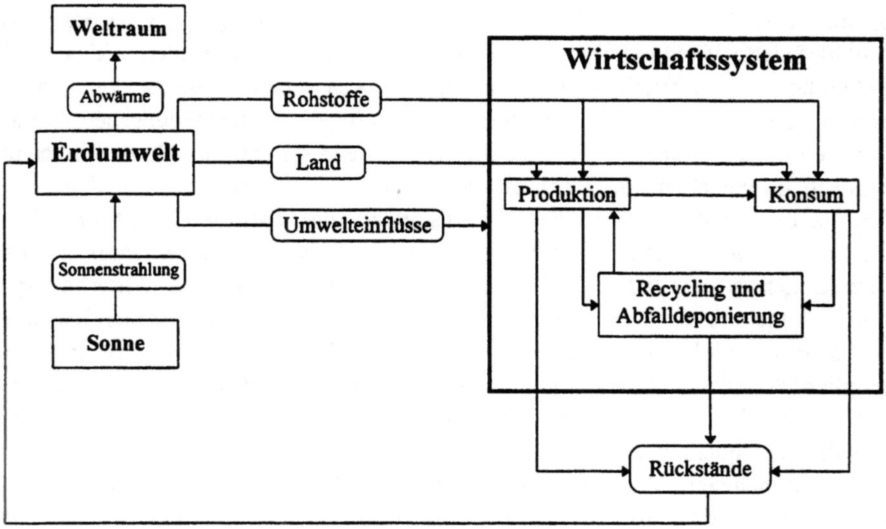

Die Erde wird hier als geschlossenes System interpretiert, das von der Sonne Energie in Form von Sonnenstrahlung empfängt und an den Raum Energie in Form von Abwärme abgibt. Das Wirtschaftssystem - als Teilsystem des Gesellschaftssystems - ist innerhalb des Systems Erde lokalisiert und soll wie folgt definiert werden: Als Elemente des Wirtschaftssystems werden natürliche und juristische Personen, falls und insoweit sie über Wirtschaftsgüter (Konsumgüter und Produktionsfaktoren) Verfügungen treffen, also in ihrer Rolle als Wirtschaftssubjekte (als Konsumenten oder Produzenten), sowie die von ihnen gehaltenen Wirtschaftsgüter und Geldbestände verstanden. Die Wirtschaftssubjekte stehen in ökonomischer Verbindung durch Güter- und/oder Geldströme (letztere wurden aus Übersichtlichkeitsgründen *nicht* in Abb. 1 berücksichtigt). Im Fall der Marktwirtschaft - und nur dieser soll uns hier interessieren - erfolgt die Koordination der individuellen Verfügungen dezentral, d.h. über den Markt. Klammert man einmal die Tauschwirtschaft aus, so ist das Geld konstitutives Merkmal des Wirtschaftssystems.[99] Wirtschaftsgüter (oder im folgenden kurz Güter) sind dadurch gekennzeichnet, daß ihnen ein Geldwert zugeordnet werden kann und daß sie deshalb gegen Geldzahlungen zwischen den

[99] Diese Definition des Wirtschaftssystems ist in zweierlei Hinsicht zu relativieren: Zum einen gilt sie nur für moderne, (fast) vollständig monetarisierte Marktwirtschaften, erfaßt also nicht andere mögliche Wirtschaftsformen und -systeme. Zum anderen dient sie einem *umweltökonomischen Zweck* - der Abgrenzung von Wirtschaftssystem und Umwelt. Deshalb kann von verschiedenen, für diesen Zweck weniger relevanten Phänomenen abgesehen werden, wie etwa den ökonomischen Verfügungen *innerhalb* der Haushalte und Unternehmen (zur Problematik der Bestimmung der Systemgrenzen vgl. z.B. *Ruth* 1993, 120ff).

Wirtschaftssubjekten übertragen werden können. Sieht man von Geschenken, Steuerzahlungen und ähnlichem ab, so entspricht jedem Güter- ein Geldstrom, der zu jenem entgegengesetzt verläuft. Ein Gegenstand oder eine menschliche Handlung können zum Gut werden, d.h. zur Ware oder Dienstleistung, falls ensprechende wohldefinierte Verfügungsrechte spezifiziert und zugewiesen werden, die auch die entgeltliche Transferierbarkeit umfassen. Die Ausgestaltung dieser Verfügungsrechte hängt dabei vom Rechtssystem, den jeweiligen moralisch-ethischen Auffassungen und dem Stand der Technik ab. Entscheidend für das Verhältnis Wirtschaft-Umwelt ist vor allem die Tatsache, daß *nur* die Geldströme einen geschlossenen Kreislauf innerhalb des Wirtschaftssystems bilden, *nicht* aber die Güterströme. Zwar ist die Geldmenge nicht konstant, aber etwaige Variationen finden *innerhalb* des Wirtschaftssystems statt - Geld verläßt per definitionem nie das Wirtschaftssystem.[100] Anders dagegen die Güterströme - sie bilden *keinen* geschlossenen Kreislauf und sind nur infolge der die Grenzen des Wirtschaftssystems kreuzenden Transfers möglich. So müssen als *Inputs* Land und Rohstoffe *importiert* werden. Land im Sinn von *Raum*, also ricardianisches Land, ist die Grundvoraussetzung jeglichen wirtschaftlichen Agierens, da alle Wirtschaftssubjekte und Güter zwangsläufig Raum in Anspruch nehmen. Von einem Input ins Wirtschaftssystem kann nur insoweit gesprochen werden, als das entsprechende Land ökonomisch bewertet, also als Wirtschaftsgut behandelt wird. Die Rohstoffe lassen sich in erneuerbare und (nach menschlichen Maßstäben) nicht erneuerbare einteilen, wobei zu letzteren auch Landschafts- und Naturschönheiten gerechnet werden können (allerdings nur, insoweit sie monetarisiert sind; andernfalls gehören sie, wie die Sonneneinstrahlung oder die Atemluft, zu den „Umwelteinflüssen").[101] Rohstoffe können zwar auch unmittelbar konsumiert werden, werden aber in der Regel erst durch einen meist mehrstufigen Produktionsprozeß zu Konsumgütern verarbeitet. Das Land verbleibt generell im Wirtschaftssystem, was für die Rohstoffe nur sehr bedingt gilt: Insoweit sie in der Produktion (oder im Konsum) Verwendung finden, müssen die Rohstoffe zwangsläufig nach mehr oder minder langer Zeit zu Reststoffen werden, müssen als Rückstände das Wirtschaftsystem wieder verlassen, müssen *exportiert* werden - mit Ausnahme des Teils, der durch Recycling wiederverwendet wird, und des Teils, der ordentlich deponiert wird (allerdings wird hier nur die bloße Inanspruchnahme von Raum ökonomisch erfaßt; die von Deponien entweichenden Gase und Sickerstoffe verlassen dagegen das Wirtschaftssystem). Die in die Umwelt gelangenden Rückstände können, insoweit sie deren natürliche Absorptionsfähigkeit überbeanspruchen, auf die wirtschaftliche Sphäre negativ zurückwirken: Zum einen kann die Regeneration erneuerbarer Rohstoffe beeinflußt werden, zum anderen können durch

---

[100] Nimmt die Geldmenge ab (zu), ist dies auf Geldvernichtung (Geldschöpfung) durch das Bankensystem *innerhalb* des Wirtschaftssystems zurückzuführen, *nicht* jedoch auf „Geldexport" („Geldimport"). Selbstverständlich bezieht sich die Geschlossenheit des Geldkreislaufs auf die Kaufkraft des Geldes und nicht dessen etwaige materielle Verkörperungen.

[101] Unter „Rohstoffen" werden allgemein alle natürlichen Ressourcen verstanden, die einer monetären Bewertung zugänglich gemacht werden, d.h. durch die Schaffung von Verfügungsrechten ins Wirtschaftssystem „importiert" werden, also *Güter* sind.

negative Umwelteinflüsse Konsum und Produktion unmittelbar beeinträchtigt werden. Ferner können schädliche Umwelteinwirkungen das Wohlbefinden des Menschen auch insoweit mindern, als es von nichtökonomischen Sachverhalten abhängt, wie z.B. von Luftqualität oder landschaftlicher Schönheit; ähnliche Wirkungen können natürlich auch schon von der Rohstoffentnahme und Landinanspruchnahme ausgehen.

Diese Inanspruchnahme der Natur als Inputlieferant und Outputempfänger durch das Wirtschaftssystem läßt sich *nicht* unmittelbar ökonomisch erfassen, da keine Geldströme zur Natur hin oder von der Natur weg fließen können - andernfalls wäre die Natur ja per definitionem Teil des Wirtschaftssystems. Zwar werden Land und Rohstoffe *innerhalb* des Wirtschaftssystems ökonomisch bewertet, doch ist ihr *Transfer* ins Wirtschaftssystem *kein ökonomischer Vorgang*, ist *nicht* mit Geldzahlungen verbunden, sondern erfolgt durch *Aneignung*, d.h. Schaffung entsprechender Verfügungsrechte.[102] Keiner ökonomischen Bewertung unterliegen dagegen - aufgrund des Fehlens wohldefinierter Verfügungsrechte - die Umwelteinflüsse. Hauptziel der Standard-Umweltökonomie ist die Behebung dieses Mankos (vor allem indirekt durch Pigousteuern und Regulierungen oder aber u.U. auch direkt durch Spezifikation und Zuordnung entsprechender Verfügungsrechte), so daß also auch die Umwelteinflüsse einer ökonomischen Bewertung zugänglich wären, also ins Wirtschaftssystem transferiert würden (dies kann in Abb. 1 durch die Verlängerung des Pfeils „Umwelteinflüsse" über die Grenzen des Wirtschaftssystems hinweg veranschaulicht werden). Aber selbst wenn dies erreicht würde, heißt das nicht, daß Umwelt oder Natur in das Wirtschaftssystem *integriert* worden wären: Auch diese die Umwelteinflüsse betreffenden Umweltgüter würden sich weiterhin angeeignet werden, also nicht von Geldzahlungen an die Natur begleitet werden. Auch dann würde also eine vom Wirtschaftssystem zu unterscheidende Umwelt unkontrolliert von diesem existieren - eine vollständige *Ökonomisierung* ist nicht möglich, es wird immer die Trennung zwischen Ökonomie und Umwelt und somit Interaktionen zwischen beiden Bereichen, geben. Denn die Natur reagiert nicht auf Geldsignale; natürliche Prozesse unterliegen nicht der Kontrolle des homöostatischen Marktmechanismus.

> „[I]t is the uncontrollability of the processes of the environment in terms of the signals of the economy that is the biggest single problem facing those concerned with the management of the global system." (*Perrings* 1987, 82)

Das Wirtschaftssystem ist deshalb als *offenes System* im thermodynamischen Sinn anzusehen; es muß sowohl Energie als auch Materie mit seiner Umgebung austauschen.[103]

---

[102] „Aneignung" wird hier also lediglich als *juristische* Aktion verstanden; demgegenüber verwenden *Faber, Niemes und Stephan* (1983, 94, 105) diesen Begriff im Sinne eines *physischen* Abbaus von Bodenschätzen.

[103] Um mögliche Mißverständnisse auszuschließen, sei ausdrücklich darauf hingewiesen, daß es sich beim Wirtschaftssystem selbstverständlich *vor allem* um ein *soziales* System handelt.

Inwieweit die Thermodynamik zum Verständnis dieser Interaktionen beitragen kann, ist die uns interessierende Frage.

Denn welcher Zusammenhang besteht zwischen Thermodynamik und Ökonomie? Keiner - wenn man den neoklassischen Standardlehrbüchern (vgl. z.B.: *Baumol und Oates* 1988; *Siebert* 1995) und Übersichtsaufsätzen (vgl. z.B.: *Cropper und Oates* 1988; *A.C. Fisher und Peterson* 1976; *Peterson und A.C. Fisher* 1977), die die Thermodynamik fast vollständig ignorieren (lediglich in *Peterson und A.C. Fisher* 1977, 692, findet sich *eine* Fußnote zum Entropiekonzept) Glauben schenken darf.

Bei näherer Betrachtung erweist sich diese Vorgehensweise aber als nicht sinnvoll und als ein Hauptgrund für die Defizite der neoklassischen Umweltökonomie, da im Gegenteil ein enger Zusammenhang zwischen Thermodynamik und Ökonomie besteht und dieser vor allem für die Umweltökonomie von großer Bedeutung ist.

Offensichtlich ist dies im Fall des ersten Hauptsatzes der Thermodynamik, des Energieerhaltungsgesetzes, der auch die Masseerhaltung impliziert. Denn der erste Hauptsatz ist die selbstverständliche Voraussetzung für die Ökonomie, macht er doch den eigentlichen Unterschied zwischen dem Schlaraffenland und der Welt der Knappheit, in der wir leben, aus: Wir können weder Materie noch Energie *erzeugen*, sondern sind ganz und gar auf die von der Natur zur Verfügung gestellten Vorräte angewiesen. Gleichfalls ist eine Vernichtung von Materie oder Energie ebenso unmöglich (sieht man einmal von den minimalen Masseverlusten bei Kernspaltung und -verschmelzung ab), so daß Schadstoffe und Abfälle nicht wirklich *beseitigt* werden können. Die Relevanz des ersten Hauptsatzes wurde schon von *Marshall* anerkannt:

> „Man cannot create material things. (...) [H]is efforts and sacrifices result in changing the form or arrangement of matter to adapt it better for the satisfaction of wants. (...) [A]s his production of material products is really nothing more than a rearrangement of matter which gives it new utilities; so his consumption of them is nothing more than a disarrangement of matter, which diminishes or destroys its utilities." (*Marshall* 1959, 53)

Erneut ins Blickfeld gerückt wurde der Energieerhaltungssatz von *Boulding* (1968), der auf dessen umweltökonomische Implikationen hinwies. Auf der Grundlage des ersten Hauptsatzes basiert auch der „materials balance approach" (vgl. Teil V.2.1.1), mit dem erstmals die Synthese eines thermodynamischen Konzepts (nämlich des ersten Hauptsatzes) mit der neoklassischen Umweltökonomie unternommen wurde.

Heftig umstritten ist dagegen die Rolle des zweiten Hauptsatzes, des Entropiegesetzes, vor allem aufgrund dessen sich die Thermodynamik von der klassischen

---

Daneben kann (und muß!) es für umweltökonomische Zwecke aber *auch* als *thermodynamisches* System gesehen werden - nämlich *insoweit* es seine unverzichtbaren Interaktionen mit der natürlichen Umwelt angeht. Wenn wir das Wirtschaftssystem als „offenes thermodynamisches System" oder als „dissipative Struktur" bezeichnen, geschieht es immer in diesem *nicht-reduktionistischen* Sinn.

Mechanik unterscheidet. Für eine Einbeziehung des zweiten Hauptsatzes in die umweltökonomische Analyse gibt es jedoch gute Gründe.[104]

Wie gezeigt ist das Wirtschaftssystem aus thermodynamischer Sicht als *offenes System* zu interpretieren; folglich muß die Entropie dieses Systems nicht zwangsläufig zunehmen. Dieses offene System befindet sich *nicht* im thermodynamischen Gleichgewicht, da die Entropieproduktion größer als Null ist und erst dadurch ökonomische Prozesse überhaupt ablaufen können. Im Gegenteil, das Wirtschaftssystem ist sogar weit vom thermodynamischen Gleichgewicht entfernt, liegt also außerhalb des Bereiches der linearen Thermodynamik, da die Entropieproduktion nicht konstant minimal ist, folglich kein stationärer und stabiler Zustand vorliegt. Aus thermodynamischer Sicht muß deshalb das Wirtschaftssystem als *dissipative Struktur* interpretiert werden.[105] Das Wirtschaftssystem kann seine Struktur nur dadurch aufrechterhalten und weiterentwickeln, daß es Energie dissipiert, also aus seiner Umwelt permanent Materie und Energie von niedriger Entropie importiert und solche von hoher Entropie wieder exportiert - also sozu-sagen per Saldo Negentropie, negative Entropie, importiert. Conditio sine qua non für dissipative Systeme, und damit auch für das Wirtschaftssystem, ist die Nichtisoliertheit gegenüber der Umwelt. Grundsätzlich ist das gesamte Wirtschaftsleben mit Entropieproduktion bzw. Energiedissipation verbunden, welche die Entropie der Umwelt erhöht (*Georgescu-Roegen* 1993); „the economic process is entropic: it neither creates nor consumes matter or energy, but only transforms low into high entropy." (*Georgescu-Roegen* 1971, 281) Denn jeglicher ökonomischer Vorgang - ob die Produktion eines Autos, der Druck eines Buches oder der Konsum von Nahrungsmitteln - setzt Energie, in welcher Form auch immer, voraus, die durch ihre Nutzung unter realistischen Bedingungen zwangsläufig *entwertet* wird; jeder ökonomische Vorgang, der in endlicher Zeit, also nicht unendlich langsam abläuft, ist *irreversibel* und deshalb entropieproduzierend. „[T]he Entropy Law is the taproot of economic scarcity." (*Georgescu-Roegen* 1976a, 9)

Wie geht nun diese *Entwertung*, diese Energiedissipation, durch das Wirtschaftssystem vonstatten? Grundvoraussetzung aller Prozesse, also auch aller ökonomischen Prozesse, ist die Existenz nutzbarer *thermodynamischer Potentiale* (die z.B. chemischer, thermischer oder kinetischer Natur sein können), d.h. die Existenz von Exergie bzw. von freier Energie (*Petit und Gaggioli* 1980, 15). Andernfalls wäre unsere Erde eine völlig inerte Masse ohne jegliches Leben. Diese nutzbaren thermodynamischen Potentiale sind zurückzuführen entweder auf unmittelbare Sonneneinstrahlung oder aber auf natürliche Substanzen, Rohstoffe, die sich im

---

[104] Die wichtigste und einflußreichste Darstellung dieser Gründe lieferte zweifelsohne *Georgescu-Roegen* (1971, vor allem Kap. 10).

[105] Vgl. z.B.: *Amir* (1995, 361f), *R.U. Ayres* (1988, 288ff; 1991, 261), *R.U. Ayres und Kneese* (1989, 106f), *M. Binswanger* (1992, 21f; 1993, 213; 1994b, 178ff), *Bruggink* (1985, 141f), *Fehl* (1983), *Jantsch* (1986, 371ff), *Nicolis und Prigogine* (1987, 316ff), *Proops* (1983; 1985, 167ff), *Ruth* (1993, 82ff), *Wicken* (1986a). Etwas unpassend ist dagegen das Bild der Ökonomie als (nichtideale) Wärmekraftmaschine (*Saraph und Slesser* 1994), da einer solchen die essentielle Fähigkeit zur Selbstorganisation abgeht.

Ungleichgewicht befinden - entweder mit ihrer Umgebung, unter welcher man im allgemeinen die Erdatmosphäre verstehen kann, oder im Fall nuklearer „Brennstoffe“ mit sich selbst. Durch die Ausnützung solcher Ungleichgewichte, d.h. indem man Änderungen in Richtung Gleichgewicht induziert (etwa durch das Verbrennen fossiler Treibstoffe), läßt sich Arbeit gewinnen - und zwar höchstens bis sich die entsprechende Substanz in einem stabilen Gleichgewicht befindet, also die Exergie oder freie Energie auf Null abgesunken ist und die Entropie ihr Maximum erreicht hat (*Kestin* 1980, 679f). Auf der Gewinnbarkeit von Arbeit beruhen letztlich auch alle ökonomischen Prozesse - selbst wenn nicht unmittelbar mechanische Arbeit geleistet wird, wie z.B. bei der Gebäudeheizung, mindert jeder reale Energieeinsatz doch das Arbeitspotential der eingesetzten Energie (*Brzustowski* 1980). Auf welchen Wegen kann das Wirtschaftssystem die erforderliche Arbeit gewinnen? Zu nennen wäre einmal die Sonnenstrahlung, die zur Heizung und (direkt oder indirekt) zur Stromgewinnung genutzt werden kann; Entropie wird dadurch produziert, daß - im Fall der Heizung - die *Qualität* der einfallenden Sonnenstrahlen höher ist als die der Abwärme. Am wichtigsten sind jedoch fossile Brennstoffe (und in geringerem Maße spaltbares Uran) als Speicher von Arbeit; auch hier ist, vereinfacht gesprochen, die Entropie des *importierten* Rohstoffes geringer als die der *exportierten* Überreste, also vor allem der Verbrennungsrückstände. Ähnliches gilt für eine weitere Energiequelle - Agrarrohstoffe, die zur unmittelbaren Energieversorgung der menschlichen Elemente des Wirtschaftssystems dienen. Nicht ganz so eindeutig wie bei Energierohstoffen liegt der Fall bei den anderen aus der Umwelt bezogenen Inputs des Wirtschaftssystems: Land (im Sinne von nutzbarer Fläche) verbleibt, nachdem Verfügungsrechte spezifiziert wurden, innerhalb des Wirtschaftssystems und verläßt es nicht mehr; auch ändert sich dessen Entropie nicht. Bei den Nichtenergierohstoffen, deren Zweck nicht in der Umsetzung in Arbeitsleistung besteht, sind verschiedene Möglichkeiten denkbar. Erstens kann bei Edelmetallen und Edelgasen die Entropie derselben als Input und Ouput de facto konstant sein (sieht man einmal von etwaigen Temperaturänderungen ab). Zweitens kann die Entropie beim Durchgang durch das Wirtschaftssystem zunehmen - etwa wenn reines Kupfer abgebaut wird und Kupferoxid das System wieder verläßt. Möglich ist drittens aber auch eine Entropieabnahme: So wird z.B. Eisen in oxidierter Form und Aluminium als Bauxit gefördert und zu reinem Eisen und Aluminium reduziert und weiterverarbeitet; verläßt dieses in (noch) reiner Form das Wirtschaftssystem, so ist dessen Entropie dann geringer als beim Eintritt in dasselbe. Dies widerspricht jedoch nicht dem entropieproduzierenden Charakter der Wirtschaftsabläufe, da bei den genannten Beispielen - zusätzlich zu der bei der eigentlichen Förderung ohnehin immer produzierten Entropie - die Reduktion des Ausgangsstoffes eine dessen Entropieabnahme überkompensierende Entropiezunahme bedingt. Im übrigen gilt in allen drei Fällen dieser „Materialrohstoffe“, daß sie u.U. sehr lange im Wirtschaftssystem verbleiben können (durch vollständiges Recycling theoretisch sogar ad infinitum) und somit kein enger zeitlicher Zusammenhang zwischen Eintritt ins Wirtschaftssystem und dessen Verlassen wie bei den Energierohstoffen (zumindest insoweit diese schon gefördert sind) besteht.

Es ist also festzuhalten, daß jegliche ökonomische Aktivität mit Entropieproduktion verbunden ist. Deshalb setzt jedes Gut zwangsläufig eine Entropieerhöhung bei dessen Produktion (und bei dessen Konsum) voraus, so daß dieselbe als notwendige (aber *nicht* hinreichende!) Voraussetzung für dessen Wert bzw. Gutseigenschaft gelten kann. Eine Ausnahme stellen lediglich Land und Rohstoffe in situ dar, die auch ohne entropieerhöhende Aktivitäten (sieht man von der Spezifizierung der Verfügungsrechte einmal ab) von Wert sind bzw. sein können, da nur mit ihrer Hilfe alle anderen *nicht-natürlichen* Güter produziert werden können und sie die für ökonomische Prozesse notwendige Entropieproduktion erst ermöglichen. Folglich ist die natürliche Umwelt notwendige und unabdingbare Grundlage jedes Wirtschaftens - weswegen die *Anatürlichkeit* der Neoklassik so problematisch ist.

> „[L]ife derives the whole of its physical energy or power, not from anything self-contained in living matter, and still less from an external deity, but solely from the inanimate world." (*Soddy* 1922, 9)

Letztendlich ist die notwendige Energie und Materie der Sonne zu verdanken (*Soddy* 1922, 4) - unserer eigenen, was die direkte energiereiche Strahlung angeht, und anderen, schon erloschenen, was die Existenz schwererer Elemente betrifft.

Wir haben also festgestellt, daß das Wirtschaftssystem untrennbar mit Energiedissipation bzw. der Erhöhung der Entropie seiner Umwelt verbunden ist. Aber warum sollte dies für die Ökonomie von Bedeutung sein? Weil die Entropiezunahme irreversibel ist und die verfügbare freie Energie begrenzt ist (*Georgescu-Roegen* 1971, Kap. 10). Die Relevanz der Thermodynamik für die Ökonomie kann genauer spezifiziert werden, indem man nach *drei Zeithorizonten* differenziert (*Daly* 1987, 325). *Langfristig* gesehen besteht die ultimative thermodynamische Grenze für alles terrestrische Leben und somit auch für das menschliche Wirtschaften im Tod unserer Sonne; wenn diese in etlichen Milliarden Jahren verlöschen und keine niedrige Entropie in Form energiereicher Strahlung zur Verfügung stellen wird, wird die Entropieproduktion auf der Erde nicht mehr (über-) kompensiert werden können und alle komplexen Strukturen werden untergehen. Aber dies ist auf absehbare Zeit kein Grund zur Beunruhigung und kann ohnehin durch menschliche Bemühungen nicht verhindert werden. Aus ökonomischer Sicht wichtiger ist deshalb die *mittlere Frist*, die sich auf Unterschiede der verschiedenen Energiequellen, und zwar vor allem hinsichtlich deren Erneuerbarkeit bezieht.[106] Da nach dem zweiten Hauptsatz der Thermodynamik Energie durch ihre Nutzung zwangsläufig „entwertet" wird und bei jedem Prozess Untergrenzen des Energieeinsatzes (thermodynamische Limits) bestehen, ist bei Verwendung nicht erneuerbarer Energieträger das Problem der Erschöpfung derselben unausweichlich. Solange die Menschheit und ihre Wirtschaft sich nur erneuerbarer Energiequellen wie Holz, Wasserkraft, Windkraft oder der

[106] Es gibt nur deshalb „erneuerbare" Energiequellen, weil die Erde ein *geschlossenes* System ist, das Energie bzw. Negentropie von der Sonne „importiert", so daß die aufgrund des zweiten Hauptsatzes unvermeidliche Energiedissipation im Fall bestimmter Energiequellen (eben der „erneuerbaren") ausgeglichen werden kann; im Gesamtsystem Erde-Sonne ist die Energie selbstverständlich nicht erneuerbar.

direkten Sonnenenergie bediente, war das Wirtschaftssystem keiner anderen Begrenzung als der durch die Lebensdauer der Sonne unterworfen - die Nichtausrottung der relevanten Tier- und Pflanzenpopulationen einmal vorausgesetzt. Dies änderte sich mit Beginn der industriellen Revolution und des zunehmenden Einsatzes fossiler, also (zumindest nach menschlichen Maßstäben) nicht erneuerbarer Energiequellen, deren Endlichkeit jeder auf ihnen beruhenden Ökonomie Grenzen setzt. Fossile Energieträger sind zwar erschöpfbar, doch haben sie den entscheidenden Vorteil, daß über die begrenzten Vorräte nach Belieben verfügt werden kann, wohingegen die Sonne zwar praktisch ewig Energie liefert, die Intensität dieser Nutzung aber limitiert ist durch das jeweilige Ausmaß und die Dichte des Energieflusses. Da die gegenwärtige Wirtschaftsstruktur auf die Nutzung fossiler Brennstoffe ausgerichtet ist,[107] können diese nicht problemlos und ohne größere Umstellungen durch Sonnenenergie und andere erneuerbare Energien substituiert werden, obwohl die Mengen an freier Energie, die sich so theoretisch gewinnen lassen würden, beim gegenwärtigen Energieverbrauch mehr als ausreichend wären. Denn angesichts des erwähnten begrenzten Sonnenenergieflusses werden aufwendige Energiesammel- und Energiespeichervorrichtungen notwendig, wofür z.B. die großmaßstäbliche Erzeugung von Wasserstoff, der dann als Energieträger dient, in Frage kommen würde.[108] Aber selbst dadurch können die der Solarenergie inhärenten Restriktionen nicht vollkommen überwunden werden: Auf einmal kann immer nur soviel Sonnenenergie verbraucht werden, wie in der Vergangenheit in Gestalt von Wasserstoff gespeichert wurde. Auch die nicht erneuerbare Alternative, die Kernenergie, ist kein problemloses Substitut: Die durch Kernspaltung gewinnbare Energie ist zwar für mehrere Jahrhunderte (bei Einsatz der Brütertechnologie noch länger) ausreichend und kann beliebig intensiv genutzt werden. Doch bestehen gravierende Sicherheits- und Beherrschbarkeitsprobleme, die ihre Akzeptanz in Frage stellen. Von der Kernfusion verspricht man sich diesbezüglich Fortschritte (und die Erschließung noch weit größerer Energiereserven), doch handelt es sich bei ihr (noch?) um eine nur theoretische Alternative. Jedenfalls würde die Substitution der fossilen Energieträger durch Kernkraft - genau wie die durch Sonnenenergie - auch von einem erheblichen ökonomischen Strukturwandel begleitet werden müssen. Die absehbare Erschöpfung der fossilen Brennstoffe (und hier voraussichtlich zuerst des Erdöls) stellt daher ein ökonomisches Problem allerersten Ranges dar,[109] dessen Lösung zwar durchaus möglich erscheint, die aber nicht als selbstverständlich vorausgesetzt werden kann. Auch *kurzfristig* ist das Entropiegesetz von fundamentaler Bedeutung, da es ein besseres Verständnis der Natur der Wirtschaftsprozesse ermöglicht. Vor allem gibt es eine eindeutige Zeitrichtung vor und schließt Reversibilität somit aus (*M. Binswanger* 1994b, 194f). Ferner macht es deutlich, daß *jede* ökonomische

---

[107] *R.U. Ayres* (1991, 258) spricht in diesem Zusammenhang von einem „lock-in"-Effekt.

[108] *Edgerton* (1982, Kap. 14), *Fricke und Borst* (1981, Kap. 11-13), *Georgescu-Roegen* (1975, 134ff; 1979b, 1050ff; 1982a, 32; 1982b, 18ff; 1984; 1986a, 234ff), *Slesser* (1993).

[109] *R.U. Ayres* (1988, 288, 294f; 1991, 258), *Ebeling* (1994, 41), *Hall, Cleveland und Kaufmann* (1986, 8, 103f), *Hubbert* (1971; 1993), *Pastowski* (1994, 235f), *Slesser* (1993), *Wicken* (1986a, 268).

Handlung sich durch Entropieproduktion auf die Umwelt auswirkt und gewährt - im Rahmen der nichtlinearen Thermodynamik - Einblick in die Komplexität der Zusammenhänge zwischen Wirtschaftssystem und Umwelt sowie derjenigen innerhalb dieser beiden Systeme, und in die Grundprinzipien der Systemevolution.

Allerdings muß an dieser Stelle vor einem weitverbreiteten Mißverständnis gewarnt werden. Entscheidend ist die *Änderung* der Entropie, *nicht* irgendwelche *absoluten* Beträge derselben. Die Tatsache, daß das Wirtschaftssystem Entropie produziert, ist von ausschlaggebender Bedeutung, *nicht* der Entropiegehalt des Wirtschaftssystems. Dieser ist zum einen aufgrund der Komplexität des Wirtschaftssystems kaum zu kalkulieren; zum anderen wäre eine solche Berechnung auch nicht sinnvoll, da sich hieraus keine wesentlichen Erkenntnisse gewinnen ließen. Insbesondere besteht *kein* Zusammenhang zwischen Entropiegehalt und Komplexität oder Organisationsgrad eines Wirtschaftssystems; es existiert auch *kein* unmittelbarer Zusammenhang zwischen dem Ausmaß der Energiedissipation und der Komplexität der dissipierenden Organisation (*Proops* 1983, 357f; *Wicken* 1986a, 265). Die Thermodynamik vermag nur *notwendige* Bedingungen für die Existenz und Evolution eines Wirtschaftssystems aufzuzeigen, sie kann es aber *nicht* vollständig erklären noch gar dessen Entwicklung voraussagen (*Georgescu-Roegen* 1971, 282f; *Proops* 1983, 361). Ein bestimmter hypothetischer Entropiewert kann deshalb sowohl einem primitiven, als auch einem hochentwickelten Wirtschaftssystem zugeordnet sein, sofern die Gesamtmasse und die stoffliche Beschaffenheit der Güter innerhalb der Systeme vergleichbar sind. Ähnliches gilt für einen bestimmten hypothetischen Wert der Energiedissipation - was besonders am Beispiel der stark energiedissipierenden, dabei aber relativ einfach strukturierten Ökonomien des ehemaligen Ostblocks deutlich wird. Man kann nur trivialerweise feststellen, daß die Entropie eines Wirtschaftssystems durch jede *Einfuhr* von Land oder Rohstoffen aus der Umwelt zunimmt und bei der *Ausfuhr* von Rückständen abnimmt - aufgrund des extensiven Charakters der Entropie. Deshalb ist es auch falsch, wenn *Georgescu-Roegen* (1971, 278) von *niedriger Entropie* als notwendiger Voraussetzung für ökonomischen Wert spricht, da sich ein Grenz- oder Maximalwert für diese niedrige Entropie, bis zu dem ein Gegenstand wertvoll, d.h. ein Gut sein soll, nicht angeben läßt. So hat ein Auto eine wesentlich höhere Entropie als irgendein Unkraut, dessen Entropie wiederum über der eines Trüffels liegen kann. Offensichtlich sind Versuche, Verbindungen zwischen Entropiegehalt und ökonomischem Wert herzustellen, völlig sinnlos. Von daher ist auch die Kritik an der Berechnung von Entropiewerten für Wirtschaftsgüter oder -systeme verständlich.[110]

> „Bei den ökonomisch relevanten Prozessen macht es im Gegensatz zur Physik kaum Sinn, Entropie als quantitative Größe für ein bestimmtes

---

[110] *M. Binswanger* (1992, 21; 1994b, 155f), *Bruggink* (1985, 141), *Ebeling* (1994, 39), *Proops* (1985, 164f), *Stephan* (1991, 331; 1992, 283). Allerdings sollte das nicht dazu verleiten, stattdessen irgendwelche anderen, ökonomisch vielleicht eher relevanten Größen zu definieren, zu berechnen und mit dem Begriff „Entropie" zu bezeichnen.

System zu berechnen, da es hier um Prozesse von ganz anderer Bedeutung und Größenordnung geht." (*M. Binswanger* 1992, 21)

Allerdings gibt es auch Stimmen, die darüber hinaus dem Entropiegesetz jegliche ökonomische Relevanz vollständig absprechen. Angesichts der mechanischen Grundlage der Neoklassik ist es nicht verwunderlich, daß sich viele neoklassische Umweltökonomen in den Chor dieser Stimmen einreihen - insoweit sie nicht die Strategie des bloßen Ignorierens der Thermodynamik verfolgen. Bei näherer Betrachtung erweisen sich die vorgebrachten Argumente aber als nicht stichhaltig.

Indiskutabel ist sicher die Meinung, die den wissenschaftlichen Charakter des Entropiegesetzes in Abrede stellt und es bezeichnet als „[a] strange law indeed, outside the zone of experimental, beyond the realm of conceivable verification or refutation" (*Solo* 1974, 514). Auch erübrigt sich wohl jeder Kommentar zu dem Argument, wissenschaftlicher und technologischer Fortschritt könnten schließlich zu einer „Umgehung" oder „Überwindung" des Entropiegesetzes führen (*Brinkman* 1980, 574; *Stehle* 1983, 181; *Young* 1991, 177). Ebensowenig ernst zu nehmen ist auch die Behauptung, die thermodynamischen Gesetze hätten für nichtisolierte Systeme, wie die Erde oder das Wirtschaftssystem, keine Gültigkeit (*Simon* 1981, 347; *Young* 1991, 169; 1994, 211). Die Tatsache, daß die Entropie der Erde oder einzelner Subsysteme derselben, wie des Wirtschaftssystems, *nicht* zwangsläufig zunimmt, besagt selbstverständlich noch lange nicht, daß für Erde oder Wirtschaftssystem das Entropiegesetz nicht gilt - ebensowenig wie ein Vogel, weil er fliegen kann, nicht dem Gravitationsgesetz unterliegt. Aufgrund der Erkenntnisse der Nichtgleichgewichtsthermodynamik ist es auch unzulässig, die Gültigkeit der Thermodynamik für lebendige Systeme oder Lebewesen enthaltende Systeme zu verneinen - weil sich die im Evolutionsverlauf zunehmende Komplexität angeblich nicht mit der Thermodynamik vereinbaren lasse (*Goldsmith* 1981b, 179). Unhaltbar ist schließlich auch das Argument *Khalils* (1990), dem zufolge der zweite Hauptsatz nicht für bewußte und zielgerichtete Aktivitäten gelten solle: Die thermodynamischen Gesetze sind Naturgesetze und ihre Gültigkeit ist unabhängig von Willensentscheidungen!

Neben dieser grundsätzlichen Ablehnung gibt es auch Stimmen, die dem Entropiegesetz zwar universelle Geltung zugestehen, eine praktische Relevanz für die Ökonomie aber verneinen. Vor allem werden hier zwei Zeithorizonte angeführt: Zum einen wird - sehr kurzsichtig - argumentiert, daß das Entropiegesetz von „little relevance to the actual state of affairs during the next 20 years" (*Weinberg* 1982, 32) sei, weil die Rohstoffvorräte und Schadstoffabsorptionskapazitäten so lange auf jeden Fall reichen würden (*Fritsch* 1984). Abgesehen davon, daß eine rationale Umweltpolitik nicht nur die nächsten zwanzig Jahre im Auge haben und alle längerfristigen Aspekte ignorieren darf, stimmt es, wie gezeigt wurde, nicht, daß das Entropiegesetz kurzfristig völlig irrelevant ist. Zum anderen wird - sehr weitsichtig - auf die Lebensdauer der Sonne verwiesen, weswegen man sich in den nächsten paar Milliarden Jahren um die Entropiezunahme auf der Erde keine Sorgen machen müsse (*Boserup* 1980, 49; *Burness und Cummings* 1986, 324; *Nordhaus* 1992, 34). Zwar ist es zweifelsohne richtig, daß die Entropieproduktion auf der Erde durch den

Import von Negentropie in Form von Sonnenenergie mehr als ausgegeglichen wird und der „Hitzetod" noch Äonen entfernt ist. Daraus kann jedoch nicht, wie wir gesehen haben, geschlossen werden, daß der zweite Hauptsatz nur auf extrem lange Sicht von Bedeutung ist. Drittens wird der Thermodynamik mitunter auch jegliche praktische - und damit ökonomische - Relevanz abgesprochen, weil sie weder eine *vollständige* Erklärung tatsächlicher Phänomene noch auch *exakte* Vorhersagen ermögliche (*Goldsmith* 1981a, 232f). Diese Kritik ist zwar „richtig", aber unberechtigt. Vor allem ist mit Nachdruck darauf hinzuweisen, daß die Thermodynamik die Unzulänglichkeiten der deterministischen Mechanik durch Einführung von Irreversibilität und eindeutiger Zeitrichtung deutlich gemacht und überwunden hat. Der Vorwurf mangelnder Determiniertheit verkennt also völlig Charakter und Leistung der Thermodynamik. Hinsichtlich der Vorhersagbarkeit ist außerdem anzumerken, daß genaue Prognosen zwar aus praktischen Gründen höchst wünschenswert sind, das Wesen der Wissenschaft aber in der Erklärung, d.h. in der Aufdeckung von Ursache-Wirkungs-Zusammenhängen liegt. So ist z.B. die Evolutionstheorie nicht etwa unwissenschaftlich, weil sie keine exakten Vorhersagen erlaubt (*Scriven* 1959). Auch im Zentrum der Ökonomie steht die Erklärung mit der Prognose als wichtiger, aber nicht wesensnotwendiger Ergänzung (*Blaug* 1992, 5ff; *Hutchison* 1977, Kap. 2). Im übrigen erlaubt die Thermodynamik durchaus Prognosen, wenngleich dieselben im Fall ökonomischer Anwendungen thermodynamischer Konzepte sich selbstverständlich nicht auf Einzelheiten beziehen können, sondern eher den Charakter von „pattern predictions" haben. Überzogene Ansprüche, die die Problematik der neoklassischen Ökonomie verkennen, stehen daher einer sinnvollen Weiterentwicklung der Ökonomie im Wege, indem thermodynamische Konzepte entweder verworfen oder aber widersinnig angewandt werden. Auf solche und ähnliche fehlerhafte oder mißbräuchliche Übertragungen thermodynamischer Konzepte stützt eine vierte Gruppe von Thermodynamik-Gegnern ihre ablehnende Haltung - also etwa auf Energiewertlehren (*Burness et al.* 1980), Gleichsetzungen von Entropie und Unordnung (*Khalil* 1989; *Young* 1991) oder reduktionistische Thermodynamikinterpretationen (*Goldsmith* 1981b). Diese Kritik ist - wie wir noch sehen werden - zwar durchaus berechtigt. Die Frage, *wie* thermodynamische Konzepte in die Ökonomie übertragen werden können, ist jedoch von der Frage zu trennen, *ob* ein solcher Transfer sinnvoll ist: Aus Mißständen bei der Durchführung der Übertragung auf deren grundsätzliche Unberechtigtheit oder gar Unzulässigkeit zu schließen, ist jedenfalls nicht möglich.

Es läßt sich daher folgender Schluß ziehen: Die Thermodynamik ist von grundsätzlicher Bedeutung für die Ökonomie, und insbesondere die Umweltökonomie wird ohne eine Berücksichtigung thermodynamischer Konzepte unvollständig und unbefriedigend bleiben. Dies gilt nicht nur für den allgemein als relevant (aber trivial) erachteten ersten Hauptsatz, sondern auch und vor allem für den zweiten Hauptsatz. In der Tat ist erst die *Kombination* beider Gesetze für die Existenz des ökonomischen Problems verantwortlich (*Daly* 1992b, 94): Wenn der erste Hauptsatz nicht gelten würde, wäre das Gesetz der Entropiezunahme irrelevant, da wir die benötigte Energie und Materie immer wieder neu erschaffen und störende Abfälle vernichten könnten. Träfe andererseits das Entropiegesetz nicht zu, gäbe es keine Begrenzungen bei der Nutzung von Energie und wir könnten diese immer wieder zur Arbeitsgewinnung nutzen, sozusagen dasselbe Stück Kohle immer wieder und wieder verbrennen. Durch diesen Energieüberfluß läge auch vollständiges Recycling von Materie im Bereich des praktisch Möglichen, so daß die durch den ersten Hauptsatz gesetzten Schranken kaum mehr von Bedeutung wären (*Lozano und Valero* 1993, 941).

Auf der Grundlage dieser Erkenntnisse wollen wir uns im folgenden damit befassen, wie die Thermodynamik am sinnvollsten in der Umweltökonomie berücksichtigt werden kann. Eine solche „thermodynamische" Umweltökonomie kann dann als Ausgangspunkt für die Erarbeitung umweltpolitischer Empfehlungen dienen. Deshalb kann auch erst *nach* Einbeziehung thermodynamischer Konzepte die Stichhaltigkeit eines weiteren Arguments gegen die Berücksichtigung des Entropiegesetzes endgültig überprüft werden - des Arguments, wonach sich ungeachtet der etwaigen Relevanz des zweiten Hauptsatzes eine explizite Berücksichtigung desselben erübrigen würde, weil die Preise in einem perfekten Markt die entsprechenden Restriktionen ohnehin widerspiegeln würden (*Burness et al.* 1980, 6; *Nordhaus* 1992, 33f; *Young* 1994, 213). Dies ist trivialerweise insofern wahr, als ein vollkommener Markt per definitionem alle relevanten Faktoren, also auch thermodynamische Beschränkungen, wie sie das Entropiegesetz impliziert, berücksichtigt, eben perfekt ist. Auch können auf Märkten, seien sie nun perfekt oder weniger vollkommen, selbstverständlich *keine* physikalisch (d.h. auch thermodynamisch) unmöglichen Ergebnisse realisiert werden. Die entscheidende Frage ist jedoch, wie die tatsächlichen Marktergebnisse im Licht thermodynamischer Erkenntnisse beurteilt werden und ob wie auch immer geartete Interventionen zur Korrektur der Marktergebnisse notwendig sind. Die neoklassische Umweltökonomie kann diese Frage jedenfalls nicht beantworten, da sie thermodynamische Konzepte aus konzeptionellen Gründen gänzlich vernachlässigt, also auch keine sinnvolle Aussage über die Leistungsfähigkeit von Märkten in dieser Hinsicht machen kann.

2. Thermodynamische Nebenbedingungen

Angesichts der Relevanz der Thermodynamik für die Umweltökonomie und der Defizite der neoklassischen Standard-Umweltökonomie verwundert es nicht, daß sich auch neoklassische Umweltökonomen um eine größere Naturnähe ihrer Disziplin bemühen, indem sie versuchen, thermodynamische Überlegungen in das neoklassische Paradigma zu integrieren. Da hierbei dessen „hard core" nicht angegriffen werden soll, denn schließlich geht es um eine Weiterentwicklung, nicht um eine Ablösung der Neoklassik, kommt eine Berücksichtigung der Thermodynamik nur in Form zusätzlicher Nebenbedingungen für die üblichen Optimierungsverfahren in Frage. Im Sinne von *Lakatos* handelt es sich also um Versuche einer progressiven Problemverschiebung mittels interdisziplinärer Zusammenarbeit; die thermodynamischen „Anomalien" sollen in den Schutzgürtel des neoklassischen harten Kerns inkorporiert werden, da deren Verwerfung nicht haltbar (vgl. Teil V.1) und deren Ignorierung nicht befriedigend (vgl. Teil IV.2.3) ist.

Dabei lassen sich grundsätzlich zwei Vorgehensweisen unterscheiden: Zum einen kann als Ausgangspunkt die klassische Thermodynamik gewählt werden (Teil V.2.1); zum anderen kann versucht werden, Nebenbedingungen aus der statistische Thermodynamik abzuleiten (Teil V.2.2).

2.1. Klassische Thermodynamik

Die Nebenbedingungen, die sich auf die klassische Thermodynamik beziehen, können entweder dem auf dem ersten Hauptsatz basierenden Materiebilanzansatz (Teil V.2.1.1) oder der durch den zweiten Hauptsatz motivierten Energieanalyse (Teil V.2.1.2) zugeordnet werden. Auf die naheliegende Kombination beider Ansätze wird in Teil V.2.1.3 kurz eingegangen.

Darüber hinaus hat *Georgescu-Roegen* ein „viertes thermodynamisches Gesetz" postuliert, das seines Erachtens auch zur klassischen Thermodynamik gehören sollte und auf dessen Inhalt und Rechtfertigung ebenfalls eingegangen wird (Teil V.2.1.4), obgleich dieses „vierte Gesetz" selbstverständlich *kein* Bestandteil der klassischen Thermodynamik ist.

2.1.1. Der Materiebilanzansatz

Der Materiebilanzansatz wurde von *R.U Ayres und Kneese* (1969) eingeführt und von *Kneese, R.U. Ayres und d'Arge* (1970) ausgebaut; wenngleich bei Vorgängern wie *Boulding* (1968) oder *Daly* (1968) die Grundidee des Ansatzes - nämlich daß Materie weder erzeugt noch vernichtet werden kann - schon zu finden ist, wurde sie doch erst von den genannten Autoren konsequent in die ökonomische Analyse integriert.[111]

---

[111] Kurze Zusammenfassungen der verschiedenen Beiträge finden sich in *R.U. Ayres* (1978, 38ff), *Umaña* (1981a, 9ff) und *Victor* (1972, Kap. 4).

Der Materiebilanzansatz („materials balance approach“) basiert auf dem ersten thermodynamischen Hauptsatz, dem Energieerhaltungssatz; allerdings konzentriert sich der Materiebilanzansatz nicht auf die Energie, sondern, wie der Name schon sagt, auf die Materie, deren Konservierung vom Energieerhaltungssatz impliziert wird. Fügt man dem noch die Vernachlässigung der Umwandlungen von Materie in Energie und umgekehrt sowie die Interpretation der Erde als geschlossenes (d.h. nicht Materie austauschendes System) hinzu, so erhält man die Ausgangsüberlegung des Materiebilanzansatzes: Da Materie weder erzeugt noch vernichtet werden kann und auch kein Materieimport oder -export über die Grenzen der Erde hinweg möglich ist, muß die Erdmasse insgesamt konstant bleiben. Für das Wirtschaftssystem ergeben sich daraus folgende Konsequenzen: Innerhalb eines bestimmten Zeitraums (T) muß die Masse der aus der Umwelt entnommenen Materie (R) gleich der Masse der an die Umwelt abgegebenen Materie (J) zuzüglich der Nettoakkumulation in Form von dauerhaften Konsumgütern und Kapital (A)[112] und zuzüglich der Änderung der Recyclingmenge (ΔZ)[113] sein.

$$(1) \qquad R(T) = J(T) + A(T) + \Delta Z(T)$$

Auf der Ebene der einzelnen Wirtschaftssubjekte (i) gilt gleichfalls, daß Materieinput (I_i) gleich der Summe von Materieoutput (O_i), Nettoakkumulation (A_i) und Recyclingänderung (ΔZ_i) sein muß, wobei Input bzw. Output entweder direkt von der Umwelt oder von anderen Wirtschaftssubjekten empfangen bzw. direkt an die Umwelt oder an andere Wirtschaftssubjekte abgegeben wird.

$$(2) \qquad I_i(T) = O_i(T) + A_i(T) + \Delta Z_i(T)$$

Selbstverständlich gelten diese Beziehungen auch für die Bestandsgrößen zu jedem Zeitpunkt:

$$(3) \qquad \int_{t_0}^{t_1} R\,dt = \int_{t_0}^{t_1} (J + A + \Delta Z)\,dt$$

$$(4) \qquad \int_{t_0}^{t_1} I_i\,dt = \int_{t_0}^{t_1} (O_i + A_i + \Delta Z_i)\,dt$$

Auf (sehr) lange Frist gesehen muß auch akkumulierte bzw. rezyklierte Materie wieder an die Umwelt oder andere Wirtschaftssubjekte abgegeben werden - im Fall des gesamten Wirtschaftssystems aufgrund der langfristigen Entropieschranke und im Fall einzelner Wirtschaftssubjekte aufgrund deren begrenzter Lebensdauer (die nur bei juristischen Personen theoretisch die des gesamten Wirtschaftssystems erreichen kann).

---

[112] Als „Nettoakkumulation“ wird die Differenz zwischen Gesamtakkumulation und durch Verschleiß u.ä. bedingter Substanzabnahme bezeichnet.

[113] Bei *Zunahme* der Masse rezyklierter Materie gegenüber der Vorperiode nimmt die Reststoffabgabe an die Umwelt ceteris paribus ab, wohingegen bei unveränderter bzw. abnehmender Recyclingquote die Reststoffmenge J ceteris paribus gleichbleibt bzw. zunimmt.

$$(5) \qquad \int_{t_0}^{\infty} R\,dt = \int_{t_0}^{\infty} J\,dt$$

$$(6) \qquad \int_{t_0}^{\infty} I_i\,dt = \int_{t_0}^{\infty} O_i\,dt$$

Diese „Materiebilanzen" lassen sich - zusammen mit der Umweltkapazität in bezug auf Rohstoffvorräte und Schadstoffabsorption - als Nebenbedingungen in die ökonomischen Modelle integrieren.[114] Materiebilanzen lassen sich zwar auch auf der Mikroebene erstellen, doch ist vor allem die makroökonomische Betrachtungsweise von umweltökonomischer Relevanz, da nur diese die Einbeziehung der genannten Umweltkapazitäten erlaubt. Die Materiebewegungen, sowohl innerhalb des Wirtschaftssystems als auch zwischen Wirtschaftssystem und Umwelt, können dabei mittels einer entsprechend erweiterten (linearen) Input-Output-Analyse untersucht werden (*R. U. Ayres und Kneese* 1969; *Kneese, R. U. Ayres und d'Arge* 1970).[115]

Diese Überlegungen sind zwar eigentlich selbstverständlich und eher trivial, doch ergeben sich daraus wichtige Erkenntnisse für eine Ökonomie, die den ersten Hauptsatz bisher völlig ignorierte.

Zuallererst kann auf diesem Wege die Endlichkeit von sowohl Rohstoffvorräten als auch Schadstoffabsorptionsfähigkeit explizit berücksichtigt und die ökonomische Bedeutung dieser Begrenztheit durch die Unmöglichkeit, Rohstoffe zu erzeugen oder Schadstoffe zu vernichten, unterstrichen werden.

Als zweiter wichtiger Punkt ist die Herstellung einer Verbindung zwischen Rohstoffen einerseits und Abfällen bzw. Schadstoffen andererseits zu nennen. Letztendlich müssen alle von der Umwelt entnommenen Stoffe wieder an diese zurückgegeben werden - wenngleich erst nach mehr oder weniger langer Zeit im Fall von Akkumulation und Recycling. Aus dieser Einsicht lassen sich verschiedene Schlußfolgerungen ableiten: So sind Externalitäten zwangsläufig und unvermeidlich. Dies gilt auf jeden Fall, wenn man diese als jegliche Transfers zwischen Wirtschaftssystem und Umwelt begreift; aber auch wenn man die übliche Externalitätendefinition zugrundelegt, muß das Auftreten von Externalitäten als Normalfall angesehen werden, da die zwangsläufigen Reststoffexporte heutzutage nicht mehr ohne Rückwirkungen auf das Wirtschaftssystem bleiben können. „Technological external diseconomies are not freakish anomalies in the processes of production and consumption but inherent and normal parts of them." (*Kneese, R. U. Ayres und d'Arge* 1970, 14) Zwar sind diese von geringer und nur lokaler ökonomischer Relevanz, solange die natürliche Absorptionsfähigkeit der Umwelt durch Schad-

---

[114] Für Zahlenbeispiele von Massebewegungen innerhalb einer Volkswirtschaft vgl. *R. U. Ayres und Kneese* (1989, 92ff) und *Kneese, R. U. Ayres und d'Arge* (1970).

[115] Daneben existieren auch Ansätze, die Input-Output-Analyse nur zur Untersuchung der Abfall- bzw. Schadstoffseite heranzuziehen, also ohne den Gesamtzusammenhang zwischen Rohstoffimport und Reststoffexport zu berücksichtigen (vgl. z.B.: *Conrad* 1985; *Heister und Michaelis* 1991; *Kroch* 1982; *Leontief* 1970; 1977).

stoffe und Abfälle nicht überlastet wird. Wird diese kritische Grenze aber erreicht und überschritten, so resultiert daraus das bekannte Umweltproblem - das eben nicht auf einen zu hohen Ausstoß einzelner Schadstoffe verengt werden kann, sondern dann einen allgemeinen und generellen Charakter hat. In diesem Zusammenhang ist auch wichtig, daß der Materiebilanzansatz deutlich macht, daß Schadstoffe nur von einer gefährlichen in eine weniger gefährliche Form umgewandelt werden können, aber nicht ganz zu vermeiden sind. So können die bei der Kohleverstromung entstehenden Abgase entweder direkt in die Umwelt entlassen oder zuerst (z.B. mittels Rauchgasentschwefelung) gereinigt werden. Im zweiten Fall müssen aber die Rückstände der Rauchgasentschwefelung, sofern sie nicht anderweitig verwandt werden können, deponiert werden und belasten so u.U. den Boden. Es ist sogar möglich, daß durch die Einführung von Umweltschutztechnologien die Gesamtmenge der Schadstoffemissionen *steigt*, obwohl deren Gefährlichkeit abnimmt, da bei der Herstellung der entsprechenden Filter, Katalysatoren etc. natürlich auch Rückstände anfallen (*Edgerton* 1982, 318). Denn „[p]ollution control technology is concerned with improving the quality of the material outputs of the process, not the quantity of discharges." (*Edgerton* 1979, 1156) Ungeachtet ihrer Gefährlichkeit sind Reststoffe, insoweit sie nicht rezykliert werden können, also in jedem Fall vorhanden und beanspruchen *Raum* (*Faber, Niemes und Stephan* 1983, 86f). Aus Sicht des Materiebilanzansatzes ist deshalb die übliche Trennung zwischen Externalitäten- und Ressourcenökonomie sowie innerhalb ersterer die Verwendung partialanalytischer, nur auf ein einzelnes Umweltmedium bezogener Ansätze eindeutig abzulehnen.

Eine konsequente Berücksichtigung des Materiebilanzansatzes im Rahmen einer Totalanalyse würde die wichtigen Interdependenzen zwischen Rohstoffaufnahme und Reststoffabgabe sowie zwischen einzelnen Rückständen nicht vernachlässigen. So könnten jedem Endprodukt dessen unmittelbarer und mittelbarer Rohstoffbedarf und die durch dessen Produktion und Konsum verursachten Reststoffmengen zugeordnet werden (vgl. die Zahlenbeispiele bei *Kneese, R.U. Ayres und d'Arge* 1970, Kap. II). Dementsprechend ließen sich die Auswirkungen von Nachfrage- und Produktionsstrukturverschiebungen oder von bestimmten Umweltschutzmaßnahmen analysieren - und zwar gleichermaßen auf Rohstoff- und Reststoffaspekte hin. Als wichtige Determinanten des Massedurchsatzes des Wirtschaftssystems, und damit der Umweltbelastung, sind zu nennen zum einen der (quantitative) Umfang des Wirtschaftsprozesses und zum anderen dessen (qualitative) Intensität, die sich in Materialintensität, Recyclingquote und Lebensdauer der Wirtschaftsgüter äußert, welche wiederum durch die technologische Entwicklung und die Präferenzstruktur bedingt sind. So ist es offensichtlich, daß bei unveränderter Qualität des Wirtschaftsprozesses dessen bloße Ausdehnung zu einem proportionalen Wachstum von sowohl Rohstoffverbrauch als auch Rückstandsabgabe führt (*d'Arge* 1972, 15; *d'Arge und Kogiku* 1973, 62) - eine simple Tatsache, die dennoch von manchen Wachstumsenthusiasten häufig übersehen wird.

Problematisch ist allerdings, aus Schadstoffmenge und vorgegebenem Lebensraum die Schadstoffdichte zu berechnen und - in Form des Durchschnittswerts für alle Schadstoffe - als allgemeinen Indikator für die Umweltverschmutzung zu interpretieren (*d'Arge* 1972, 16f; *d'Arge und Kogiku* 1973, 62f). Eine solche Vorgehensweise mag dann zulässig sein, wenn es sich nur um einen einzelnen, sich gleichförmig verteilenden Schadstoff handelt. Sie ist jedoch nicht mehr sinnvoll, wenn mehrere bzw. viele Schadstoffe emittiert werden, die außerdem nicht unbedingt gleichverteilt sind. Denn durch die einfache, globale Durchschnittsbildung werden sowohl die unterschiedliche Gefährlichkeit der verschiedenen Schadstoffe als auch deren Wechselwirkungen untereinander oder die Möglichkeit lokaler Schadstoffkonzentrationen ignoriert (*O'Connor* 1988, 29f; 1991, 110). Diese unzulässige Vereinfachung des Umweltproblems kann selbstverständlich *nicht* durch den ersten Hauptsatz gerechtfertigt werden. Das vorgeschlagene Dichtemaß kann höchstens das *Vorhandensein* von Schadstoffen anzeigen, nicht jedoch das Ausmaß des etwa damit verbundenen Umweltproblems.

Neben diesen makroökonomischen Konsequenzen dürfen aber auch die mikroökonomischen Implikationen des Materiebilanzansatzes nicht vergessen werden - umsomehr als diese wiederum von erheblicher gesamtwirtschaftlicher Relevanz sind. Sie beziehen sich vor allem auf die Produktionsfunktion (*R.U. Ayres* 1978, 38ff); die Materiebilanzen der einzelnen Firmen sind zwar nicht mit deren Produktionsfunktionen *identisch*, da sie z.B. die Arbeitsleistung nicht berücksichtigen, haben aber erhebliche Auswirkungen auf deren Gestalt. Einmal sind die üblichen, nur Kapital (K) und Arbeit (L) berücksichtigenden Produktionsfunktionen vom Typ $Y = f(K,L)$ oder - bei Einbeziehung von Land (B) - $Y = f(B,K,L)$ unrealistisch. Jedes Unternehmen benötigt Energie, und zwar meist über diejenige in Form menschlicher Arbeit hinaus; der Materiebilanzansatz verlangt nur die Berücksichtigung des Energieverbrauchs in *materieller* Form (E^m), d.h. des Verbrauchs fossiler Brennstoffe. Immaterielle Energiebezüge, vor allem in Form elektrischer Energie, bleiben dagegen (zumindest bei den Energieverbrauchern) außer acht. Demgemäß ist die Produktionsfunktion auf $Y = f(K,L,E^m)$ bzw. $Y = f(B,K,L,E^m)$ zu erweitern. Wenn außerdem nicht Dienstleistungen, sondern Waren hergestellt werden, zu deren Produktion notwendigerweise auch Material M eingesetzt werden muß, ist eine zusätzliche Erweiterung auf $Y = f(K,L,M,E^m)$ bzw. $Y = f(B,K,L,M,E^m)$ notwendig.[116] Wenn schließlich auch Rückstände direkt an die Umwelt abgegeben werden (J), müssen auch diese berücksichtigt werden, d.h. $Y = f(K,L,M,E^m,J)$ bzw. $Y = f(B,K,L,M,E^m,J)$. Dies ist allerdings nur unter der Voraussetzung notwendig, daß die Rückstandsabgabe mit Kosten verbunden ist, etwa aufgrund von Abfallgebühren oder Emissionssteuern.[117] Aber nicht nur für Art und Anzahl der Produktions-

[116] Unter „Material" sind sowohl Vorprodukte als auch Nichtenergierohstoffe (die ursprünglich oder rezykliert sein können) zu verstehen, also die „materiellen" Grundlagen der herzustellenden Waren. Die Rohstoffe (R) werden also differenziert nach Energierohstoffen (E^m) und Nichtenergierohstoffen.

[117] Zwar ist es möglich, Kapital als Aggregat von Material und aufgewandter Arbeit bzw. Energie zu begreifen und deshalb als eigenständigen Produktionsfaktor zu eliminieren (*Slesser* 1977b, 159). Aus ökonomischer Sicht ist dies jedoch nicht sinnvoll, da auf diese Weise wichtige ökonomische Charakteristika von Kapital vernachlässigt werden. Gleiches gilt a fortiori auch für die

faktoren, auch für deren Verhältnis zueinander ist der Materiebilanzansatz relevant: Erstens wird die Realitätsferne der üblichen Substituierbarkeitsannahmen deutlich: Zwar sind Kapital und Energie durch Arbeit (und umgekehrt) substituierbar; nicht substituierbar, weder durch Arbeit, Energie oder Kapital, ist dagegen das zur Produktion benötigte Material, insoweit es in das Produkt eingeht (vgl. *Kopp und V.K. Smith* 1982b). Zur Herstellung eines bestimmten vorgegebenen Produktes wird immer eine bestimmte Menge und Qualität von Material (durch die das betreffende Produkt zum Großteil definiert ist) benötigt, gleichgültig, wieviel Arbeit, Energie oder Kapital eingesetzt wird;[118] durch deren Mehreinsatz kann allenfalls die Differenz zwischen Gesamtmaterialverbrauch und im Produkt verkörpertem Material, also der Produktionsabfall, verringert werden. In bezug auf Material liegt also eher eine Komplementaritäts- als eine Substitutionalitätsbeziehung vor. Daraus ergibt sich zweitens, daß die Produktionselastizität des Materialeinsatzes gleich eins ist oder nahe bei eins liegt, wohingegen diejenige von Arbeit-, Energie- und Kapitaleinsatz (bei unverändertem Materialeinsatz) nahe Null ist. Die Skalenerträge müssen deshalb de facto konstant sein. Im Zuge des technischen Fortschritts bzw. der Produktweiterentwicklung sind sicher Materialeinsparungen oder -substitutionen möglich, jedoch wird immer Material benötigt werden - was offenkundige Konsequenzen für den Rohstoffverbrauch hat, der nie auf Null absinken wird (außer im theoretischen Fall einer quantitativ nicht wachsenden Wirtschaft mit perfektem Recycling).

Der Materiebilanzansatz erlaubt also eine wesentlich realistischere Sichtweise der umweltökonomischen Probleme, indem er die Nichtberücksichtigung natürlicher Grenzen durch die neoklassische Standard-Umweltökonomie zu einem nicht unbeträchtlichen Teil überwindet und so hinsichtlich des ersten der genannten Kritikpunkte (vgl. Teil IV.2.3) partiell Abhilfe schafft. Allerdings ist auch eine um den Materiebilanzansatz erweiterte neoklassische Umweltökonomie noch mit schwerwiegenden Problemen behaftet.

Erstens werden die natürlichen Grenzen nicht vollständig berücksichtigt. Vor allem vernachlässigt der Materiebilanzansatz völlig den zweiten Hauptsatz und die besondere Rolle der Energie. Zum einen kommt Energie nicht per se in Betracht, sondern nur insofern sie mit Materietransfers verbunden ist. Da - vereinfacht gesprochen - nur auf die Gleichheit der Massen von Input und Output jedes Prozesses, nicht jedoch auf diesen Prozeß selbst abgestellt wird, kann zum anderen auch den Energierohstoffen nicht Genüge getan werden. Diese werden wie alle anderen Rohstoffe auch behandelt; daß mit ihrem Einsatz zwangsläufig ihre Entwertung bzw.

Ersetzung von Arbeit durch Energie und, als Extremfall, für die Reduktion der Produktionsfunktion auf Y = f(E) aufgrund der Einsteinschen Energie-Masse-Äquivalenz.

[118] Produktionsfunktionen beziehen sich zwangsläufig auf *bestimmte vorgegebene* Güter; denn der Prozess der Produktion bzw. Faktorkombination kann nicht ökonomisch sinnvoll beschrieben und erklärt werden, wenn das Endprodukt nicht feststeht (wenn nicht in allen Details, so doch zumindest insoweit potentielle Nachfrager keine Unterschiede wahrnehmen). Von daher bedingen Produktvariationen (und erst recht Produktwechsel) immer ein Übergehen auf *neue* Produktionsfunktionen.

eine Entropiezunahme verbunden ist, bleibt außer acht und die Möglichkeit des Recyclings von Energierohstoffen wird nicht ausgeschlossen. Ignoriert werden ferner alle thermodynamischen Limits, d.h. der für einen bestimmten Prozeß notwendige Mindestenergieaufwand oder die von einer bestimmten Energiequelle maximal zu gewinnende Arbeit. Nur für den Materialeinsatz werden Substituierbarkeitsgrenzen aufgezeigt, für den Energieeinsatz fehlen sie. Folglich wird auch das mittelfristig dringendste Knappheitsproblem - das der fossilen Brennstoffe - ausgeblendet.

Aber auch im Hinblick auf die Nichtenergierohstoffe besteht ein Problem. Durch die theoretisch nicht ausschließbare Möglichkeit des *perfekten Recyclings* wird auch in diesem Bereich der Materiebilanzansatz dem Generationenproblem kaum gerecht. Denn es wird nur die Einhaltung der Materiegleichungen gefordert, wodurch jedoch noch keine wirkliche Wachstumsgrenze errichtet wird, da die theoretische Möglichkeit des vollständigen Recyclings nicht ausgeschlossen wird - und aufgrund des ersten Hauptsatzes auch gar nicht ausgeschlossen werden kann (vgl. Teil V.2.1.4). Vollständiges Recycling ist sicher höchst unrealistisch; die Vorgabe irgendwelcher realistischer „Materieverluste" wäre jedoch willkürlich und im Rahmen des neoklassischen Ansatzes nicht zu rechtfertigen, da erst durch das Maximierungskalkül eine *optimale* Recyclingquote bestimmt werden muß. Auch wenn diese, was der Regelfall sein wird, kleiner als eins sein sollte und dadurch zunächst Wachstumsgrenzen in Form von zur Neige gehenden Rohstoffvorräten bestehen, muß die „optimale Recyclingquote" akzeptiert werden, da das theoretisch mögliche vollständige Recycling ja als *suboptimal* verworfen wurde. Zudem ergeben sich für spätere Generationen aus dieser Entscheidung nicht zwangsläufig Probleme. Diese Wachstumsgrenzen können beliebig weit hinausgeschoben werden, da mit zunehmender Rohstoffknappheit eine steigende Recyclingquote zu gewärtigen sein wird. Die effiziente Lösung wird so aussehen, daß genau bei Erschöpfung des letzten Bauxitvorkommens und bei Abbau der letzten Erzader zum vollständigen Recycling übergegangen wird, so daß sich im Endeffekt kein Rohstoffproblem ergibt und keine wirkliche Wachstumsgrenze existiert. Schließlich sind ja alle jemals „verbrauchten" Rohstoffe noch vorhanden und können - wenn auch nur mit entsprechendem Energie- und Zeitaufwand - rezykliert werden. Im übrigen ändert selbst vollständiges Recycling nichts an der Tatsache der Endlichkeit der Rohstoffvorräte, so daß auch im Idealfall gewisse theoretische Wachstumsgrenzen existieren: Recycling ist nämlich dann ökonomisch nicht sinnvoll, wenn

$$(7) \qquad \nu_j > \frac{1}{\tau_j},$$

wobei ν_j die durchschnittliche Recyclingfrequenz eines Rohstoffs j und τ_j die mittlere wirtschaftliche Lebensdauer der damit hergestellten Güter bezeichnet (*Kümmel* 1977, 169f; 1980, 2f; 1982a, 385). Die Wachstumsgrenze ist also dann erreicht, wenn zur weiteren Produktionsausdehnung Güter *vor* Ablauf ihrer ökonomischen Lebensdauer der Wiederverwertung zugeführt werden müßten. Allerdings handelt es sich hier um eine sehr hypothetische Grenze, die sicher - ähnlich wie die des Erlöschens der Sonne - auf absehbare Frist kaum relevant werden dürfte. In bezug auf die Nachhaltigkeit der Nichtenergierohstoffe wurden also die aufgrund des ersten Hauptsatzes nicht haltbaren Substitutions- bzw. Fortschrittsannahmen ersetzt durch die Annahme eines 100%-Recyclings, die mit dem ersten Hauptsatz sehr wohl vereinbar ist. Im Ergebnis hat sich freilich nichts geändert - das Problem der intergenerationellen Ressourcenallokation ist durch dezentrale Marktprozesse ohne weiteres lösbar. Aufgrund der Beibehaltung der normativen Positionen der Neoklassik ist auch gar nichts anderes zu erwarten.

Zweitens wird, ebenfalls infolge der Vernachlässigung des Entropiegesetzes, der Zeit nicht die gebührende Beachtung geschenkt. Insbesondere ist Reversibilität weiterhin nicht ausgeschlossen, d.h. es ist durchaus die Umkehrung eines Prozesses oder ein Prozeß denkbar, der die Outputs eines anderen Prozesses wieder in dessen Inputs zurückverwandelt. Am unrealistischsten ist sicher die häufig durchgeführte statische Optimierung, die die Zeit völlig ausklammert. Eine größere Realitätsnähe in dieser Hinsicht wird durch die Verwendung des Materiebilanzansatzes im Rahmen einer dynamischen Optimierung erreicht (*d'Arge und Kogiku* 1973; *Mäler* 1974, Kap. 3), so daß optimale Umweltnutzungspfade mit im Zeitablauf u.U. sich ändernden Werten von Rohstoffentnahme und Rückstandsabgabe ermittelt werden können - wenngleich selbst bei einfachsten Annahmen die rechnerische Komplexität kaum zu bewältigen ist (*R.U. Ayres* 1978, 34). Auch in diesem Fall geht man jedoch von einer vollständig kontrollierbaren und inerten Umwelt aus.

Diese Annahme gibt Anlaß zum *dritten* Kritikpunkt, denn dem Problem der Komplexität wird nicht Rechnung getragen. Dies liegt weniger am Materiebilanzansatz per se als vielmehr an dessen Einsatz als bloße Nebenbedingung neoklassischer Optimierung. Denn auch im Fall von *reversibler* Zeit, also eigentlich unzureichender Berücksichtigung des Faktors Zeit, würden sich aus dem Materiebilanzansatz weitreichende Konsequenzen für das Verhältnis Ökologie-Ökonomie und dessen Komplexität ergeben, die die Initiatoren des Materiebilanzansatzes übersahen und auf die *Perrings* (1987) hinwies:

> „[T]he most important implication has been almost completely neglected. It is the necessity for any system generating residuals in the process of production to change over time, to evolve from one state to the next as the residuals generated in production are returned to the system in either a controlled or uncontrolled way.“ (*Perrings* 1987, 8)

Wenn durch die wirtschaftlichen Aktivitäten die Umwelt nur innerhalb der Grenzen ihrer natürlichen Regenerationsfähigkeit in Anspruch genommen wird, ist sicherlich ein dauerhaftes Gleichgewicht denkbar. In diesem Fall existiert aber kein Umweltproblem. Sobald dieses auftritt, also die Grenzen mindestens zum Teil überschritten werden, ist dagegen ein Gleichgewicht nicht mehr möglich. Denn sobald von der Umwelt negative Rückwirkungen auf die Ökonomie ausgehen, werden dadurch Anpassungsprozesse in letzterer ausgelöst, welche sich in einer veränderten Einwirkung auf die Umwelt niederschlagen, wodurch es wiederum zu einer Variation der Rückwirkungen auf das Wirtschaftssystem kommt - ad infinitum

(*Perrings* 1987, Kap. 2). Nur im fiktiven Fall der völligen Kontrolle der Umwelt, d.h. eigentlich deren Einbeziehung in das Wirtschaftssystem, wäre ein Gleichgewicht denkbar (*Perrings* 1987, 29) - allerdings nur vom Gesichtspunkt des Materiebilanzansatzes aus, da dem Entropiegesetz ein solches Gleichgewicht weiterhin zuwiderlaufen würde. Diese Implikationen des Materiebilanzansatzes müssen aber zwangsläufig außer acht bleiben, wenn er nur als Nebenbedingung im Rahmen neoklassischer Modelle eingesetzt wird - denn diese basieren ja auf dem Konzept eines isolierten, konservativen Systems, sind also gleichgewichtsorientiert. Deshalb werden die komplexen Interdependenzen zwischen Umwelt und Ökonomie und die komplizierten Anpassungsprozesse weiterhin ausgeklammert. Zwar versuchten *Kneese, R.U. Ayres und d'Arge* (1970, 83) mögliche Rückwirkungen der Rohstoffentnahme auf die Rückstandsabsorptionskapazität und der Rückstandsabgabe auf die Rohstoffvorräte zu berücksichtigen, doch formulierten sie lediglich zusätzliche statische und sehr pauschale Nebenbedingungen, die den realen Verhältnissen nicht gerecht werden.

Alle genannten Kritikpunkte finden ihren Niederschlag in den Produktionsfunktionen, die trotz der erforderlich gewordenen Erweiterungen noch Mängel aufweisen: So wird die Energie nur unzureichend berücksichtigt und werden weiterhin wichtige physikalische Aspekte des Produktionsprozesses (wie dessen zeitliche Struktur, dessen Irreversibilität oder die Heterogenität der Produktionsfaktoren) vernachlässigt (*M. Binswanger* 1992, 216ff; *van Gool* 1985).

Der Materiebilanzansatz wurde in der neoklassischen Umweltökonomie schon nach recht kurzer Zeit praktisch wieder aufgegeben. Denn einerseits hat er eine wichtige heuristische Funktion zweifelsohne erfüllt, nämlich auf die Unvermeidlichkeit und den Umfang des Externalitätenproblems aufmerksam zu machen. Andererseits hatte seine Anwendung keine weiteren gravierenden Konsequenzen, da wichtige Implikationen ausgeblendet wurden - sei es, weil die modelltheoretisch nicht ausschließbare Möglichkeit des perfekten Recyclings eine wirkliche Auseinandersetzung mit dem Generationenproblem verhinderte, sei es, weil die Umweltreaktionen in den neoklassischen Optimierungsansätzen vernachlässigt werden müssen. Dementsprechend ist es nur konsequent, wenn sich die neoklassische Umweltökonomie weiterhin auf die Externalitätenökonomie konzentriert.

Es bleibt festzuhalten, daß der Materiebilanzansatz zwar wichtige umweltökonomische Konsequenzen hat und einen großen Schritt in Richtung auf eine „natürliche" Umweltökonomie darstellt, wenngleich wichtige mit dem zweiten Hauptsatz der Thermodynamik zusammenhängende Gesichtspunkte nicht berücksichtigt werden können und deshalb das Potential einer „thermodynamischen" Umweltökonomie sicher nicht als schon ausgeschöpft gelten kann. Darüber hinaus können nicht einmal alle durch den Materiebilanzansatz zu gewinnenden Erkenntnisse rezipiert werden, wenn er als Nebenbedingung in das Prokrustesbett der neoklassischen Umweltökonomie gepreßt wird. Eine *vollständige* Übertragung dieses thermodynamischen Konzeptes ist also aus paradigmatischen Gründen gar nicht möglich.

2.1.2. Die Energieanalyse

Die Bedeutung der Energie, vor allem auch für die Ökonomie, wurde zwar schon im 19. Jahrhundert, z.B. von *Helm* oder *Ostwald*, betont. Ins Zentrum des Interesses der Ökonomen rückte sie jedoch erst Anfang der siebziger Jahre im Gefolge der Ölkrisen, die die Wichtigkeit und Knappheit von Energie im allgemeinen und fossilen Brennstoffen im besonderen der Weltöffentlichkeit eindringlich bewußt machten. Damals entstand auch die Energieanalyse als eigenständige Disziplin, die einen interdisziplinären Ansatz verfolgt, in dem ökonomische mit physikalischen, ökologischen und ingenieurwissenschaftlichen Methoden und Erkenntnissen verbunden werden sollen. Neben Monographien[119] und Sammelbänden[120] erschien auch eine Vielzahl von Aufsätzen in eigens etablierten energieanalytischen Zeitschriften.[121]

Im Gegensatz zum Materiebilanzansatz vernachlässigt die Energieanalyse die Energie und ihre besondere Rolle nicht, sondern rückt diese in den Mittelpunkt der Betrachtungen.

> „The aim of energy analysis is to quantify the energy flows inherent in all systems. As applied to economic systems, it is concerned with the energy flows inherent in the production of goods and services." (*Gilliland* 1978c, 1)

Gerechtfertigt wird dieses Interesse an der Energie erstens damit, daß zu jeglicher Aktivität, also insbesondere auch jeglicher ökonomischer Aktivität, Energie benötigt wird:

> „Whenever man wants to form, shape or move matter according to a plan, energy must be allowed to act upon it. If he intends to organize matter into some useful product, an instrument is needed which directs energy upon matter in a controlled way according to a plan of organization." (*Kümmel* 1980, 7)

Zweitens, und das ist entscheidend, erleidet Energie in der Realität durch ihre Nutzung immer einen Qualitätsverlust (d.h. die Abnahme der Exergie bzw. Zunahme der Entropie gemäß dem zweiten Hauptsatz), kann also - im Gegensatz zu Nichtenergierohstoffen - *nicht* vollständig rezykliert werden (obgleich selbstverständlich

---

[119] Vgl. z.B.: *Ahern* (1980), *Chandler, Geller und Ledbetter* (1988), *Commoner* (1976), *Cook* (1976), *Edgerton* (1982), *G. Foley* (1978), *Fricke und Borst* (1981), *Gardel* (1979), *Hall, Cleveland und Kaufmann* (1986), *Lovins und Price* (1975), *Moran* (1982), *Slesser* (1978), *Spiegler* (1983).

[120] Vgl. z.B.: *Daneke* (1982), *Gaggioli* (1980b; 1983a), *Gilliland* (1978a), *Miyata und Matsui* (1986), *Thomas* (1977).

[121] Zu nennen sind vor allem *Energy*, *Energy Journal* und *Energy Policy*, daneben aber auch, mit teilweise breiterer umweltökonomischer Ausrichtung, *Annual Review of Energy* (später: *Annual Review of Energy and the Environment*), *Energy Economics*, *Energy Sources*, *Energy Systems and Policy* und *Resources and Energy* (später: *Resource and Energy Economics*).

kein Quantitätsverlust auftritt).[122] Deshalb stelle Energie die „ultimative Ressource" dar. Solange sie vorhanden sei, sei die Knappheit anderer Rohstoffe kein Problem, da diese mit genügend hohem Energieeinsatz beliebig oft wiederverwendet werden könnten; andererseits sei der größte Überfluß an Nichtenergierohstoffen nutzlos, wenn keine Energie zur Verfügung stehe, sich dieser zu bedienen.

Die Neuheit und die interdisziplinäre Ausrichtung der Energieanalyse brachte gewisse Abgrenzungsschwierigkeiten mit sich. Die *positive* Seite war dabei eigentlich schon von allem Anfang an unstrittig: Es ging darum festzustellen, welche und wieviel Energie für die Produktion von Gütern jeweils tatsächlich verbraucht wird (*Energiebuchführung*), in welchem Verhältnis Energie zu den anderen Produktionsfaktoren steht (*gesamtwirtschaftliche Energieanalyse*) und wie hoch der Mindestenergiebedarf verschiedener Prozesse bzw. Aufgaben ist (*thermodynamische Analyse*). Daraus sollen Erkenntnisse gewonnen werden über die ökonomischen Konsequenzen von Energiepreisänderungen, die Auswirkungen von Nachfragestrukturänderungen auf den Energiebedarf, die Möglichkeiten zur Energieeinsparung und deren Kosten etc. (*Common* 1976, 158f). Allerdings wurden, vor allem in der Anfangsphase der Energieanalyse und vor allem von Ökologen, weitergehende *normative* Ansprüche erhoben und eine Energiewertlehre vertreten (vgl. Teil V.3.2.1). Unter Energieanalyse soll hier jedoch - im Einklang mit der überwiegenden Mehrheit der Energieanalytiker (*Bruggink* 1985, 137f; *Common* 1976; *Proops* 1985, 162f) - lediglich die *positive* Analyse der Energieströme in der Ökonomie verstanden werden; d.h. die so eingegrenzte Energieanalyse ersetzt nicht die Ökonomie, sondern liefert dieser zusätzliche Informationen, z.T. in Form von Nebenbedingungen.[123]

Die Energieanalyse ist - wie bei einer so allgemein formulierten Zielsetzung nicht anders zu erwarten - eine sehr vielfältige und heterogene Disziplin, so daß eine nähere Unterteilung aus Übersichtlichkeitsgründen angebracht erscheint. Am sinnvollsten ist hierzu die schon erwähnte Einteilung in Energiebuchführung, gesamtwirtschaftliche Energieanalyse und thermodynamische Analyse - wobei freilich eine eindeutige Zuordnung nicht in jedem Einzelfall möglich ist.[124] Schon hier sei darauf hingewiesen, daß „wirkliche" Nebenbedingungen im Sinne naturwissenschaftlicher Grenzen nur die thermodynamische Analyse liefert. Dennoch können Energiebuch-

---

[122] Vgl. z.B.: *R.U. Ayres und Kneese* (1989, 99), *Gilliland* (1975), *Goeller und Weinberg* (1977), *Kümmel* (1977, 153), *Slesser* (1975; 1977b; 1978, 52), *Soddy* (1933, 56).

[123] Es sei darauf hingewiesen, daß die Unterscheidung zwischen positiver Energieanalyse und normativer Energieanalyse (Energiewertlehre) nicht immer ganz einfach ist, da unterschiedliche Definitionen von „Energieanalyse" existieren, einige Autoren sowohl positiv als auch normativ argumentieren (z.T. ohne eine saubere Trennung vorzunehmen) und bestimmte Energieanalytiker (vor allem *Gilliland*) auf der Grundlage einer Energiewerttheorie vorgehen, dabei diese aber ausdrücklich ablehnen. Zumindest in diesem Punkt ist also die Kritik an der Energieanalyse (*Webb und Pearce* 1975) nicht ganz unberechtigt (vgl. auch *Chapman* 1977a; *Common* 1976; 1977; *Webb und Pearce* 1977). Allerdings kann die Energieanalyse auch nicht mit dem Hinweis auf die Probleme der Energiewertlehre abgetan werden (*Berndt* 1978, 260f), da die Verbindung eben *keine* notwendige ist - was auch von *Berndt* (1985, 343) nunmehr akzeptiert wird.

[124] So zieht etwa *Slesser* (1985; 1987) bei der Kalkulation des „energetischen Entwicklungspotentials" einer Volkswirtschaft Elemente aller drei Subdisziplinen heran.

führung und gesamtwirtschaftliche Analyse nicht vernachlässigt werden, da diese zeitweilig sehr kontrovers diskutiert wurden und, zumindest im Fall der Energiebuchführung, in einem engen Zusammenhang mit der Energiewertlehre stehen.

2.1.2.1. Energiebuchführung

Welche Ziele werden mit der Energiebuchführung verfolgt? Die buchführungsmäßige Ermittlung der Energiekosten von Gütern soll als Grundlage für weitergehende ökonomische Analysen dienen, von denen man sich große wirtschaftspolitische Relevanz verspricht (*Common* 1976, 160; *Gilliland* 1978b, 7f). Gegenstand dieser Analysen sind z.B. die Auswirkungen von Energiepreisänderungen auf einzelne Preise und das Preisniveau, die Konsequenzen verschiedener energiepolitischer Maßnahmen für einzelne Sektoren und für die Gesamtwirtschaft oder die Zusammenhänge zwischen Wirtschaftsentwicklung und Energienachfrageentwicklung.

Diese Ziele sind den beiden grundsätzlichen Methoden gemein, der Brutto- und der Nettomethode. Allerdings gibt es Unterschiede hinsichtlich des jeweils zugrundegelegten Energiebegriffs, wenngleich in beiden Fällen die Energiekosten als Enthalpie (d.h. als Wärmegehalt oder „Brennwert") ausgedrückt werden.

Die Bruttoenergie wurde 1974 von der *International Federation of Institutes of Advanced Studies* definiert als „the amount of energy source or sources which are sequestered by the process of making a good or service" (*Slesser* 1975, 171).

Der Energieverbrauch bezieht sich also auf die Energieressource an sich, d.h. die Energie in situ (z.B. den Verbrauch an Rohöl). Der Gesamtverbrauch an Primärenergie läßt sich relativ leicht feststellen; schwierig ist dagegen die Verteilung auf die einzelnen Güter, also die Bestimmung der Energiekosten.[125] Als Grundlage der Energiekostenermittlung dient das Prinzip der Energiekostenkonservierung, nach dem die Energiekosten aller Inputs eines Prozesses bzw. einer Unternehmung gleich den Energiekosten aller Outputs sind (*Bullard und Herendeen* 1977, 71; *Chapman* 1974, 94; *Chapman, Leach und Slesser* 1974, 235); die gesamte zur Produktion eines Gutes aufgewandte Energie wird deshalb als in diesem Gut „verkörpert" angesehen („embodied energy"). Der *direkte* Verbrauch an Primärenergie (oder auch an Sekundärenergie) läßt sich zwar recht einfach ermitteln. Es geht aber nicht nur um die *direkt* verbrauchte Energie (z.B. den Stromverbrauch eines Automobilwerkes), sondern es sollen auch *indirekte* Energiekosten (z.B. die bei der Erzeugung von Stahl, der für die Autoproduktion benötigt wird, eingesetzte Energie) berücksichtigt werden, wobei schwerwiegende und kaum lösbare Abgrenzungsprobleme

---

[125] Ein guter Überblick über die technischen Probleme der Energiekostenermittlung findet sich in *Hall, Cleveland und Kaufmann* (1986, Kap. 5).

auftreten (*Chapman* 1974, 91ff; *Leach* 1977, 153ff; *Slesser* 1978, 123f):[126] Was soll alles als Input für die Produktion eines bestimmten Gutes behandelt werden? Im Beispielsfall wären ja nicht nur die direkten Energiekosten des Stahls, sondern auch dessen indirekte Energiekosten relevant, wie z.B. die bei der Erzförderung verbrauchte Energie. Letztendlich setzt die Berechnung der Energiekosten eines einzigen Gutes die simultane Berechnung der Energiekosten aller Güter einer Volkswirtschaft voraus. Die Eingrenzung auf ein „Subsystem" (*Chapman* 1974, 92) ist also grundsätzlich nicht möglich. Dennoch werden neben makroökonomischen Totalanalysen auch Partialanalysen durchgeführt, die sich mit einzelnen Gütern bzw. Sektoren näher beschäftigen; diese betreffen z.B. Automobile (*Berry und Fels* 1973), Solarenergie (*Chapman* 1977b), Nuklearenergie (*Chapman* 1975), Grundstoffe (*Chapman* 1977c), Brennstoffe (*Chapman, Leach und Slesser* 1974; *Slesser* 1994), landwirtschaftliche Produkte (*Hall, Cleveland und Kaufmann* 1986, Kap. 6) oder Dienstleistungen (*Hall, Cleveland und Kaufmann* 1986, 111).[127] Dabei gehen Energieanalytiker recht pragmatisch vor (*Bullard, Penner und Pilati* 1978, 270), indem sie Inputs nur insoweit berücksichtigen, als diese eine „acceptably small difference" hinsichtlich ihres Beitrags zu den Energiekosten überschreiten (*Chapman* 1974, 93). Da es jedoch kein eindeutiges Kriterium für die Festlegung solch eines Schwellenwerts gibt, sind von Autor zu Autor unterschiedliche Abgrenzungen unausweichlich.

Auch hinsichtlich eines anderen wichtigen Punktes, der Zurechung der indirekten Energiekosten auf die einzelnen Güter, ist nur eine Kompromißlösung möglich. Wenngleich weitgehende Einigkeit darüber besteht, daß ein Vorgehen auf der Grundlage physikalischer bzw. technischer Größen und Koeffizienten am sinnvollsten wäre,[128] wird doch aus Handhabbarkeits- und Datenverfügbarkeitsgründen i.d.R. auf die ökonomischen Input-Output-Statistiken zurückgegriffen.[129] Vor allem tritt das erwähnte Abgrenzungsproblem bei Zugrundelegung dieser Statistiken nicht auf, da dieselben auf einer Totalanalyse der gesamten Volkswirtschaft beruhen; auf dieser Grundlage können natürlich auch energietheoretische Partialanalysen ohne weitere Probleme durchgeführt werden (*Hall, Cleveland und Kaufmann* 1986, 110). Vom Grundsatz her ist die Vorgehensweise dabei wie folgt (vgl. z.B. *Costanza und Herendeen* 1984, 130f): Die Summe der Primärenergieinputs, die ja nur die Energie-

---

[126] Offensichtlich können indirekte Energiekosten nur durch den Bezug von Arbeit, Kapital und bei der Produktion zu verbrauchenden bzw. in die zu produzierenden Güter eingehenden Materialien entstehen - nicht jedoch durch die Nutzung des Produktionsfaktors Boden (im Sinne der bloßen Inanspruchnahme von Raum).

[127] Hinsichtlich der Energiekosten von Rohstoffen im allgemeinen gehen *Hall, Cleveland und Kaufmann* (1986, 85) über die bloße Feststellung deren Höhe hinaus, indem sie dieselben auch als *Indikator* für die Qualität von Rohstoffen bzw. Rohstofflagerstätten vorschlagen.

[128] Vgl. z.B.: *Berndt* (1985, 340f), *Chapman* (1974, 95f), *Hall, Cleveland und Kaufmann* (1986, 108), *Herendeen* (1981, 609f), *Proops* (1977, 181f), *Slesser* (1978, 131f); früher war allerdings *Herendeen* (1978) anderer Meinung.

[129] Vgl. z.B.: *Bullard* (1976, 369), *Bullard und Herendeen* (1977), *Chapman* (1974, 96; 1977c), *Chapman, Leach und Slesser* (1974, 235), *Costanza* (1980; 1981a; 1984), *Costanza und Herendeen* (1984), *Denton* (1977), *Wright* (1974; 1975). *Bullard, Penner und Pilati* (1978) schlagen eine *Kombination* beider Methoden vor.

industrie selbst bezieht, wird auf die einzelnen Güter nach Maßgabe folgender Gleichung verteilt:

$$(1) \qquad \mathbf{E} + \varepsilon\mathbf{U} = \varepsilon\mathbf{V}$$

Dabei ist **E** der (1×m)-Zeilenvektor der primären Energieinputs (die für die nichtenergieproduzierenden Industrien gleich Null sind), **U** die (n×m) Matrix des Inputs für die Produktion (d.h. des Verbrauchs von Vorleistungen, zu denen auch die Lieferungen der Energieindustrie, also Sekundärenergien wie Strom oder Heizöl, gehören), **V** die (n×m)-Matrix des Güteroutputs und ε der (1×n)-Zeilenvektor der Energieintensitäten der verschiedenen Güter; n bezeichnet die Anzahl der Produkte und m die der Unternehmen bzw. Sektoren. ε**V** gibt folglich die in den n Produkten jeweils verkörperte Energie wieder. Da sowohl **U** als auch **V** in Geldgrößen ausgedrückt werden, lautet die Energieintensität auf Energieeinheiten pro Geldeinheit. In verschiedenen Untersuchungen wurden nur geringe Abweichungen der Energieintensitäten verschiedener Güter voneinander festgestellt (*Costanza* 1980; 1981a; *Costanza und Herendeen* 1984).

Aber diese Vorgehensweise ist höchst problematisch. Die Verwendung von Input-Output-Tabellen und die Berechnung von Energieintensitäten bringt erstens gewisse technische Probleme, wie z.B. hinsichtlich der Berücksichtigung von Inflationseffekten, mit sich (*Bullard, Penner und Pilati* 1978, 277ff). Zweitens geht die Input-Output-Analyse von Linearität aus, eine Annahme die höchstens kurzfristig aufrechterhalten werden kann, da langfristig mögliche Einsparungen von Energiestückkosten durch Skaleneffekte und die Auswirkungen des technischen Fortschritts vernachlässigt werden (*Edgerton* 1982, 57). Drittens ist das geschilderte Verfahren für den Fall der nicht in die Güter eingehenden bzw. bei ihrer Herstellung verbrauchten Vorleistungen, d.h. für den Fall der Investitionsgüter, sehr unplausibel; denn deren Energiekosten werden vollständig den in der Periode ihrer Anschaffung produzierten Gütern zugerechnet, also nicht auf ihre Nutzungsdauer verteilt. Allerdings ist bei der üblichen Verwendung sektoraler, relativ hoch aggregierter Daten ein makroökonomischer Ausgleich dieser auf Unternehmensebene bestehenden Fehlzurechnungen möglich. Viertens besteht die Gefahr einer unreflektierten Übernahme der Energiewertlehre (vgl. Teil V.3.2.1). Und schließlich, fünftens, wird das ganze Unternehmen der Energiekostenbuchführung in Frage gestellt: Denn die Energiekostenermittlung auf Grundlage der Input-Output-Analyse läuft ja darauf hinaus, daß der Energieinput den verschiedenen Produkten eines Unternehmens bzw. eines Sektors *im Verhältnis zu deren Preisen* zugerechnet wird bzw. daß umgekehrt der Energieinput auf der Grundlage der *Preise* der bezogenen Vorleistungen ermittelt wird. Z.B. werden die von einem Energieunternehmen eingesetzte Primärenergie und dessen in Vorleistungen verkörperte indirekte Energiekosten den Kunden dieses Unternehmens nach Maßgabe deren Sekundärenergiebezüge zugewiesen; oder das Problem der Energiekostenzurechnung bei Kuppelprodukt- bzw. Mehrproduktunternehmen wird dergestalt „gelöst", daß die Energiekosten nach Umsatzanteil auf die verschiedenen Produkte verteilt werden (*Leach* 1977, 156f). Deshalb ist es keineswegs überraschend, daß die Energieintensitäten bei den verschiedenen Gütern bis auf geringe Abweichungen gleich sind; vielmehr ist das angesichts der gewählten Methode selbstverständlich. Da die Energie auf der Grundlage der Preise auf die einzelnen Güter verteilt wird, muß zwangsläufig die Gleichheit des Energie-Preis-Verhältnisses resultieren, stellt diese also nur ein Methodenartefakt dar. Der Wert dieser Energieintensität ist deshalb durchaus von Interesse. Er kann jedoch wesentlich einfacher als Verhältnis von Primärenergieverbrauch zu Sozialprodukt berechnet werden.

Neben diesen grundsätzlichen Problemen besteht aber auch hinsichtlich vieler anderer Punkte Uneinigkeit. Es existieren die unterschiedlichsten Auffassungen über die Berücksichtigung der Arbeit, der Sonnenenergie bzw. der Natur im allgemeinen, der staatlichen Leistungen, des Konsums und der Im- bzw. Exporte sowie über die Wechselkurswahl bei internationalen Vergleichen und andere Detailfragen:[130] So müßten eigentlich auch die Energieinputs in Form menschlicher Arbeit und vom Staat zur Verfügung gestellter Güter berücksichtigt werden, was aber aufgrund beträchtlicher Zurechnungsschwierigkeiten meist unterbleibt. Ungelöst ist auch das Problem der Energieaggregation (*Berndt* 1978, 238ff; *Edgerton* 1982, 25ff; *Leach* 1977, 157f). Denn alle Energieformen werden auf der Basis ihrer Enthalpie, d.h. ihrer Brenn- bzw. Heizwerte, aggregiert, so daß zwangsläufig deren Qualitätsunterschiede (wie z.B. hinsichtlich Handhabbarkeit, Sauberkeit, Exergiegehalt etc.) vernachlässigt werden und eine perfekte Substituierbarkeit aller dieser Energieformen unterstellt wird - ganz abgesehen davon, daß die Bestimmung von Heizwerten für Kernenergie und direkte Sonnenenergie sowie indirekte Sonnenenergie (also Wind- und Wasserkraft) nicht unproblematisch ist (*Georgescu-Roegen* 1986a, 266). Trotz dieser Unzulänglichkeiten aggregiert die Energiebuchführung nach BTU- bzw. SKE-Werten, da sie durch eine genauere Spezifizierung beträchtlich verkompliziert werden würde (*Leach* 1977, 157f).

Angesichts dieser Uneinigkeit und dieser ungelösten Probleme verwundert es nicht, daß es fast so viele Methoden zur Energiekostenermittlung wie Energieanalytiker gibt (*Chapman* 1974, 91; *Hyman* 1980, 313ff) und daß man fast alles „beweisen" kann, was man will (*Kenward* 1975, 51). Die Ergebnisse der Energiebuchführung können folglich nur dann sinnvoll interpretiert werden, wenn die jeweils angewandte Methode gründlich dargelegt wurde (*Leach* 1975); eine Vergleichbarkeit verschiedener Analysen wird dadurch natürlich beträchtlich erschwert.

Alle diese Kritikpunkte gelten auch für die Nettoenergieanalyse, die sich eigentlich nur in einem Punkt von der üblicheren Bruttoenergieanalyse unterscheidet. Während diese sich auf die Energie in situ (also z.B. Rohöl) bezieht, ist für jene die „kontrollierte" Energie (z.B. raffinierte Mineralölbrennstoffe wie Heizöl oder Benzin) relevant (*Georgescu-Roegen* 1979b, 1047; 1980, 84; 1982a, 19; 1986a, 266). Die Nettoenergieanalyse interessiert nur, was effektiv, was „netto" an Energie in situ genutzt werden kann, so daß von der Bruttoenergie der zur Gewinnung und Verarbeitung derselben notwendige Energieaufwand (also z.B. der Treibstoffver-

---

[130] Vgl. z.B.: *Chapman* (1974), *Costanza und Herendeen* (1984), *Denton* (1977, 85f), *Gilliland* (1978d), *Herendeen* (1978), *Lavine* (1984), *Leach* (1977), *Proops* (1977), *Reister* (1978).

brauch der Pumpen von Ölfördertürmen) abgezogen wird.[131] Die Nettoenergie entspricht nur ungefähr der Sekundärenergie; genaugenommen handelt es sich bei ihr um die Teilmenge der Sekundärenergie, die effektiv der Ökonomie zur Verfügung steht, also nicht schon durch die Energiewirtschaft selbst in Anspruch genommen wird. Begründet wird die Nettoenergieanalyse hauptsächlich mit der Notwendigkeit, ineffektive Energieproduktion zu identifizieren, also solche, die eine negative Nettoenergieausbeute aufweist, weil der notwendige Energieaufwand (z.B. für die Ausbeutung minderwertiger Ölvorkommen) höher ist als der Energieertrag.[132] Auch hier wird auf Grundlage der Input-Output-Statistiken gearbeitet. Im Vergleich zur Bruttomethode sind die Primärenergieinputs durch Sekundärenergieinputs zu ersetzen, die von allen Sektoren bezogen werden (*Costanza und Herendeen* 1984, 138). Die Nettoenergie besteht dann aus der Summe aller Sekundärenergieinputs der *nichtenergieproduzierenden* Unternehmen, und zwar nur insoweit diese *nicht* Vorleistungen für die Energieindustrie liefern. Denn sowohl der direkte als auch der indirekte Sekundärenergieverbrauch letzterer ist von der Gesamtsekundärenergie zur Ermittlung der Nettoenergie abzuziehen; schon hierfür ist also eine vollständige Energieanalyse der gesamten Volkswirtschaft notwendig; bei der Berechnung der Energiekosten der einzelnen Güter ist dies ohnehin der Fall. Diese Energiekosten entsprechen der Summe von direkten und indirekten Sekundärenergieinputs. Die Nettoenergiekosten eines Gutes sind also mit dessen Sekundärenergiekosten gleichzusetzen; ein Unterschied ergibt sich erst bei der Ableitung der Nettoenergie selbst, da hier - wie erwähnt - nicht die gesamte Sekundärenergie Berücksichtigung findet, also nicht alle Sekundär- bzw. Nettoenergiekosten aufsummiert werden. Im übrigen treten bei der Nettoenergieanalyse auch die anderen schon genannten Probleme der Bruttoenergieanalyse auf.

Im Endeffekt ist der Aussagegehalt von Brutto- und Nettoenergieanalyse deshalb fast identisch: Die Energiekosten, die in beiden Fällen ermittelt werden, lassen sich durch einen *Energieproduktivitätsfaktor* ineinander überführen (ist z.B. die Sekundär- nur halb so hoch wie die Primärenergie, sind die Nettoenergiekosten auch nur halb so groß wie die Bruttoenergiekosten);[133] da sich dieser Faktor schon aus der Bruttoenergieanalyse ergibt, kann diese als das umfassendere Konzept angesehen

---

[131] Vgl. z.B.: *Bullard* (1976, 367), *Edgerton* (1982, 25), *Gilliland* (1975, 1051), *Hannon* (1981a), *Leach* (1977, 149), *H.T. Odum* (1973, 220), *Slesser* (1975, 171). Da z.T. noch andere Abgrenzungen existieren, kommt es zu Unklarheiten darüber, was Nettoenergie eigentlich ist (*Bullard* 1976, 367f; *Georgescu-Roegen* 1986a, 265; *Slesser* (1977a, 261).

[132] *Chapman* (1977b), *Chapman, Leach und Slesser* (1974), *Hall, Lavine und Sloane* (1979), *Hall et al.* (1979), *Slesser* 1977b, 160ff; 1989).

[133] Dieser Energieproduktivitätsfaktor ist selbstverständlich eine *makroökonomische* Größe und als solche nur der *Durchschnitt* der verschiedenen Energieproduktivitäten der einzelnen Energieunternehmen bzw. Technologien. Deshalb können sich, vergleicht man die Energiekosten für die Erfüllung bestimmter Aufgaben bei verschiedenen Energietechnologien miteinander, durchaus unterschiedliche Reihenfolgen für diese Technologien ergeben, je nachdem, ob die Netto- oder die Bruttomethode angewandt wurde (*Georgescu-Roegen* 1986a, 268).

werden (*Georgescu-Roegen* 1986a, 267).[134] Die Aufgaben der Energiebuchführung können also mit Brutto- und Nettomethode grundsätzlich gleich gut erfüllt werden, was auch für die „typische“ Aufgabe der Nettoanalyse gilt, die Identifizierung möglicher „defizitärer“ Energieproduktion. Denn diese läßt sich genauso durch einen Überschuß der Sekundärenergieinputs über die -outputs feststellen wie durch einen entsprechenden Bruttoenergieüberschuß. Im übrigen können selbstverständlich nur *einzelne* Energiebereiche defizitär sein (die dann aufgrund der, wie erwähnt, methodisch bedingten gesamtwirtschaftlich gleichen Energieintensität auch *monetäre* Verluste erleiden müssen!) - *nicht* dagegen die gesamte Volkswirtschaft. Dies wird, ganz abgesehen vom Energieerhaltungssatz, bei Zugrundelegung der Input-Output-Analyse schon per definitionem ausgeschlossen.[135]

Allerdings ist eines zu berücksichtigen: Im Fall von Energieformen, die in absehbarer Zeit erschöpft werden können, also vor allem im Fall fossiler Brennstoffe, ist die Bruttoenergieanalyse überlegen, da nur diese Aussagen über den *tatsächlichen* Ressourcenverzehr (den Primärenergieverbrauch) macht (*Georgescu-Roegen* 1986a, 268; vgl. auch *Arrow* 1981, 111).[136] Da gerade fossile Brennstoffe den Hauptengpaßfaktor in den nächsten Jahrzehnten darstellen werden, erscheint die gesetzliche Verankerung der Nettoenergieanalyse im Rahmen der US-Energiepolitik wenig durchdacht (*Public Law 93.577* von 1974).

Da also Netto- und Bruttomethode - cum grano salis - äquivalent sind, überrascht die Vehemenz nicht wenig, mit der die Diskussion um die angeblichen Vor- und Nachteile beider Methoden geführt wird (vgl. z.B. *Gilliland* 1975 bzw. *Leach* 1977 als Befürworterin bzw. Gegner der Nettoenergieanalyse).[137]

Konnte die Energiebuchführung die an sie gestellten Anforderungen erfüllen? Die Antwort auf diese Frage muß weitgehend negativ ausfallen. Da für die hauptsächlich durchgeführten Makroanalysen, aber auch für die Partialanalysen, i.d.R. auf die ökonomische Input-Output-Statistik zurückgegriffen wird, woraus das Methoden-

---

[134] Zur Höhe des Energieproduktivitätsfaktors finden sich allerdings aufgrund der erwähnten Definitionsprobleme z.T. unterschiedliche Angaben (*Chapman* 1974, 98; *Leach* 1977, 151f).

[135] Die von *Bullard* (1976, 370) genannte „Nettoenergie-Bedingung“ ist deshalb gar keine richtige Bedingung, die u.U. auch einmal nicht erfüllt werden kann, sondern eine logische Konsequenz des Input-Output-Modells.

[136] Die von *Georgescu-Roegen* (1982a, 19f; 1986a, 268) angeführte Begründung zur Überlegenheit der Nettomethode im Fall der Solarenergie kann dagegen nicht überzeugen. Da die Solarenergie „superabundant“ vorhanden sei (*Georgescu-Roegen* 1986a, 268), würde es keine Rolle spielen, wie hoch der Bruttoenergieverbrauch ist, lediglich die Nettoenergie sei dann interessant. Erstens kann man nicht davon ausgehen, daß die Energiekosten der Solarenergie nur in Form von Solarenergie anfallen. Zweitens steht die Sonnenenergie zwar de facto ewig zur Verfügung, aber eben nicht zu jeder Zeit in beliebiger Menge, so daß der Bruttosonnenenergieverbrauch durchaus von Interesse ist. Und drittens wäre, wenn die zwei ersten Einwände nicht zuträfen, ohnehin jegliche Energieanalyse im Fall der Sonnenenergie überflüssig.

[137] Tatsächlich sind die zuungunsten der Nettomethode von *Leach* (1977) angeführten Argumente praktisch alle auch auf die Bruttomethode anwendbar; umgekehrt trifft der von *Georgescu-Roegen* (1979, 1045; 1982a, 18; 1986a, 265f) nur der Nettomethode angelastete Nachteil der Notwendigkeit einer Totalanalyse auch im Fall der Bruttomethode zu.

artefakt gleicher Energieintensitäten resultiert, bleiben die Ergebnisse der Energiebuchführung zum Großteil wertlos. So lassen sich mögliche Strukturänderungen aufgrund von Energiepreissteigerungen, seien diese nun exogen gegeben oder endogen verursacht (z.B. steuerbedingt), weder prognostizieren noch erklären, da eine Energiepreiserhöhung - aufgrund der gleichen Energieintensitäten aller Güter - eigentlich strukturneutral wirken müßte, also z.B. wie eine Umsatzsteuererhöhung; umgekehrt würde eine beliebige Änderung der Konsumstruktur keinerlei Auswirkungen auf die Höhe des Energieverbrauchs haben. Allenfalls in Gestalt der Gesamtenergieintensität einer Volkswirtschaft (die zwangsläufig mit den Energieintensitäten der einzelnen Güter identisch ist) vermag die Energiebuchführung eine sinnvolle Information zu liefern, doch gingen ihre Ansprüche eben weit darüber hinaus - abgesehen davon, daß sich dieser Koeffizient auch ohne eine detaillierte Energiebuchführung problemlos ermitteln läßt.

Angesichts der vielen uneingelösten Versprechungen ist es nicht erstaunlich, wenn es nunmehr um diesen Zweig der Energieanalyse recht still geworden ist (*Bruggink* 1985, 137f).

2.1.2.2. Gesamtwirtschaftliche Energieanalyse

Sinnvollere Aussagen als die Energiebuchführung vermag dagegen die gesamtwirtschaftliche Energieanalyse zu liefern. Unter dieser soll die Untersuchung der gesamtwirtschaftlichen Bedeutung der Energie verstanden werden, vor allem in Relation zu anderen Produktionsfaktoren, wobei das Hauptinteresse dem Einfluß der Energieverfügbarkeit auf das Wirtschaftswachstum gilt.

Da die gesamtwirtschaftliche Energieanalyse nicht von den sektoralen Daten der Input-Output-Analyse mikroökonomische Energiekosten abzuleiten versucht, sondern nur auf makroökonomische Größen abstellt, treten die genannten methodischen Probleme der Energiebuchführung nicht auf.

Es lassen sich zwei Vorgehensweisen unterscheiden, wenngleich nicht in jedem Fall eine eindeutige Zuordnung vorgenommen werden kann. Zum einen gibt es die eher historische Methode, bei der die säkulare wirtschaftliche Entwicklung den Innovationen und Entdeckungen im Energiebereich gegenübergestellt wird, wodurch Rückschlüsse auf den Einfluß der Energietechnologie und -verfügbarkeit auf andere Technologien und die wirtschaftliche Entwicklung insgesamt gezogen werden. Die diesbezüglichen Analysen haben allerdings mehr qualitativen Charakter, wofür hier einige wenige Beispiele genannt werden sollen: So konstatierte *Ray* (1982) eine wichtige Rolle der Energie bei der Herausbildung der langfristigen Kondratieff-Zyklen; *Schurr* (1984) führt die steigende Energieproduktivität in den USA seit dem Ende des ersten Weltkrieges auf die zunehmende Bedeutung der Elektrizität und die durch sie ermöglichten Technologien zurück; *Thoresen* (1981; 1985) sieht den Hauptgrund für den enormen Anstieg des Lebensstandards seit Anfang des 19.

Jahrhunderts in der Verfügbarkeit und Ausbeutung fossiler Brennstoffe;[138] *D. Anderson* (1993) und *Darmstadter und Fri* (1992) diskutieren die Auswirkungen des im Zuge des Entwicklungsprozesses der Dritten Welt steigenden Energieverbrauchs auf die Umwelt.

Zum anderen existiert die produktions- bzw. wachstumstheoretische Methode, die eher quantitativ bzw. statistisch ausgerichtet ist. Hier werden makroökonomische Produktionsfunktionen formuliert und deren Produktions- bzw. Substitutionselastizitäten anhand von Zeitreihen über Faktoreinsatz und Produktion ermittelt, woraus auch Wachstums- und Energiebedarfsprognosen abgeleitet werden sollen.

Diese Vorgehensweise soll anhand des Ansatzes von *Kümmel* und dessen Mitarbeitern erläutert werden, der in einigen Punkten über die konventionellen wachstumstheoretischen Ansätze zur Berücksichtigung der Energie hinausgeht.[139] Wie für die Energieanalyse überhaupt besteht der Ausgangspunkt in der Erkenntnis der Unverzichtbarkeit der Energie als Produktionsfaktor (*Kümmel* 1977, 157f; 1980, 7ff; 1982a, 377f; 1982b, 189f; 1989, 161f; *Kümmel und Strassl* 1985, 175f; *Kümmel et al.* 1985, 285f), die deshalb - und zwar als Brutto- bzw. Primärenergie - auch Bestandteil einer K,L,E-Produktionsfunktion wird. Diese eigentlich recht konventionelle Produktionsfunktion wird auf zweierlei Weise zu einer „Wachstumsgleichung" erweitert. Zum einen werden natürliche Grenzen der wirtschaftlichen Entwicklung in Gestalt der Umweltverschmutzung und der Endlichkeit der Rohstoffvorräte durch eine Verschmutzungsfunktion (vgl. Teil V.2.2.2) und eine Recycling-Funktion (vgl. Teil V.2.1.1, Gleichung 7) berücksichtigt (*Kümmel* 1980, 2f, 24ff). Im übrigen werden Rohstoffe nicht unmittelbar in die Analyse mit einbezogen, auch nicht mittels einer K,L,E,M-Produktionsfunktion, weil vollständiges Recycling unterstellt wird, so daß begrenzte Rohstoffvorkommen kaum je eine relevante Wachstumsgrenze bilden dürften, und weil Materialien bzw. Rohstoffe nur „passive partners of the production process" (*Kümmel* 1989, 167; vgl. auch *Kümmel* 1986, 1006) seien. Zum anderen wird die Produktionsfunktion auch um den Faktor „Kreativität" erweitert, um Innovationen und anderen Singularitäten Rechnung zu tragen, die den technologischen Fortschritt ausmachen (*Kümmel* 1980, 10) und die nicht auf die rein „mechanisch" aufgefaßte Arbeit zurückgeführt werden können. Die Wachstumsgleichung soll einer realistischen Darstellung wirtschaftlicher Prozesse dienen, d.h. sie soll „the basis for the attempt to combine the laws of physics with the laws of economics" (*Kümmel* 1980, 10) bilden.[140] Allerdings wird diese theoretische Konzeption für die empirische Analyse wieder verwässert, indem unterstellt wird, daß die Produktion weit entfernt von den natürlichen Grenzen und innerhalb einer „Normalperiode" ohne technologische Umwälzungen stattfindet

---

[138] Dabei kommt er allerdings der Energiewertlehre mitunter sehr nahe (*Thoresen* 1981, 150).

[139] Vgl. z.B.: *Berndt* (1978), *Berndt und Wood* (1979), *Chang* (1994), *Hogan und Weyant* (1982), *Jorgenson* (1978), *Kroch* (1982). Auf Probleme der Schätzung von Energieelastizitäten und deren Interpretation gehen *Atkinson und Manning* (1995), *Kopp und Smith* (1982a), *Schleicher* (1995) und *J.L. Solow* (1987) ein.

[140] In dem Bemühen um eine naturwissenschaftliche Fundierung der Ökonomie gerät *Kümmel* manchmal in große Nähe zur Energiewertlehre (vgl. Teil V.3.2.1).

(*Kümmel* 1982b, 192). Deshalb entspricht die Wachstumsgleichung, mit der empirisch gearbeitet wird, letztlich einer K,L,E-Produktionsfunktion bzw. derem totalen Differential. Nachdem zuerst eine Cobb-Douglas-Produktionsfunktion zugrundegelegt worden war, wurde in späteren Arbeiten eine LINEX-Produktionsfunktion verwandt, deren Output *linear* vom Energieeinsatz und *exponentiell* von den Faktoreinsatzverhältnissen abhängt.[141] Die Produktionselastizitäten sind jeweils Funktionen von K, L und E, deren Struktur durch Plausibilitätsüberlegungen und deren Parameter empirisch bestimmt werden. Allerdings wird in späteren Arbeiten (*Kümmel* 1986, 1007; 1989, 167) die Kreativität unter dem Namen „Unsicherheitspotential" wieder eingeführt, um den „nichtenergiebedingten", „qualitativen" technischen Fortschritt zu berücksichtigen. Die Outputerhöhung allein durch verstärkten Energieeinsatz wird als „energiebedingter technischer Fortschritt" bezeichnet (*Kümmel* 1986, 1007f; 1989, 165f), obwohl man in diesem Fall eigentlich nicht von technischem Fortschritt sprechen kann.

Welche Ergebnisse resultieren nun aus der Analyse der entsprechenden Zeitreihen?

Zunächst konnte die wichtige Rolle der Energie als Produktionsfaktor anhand relativ niedriger Produktionselastizitäten bestätigt werden (vgl. auch *Hall, Cleveland und Kaufmann* 1986, 46ff). Es zeigte sich aber auch, daß das „Unsicherheitspotential" nicht vernachlässigt werden kann, da es verantwortlich ist für Parameterverschiebungen, insbesondere eine Zunahme der Energie-Produktionselastizität, die durch effizientere Energienutzung induziert wurde (*Kümmel* 1986, 1018f; 1989, 169ff). Diese säkularen Verschiebungen können auch als Beleg dafür gelten, daß zwischen den Faktoren Kapital und Energie kurzfristig eine Komplementaritäts-, langfristig dagegen eine Substitutionalitätsbeziehung besteht; Arbeit und Kapital sowie Arbeit und Energie sind dagegen auch kurzfristig untereinander substituierbar.[142] Allerdings folgt aus einer steigenden Energieeffizienz bzw. -produktivität nicht zwangsläufig auch ein Rückgang des *absoluten* Energieverbrauchs - dieser kann aufgrund eines die höhere Produktivität überkompensierenden Wirtschaftswachstums durchaus weiter ansteigen (*M. Binswanger* 1992, 370ff; 1994a).

Die Informationen, die die gesamtwirtschaftliche Energieanalyse zu liefern vermag, sind sicher wichtig: Sie erhellen die zentrale Rolle der Energie in der Ökonomie und erlauben Prognosen über künftige Energiebedarfsentwicklungen. Allerdings handelt es sich hier *nicht* um thermodynamische Nebenbedingungen, die ja feste, naturgesetzliche Grenzen vorgeben sollen, innerhalb derer die wirtschaft-

---

[141] In der Regel werden in der gesamtwirtschaftlichen Energieanalyse Translog-, Cobb-Douglas- oder CES-Produktionsfunktionen zugrundegelegt.

[142] *Kümmel* (1980, 9f; 1986, 1008; 1989, 170f), *Kümmel und Strassl* (1985, 176), *Kümmel et al.* (1985, 287). Vgl. auch *Berndt* (1978), *Berndt und Wood* (1979), *Chang* (1994), *Hogan und Manne* (1979), *Pindyck und Rotemberg* (1983), *Schleicher* (1995, 279). Allerdings wird der Vergleich verschiedener Untersuchungen durch unterschiedliche Zielsetzungen und Methoden sehr erschwert (*Atkinson und Manning* 1995, 86ff). Die Ermittlung der Energieelastizitäten auf gesamtwirtschaftlicher Ebene ist auch deswegen problematisch, weil die Ergebnisse durch nicht auszuschließende Veränderungen der Outputstruktur verzerrt werden können (*J.L. Solow* 1987).

lichen Gestaltungsmöglichkeiten liegen, sondern lediglich um die Projektion des festgestellten Energiebedarfsprofils der Vergangenheit in die Zukunft. Denn eigentlich sind diese Studien „more concerned with the past than with the present" (*Kümmel* 1982, 192). Als - zumindest ökonomisch - bindende Nebenbedingungen können die festgestellten Relationen zwischen Energieverbrauch und wirtschaftlicher Aktivität nur dann gelten, wenn eine unveränderte Technologie unterstellt werden kann, was höchstens kurzfristig, keinesfalls jedoch mittel- und langfristig zulässig ist. Dementsprechend sind längerfristige Prognosen mit erheblichen Unsicherheiten behaftet, da der technische Fortschritt die in der Vergangenheit beobachteten Relationen zunehmend obsolet macht (*R.U. Ayres* 1978, 68f; *Schleicher* 1995, 267) - was z.B. auch von *Kümmel* (1986; 1989) anerkannt wird, indem er auf die große Bedeutung des „Unsicherheitspotentials" hinweist.

Aus diesen Gründen ist die gesamtwirtschaftliche Energieanalyse ungeeignet, theoretische Rahmenbedingungen vorzugeben und Aussagen über absolute Wachstumsgrenzen zu machen. Letztlich findet ja auch *keine* tatsächliche Übertragung thermodynamischer Konzepte, *keine* wirkliche interdisziplinäre Zusammenarbeit statt. Lediglich die *Motivation* für die Beschäftigung mit der Energie bzw. für die Analyse ihrer Rolle in der Ökonomie ist eine „thermodynamische", ist also geprägt von Erkenntnissen der Thermodynamik. Die Analyse selbst ist jedoch recht konventionell und läßt jeden direkten Einfluß der Thermodynamik vermissen.

Dasselbe gilt grundsätzlich auch für die Energiebuchführung - nur daß diese ohnehin kaum sinnvolle Aussagen zu liefern vermag.

2.1.2.3. Thermodynamische Analyse

Der thermodynamischen Analyse gilt seit einiger Zeit das Hauptaugenmerk der Energieanalytiker - nicht zuletzt, weil nur sie in der Lage ist, zwingende Nebenbedingungen zu formulieren.

Dieser eher technisch-naturwissenschaftlich und weniger ökonomisch orientierten Disziplin geht es um die Beurteilung verschiedener Verfahren und Prozesse hinsichtlich ihrer energetischen Effizienz. Hierbei werden nicht nur die tatsächlichen Energieverbräuche verschiedener Verfahren einander gegenübergestellt, sondern auch dieselben den theoretischen Mindestverbräuchen, den thermodynamischen Minima. In aller Regel wird nur die *direkt* verbrauchte Sekundärenergie ermittelt, d.h. die „verkörperte Energie" der Nichtenergie-Produktionsfaktoren außer acht gelassen. Zwar wäre auch eine Brutto-, d.h. Primärenergieanalyse möglich, doch wird darauf meist verzichtet, da sich die thermodynamische Analyse typischerweise auf bestimmte Prozesse bzw. Produktionsverfahren bezieht und die Art und Weise der Produktion der hierfür benötigten Energie vernachlässigt - außer es handelt sich natürlich um die Analyse eben dieser Energieproduktion selbst.

Bei der Energiebuchführung und der gesamtwirtschaftlichen Energieanalyse wird nur auf die *Energiemenge* abgestellt; Energie wird dabei mit Enthalpie gleichgesetzt. Im Fall der thermodynamischen Analyse ändert sich das Bild; hier spielen sowohl *Quantität* als auch *Qualität* der Energie eine Rolle. Wird nur jene berücksichtigt, spricht man von der *Gesetz-1-Analyse*; wird dagegen auch dieser Beachtung geschenkt, handelt es sich um die *Gesetz-2-Analyse*. Zwar wird für die Gesetz-1-Analyse unmittelbar nur der erste Hauptsatz herangezogen, doch bildet in beiden Fällen der *zweite* Hauptsatz die Grundlage und Motivation.[143]

(1) Gesetz-1-Analyse

Insoweit nur der Quantität der Energie, nicht jedoch deren Qualität das Augenmerk gilt, handelt es sich um Gesetz-1-Analysen.

Zum Vergleich und zur Beurteilung unterschiedlicher Verfahren und Prozesse wurde das Kriterium der „Gesetz-1-Effizienz", η_1, entwickelt,[144] welches den gewünschten Energietransfer (etwa die von einer Hausheizung an die Innenluft abgegebene Wärmeenergie) mit der insgesamt aufgewandten Energie (also der Energie des hierzu verbrauchten Heizöls oder Stroms) in Verhältnis setzt:

$$(1) \qquad \eta_1 = \frac{\text{gewünschter Energietransfer}}{\text{Gesamtenergieinput}}$$

Offensichtlich gilt: $\eta_1 \leq 1$; aufgrund der Energieverluste durch Abwärme, Reibung etc. ist $\eta_1 = 1$ nur theoretisch für völlig verlustfreie Prozesse erreichbar.

Die Gesetz-1-Effizienz beträgt z.B. für Ottomotoren ca. 30% und für eine Ölheizung ca. 60% (*R.U. Ayres und Nair* 1984, 66). Auf diese Weise lassen sich verschiedene Prozesse zur Erreichung eines gegebenen Ziels hinsichtlich ihrer energetischen Effizienz miteinander vergleichen (z.B. verschiedene Arten der Wohnraumbeheizung). Die wichtigere Aufgabe der thermodynamischen Analyse besteht aber darin, theoretische Energiebedarfsgrenzen, thermodynamische Limits, zu ermitteln. Dadurch lassen sich absolute Energieeinsparpotentiale quantifizieren und der Mindestenergiebedarf für bestimmte Aufgaben, das *thermodynamische Optimum*, mithin auch die äußerste Grenze der Energiesubstitution festlegen. So läßt sich berechnen, daß zur Herstellung von Ammoniak mindestens 17,5 MJ/kg an Energie benötigt werden - eine physikalisch gegebene Grenze, die auch durch noch so großen technischen Fortschritt nicht überwunden werden kann (*Slesser* 1978,

---

[143] Bei der Energiebuchführung (gleich ob nach der Brutto- oder Nettomethode durchgeführt) handelt es sich meist um eine Gesetz-1-Analyse. Obwohl jede Buchführung oder Bilanzierung eine *konservierte* Größe voraussetzt, käme neben der *Energie* auch die *Exergie* in Frage. Zwar unterliegt letztere *nicht physikalisch* einem Erhaltungssatz, doch ist es möglich für ökonomische Zwecke eine Exergiekonservierung vorauszusetzen (vgl. *Bullard* 1976; *Edgerton* 1982, Kap. 9), wenngleich darunter natürlich die physikalische Plausibilität leidet (vgl. Teil V.3.2.2).

[144] Vgl. z.B.: *R.U. Ayres* (1978, 43f), *R.U. Ayres und Nair* (1984, 65), *Gilliland* (1978d, 98f), *Moran* (1982, 85f), *Slesser* (1978, 106).

105). Die Gesetz-1-Effizienz könnte deshalb auch, bezogen auf eine gegebene Aufgabe, als Verhältnis von minimalem zu tatsächlichem Energieeinsatz definiert werden. Im Fall der Ammoniak-Herstellung beträgt diese heute etwa zwischen 40% und 50%.

(2) Gesetz-2-Analyse

Bei der Gesetz-2-Analyse findet nicht nur die Energiemenge, sondern auch die Energiequalität Berücksichtigung. Unter Qualität wird hierbei das Potential, Veränderungen zu bewirken, also Arbeit zu leisten, verstanden, da vor allem dieses aus ökonomischer Sicht relevant ist (vgl. z.B.: *Gaggioli* 1980a, 10; 1983b, 3; *Gyftopoulos und Widmer* 1980, 61; *Petit und Gaggioli* 1980, 15). Hinsichtlich des Arbeitspotentials unterscheiden sich die verschiedenen Energieformen. Mit Ausnahme der Wärmeenergie können, zumindest theoretisch, alle Energieformen vollständig als Arbeit genutzt werden (*Edgerton* 1982, 167ff; *Ross* 1978, 46f). Nur im Fall der Wärmeenergie ist die Exergie (d.h. die Energie, die frei verfügbar ist) also nicht gleich der Gesamtenergie, sondern um die jeweilige Entropie geringer.[145] Im Gegensatz zur Energie ist die Exergie jedoch keine konservierte Größe, sondern kann richtiggehend *verbraucht* werden - wohingegen Energie „lediglich" *verschwendet* werden kann. Von daher ist also Exergie der *eigentlich knappe* Faktor, den es ökonomisch und möglichst effizient einzusetzen gilt. „Energy is not the commodity we value; potential energy (availability) is." (*Gaggioli* 1980a, 12)

Analog der Gesetz-1-Effizienz wird dementsprechend hier die Gesetz-2-Effizienz, η_2, berechnet:[146]

$$(2) \qquad \eta_2 = \frac{\text{Output an verfügbarer Energie}}{\text{Input an verfügbarer Energie}}$$

Selbstverständlich gilt: $\eta_2 \leq 1$; gemäß dem zweiten Hauptsatz der Thermodynamik ist $\eta_2 = 1$ nur theoretisch für reversible, d.h. unendlich langsam ablaufende, Prozesse erreichbar.

> „Associated with real hardware and processes, there will always be dissipations of exergy - consumption thereof - used up to make the hardware 'go'. These dissipations manifest themselves in 'heat production'; i.e., with the production of entropy." (*Gaggioli* 1983b, 8)

Auch hier ist die Bestimmung thermodynamischer Limits, d.h. des jeweiligen aufgabenspezifischen Mindestexergiebedarfs sehr wichtig; z.B. beträgt die notwen-

---

[145] Im folgenden werden die Begriffe „Exergie" bzw. „verfügbare Energie" ohne Rücksicht auf die verschiedenen Exergiekonzepte verwandt (vgl. zu diesen z.B. *Grubbström* 1985; *Kestin* 1980; *Lucca* 1990 oder *Spiegler* 1983, 29).

[146] Vgl. z.B.: *R.U. Ayres* (1978, 52f), *R.U. Ayres und Nair* (1984, 65), *Gaggioli* (1983b, 11f), *Moran* (1982, 85f), *Petit und Gaggioli* (1980, 21), *Slesser* (1978, 106); für eine alternative Definition der Gesetz-2-Effizienz vgl. *Alefeld* (1990).

dige Mindestexergie für die Reduktion von Al_2O_3 zu reinem Aluminium 24,04 MJ/kg (*Edgerton* 1982, 232). Entsprechend kann, genau wie η_1, auch η_2 alternativ als das Verhältnis von minimalem zu tatsächlichem Exergieaufwand für eine bestimmte Aufgabe definiert werden.

Für das Verhältnis zwischen Gesetz-1-Effizienz und Gesetz-2-Effizienz muß gelten: $\eta_1 \geq \eta_2$; denn wenn ein bestimmter Teil der im Input enthaltenen Exergie auf den Output übertragen wird, so muß natürlich ein mindestens genauso hoher Teil der Energie übertragen werden. Prozesse mit $\eta_1 = 1$ können also durchaus irreversibel sein, Prozesse mit $\eta_2 = 1$ müssen dagegen reversibel sein. So würde eine perfekte Elektroheizung mit $\eta_1 = 1$, die die gesamte zugeführte Energie an die Innenraumluft abgibt, doch nur einen weit unter 100% liegenden Wert von η_2 erreichen, da hier qualitativ hochwertige Energie für „anspruchslose" Aufgaben eingesetzt wird. Geht man von einer Außentemperatur von 0° C und einer Innentemperatur von 21° C aus, so sind nur 7,7% der in der erwärmten Raumluft enthaltenen Energie verfügbar (vgl. Exkurs 2, Gleichung 5) - gegenüber 100% im Fall der elektrischen Energie. Dementsprechend ergibt sich ein η_2 von nur 7,7%, also weniger als ein Zwölftel (!) des Wertes von η_1. Auch bei der Berechnung thermodynamischer Limits muß die Energiequalität berücksichtigt werden, da je nach Aufgabe bzw. Prozeß das Energieminimum von unterschiedlicher Qualität sein kann; aufgrund der erwähnten Relation ist natürlich das Energieminimum mindestens ebenso hoch wie das Exergieminimum. Im übrigen ist eine *gleichzeitige* Optimierung von sowohl η_1 als auch η_2 unmöglich, da diese linear unabhängig voneinander sind (*Hertzmark* 1981, 81ff).

Nicht zuletzt aus diesem Grund wird die Exergieanalyse weniger als Ersatz, sondern eher als Ergänzung für die Gesetz-1-Analyse angesehen - wobei letztere die *realisierbaren* und erstere die *thermodynamisch optimalen* Verfahren bzw. Prozesse beschreiben soll (*Petit und Gaggioli* 1980, 16). Allerdings sind durchaus Zweifel an manchen recht enthusiastischen Beurteilungen der Exergieanalyse und ihrer Überlegenheit über die Gesetz-1-Analyse angebracht. Zwar ist der theoretische Ausgangspunkt überzeugender, doch sind die Unterschiede zwischen Gesetz-1-Analyse und Gesetz-2-Analyse in der Praxis eher unbedeutend: So weichen etwa die Werte von η_1 und η_2 in aller Regel um weniger als 10% voneinander ab (*van Gool* 1980b, 786; *Slesser* 1989, 193f). Deshalb können - vor allem auch angesichts der Ermittlungsprobleme von η_2 (*Edgerton* 1979, 1155; 1982, 315) - die Ergebnisse der einfachen Gesetz-1-Analyse meist pragmatisch als gute Näherungswerte für die eigentlich relevanten Größen gelten (*Slesser* 1975, 171). Eine Ausnahme bilden lediglich die Bereiche, in denen hochwertige Energie (im Fall von Wärmeenergie also Wärme mit einer hohen Temperatur) für Aufgaben eingesetzt wird, die keine hohen Anforderungen an die Energiequalität stellen, also typischerweise Raumheizungen, die nur Temperaturen erzeugen müssen, die wenig über der Umgebungs- bzw. Referenztemperatur liegen.[147] Hier kann die Exergieanalyse durchaus Einsparpotentiale bzw. Ineffizienzen aufzeigen, die der Gesetz-1-Analyse entgehen. Im

---

[147] *Ahern* (1980, 62), *R.U. Ayres und Nair* (1984, 65), *Edgerton* (1982, 331ff, 359ff), *Fricke und Borst* (1981, 28ff), *van Gool* (1980b, 786).

obigen Beispiel der perfekten Elektroheizung gibt es lt. η_1 offenbar keine Einsparmöglichkeiten, wohingegen der Wert von η_2 ein beträchtliches Potential derselben andeutet. So könnte durch eine Wärmepumpe η_2 wesentlich gesteigert werden - im Idealfall der reversibel arbeitenden Pumpe könnte bei den genannten Temperaturverhältnissen fast das vierzehnfache der eingesetzten Arbeit als Wärme aus der Umwelt für Heizzwecke gewonnen werden (*Edgerton* 1982, 362). Ähnliches gilt für eine normale Ölheizung mit $\eta_1 = 60\%$. Da 40% der chemischen Energie des Heizöls (die ja mit Exergie gleichzusetzen ist) durch Abgase und Isolierungsverluste ungenutzt an die Umwelt abgegeben werden und die an die Innenraumluft abgegebene Energie - bei denselben Temperaturverhältnissen wie im Elektroheizungsbeispiel - nur zu 7,7% verfügbar ist, ergibt sich eine Gesetz-2-Effizienz von nur 4,6%: Während also η_1 eine Ineffizienz von 40% impliziert, läßt sich aus η_2 ein Einsparpotential von über 96% (!) ableiten, das sich auch in der Praxis zumindest teilweise, bis zu $\eta_2 = 30\%$, realisieren läßt - z.B. durch eine ölbetriebene Wärmepumpe (*Slesser* 1978, 107).

Da für alle anderen Fälle die Implikationen von Gesetz-1-Analyse und Gesetz-2-Analyse de facto gleich sind, sollen beide im folgenden zusammen behandelt werden, wobei i.d.R. nur auf erstere, d.h. auf *Energie*, abgestellt wird.[148]

Die thermodynamische Analyse ermittelt und vergleicht also vor allem tatsächliche und minimale Energieverbrauchsmengen. Auf dieser Grundlage lassen sich auch - analog der Materiebilanzen (vgl. Teil V.2.1.1) - Energiebilanzen erstellen (sowohl für einzelne Unternehmen als auch für ganze Volkswirtschaften), in denen Energieinput und -output einander gegenübergestellt werden (vgl. z.B. *Ruth* 1993, 135, 169ff); das Auftreten von Termen für Abwärme bzw. Energiedissipation auf der Outputseite signalisiert dabei irreversible, d.h. thermodynamisch suboptimale Prozesse, und die thermodynamischen Limits stellen Untergrenzen des Energieinputs dar. Diese minimalen Energieverbrauchsmengen sind von entscheidender Bedeutung:[149]

---

[148] Für Einzelheiten der Exergieanalyse, wie etwa die Exergie von Verbrennungsprozessen (*Brzustowski* 1980) und von Sonnenenergie (*Edgerton* 1980; 1982, Kap. 14), die Bedeutung der Spezifikation von Umweltbedingungen (*Ahrendts* 1980; *Edgerton* 1982, 159), die praktische Anwendung der Gesetz-2-Analyse in der Industrie (*Kenney* 1983; *Wall* 1990) oder die auf Exergie basierende Kostenrechnung (*Lozano und Valero* 1993; *Reistad und Gaggioli* 1980) sei auf die entsprechende Literatur verwiesen (vgl. auch *Ahern* 1980; *Edgerton* 1982, *Moran* 1982 und die Übersicht bei *Moran* 1990).

[149] Für die kurz- und mittelfristige Energiepolitik ist aber das theoretische Einsparpotential (als Differenz zwischen aktuellem und minimalem Energiebedarf) weniger relevant als das *praktisch realisierbare* Einsparpotential (*van Gool und Kümmel* 1986; *Groscurth und Kümmel* 1989; *Groscurth, Kümmel und van Gool* 1989; *Kümmel* 1989, 171ff; *Kümmel, Groscurth und van Gool* 1987). Hierbei wird von einem gegebenen gesamtwirtschaftlichen Energie/Exergie-Nachfrageprofil ausgegangen, in dem die tatsächlichen Verbrauchsmengen an Energie verschiedener Qualitätsstufen erfaßt werden (eine ähnliche Analyse wird von *van Gool und Hoogendoorn* 1990 zur Optimierung auf der Ebene einzelner Industriebetriebe durchgeführt). Es wird unterstellt, daß höherwertige Energie, nachdem sie eingesetzt und dadurch teilweise „entwertet" wurde, noch zu einem Großteil

„The determination of the minimum amount of energy required to produce the materials and commodities demanded by society is essential for long term energy scenarios" (*van Gool und Kümmel* 1986, 90).

Die Existenz thermodynamischer Limits ist von offensichtlicher ökonomischer Relevanz, da diese zusätzliche Nebenbedingungen für die neoklassische Optimierung darstellen.[150] Aus ihnen folgt die Unverzichtbarkeit von Energie für jeden Produktionsprozeß, was zu erweiterten Produktionsfunktionen vom Typ Y = f(K,L,E,M,J) bzw. Y = f(B,K,L,E,M,J) führen muß, wobei $E \geq E^*$, d.h. der tatsächliche Energieeinsatz kann das thermodynamische Limit nicht unterschreiten (*van Gool* 1985; *van den Heuvel* 1985; *Slesser* 1977b, 159).[151] Es ist offensichtlich, daß neben der Vernachlässigung von Energie in Produktionsfunktionen vom Typ Y = f(K,L) auch die Annahme einer Substituierbarkeit von Energie durch Kapital bis zu einem Energieeinsatz, der beliebig nahe an Null liegt (d.h. die Annahme der *Inessentialität* von Energie), nicht haltbar ist - wobei auch technischer Fortschritt keine Abhilfe zu schaffen vermag. Ähnlich wie im Fall des Materiebilanzansatzes ergeben sich aus diesen *mikroökonomischen* Limits wichtige *makroökonomische* Konsequenzen. Denn angesichts der Endlichkeit der Energievorräte, der Konstanz des Stroms von Sonnenenergie und der Nichtrezyklierbarkeit von Energie ist ein permanentes, völlig unbegrenztes Wachstum *nicht möglich,* stellt Energie den entscheidenden Engpaßfaktor für die wirtschaftliche Entwicklung dar. Daraus ergibt sich, daß die Energieversorgung der Wirtschaft ein wichtiges ökonomisches Problem ist - vor allem, da die mögliche Substitution der zur Neige gehenden fossilen Energieträger kaum reibungslos möglich sein wird. Deshalb gilt hier noch weit mehr als beim Materiebilanzansatz, daß das intergenerationelle Verteilungsproblem nicht einfach als durch Substitution und technischen Fortschritt ohne Schwierigkeiten lösbar angenommen werden kann.

---

zur Befriedigung der Nachfrage nach Energie *geringerer* Qualität dienen könne - vorausgesetzt, entsprechende technische Verfahren werden angewandt (etwa Wärmepumpen oder Fernwärme bzw. Kraft-Wärme-Koppelung). Mittels einiger vereinfachender Annahmen läßt sich dann in einem linearen Optimierungsmodell eine Minimierung des Verbrauchs an (industriell genutzter) Primärenergie durchführen - und zwar nur durch Energietransfers zwischen einzelnen Prozessen. In Abhängigkeit vom jeweiligen Energienachfrageprofil ergeben sich Einsparpotentiale von ca. 30% (Westdeutschland) bis ca. 50% (Japan) - Werte, die sicherlich realistischer sind, als die 90% bis 95%, die möglich sind, wenn theoretische Minima als Referenzgröße dienen. Die Realisation dieser Einsparpotentiale ist jedoch bei den aktuellen Energiepreisen unwirtschaftlich; sie käme nur bei einer wesentlichen Steigerung derselben in Frage (*Groscurth und Kümmel* 1989). Die praktischen Energieeinsparmöglichkeiten nur aufgrund von Nachfragestrukturänderungen hat *Hannon* (1974) diskutiert.

[150] Allerdings sind diese Nebenbedingungen nicht immer einfach zu formulieren. Thermodynamische Analysen bzw. thermodynamische Limits beziehen sich auf bestimmte *Verfahren*; ökonomische Produktionsfunktionen stellen dagegen auf bestimmte *Güter* ab, umfassen also u.U. mehrere Verfahren zu deren Produktion. Dementsprechend ist ein ganzes *Bündel* von Nebenbedingungen notwendig, welches die Energieminima aller verschiedenen Verfahren zur Produktion des jeweiligen Gutes beinhaltet.

[151] E^m aus der Produktionsfunktion des Materiebilanzansatzes wird hier durch E ersetzt, da nicht nur Bezüge von „materieller" Energie (d.h. von Energierohstoffen), sondern von Energie überhaupt berücksichtigt werden.

Die thermodynamische Analyse liefert nicht nur Nebenbedingungen in Form der thermodynamischen Limits, sondern auch Erkenntnisse über das Verhältnis des Einsatzes von Energie zu dem anderer Produktionsfaktoren. Für die Bereiche *jenseits der Limits* (und nur für diese!) wurde durch die Untersuchung zahlreicher Produktionsprozesse festgestellt, daß grundsätzlich ein Substitutionalitätsverhältnis zwischen Energie- und Kapitaleinsatz vorliegt.[152] Je größer der Kapitaleinsatz ist, desto geringer ist der Energieverbrauch. Dies läßt sich mit den entsprechenden Ergebnissen der gesamtwirtschaftlichen Energieanalyse vereinbaren. Denn zu dem makroökonomischen Phänomen der *kurzfristigen* Komplementarität besteht nur ein scheinbarer Widerspruch. Bei gegebener Technologie, d.h. bei konstantem spezifischen Energieverbrauch, führt eine Kapitalausweitung im Zuge des wirtschaftlichen Wachstums zu einem höheren Energiebedarf; dagegen geht *langfristig* unter Voraussetzung energiesparenden technischen Fortschritts ein höherer Kapitaleinsatz mit geringerem spezifischen Energieverbrauch einher, besteht also Substituierbarkeit (was über den *absoluten* Energieverbrauch natürlich noch nichts aussagt). Diese Substitutionsbeziehung zwischen Energie und Kapital ist der Grund dafür, daß die thermodynamischen Limits lediglich *theoretische* Möglichkeiten darstellen, die in der Realität nie erreicht werden. Zur Veranschaulichung möge folgende Abbildung dienen:

Abb. 2: Verhältnis zwischen Energie- und Kapitaleinsatz

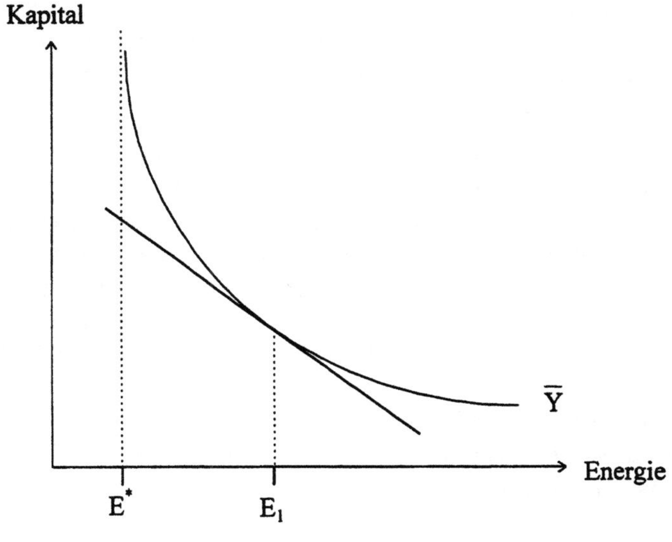

[152] Vgl. z.B.: *van Gool* (1980a, 430f; 1980b, 790), *van Gool und Phung* (1980, 474f), *Keenan, Hatsopoulos und Gyftopoulos* (1989, 618), *Petit und Gaggioli* (1980, 21f), *Phung und van Gool* (1982, 5ff).

Wenn man - unter Vernachlässigung bzw. Konstanthaltung der übrigen Produktionsfaktoren - von einer bestimmten Produktionsmenge $\overline{Y}$, der Substituierbarkeit von Kapital und Energie und einem thermodynamischen Limit von E^* ausgeht, ergibt sich die obige Isoproduktionskurve. Das thermodynamische Optimum bei E^* erfordert einen praktisch *unendlich hohen* Kapitaleinsatz. Das ökonomische Optimum, d.h. die kostenminimale Faktorkombination, liegt dagegen am Tangentialpunkt von Isokostenlinie (deren Steigung das Verhältnis zwischen Energie- und Kapitalpreis angibt) und Isoproduktionslinie, hier also bei einem Energieverbrauch von E_1. Es ist nun offensichtlich, daß beide Optima genau dann identisch sind, wenn *nur Energie* ein knapper Produktionsfaktor ist, der Preis für Kapital also gleich Null ist. In diesem Fall wäre die Isokostenlinie eine Vertikale und E^* wäre auch die kostenminimale Energieeinsatzmenge. In der Realität sind jedoch *alle* Produktionsfaktoren, also auch Kapital, knapp, so daß aus ökonomischer Sicht das thermodynamische Limit *suboptimal* ist und nicht realisiert wird.[153]

> „Because the cost of work includes not only fuel costs but also capital costs that usually increase as irreversibility in the process is reduced, the economical means of producing work may in some respects depart radically from the reversible means." (*Keenan, Hatsopoulos und Gyftopoulos* 1989, 618)

Dies gilt selbst dann, wenn man den Begriff des thermodynamischen Limits weiter faßt und nicht nur die direkt verbrauchte Energie, sondern auch die indirekt - nämlich bei der Herstellung der Kapitalgüter - benötigte Energie berücksichtigt.[154]

> „[I]ncluding the energy embodied in the investment leads to a real energy minimum, which does not coincide with the thermodynamic limit. (...) Economic evaluation shows that this real energy minimum is not an acceptable one since the marginal cost for the energy saved becomes infinitely large." (*van Gool* 1980a, 432b)

Die Kenntnis von tatsächlichem und minimalem Energieverbrauch ist aber nicht nur für die *Energiepolitik* von Bedeutung, sondern ist auch wichtig für die *Umweltschutzpolitik*, betrifft also sowohl Ressourcen- als auch Externalitätenökonomie - womit wieder einmal deutlich wird, wie problematisch diese Trennung ist. Ganz abgesehen von den im Zuge der Energienutzung anfallenden Schadstoffen (vor allem den Rückständen aus der Verbrennung fossiler Energieträger) und dem Energieverbrauch von Umweltschutzmaßnahmen ist nämlich auch das Problem der *thermischen Umweltverschmutzung* zu berücksichtigen. Denn die Nutzung von Energie in realen, irreversiblen Prozessen ist unweigerlich mit der Erzeugung von Abwärme verbunden (*Cooper* 1982, 28). Und dies gilt nicht allein für die „normalen" Produktions- und Konsumtionsprozesse, sondern auch für alle Umwelt-

---

[153] *Berndt* (1978, 232ff), *Berry, Salamon und Heal* (1978), *Keenan, Hatsopoulos und Gyftopoulos* (1989, 618); vgl. auch *Ahern* (1980, 47f) und *Edgerton* (1982, 217).

[154] *Edgerton* (1982, 219), *van Gool* (1980a, 432f; 1980b, 790f), *van Gool und Phung* (1980, 474f), *Phung und van Gool* (1980, 16).

schutzverfahren, mit denen die verschiedenen Schadstoffe (also chemische und radioaktive Verschmutzung) „unschädlich“ gemacht werden sollen (*Georgescu-Roegen* 1976a, 14; *Kümmel* 1980, 29, 109f; 1982a, 383f; 1986, 1020; 1989, 162; *Slesser* 1978, 93ff) oder die Emission von CO_2, das eigentlich kein „Schadstoff“ im engeren Sinn ist, zurückgehalten werden soll (*Groscurth und Kümmel* 1990). Auch für diese Prozesse existieren thermodynamische Limits, die in der Praxis überschritten werden *müssen* (*Slesser* 1978, 141).[155] Deshalb kann Verschmutzung *nie vollständig* vermieden werden; selbst im günstigsten Fall, wenn alle Schadstoffe in unschädliche Rückstände umgewandelt werden (oder aber sicher deponiert werden), fällt thermischer „Abfall“ an, der umso höher ist, je „unschädlicher“, d.h. je mehr aufbereitet, die materiellen Rückstände sind (oder je sicherer diese verwahrt werden).

> „Technological abatement of chemical and radioactive pollution will usually lead to enhanced thermal pollution as a consequence of the Second Law of Thermodynamics.“ (*Kümmel* 1986, 1020)

Zusätzlich zur Begrenztheit der Energieressourcen besteht also eine weitere, unüberwindbare Wachstumsgrenze in Form einer „Hitzebarriere“.

> „Wenn die künstliche Wärmeproduktion in die Größenordnung der uns von der Sonne zugestrahlten Wärme kommt, sind unabsehbare Folgen für das Klima zu befürchten.“ (*v. Buttlar* 1975, 149)[156]

> „Die Überlegungen zur weltweiten thermischen Belastung der Umwelt zeigen zwingend, daß der zukünftige Energieverbrauch selbst bei beliebig großen Vorräten an konventionellen Energieträgern begrenzt werden muß. Dieselbe Limitierung gilt für die Nutzung der Kernenergie im Fissions- oder Fusions-Reaktor und für die geothermische Energie. Selbst für die regenerativen Energiequellen ist die Wärmebelastung der Umwelt nicht verschwindend klein“ (*Fricke und Borst* 1981, 19).

Geht man realistischerweise davon aus, daß nicht nur thermische, sondern auch chemische oder radioaktive Verschmutzung existiert, so kann man die thermodynamische Analyse auch zu deren Untersuchung heranziehen. Denn Schadstoffe zeichnen sich vor allem dadurch aus, daß sie sich *nicht* im Gleichgewicht mit der natürlichen Umgebung befinden, also ein bestimmtes thermodynamisches Potential aufweisen, dessen Abbau dann „schädlich“ ist, wenn die entsprechende Reaktion vom Menschen negativ bewertet wird (z.B. die Bindung von Kohlenmonoxid an Hämoglobin im menschlichen Körper). Es handelt sich um irreversible Vorgänge, so

---

[155] Die Bestimmung dieser Limits oder der tatsächlichen Energieverbräuche von Umweltschutztechnologien darf *nicht* mit der *Bewertung* der Schadstoffe mit der zu ihrer Unschädlichmachung erforderlichen Energie gleichgesetzt werden.

[156] Diese Klimaveränderungen durch thermische Verschmutzung dürfen nicht mit dem bekannten „Treibhauseffekt“ verwechselt werden, der sich auf die Klimaveränderungen infolge der Emission bestimmter „Treibhausgase“ bezieht (vgl. z.B.: *Bauer* 1993; *Nordhaus* 1991a; 1991b; 1993; 1994; *Söllner* 1993b).

daß sich dabei auch die Entropie erhöht. Bei konstanter Energie und Umgebungstemperatur gilt (vgl. Exkurs 2, Gleichung 20)

$$(3) \qquad dS = -\frac{dF}{T},$$

d.h. die Exergie der Schadstoffe endet letztlich als Entropie. Die Analyse der Schadstoffe, die Bestimmung deren Energie-, vor allem aber auch deren Exergiegehalts, kann aufgrund dieser Zusammenhänge durchaus wichtige und interessante Informationen liefern. *Nicht möglich* ist dagegen eine *ausschließliche* Bezugnahme auf die thermodynamische Analyse, indem man einen Verschmutzungsindikator auf Basis des Exergiegehalts der einzelnen Schadstoffe konstruiert (was z.B. von *Edgerton* 1979, 1155f; *Mueller* 1976 oder *Szargut* 1980, 717 versucht wurde). Dieser würde ähnlich unbrauchbar wie der auf dem Materiebilanzansatz basierende Indikator (vgl.Teil V.2.1.1) sein - hauptsächlich weil Schadstoffe gleichen Exergiegehalts vom menschlichen Standpunkt aus durchaus unterschiedlich in ihrer Schädlichkeit eingestuft werden können. Außerdem ist die Inertheit bzw. Exergielosigkeit eines Stoffes noch keine Garantie für dessen Unschädlichkeit - man denke an den großteils durch CO_2 verursachten Treibhauseffekt oder an Fluorchlorkohlenwasserstoffe, die unter Sonneneinwirkung die Ozonhülle schädigen. Und schließlich wird durch eine ausschließliche Bezugnahme auf die Exergie die rein thermische Verschmutzung vernachlässigt.

Das letztgenannte Problem vermeidet zwar der Vorschlag, alle Schadstoffe mit der Entropie zu gewichten, die erzeugt würde, wenn sie vollkommen unschädlich gemacht würden (*Kümmel* 1989, 178; *Kümmel und Schüssler* 1991), d.h. sogenannte „'heat equivalents of noxious substances' (HEONS)" (*Kümmel und Schüssler* 1991, 140) zu berechnen. Aber die anderen genannten Kritikpunkte treffen auch auf diesen Indikator aufgrund seiner Eindimensionalität zu. Denn er umgeht lediglich

> „...the difficulties of estimating uncertain ecological effects of noxious substances and their corresponding evaluation. These difficulties are shifted into the problem of fixing the limiting values for still tolerable emissions." (*Kümmel und Schüssler* 1991, 140)

Wie sind nun die Leistungen der thermodynamischen Analyse zu beurteilen? Vor allem die Feststellung thermodynamischer Limits ermöglicht Aussagen über den Mindestenergiebedarf und über das (theoretische) Energieeinsparpotential. Von entscheidender Bedeutung in diesem Zusammenhang sind die dadurch implizierten Grenzen der Substitution und des technischen Fortschritts, die prima facie eine Ignorierung des Problems der intergenerationellen Ressourcenallokation ausschließen sollten. Bei der Untersuchung der Rolle der Nebenbedingungen, die die thermodynamische Analyse für die neoklassische Umweltökonomie liefern kann, stößt man jedoch auf interessante Parallelen zum Materiebilanzansatz: Hier wie dort muß bei der Formulierung der Nebenbedingungen vom *Idealfall* ausgegangen werden - hier dem der Irreversibilität, dort dem des vollständigen Recyclings. Denn die thermodynamischen Limits, die sich objektiv physikalisch ergeben, beziehen sich auf den Grenzfall reversibler Prozesse, bei denen die Entropie *nicht* zunimmt, Energie also *nicht* dissipiert wird.[157] Bei Realisation dieser Limits würde also *kein* Energieproblem existieren, da ja die Energie, die ohnehin aufgrund des ersten Hauptsatzes mengenmäßig erhalten bleibt, *keinem* Qualitäts- bzw. Verfügbarkeitsverlust unterliegen würde; sie könnte also ad infinitum immer wieder verwendet, vollständig „rezykliert" werden. Ähnlich der Zeitrestriktion beim „normalen" Recycling läge auch hier nur eine gewisse „zeitliche" Wachstumsschranke vor: Zu einem bestimmten Zeitpunkt kann nie mehr Energie genutzt werden, als insgesamt verfügbar ist - eine Schranke, die nur von theoretischer Relevanz ist. Auch impliziert die Reversibilität der Prozesse die Abwesenheit des „thermischen Abfalls", so daß die „Hitzebarriere" als Wachstumsgrenze ebenfalls wegfällt.

Die thermodynamischen Limits, die als Nebenbedingungen Verwendung bei der neoklassischen Optimierung finden können, spiegeln letztlich den eigentlichen Charakter und Kern der Thermodynamik, die Irreversibilität, nicht wider, sondern entsprechen quasi deren „mechanischem" Grenzfall, in dem sich die Thermodynamik kaum von der Mechanik unterscheidet, der aber eben nur ein Grenzfall ist. Deshalb ist die so ergänzte Neoklassik sicher nicht „thermodynamisch", sondern weiterhin „mechanisch"; der Irreversibilität wird keinerlei Raum eingeräumt. Die Verwendung der „reversiblen" thermodynamischen Limits impliziert die Annahme des vollständigen Energierecyclings. Denn es wäre inkonsistent und widersprüchlich, einerseits diese thermodynamischen Idealwerte als Grenzen anzunehmen und andererseits das perfekte Energierecycling auszuschließen. Die Vorgabe anderer, höherer, also realistischerer Energie- bzw. Exergieminima stellt keinen Ausweg dar, da diese willkürlich ausgewählt werden müßten und als Nebenbedingungen nicht gerechtfertigt werden könnten. Schließlich ist es grundsätzlich möglich, sich beliebig nahe den thermodynamischen Limits zu nähern. Aufgabe der ökonomischen Optimierung ist ja u.a. erst die Feststellung, wie nahe der tatsächliche Energieeinsatz am thermodynamischen Minimum liegen soll, so daß nicht dieses Ergebnis der Optimierung durch Vorgabe willkürlicher Nebenbedingungen teilweise vorweggenommen werden darf.[158] Selbstverständlich wird der ökonomisch optimale Energie-

---

[157] So gehen etwa *Berry, Salamon und Heal* (1978, 128) ausdrücklich von *reversiblen* Produktionsprozessen aus.

[158] Insofern ist auch das Vorgehen *Erikssons* (1984) unzulässig. Dieser nimmt bei seiner statischen Maximierung eines (recht vage definierten) „service flow" eine *technologiebedingte Mindestentropieproduktion* an, schließt also Reversibilität a priori aus, wofür es keine physikalische Rechtfertigung gibt. Selbst wenn man eine derartige Einschränkung akzeptiert, ist doch die im weiteren Verlauf seiner Arbeit gemachte Unterstellung, dieses Entropieproduktionsminimum würde tatsächlich realisiert werden, sehr fragwürdig. Denn hierdurch wird ein Vorrang thermodynamischer vor ökonomischen Kriterien impliziert, was keinesfalls mit der ökonomischen Optimierung vereinbar ist. Ähnlich ist das Modell *Hertzmarks* (1981, 78ff) zu beurteilen, der die ökonomische Optimierung unter der Voraussetzung gegebener thermodynamischer Zielwerte (die „nahe" am Optimum liegen) betreibt. Auch die Modelle *Ruths* (1993, 135, 169) müssen diesbezüglich kritisiert werden; obwohl davon ausgegangen wird, daß die gesamte beim Bergbau eingesetzte Energie als Abwärme endet, also das thermodynamische Limit bei Null liegt, wird ein positiver Mindestenergieeinsatz unterstellt (vgl. Teil V.2.1.3).

bzw. Exergieverbrauch weit über dem thermodynamisch optimalen liegen, so daß im ökonomischen Optimum also Energie dissipiert wird und diese deshalb, angesichts endlicher Energievorräte, letztlich dennoch einen realen Engpaßfaktor darstellt, woraus sich - zusammen mit der Hitzebarriere - Grenzen für das Wirtschaftswachstum ergeben. Aber diese Wachstumsgrenzen können innerhalb des neoklassischen Paradigmas eben *nicht* gebührend gewürdigt werden, weil dieses immer nur von *Reversibilität* ausgeht. Ein Verbrauch der Energievorräte innerhalb absehbarer Zeit muß als paretooptimale Lösung akzeptiert und kann modellendogen nicht kritisiert werden, da die gegenteilige, thermodynamisch optimale Lösung zwar möglich gewesen wäre, aber als „suboptimal" verworfen wurde. Allerdings existiert in diesem Zusammenhang ein entscheidender Unterschied zum Materiebilanzansatz: Während bei diesem die „Rohstoffverschwendung" durch steigende Recyclingquoten wieder rückgängig gemacht und das Problem der intergenerationellen Ressourcenallokation durch die Alternative des vollständigen Recyclings zumindest theoretisch ohne weiteres gelöst werden kann, ist dies im Fall der Energie *nicht* möglich. Hier zeigen sich die Konsequenzen des zweiten Hauptsatzes - einmal dissipierte Energie ist unwiederbringlich verloren, einmal angestiegene Entropie kann nicht wieder gesenkt werden. Die ökonomisch effiziente Energiedissipation führt also zu unausweichlichen Konsequenzen für künftige Generationen - in Form abnehmender Energieverfügbarkeit, aber auch in Form der Hitzebarriere, so daß nicht überwindbare Wachstumsgrenzen existieren bzw. für die Zukunft errichtet werden, insoweit Energie heute in irreversiblen Prozessen entwertet wird. Im Gegensatz zum Materiebilanzansatz kann also hier das neoklassische Ergebnis nicht „gerettet" werden. Die Berücksichtigung auch des zweiten Hauptsatzes führt dazu, daß *nicht* einfach die üblichen Substitutions- und Fortschrittsannahmen durch physikalisch fundierte thermodynamische Limits ersetzt werden können, ohne daß dies weitere Konsequenzen für die einfache Lösung des Umweltproblems hätte. Denn die nach dem ersten Hauptsatz erlaubte Möglichkeit des vollständigen Recyclings muß aufgrund des zweitens Hauptsatzes für Energie, sobald diese einmal dissipiert wurde, ausgeschlossen werden. D.h. während im Fall des Materiebilanzansatzes die neoklassische Lösung zumindest theoretisch (wenngleich kaum praktisch) mit intergenerationeller Gerechtigkeit vereinbar ist, kommt dies im Fall der Energieanalyse schon aus rein theoretischen Gründen nicht in Frage.

Um die effiziente bzw. optimale Lösung dennoch aufrechterhalten und dem drohenden Niedergang in der Zukunft entrinnen zu können, müssen die neoklassischen Umweltökonomen auf die Backstop-Technologie zurückgreifen, mit deren Hilfe sich zumindest das offensichtliche Problem der Energieverknappung „lösen" läßt (*Ströbele* 1987, 33); das Problem der Hitzebarriere wird ohnehin meist völlig ignoriert (vgl. z.B. *Nordhaus* 1974, 26). Allerdings gibt es mit dieser „Lösung" gewisse Schwierigkeiten:

> „Unfortunately (...) 'substitution forever' and 'infinite technological progress' (...) do not hold for energy resources: they have to violate thermodynamic laws. (...) Thermodynamic laws enforce the use of some back-stop energy in the future" (*Ströbele* 1985, 75).

Nun impliziert die Thermodynamik zwar sicher die Existenz des Energieproblems - genauso sicher impliziert sie aber die Unmöglichkeit von Backstop-Technologien! Es erscheint mehr als nur ein wenig widersprüchlich, einerseits die Gesetze der Thermodynamik zur Ablehnung der üblichen Substitutions- und Fortschrittslösung heranzuziehen, andererseits eine Alternative anzubieten, die genauso wenig im Einklang mit eben diesen Gesetzen steht, ja sogar den Inbegriff der gerade verworfenen Fortschrittslösung darstellt.

Da es also keine Backstop-Technologie geben kann, muß man sich den unausweichlichen Konsequenzen der neoklassischen Lösung für die Allokation der Energierohstoffe stellen: Die effiziente Lösung impliziert die Ressourcenerschöpfung innerhalb endlicher Zeit und damit die Notwendigkeit einer schmerzlichen Anpassung der Wirtschaftsstruktur oder - sollte die Substitution durch erneuerbare Energieträger nicht oder nur unzureichend gelingen - den wirtschaftlichen Niedergang. Selbst in diesem Fall kann aus utilitaristischer Sicht, d.h. bei Abdiskontierung der Wohlfahrt künftiger Generationen, die effiziente Lösung auch als gesamtgesellschaftlich „optimal" bezeichnet werden.

Die thermodynamische Analyse und ihre Rolle innerhalb des neoklassischen Paradigmas hinterläßt also einen zwiespältigen Eindruck. Einerseits muß eine *positive* Ergänzung der Neoklassik anerkannt werden, indem durch die thermodynamischen Nebenbedingungen der Allokationsmöglichkeitsraum einer Gesellschaft (oder der Menschheit) auf die zumindest theoretisch auch erreichbaren Alternativen beschränkt wird und so physikalisch unmögliche Alternativen ausgeschlossen werden, also die natürlichen Grenzen im Hinblick auf die Energierohstoffe berücksichtigt werden. Andererseits können die anderen Implikationen des zweiten Hauptsatzes *nicht* berücksichtigt werden. Erstens findet die Tatsache der Irreversibilität und die Bedeutung der Zeit weiterhin kaum Beachtung. Zweitens wird die Komplexität des Umweltproblems weiterhin vernachlässigt. Die Ursachen für beide Schwachstellen sind paradigmatischer Natur: Wie erwähnt, ist einem Isoliertheit und Konservativität unterstellenden Modell nicht die Berücksichtigung der hochkomplexen Umwelt-Ökonomie-Interaktionen möglich. Und der Grund für die Vernachlässigung der Irreversibilität besteht im mechanischen Charakter der Neoklassik. Dieser schließt die Erfassung des Phänomens der Irreversibilität und dessen vielfältiger Konsequenzen a priori aus. Da außerdem durch die bloße Einführung zusätzlicher Nebenbedingungen nichts an den normativen Grundannahmen der Neoklassik geändert wird, müssen auch die normativen Folgerungen defizitär sein. Die für zukünftige Generationen höchst problematischen „effizienten" Ergebnisse werden, insoweit überhaupt auf dieses Problem eingegangen wird, auch als „optimal" angesehen und allenfalls durch physikalische Absurditäten, wie die Backstop-Technologie, zu relativieren und verharmlosen gesucht.

Es verwundert nicht, daß angesichts dieser nur rudimentären Rezeption der Thermodynamik manche Energieanalytiker die untergeordnete Rolle der thermodynamischen Analyse - als bloßer Lieferant von Nebenbedingungen für die neoklassische Optimierung - in Frage stellen. Diese Zweifel äußern sich vor allem in

Überlegungen zum Verhältnis zwischen ökonomischen und thermodynamischen Optima. Denn es besteht zwar Einigkeit über die grundsätzlichen Unterschiede zwischen thermodynamischen und ökonomischen Optima, aber die Energieanalytiker sind sich nicht einig, *welche* dieser Optima Vorrang haben sollen, d.h. ob ökonomische oder thermodynamische Überlegungen bei Entscheidungen über die Allokation knapper Ressourcen den Ausschlag geben sollen; und eine *gleichzeitige* Optimierung zweier (unterschiedlicher) Größen ist schon mathematisch unmöglich. Die meisten Energieanalytiker erkennen die Bedeutung ökonomischer Faktoren an und lehnen eine thermodynamische Optimierung ab, die letztlich einer Art Energiewertlehre entsprechen würde (vgl. Teil V.3.2.1). Die logische Alternative zur Energiewertlehre besteht darin, daß die bestehende Wertkonzeption, also das Nutzenkonzept der Neoklassik, als gegeben vorausgesetzt wird und der thermodynamischen Analyse die untergeordnete Rolle der Aufstellung von Nebenbedingungen zugewiesen wird: „The final evaluation of any process must be carried out in monetary terms“ (*Lozano und Valero* 1993, 940). „Economics - the ultimate motivation for efficiency improvements - will determine the level of any efficiency increases and the rate at which they are made.“ (*Gaggioli* 1983b, 29) Zu dieser konsequenten und uneingeschränkten Akzeptanz des Vorrangs der Ökonomie können sich jedoch bei weitem nicht alle Energieanalytiker durchringen. Ein Teil derselben, vor allem insoweit es sich nicht um Ökonomen, sondern Ingenieure, Physiker und Ökologen handelt, befürchtet, daß die überragende Bedeutung der Energie als „ultimative Ressource“ nicht gebührend gewürdigt wird, wenn die thermodynamische Analyse lediglich Nebenbedingungen für die Ökonomie zur Verfügung stellt. Da aber andererseits die Gegenposition, die Energiewertlehre, meist als zu einseitig und unrealistisch ebenfalls abgelehnt wird, wird häufig zu unklaren und recht vagen Abwägungen Zuflucht genommen; so soll etwa der Minimalbedarf an Energie bestimmt werden, aber „within cost and environmental constraints.“ (*van Gool und Kümmel* 1986, 90). Oder es werden thermodynamische und ökonomische Optima einander gegenübergestellt, ohne sich eindeutig für eines von beiden als relevante Zielgröße zu entscheiden (*Hertzmark* 1981, 86; *Phung und van Gool* 1980, 12ff). Die ökonomischen Optima werden auch dadurch zu relativieren gesucht, daß auf mögliche Abweichungen zwischen dem Standpunkt der privaten Wirtschaftssubjekte und des Staates (*Edgerton* 1982, 44; *van Gool und Phung* 1980, 475) oder auf außerökonomische Kriterien hingewiesen wird: „Other arguments are decisive, such as strategic independence of the nation, the trade balance, environmental limitations.“ (*van Gool* 1980a, 439) Schließlich wird auch behauptet, ein einzelner Wertmaßstab wäre unzureichend und es müßten neben ökonomischen auch physikalische Werte berücksichtigt werden (*Hall, Cleveland und Kaufmann* 1986, 69; *Hannon* 1981a, 82f). „Single-factor theories of value may not explain rational economic behavior today. (...) The monetary value of energy may not always represent its true value to the society“ (*Hannon* 1981a, 82f). Dabei bleibt freilich im dunkeln, wie diese verschiedenen Wertmaßstäbe miteinander kombiniert werden sollen. Insgesamt handelt es sich bei dieser Kritik am ökonomischen Vorrang um rein intuitive, unpräzise und nicht operationalisierbare

Einwände und Relativierungsversuche, die ein gewisses Unbehagen gegenüber der ökonomischen Sichtweise, aber auch das Fehlen einer realistischen und durchdachten Alternative erkennen lassen (*Arrow* 1981, 110f; *Edgerton* 1982, 230; *Huettner* 1981, 123f). Ursache dieses Dilemmas ist letztlich die Verkennung der Rolle des Wertes in der Ökonomie. Die Entscheidung für eine bestimmte Wertkonzeption ist eine eindeutige und grundsätzliche, ein Apriori jeder ökonomischen Analyse. Bewegt man sich *innerhalb* eines bestimmten ökonomischen Rahmens, ist die Frage, was der Wert eines Gutes eigentlich sei, also das Infragestellen der jeweiligen Wertkonzeption, sinnlos. Dies zeigt sich deutlich an den wenig überzeugenden Versuchen, die Energie neben den rein ökonomischen Größen auf irgendeine Art und Weise *zusätzlich* zu berücksichtigen, was letztlich auf Zweifel daran zurückzuführen ist, ob sich der Wert der Energie tatsächlich ausschließlich an deren individuellen Nutzen bemißt. Dasselbe Problem tritt auch auf bei *van Gools* (1987) Diskussion des Wertes von Energieträgern, in der er „Enthalpie", „Exergie" und „Preis" als mögliche Wertalternativen behandelt, aber zu keinem schlüssigen und befriedigenden Ergebnis gelangt: „[I]t is not possible to establish values for the energy carriers that will be generally meaningful." (*van Gool* 1987, 516)

Das heißt nun nicht, daß man sich keine Gedanken über Werttheorien und Wertkonzepte machen solle oder dürfe - das Gegenteil ist der Fall! Nur können solche Überlegungen nur dann zu einem Ziel führen, wenn man sich über die Bedeutung des Wertes für die Ökonomie im klaren ist, d.h. wenn die Wertdiskussion auf der *grundsätzlichen* Ebene der Ökonomie, ihrem „hard core", geführt wird. Eine isolierte Kritik an Werten einzelner Güter im Rahmen einer bestehenden Wertkonzeption kann dagegen nicht weiter führen.

Von daher muß den Energieanalytikern der Vorwurf der Inkonsequenz gemacht werden. Wenn man schon nicht mehr mit der Rolle als Nebenbedingungslieferant für die Neoklassik zufrieden ist, muß der zwingend notwendige nächste Schritt in der Entwicklung einer alternativen Werttheorie bestehen (wie etwa der Energiewertlehre). Zumindest aber muß die Notwendigkeit eines solchen Schrittes klar herausgestellt werden.

2.1.2.4. Zusammenfassung

Es kann festgehalten werden, daß vor allem die thermodynamische Analyse wichtige Erkenntnisse über die Bedeutung der Energie für Wirtschaftssysteme zu vermitteln vermag, daß die für die Neoklassik ableitbaren Nebenbedingungen aber noch keineswegs eine vollständige oder befriedigende Berücksichtigung thermodynamischer Ergebnisse erlauben; denn dies ist innerhalb des neoklassischen „mechanischen" Paradigmas nicht möglich.

Die beiden anderen Teilgebiete der Energieanalyse formulieren dagegen keine „wirklichen" Nebenbedingungen, sondern projizieren lediglich empirisch ermittelte Relationen der Vergangenheit in die Zukunft. Dennoch kann man den Ergebnissen der gesamtwirtschaftlichen Energieanalyse einen gewissen Erkenntniswert nicht absprechen, zum einen weil die Rolle der Energie in der Wirtschaft quantifiziert wird und zum anderen weil kurzfristige Prognosen möglich sind. Von der Grundkonzeption müßte dies auch für die Energiebuchführung gelten, die aber aufgrund schwerwiegender methodischer Probleme kaum zu sinnvollen Aussagen zu gelangen vermag.

2.1.3. Die Kombination von Materiebilanzansatz und Energieanalyse

In der thermodynamischen Analyse wird die Materie per se vernachlässigt, da bei Vorhandensein von genügend Energie Nichtenergierohstoffe beliebig wiederverwendet werden können und materieller Abfall vollkommen unschädlich gemacht werden kann.[159] Jedoch kann durch die naheliegende Integration von thermodynamischer Analyse und Materiebilanzansatz auch der im realistischen Fall des unvollständigen Recyclings relevanten Knappheit der Nichtenergierohstoffe Rechnung getragen werden.

Diese Kombination findet sich ansatzweise z.B. bei *Edgerton* (1982, 307ff) und wurde in jüngster Zeit von *Ruth* (1993) herangezogen, um „a synthesis of economics and thermodynamics" (*Ruth* 1993, 75) zu verwirklichen.

Letzterer stellt im Rahmen zweier Modelle zur langfristigen Optimierung der Ressourcennutzung Materie- und Energiebilanzen auf und zieht Substitutions- bzw. Fortschrittsgrenzen in Form von Material- und Energiemindesteinsatzmengen.[160] Das erste, engere Modell beschränkt sich auf die Analyse einer einzelnen Industrie, die einen Rohstoff abbaut und dabei die Umwelt belastet (*Ruth* 1993, Kap. 9). Das zweite Modell ist komplexer, da es neben dem Bergbau auch die Landwirtschaft, eine Industrie des sekundären Sektors und die Menschen (welche die Produkte der Landwirtschaft konsumieren und die Arbeitsleistungen erbringen) umfaßt sowie Interaktionen zwischen Umwelt und Wirtschaftssystem explizit berücksichtigt (*Ruth*

[159] Insbesondere *Georgescu-Roegen* übte an dieser Vernachlässigung Kritik, auf die im folgenden Abschnitt eingegangen werden soll (vgl. Teil V.2.1.4).

[160] Im Fall der Bergbauindustrie kommt es allerdings zu einem Widerspruch: Wenn von einer Dissipation der gesamten beim Rohstoffabbau eingesetzten Energie ausgegangen wird, muß das thermodynamische Limit gleich Null sein; die Angabe eines positiven Mindestenergiebedarfs (*Ruth* 1993, 135, 169) ist unter diesen Umständen willkürlich und *nicht physikalisch* zu begründen.

1993, Kap. 10). Wie üblich werden abdiskontierte Wohlfahrtsfunktionen maximiert (wenngleich dieselben z.T. unübliche Argumente beinhalten).

Ruths Vorgehen, insbesondere in seinem zweiten, umfangreicheren Modell, zeigt deutlich sowohl die Vorzüge als auch die Grenzen einer Kombination von Materiebilanzansatz und thermodynamischer Analyse: Einerseits kann man sich auf diese Weise die Vorteile beider Ansätze zunutze machen und die Abhängigkeit der Ökonomie von Energie- und Nichtenergierohstoffen sowie die diesbezüglichen natürlichen Grenzen aufzeigen.[161] Andererseits bestehen die beiden Verfahren eigenen Nachteile unverändert fort: Die Rolle der Zeit und die Komplexität und Unkontrollierbarkeit der Ökonomie-Ökologie-Wechselbeziehungen bleibt weiterhin außer acht.[162] Und auch die normative Grundposition wird durch die Berücksichtigung selbst mehrerer Arten thermodynamischer Nebenbedingungen keine andere.[163]

2.1.4. Georgescu-Roegens „vierter Hauptsatz der Thermodynamik“

Wie sich bei unseren Untersuchungen von Materiebilanzansatz und Energieanalyse gezeigt hat, liegt der eigentliche Engpaßfaktor, die eigentliche Wachstumsgrenze, im Energiebereich: Denn Materie per se bereitet keine grundsätzlichen Probleme, da die zumindest theoretische Möglichkeit der perfekten Wiederverwertung besteht, die mit den Gesetzen der Thermodynamik durchaus in Einklang steht.

Diese theoretische Möglichkeit bestreitet nun *Georgescu-Roegen* seit Mitte der siebziger Jahre in einer Reihe von Aufsätzen unter dem Motto „Matter Matters Too“.[164] Seine Argumentation ist allerdings recht intuitiv und nicht physikalisch rigoros. Anhand verschiedener Beispiele (von abgefahrenen Autoreifen bis zu aufgetrennten Perlenketten) wird die unabänderliche „Materiedissipation“, die vor allem auf Reibung zurückzuführen ist, vor Augen geführt und daraus die Unmöglichkeit des vollständigen Recyclings abgeleitet:

> „*Complete recycling is impossible.* (...) [M]aterial objects wear out in such a way that small particles (molecules) originally belonging to these

---

[161] Die Nichtenergierohstoffe bilden bei *Ruth* freilich nur deshalb eine Grenze für das Wirtschaftswachstum, weil das Recycling nicht berücksichtigt wird (vgl. Teil V.2.1.1).

[162] Symptomatisch dafür ist bei *Ruth* vor allem die Annahme einer *stabilen Umwelt*, was die Analyse zugestandenermaßen „significantly more transparent and straightforward“ macht (*Ruth* 1993, 167), aber deren Anwendbarkeit auf einige der drängendsten Umweltprobleme höchst fraglich erscheinen läßt.

[163] *Ruths* zu maximierende Wohlfahrtsfunktionen entsprechen, was die Abdiskontierung der Wohlfahrt künftiger Generationen angeht, dem neoklassischen „mainstream“.

[164] *Georgescu-Roegen* 1975, 139f; 1977b; 1977d, 268f; 1979b, 1025ff; 1979d, 19ff; 1980; 1981, 53ff; 1982a, 7ff; 1982b, 15ff; 1986a, 268f; 1986b, 7f; 1987, 156.

objects are gradually dissipated beyond the possibility of being reassembled." (*Georgescu-Roegen* 1981, 60)

Dieser Gedankengang leuchtet unmittelbar ein und erhellt die Schwierigkeiten bei der praktischen Umsetzung der vollständigen Wiederverwertung; man könnte folglich guten Gewissens eine *praktische* Unmöglichkeit des vollständigen Recyclings konstatieren (vgl. *Boulding* 1976, 5f). Aber *Georgescu-Roegen* geht wesentlich weiter: Er faßt seine Überlegungen zu einem „vierten thermodynamischen Gesetz", eben dem Gesetz der grundsätzlichen Unmöglichkeit vollständigen Recyclings, zusammen, das er als durchaus zulässige, ja sogar notwendige Vervollständigung der klassischen Thermodynamik ansieht.[165] Aufgrund der Heterogenität der Materie und des postulierten „vierten thermodynamischen Gesetzes" sieht *Georgescu-Roegen* unüberwindbare Wachstumsgrenzen nicht nur in Gestalt der begrenzten Energievorräte, sondern auch in Gestalt der endlichen Lager von Nichtenergierohstoffen (vgl. auch *Harris und Skinner* 1982; *Skinner* 1976). Er leitet sogar daraus den unausweichlichen Niedergang nicht nur der hochtechnisierten, d.h. energie- und rohstoffintensiven, sondern jeglicher Zivilisation überhaupt ab, vertritt also eine äußerst pessimistische Auffassung hinsichtlich der Zukunftsaussichten der Menschheit (vgl. z.B. *Georgescu-Roegen* 1977d; 1981).

So überzeugend *Georgescu-Roegens* Argumentation in praktischer Hinsicht auch ist, so unzulässig ist seine Gesetzformulierung:[166] Sein „vierter Hauptsatz" steht nicht nur auf keiner sicheren physikalischen Grundlage, sondern widerspricht direkt und unmittelbar dem ersten Hauptsatz, der eindeutig die Möglichkeit und Zulässigkeit vollständigen Recyclings impliziert.[167] Da Materie, schließt man einmal deren direkte Umwandlung in Energie durch Kernfission und -fusion aus, *nicht* vernichtet werden kann, kann sie grundsätzlich vollständig und beliebig oft wiederverwendet werden - wenngleich nur mit u.U. prohibitiv hohem Energie- und Zeitaufwand, denn über die *praktische* Realisierbarkeit macht die Thermodynamik *keine* Aussage.[168]

Es bleibt festzuhalten, daß die theoretische Basis der neoklassischen „Lösung" des Materie- bzw. Nichtenergierohstoffproblems, die Möglichkeit vollständigen

---

[165] Es gibt auch andere Kandidaten für den vierten Rang im thermodynamischen Kanon. So schlägt etwa *H.T. Odum* (1983, 101) *Lotkas* „Maximum Power"-Prinzip vor, auf welches im Rahmen der Energiewertlehre noch näher eingegangen wird.

[166] Vgl. kritisch dazu *R.U. Ayres und Kneese* (1989, 103ff), *R.U. Ayres und Miller* (1980, 354f), *M. Binswanger* (1992, 114f; 1993, 214; 1994b, 181f), *Costanza* (1981b, 188), *Hall, Cleveland und Kaufmann* (1986, 144f) und *O'Connor* (1991, 98).

[167] Deshalb gilt die Behauptung von *Cansier und Richter* (1995, 239), daß „ein vollständiges Recycling nach dem zweiten Hauptsatz der Thermodynamik prinzipiell nicht möglich" sei, nicht in dieser Allgemeinheit, sondern nur in bezug auf Energie.

[168] Es ist deshalb höchst bedenklich, wenn *Georgescu-Roegen* dieses „vierte Gesetz" in seinem *New Palgrave*-Artikel über Entropie als allgemein akzeptiertes physikalisches Gesetz bezeichnet (*Georgescu-Roegen* 1987, 156); und das, obwohl er es früher deutlich als eigenen, noch zu diskutierenden Vorschlag auswies, ja sogar die Bezeichnung „viertes Gesetz" für eine nicht sehr glückliche Wahl hielt (*Georgescu-Roegen* 1981, 59). In diesem Zusammenhang muß auch auf die Unhaltbarkeit der „Ergänzungen" hingewiesen werden, die *Georgescu-Roegen* (1979b, 1029ff; 1980, 80) an *Einsteins* berühmter Energie-Masse-Äquivalenz vornahm.

Recyclings, *nicht* durch irgendwelche zusätzlichen thermodynamischen „Gesetze" erschüttert werden kann. Im Gegenteil - solche Übertreibungen und Unkorrektheiten tragen höchstens dazu bei, daß selbst die durchaus vernünftigen und gerechtfertigten Zweifel an der praktischen Realisierbarkeit der perfekten Wiederverwertung nicht die gebührende Beachtung finden.

Denn „[t]here is (...) no law of increasing material entropy." (*Boulding* 1968, 279)

2.2. Statistische Thermodynamik

In der statistischen Thermodynamik wird Entropie mit Unordnung gleichgesetzt und Entropie als Maß für (Un-) Ordnung verwandt. Allerdings handelt es sich hier um einen *statistischen* Ordnungsbegriff, d.h. die Zunahme der Ordnung wird definiert als Abnahme der Entropie; die so definierte „Ordnung" ist also eindeutig bestimmbar und präzise quantifizierbar (vgl. Exkurs 2). Dieser Ordnungsbegriff stimmt aber im allgemeinen *nicht* mit dem gebräuchlichen intuitiven Ordnungsbegriff überein. Der intuitive oder anthropomorphe Ordnungsbegriff ist nicht genau faßbar und subjektiv. Alle Vorgänge, die den Interessen eines bestimmten Individuums zuwiderlaufen, können von diesem als eine Zunahme der „Unordnung" angesehen werden, wiewohl ein anderer Beobachter in denselben Vorgängen die Verwirklichung einer größeren Ordnung erblicken mag. Weitgehend unstrittig ist die Übereinstimmung zwischen diesen beiden Ordnungsbegriffen nur für den Fall einiger idealer Systeme, wie idealer Gase oder verdünnter Lösungen. Doch sind selbst hier Widersprüche denkbar: So nimmt durch die Gleichverteilung von Molekülen eines idealen Gases im gesamten zur Verfügung stehenden Raum die *statistische* Unordnung - d.h. die Entropie - zu, wohingegen man *intuitiv* auch von einer größeren Ordnung sprechen könnte, da im Anfangszustand das Gas „unordentlich" in einem Teil des Raumes konzentriert war.

Bei anderen, nichtidealen Systemen ist die Gleichsetzung von Entropie und Unordnung noch wesentlich problematischer. Auch bei Zunahme von Entropie ist vom menschlichen Gesichtspunkt aus eine Höher- und Weiterentwicklung des Systems, eine Zunahme seiner Ordnung, ohne weiteres möglich, was sogar - wie die Nichtgleichgewichtsthermodynamik gezeigt hat - als der Regelfall gelten kann. Zwar ist es auch in diesen Fällen möglich, Entropie und Unordnung synonym zu verwenden, wenn man Unordnung statistisch definiert und jegliche anthropomorphen Konnotationen ausschließt. Die so verursachte Sinnentleerung des Begriffs „Ordnung" würde aber lediglich zu Interpretations- und Verständnisschwierigkeiten führen. Dagegen ist die Identifizierung von Entropie mit Unordnung unter Beibehaltung der üblichen intuitiven Implikationen des Begriffs „Ordnung" unzulässig, da es keinerlei nachvollziehbare und eindeutige Verbindungen zwischen einer so aufgefaßten Ordnung und der Entropie gibt.

Aus diesen Gründen wird von Physikern und anderen Naturwissenschaftlern die synonyme Verwendung von Entropie und Unordnung entweder überhaupt abgelehnt oder doch wenigstens auf die erwähnten idealen Systeme eingeschränkt.[169]

Aber viele Ökonomen, die das Entropiegesetz aufgreifen, beachten diese Differenzierung nicht. Vielmehr gehen diejenigen Ökonomen, die sich auf die statistische Thermodynamik beziehen, meist wie folgt vor: Die klassische Thermodynamik wird als „für ökonomische Anwendungen nicht direkt operational" (*Stephan* 1991, 331; 1992, 283) abgelehnt, u.a. weil deren Entropiebegriff „most mysterious and opaque" (*R.U. Ayres* 1978, 44) und ohne „jede anschauliche Bedeutung" (*Faber, Niemes und Stephan* 1983, 88) sei. „[I]t is far from clear what entropy 'means'." (*Proops* 1987, 227) Stattdessen wird auf „[a] looser but more accessible interpretation of entropy" (*Faber und Proops* 1986, 304) zurückgegriffen, auf die wahrscheinlichkeitstheoretische Entropiekonzeption der statistischen Mechanik, die intuitiv einsichtiger (*Proops* 1987, 227) und für ökonomische Fragestellungen „besser geeignet" (*Stephan* 1991, 331; 1992, 283) sei. Eine genauere Begründung der angeblichen Überlegenheit der statistischen Thermodynamik in dieser Hinsicht wird allerdings dem Leser vorenthalten - genau wie eine Auseinandersetzung mit den auf der klassischen Thermodynamik basierenden Bemühungen der Energieanalytiker, deren Rezeption erstaunlicherweise völlig unterbleibt. Die Verwendung der statistischen Thermodynamik als Ausgangspunkt für Transfers in die Ökonomie ist selbstverständlich grundsätzlich möglich, stellt diese doch lediglich eine andere Sichtweise derselben Phänomene dar, deren Ergebnisse mit denen der klassischen Thermodynamik identisch sind. Beide Entropiekonzepte sind äquivalent und führen zu denselben Entropiewerten für ein bestimmtes System, wenngleich je nach zu untersuchendem System entweder das eine oder das andere Konzept praktikabler sein kann.

Allerdings gehen viele Ökonomen einen Schritt weiter: Sie setzen Entropie *generell* mit Unordnung gleich:[170] „[E]ntropy can be used as a measure of 'disorder'." (*Faber und Wagenhals* 1988, 230) Da hier der intuitive Ordnungsbegriff zugrundegelegt wird, gilt diese Aussage, wie wir gesehen haben, allenfalls für bestimmte ideale Systeme, *nicht jedoch allgemein*. Desungeachtet wird die Entropie-Unordnungs-Äquivalenz verallgemeinert und auch auf nichtideale Systeme angewandt. Mitunter sogar dann, wenn darauf hingewiesen wird, daß Unordnung und Entropie nur in wenigen Ausnahmefällen gleichgesetzt werden können (*Faber* 1985, 324; *Faber, Niemes und Stephan* 1983, 88; 1987, 96f), werden die aus der Analyse solcher Systeme gewonnenen Erkenntnisse auch auf das ökonomische System über-

---

[169] Vgl. z.B.: *Atkins* (1986, 55), *Brostow* (1972, 124f), *Callen* (1985, 380), *Erbrich* (1988, 138), *H.T. Odum* (1983, 103f), *Pathria* (1977, 14), *C.F.v. Weizsäcker* (1974; 1986, 165), *Wicken* (1987, 23f; 1988, 146).

[170] *R.U. Ayres* (1978, 46), *P.R. Ehrlich, A.H. Ehrlich und Holdren* (1993, 71f), *Faber* (1985, 324), *Faber, Niemes und Stephan* (1983, 3; 1987, 3f), *Faber und Proops* (1986, 304), *Faber und Wagenhals* (1988, 230), *Proops* (1987, 227).

tragen und zur Untersuchung der komplizierten Umwelt-Ökonomie-Beziehungen herangezogen, so daß im Widerspruch zu den vorher gemachten Einschränkungen die Entropie-Unordnungs-Äquivalenz verallgemeinert wird.

Diese unzulässigen Verallgemeinerungen werden auch von Ökonomen kritisiert (*R.U. Ayres* 1994a, 11ff; *Georgescu-Roegen* 1971, Kap. 6; *O'Connor* 1988, 12f; 1991, 100f). Dabei ist allerdings *Georgescu-Roegen* über das Ziel hinausgeschossen, da er nicht nur die Fehlinterpretation der statistischen Thermodynamik, sondern diese Disziplin per se angreift, was vollkommen unberechtigt ist, vor allem angesichts der wertvollen Einblicke und neuen Perspektiven in bezug auf die „Mikrofundierung" des Entropiephänomens, die der statistischen Thermodynamik zu verdanken sind (vgl. Exkurs 2).

Es bleibt festzuhalten, daß viele Ökonomen, die sich auf die statistische Thermodynamik beziehen, deren Gleichsetzung von Entropie und Unordnung unzulässig verallgemeinern. Eben aufgrund dieser überstrapazierten Gleichsetzung erfolgt auch die Zuordnung der hier vorgestellten Ansätze zur statistischen Thermodynamik, wenngleich nicht ausschließlich die Konzepte derselben verwandt werden. Eingegangen wird hauptsächlich auf die Arbeiten einer Gruppe von Wissenschaftlern um den Heidelberger Ökonomen *Faber*, die sich hinsichtlich des Externalitätenproblems auf Arbeiten des Würzburger Physikers *Kümmel* stützen. Unsere Darstellung folgt der üblichen Einteilung in Ressourcen- und Umweltverschmutzungsprobleme, die aber nicht isoliert voneinander zu sehen sind, da in den diskutierten Arbeiten ausdrücklich versucht wird, mittels des Entropiekonzepts der statistischen Thermodynamik zu einer einheitlichen Behandlung der Umweltproblematik zu gelangen.

2.2.1. Entropie und Rohstoffverbrauch

Faber, Niemes und Stephan (1983, 3)[171] beabsichtigen, die Frage der „optimalen" Rohstoffnutzung (einschließlich des Recyclings) unter Beachtung der physikalischen Aspekte des Rohstoffverbrauchs zu erörtern. Zu diesem Zweck ziehen sie das Entropiekonzept der statistischen Thermodynamik heran, wobei ein Zusammenhang zwischen Rohstoffkonzentration, Ordnungsgrad und Entropie postuliert wird: Weil „Entropie auch als ein Ordnungszustand interpretiert werden" könne, wird *hohen Konzentrationen* von Rohstoffen, also „ordentlichen" Materieverteilungen, *niedrige Entropie* zugeordnet und umgekehrt „unordentlichen" Rohstoffvorkommen (mit

---

[171] Was die Diskussion der Rohstoffproblematik angeht, folgen wir der deutschen Originalversion (*Faber, Niemes und Stephan* 1983), die in dieser Hinsicht der überarbeiteten englischen Fassung (*Faber, Niemes und Stephan* 1987) entspricht - bis auf das Konzept der „stoffspezifischen Temperatur" (siehe unten).

geringer Konzentration) *hohe Entropie* zugeschrieben (*Faber, Niemes und Stephan* 1983, 3). In diesem Vorgehen wird eine wesentliche Erweiterung des Materiebilanzansatzes gesehen, der nur die vorhandenen Rohstoffmengen berücksichtigt, nicht aber deren Konzentration, welche aufgrund ihrer Bedeutung für die Rohstoffabbaukosten nicht vernachlässigt werden dürften (*Faber, Niemes und Stephan* 1983, 113). Bei der Rohstoffgewinnung wird zwischen „Aneignung", d.h. dem Abbau der den benötigten Rohstoff enthaltenden Materie, und „Extraktion", d.h. der Gewinnung des Rohstoffes aus der „angeeigneten" Materie, unterschieden (*Faber, Niemes und Stephan* 1983, 94ff). Auf dieser Grundlage wird versucht, physikalisch fundierte Hypothesen über den Zusammenhang zwischen Rohstoffkonzentration und Förderaufwand aufzustellen.

Für den Aneignungsvorgang wird dies relativ einfach und ohne Rückgriff auf thermodynamische Konzepte durchgeführt (*Faber, Niemes und Stephan* 1983, 105). Wenn die Konzentration κ_i des Rohstoffs i n_i/n beträgt, d.h. n_i Mole des Rohstoffs i in einem Stoffgemisch von n Molen enthalten sind, so wird für die Gewinnung eines Mols des Rohstoffs i eine Menge von $1/\kappa_i$ Molen Stoffgemisch benötigt. Beträgt der Energiebedarf für die Aneignung eines Moles Stoffgemisch α, so ergibt sich für den Energiebedarf der Aneignung eines Moles Rohstoff

$$(1) \qquad E_i^A = \frac{\alpha}{\kappa_i}.$$

Nähere Aussagen über die Größen α und E_i^A und deren Bestimmung werden nicht gemacht.

Zur Berechnung der für die Extraktion des Rohstoffs notwendigen Energie wird das Modell der Mischung bzw. Entmischung zweier idealer Gase herangezogen, wobei auch erstmals die Entropie mit ins Spiel kommt (*Faber, Niemes und Stephan* 1983, 94ff). Dazu wird eine „Entmischungsentropie" formuliert, welche der Mischungsentropie (vgl. Exkurs 2, Gleichung 15) mit umgekehrtem Vorzeichen entspricht, welche also negativ sein, d.h. eine Entropieabnahme darstellen muß.

$$(2) \qquad dS = n_i \Re \left[\ln \kappa_i + \left(\frac{1-\kappa_i}{\kappa_i} \right) \ln(1-\kappa_i) \right] < 0$$

Es handelt sich hier um den *negativen* Wert der *Entropiezunahme*, die bei einer *Mischung* zweier idealer Gase, von denen jeweils n_i bzw $n\text{-}n_i$ Mol vorhanden sind, auftreten würde. Die Rohstoffextraktion wird als bloße *Umkehrung* der Mischung idealer Gase angesehen, von welchen das eine dem Rohstoff i, das andere dem Abraum entspricht; bei deren „Entmischung" muß natürlich die Entropie *abnehmen* (analog zur bei der Mischung auftretenden Zunahme). Pro Mol des Rohstoffs i, der extrahiert wird, ist offensichtlich eine Entropieabnahme von

$$(3) \qquad dS_i = \Re \left[\ln \kappa_i + \left(\frac{1-\kappa_i}{\kappa_i} \right) \ln(1-\kappa_i) \right]$$

erforderlich. Geht man davon aus, daß keine Arbeit geleistet wird, die freie Energie F also konstant ist, so läßt sich die für die Entropiesenkung erforderliche Änderung der inneren Energie U wie folgt berechnen (vgl. Exkurs 2, Gleichung 20):

$$(4) \qquad dU = TdS$$

Bei Umgebungstemperatur T beträgt also der minimale Energieaufwand für die Entmischung, d.h. für die Extraktion, eines Moles von Rohstoff i:

$$(5) \qquad dU_i = \Re T\left[\ln \kappa_i + \left(\frac{1-\kappa_i}{\kappa_i}\right)\ln(1-\kappa_i)\right]$$

Als Gesamtenergiebedarf für die Rohstoffgewinnung ergibt sich also pro Mol des Rohstoffs i:

$$(6) \qquad E_i^R = E_i^A + dU_i$$

Aus dieser Gleichung geht klar hervor, daß der Energiebedarf mit abnehmender Rohstoffkonzentration ansteigt, wobei angenommen wird, „daß der gesamte molspezifische Energiebedarf (...) allein in Form manueller menschlicher Arbeitskraft aufgebracht wird." (*Faber, Niemes und Stephan* 1983, 105) In der Umwelt führen die Rohstoffgewinnung und der Rohstoffverbrauch zu einer sinkenden durchschnittlichen Rohstoffkonzentration und damit zu einer ansteigenden Entropie. Dies gilt freilich nur, wenn (unrealistischerweise) unterstellt wird, daß der Abraum und die Rohstoffe nach ihrer Nutzung wieder diffus in der Umwelt verteilt werden (*Faber, Niemes und Stephan* 1983, 109f).

Beide Relationen, die zwischen Rohstoffkonzentration und Abbauaufwand und die zwischen bisher gewonnener Rohstoffmenge und Konzentration der verbleibenden Rohstoffe, gehen als Restriktionen in ein auf der neo-österreichischen Kapitaltheorie basierendes Mehrsektorenmodell ein, in dessen Rahmen eine intertemporale soziale Wohlfahrtsfunktion zu maximieren gesucht wird; d.h. der „optimale" Rohstoffabbau soll ermittelt werden, und zwar unter Einbeziehung der Recyclingmöglichkeiten (*Faber, Niemes und Stephan* 1983, Kap. 5-8). Es wird durchaus eingestanden, daß die Interpretation der Rohstoffextraktion als Entmischung idealer Gase einige „heroic assumptions" (*Faber* 1985, 328) voraussetzt, die quantitative Aussagen von vornherein unmöglich machen (*Faber* 1985, 328; *Faber, Niemes und Stephan* 1983, 101).

Denn *erstens* entsprechen die ermittelten Rohstoffextraktionsenergien nicht einmal annäherungsweise dem tatsächlichen Energieaufwand (*O'Connor* 1988, 20f). Zum einen sind Rohstoffe eben *keine* idealen Gase, so daß deren Extraktion aus der Ausgangsmaterie *nicht* als bloße Entmischung aufgefaßt werden kann und selbst im Idealfall ein wesentlich höherer Energieaufwand erforderlich ist. So muß bei der Eisengewinnung das Eisen nicht nur vom Sauerstoff und vom Abraum „entmischt" werden, sondern, da es Wechselwirkungen zwischen Eisen und Sauerstoff gibt, das Eisenoxid Fe_2O_3 mit nicht unerheblichem Energieaufwand zu Reineisen reduziert werden.[172] Zum anderen handelt es sich bei der angegebenen Entmischungsenergie, selbst wenn man ideale Gase unterstellt, um den *minimalen* Energieaufwand, der nur für *reversible* Prozesse relevant ist, so daß also der tatsächliche Energieaufwand bei realen Prozessen wesentlich höher sein würde. *Zweitens* wird keinerlei Aussage gemacht über das Verhältnis zwischen Aneigungs- und Extraktionsaufwand, weswegen erhebliche Unklarheiten bestehen über die Höhe des gesamten Energieaufwandes und darüber, inwieweit dieser nun wirklich „thermodynamisch fundiert" ist, da der Aneignungsaufwand nicht theoretisch bestimmt wird und deshalb z.B. aus Praxiswerten abgeleitet werden muß. *Drittens* folgt aus dem Gasmodell ein mit abnehmender Konzentration *kontinuierlich* zunehmender Energieaufwand; tatsächlich steigen bei Unterschreiten der „mineralogischen Schwelle", die für viele Rohstoffe (z.B. Kupfer) existiert, die Energiekosten sprunghaft an (*Harris und Skinner* 1982). „The mineralogical threshold is an example of a physical discontinuity that precludes the existence of a smooth and continuous gradation between high- and low-quality deposits" (*Hall, Cleveland und Kaufmann* 1986, 95). Es verwundert deshalb nicht, wenn *Faber und Wagenhals* (1988, 241) feststellen mußten, daß die von ihnen ermittelten Minimalenergieanforderungen nur 1% bis 5% der tatsächlich bei der Kupferförderung aufgewandten Energie ausmachten.

Diesen Schwachstellen versuchten die Autoren durch verschiedene Ergänzungen zu begegnen. So wird, um sich an die Wirklichkeit der Förderung von Rohstoffen anzunähern, bei denen es sich meist um Feststoffe oder Flüssigkeiten handelt, vom Gasmodell insoweit abgewichen, als unterstellt wird, jeder Rohstoff und jeder Reststoff besitze ein festes Volumen (*Faber, Niemes und Stephan* 1983, 97). Auf diese Weise läßt sich die Voraussetzung des verwandten Gasmodells - konstantes Gesamtvolumen - erfüllen, ohne daß sie als zusätzliche Annahme eingeführt werden muß, die unplausibel wäre, wenn man die Rohstoffgewinnung wirklich als Entmischung von Gasen ansähe. Allerdings führt der Ersatz der Annahme des konstanten Gesamtvolumens durch die des konstanten Eigenvolumens der Roh- und Reststoffe zu einer nicht unproblematischen „Mischung eines einfachen Festkörpermodells und eines Gasmodells." (*Faber, Niemes und Stephan* 1983, 97) Darüber hinaus werden verschiedene Modellerweiterungen vorgeschlagen, um eine größere Realitätsnähe zu erreichen - z.B. durch die Berücksichtigung der zur Überwindung etwaiger Bindungskräfte notwendigen Energie (*Faber, Niemes und Stephan* 1983, 108f).[173]

---

[172] *Faber und Wagenhals* (1988, 231) behaupten, daß die von ihnen angegebene (Ent-) Mischungsentropie nicht nur für ideale Gase, sondern auch z.B. für Metalle gelten würde. Dies ist auch zutreffend (*Kittel und Krömer* 1984, 312ff), allerdings mit zwei wesentlichen Einschränkungen: Erstens muß es sich um homogene Legierungen, d.h. *wechselwirkungsfreie* Metalle, handeln. Zweitens bezieht sich auch dann die (Ent-) Mischungsentropie auf den Teil der Entropiezunahme (-abnahme), der auf die (Ent-) Mischung *per se* zurückzuführen ist; im Fall von Nichtgasen wird bereits für das *Ermöglichen* der (Ent-) Mischung Energie benötigt (z.B. für das Schmelzen von Metallen).

[173] In der ursprünglichen deutschen Fassung sollte das Problem des unrealistisch niedrigen Energiebedarfs durch die Annahme einer „stoffspezifischen Temperatur" T_i angegangen werden, die bei der Bestimmung des Extraktionsenergieaufwandes die eigentlich relevante Umgebungstempe-

An einer grundsätzlichen Infragestellung des Ansatzes führt desungeachtet kein Weg vorbei: Denn die aufgezeigten Unzulänglichkeiten schließen nicht nur quantitative Aussagen aus, sondern lassen auch erhebliche Zweifel an der behaupteten Ableitbarkeit qualitativer Aussagen über die Realität des Rohstoffabbaus (*Faber* 1985, 328; *Faber, Niemes und Stephan* 1983, 101) aufkommen. In der Tat stellt sich bei näherer Betrachtung heraus, daß die Probleme sich nicht nur auf die unrealistischen Rohstoffgewinnungsenergien beschränken, sondern darüber hinaus grundsätzlicher Natur sind, da die thermodynamischen Konzepte nur bruchstückhaft und willkürlich übernommen wurden.

Der erste Hauptsatz wurde im Sinne des Materiebilanzansatzes integriert, da fixe Rohstoffmengen vorgegeben sind und der Rohstoffinput bzw. Reststoffoutput der ökonomischen Prozesse berücksichtigt wird. Wie beim Materiebilanzansatz wird das Recycling betont, wobei ebenfalls die Möglichkeit vollständigen Recyclings implizit angenommen wird (*Faber, Niemes und Stephan* 1983, 166). Dementsprechend stellt die Rohstoffknappheit eigentlich kein echtes Problem dar. Die Autoren erheben jedoch den Anspruch, wesentlich über den Materiebilanzansatz hinauszugehen und eine realistische Analyse der Rohstoffsituation mittels des Entropiekonzeptes, also des zweiten Hauptsatzes, zu erreichen. Dieses Ziel konnte aber nicht erreicht werden, da nur ein unbedeutender Ausschnitt der Implikationen des zweiten Hauptsatzes berücksichtigt wurde - nämlich die Entropieänderung durch die Mischung bzw. Entmischung idealer Gase. Die wichtigsten und für die Umweltökonomie entscheidenden Punkte - das Phänomen der Irreversibilität im allgemeinen und das der Entwertung der Energie im besonderen - wurden dagegen völlig ausgeklammert.

Die Ursache dafür liegt an der Gleichsetzung von Rohstoffen mit idealen, d.h. wechselwirkungsfreien Gasen, wodurch die wichtigsten Charakteristika jener negiert werden. Zum einen wird impliziert, daß die allein relevante Eigenschaft der Rohstoffe ihre Konzentration darstellt. Diese ist in der Realität zwar durchaus von Bedeutung für die Verfügbarkeit bestimmter Rohstoffe bzw. die Ausbeutbarkeit bestimmter Lager, aber sie determiniert keineswegs hauptsächlich oder gar aus-

---

ratur T ersetzen sollte (*Faber, Niemes und Stephan* 1983, 102). Dadurch sollte berücksichtigt werden, „daß Rohstoffe keineswegs die Eigenschaften von idealen Gasen besitzen." (*Faber, Niemes und Stephan* 1983, 102) Diese stoffspezifische Temperatur T_i wurde gemäß Gleichung 4 berechnet, indem der *tatsächliche* Extraktionsaufwand in Beziehung gesetzt wurde zur theoretischen Entmischungsentropie. So kommt man zwar auf „realistische" Energiewerte, doch wird durch ein solches Vorgehen natürlich das Konzept einer physikalischen Fundierung ad absurdum geführt. Denn letztendlich werden einfach irgendwelche Energiewerte, über deren Herkunft keine Angaben gemacht werden, *vorausgesetzt* und diese dann durch das Entropiekonzept zu rechtfertigen gesucht, wobei man sich des Hilfsmittels der stoffspezifischen Temperatur bedient. Durch dieses Vorgehen wird aber das Entropiekonzept völlig auf den Kopf gestellt und die bisherige Vorgehensweise umgekehrt. Es werden nicht länger aus physikalischen Konzepten ökonomisch relevante Größen abzuleiten versucht, sondern es werden - angesichts der Realitätsferne der so abgeleiteten Größen - ökonomisch sinnvolle und realistische Vorgaben gemacht, die dann eine - eigentlich unnötige - Pseudorechtfertigung erfahren. Es gab also gute Gründe dafür, daß *Faber, Niemes und Stephan* bei der überarbeiteten englischen Version ihrer Untersuchung (*Faber, Niemes und Stephan* 1987) auf diese Vorgehensweise bzw. auf das Konzept der stoffspezifischen Temperatur verzichtet haben.

schließlich den Wert bzw. Nutzen der Rohstoffe (*O'Connor* 1988, 19f). Hierfür sind vielmehr vor allem die chemischen und physikalischen Eigenschaften derselben ausschlaggebend, die zum Großteil gerade auf Wechselwirkungen mit der Umwelt beruhen. So steht bei fossilen Brennstoffen die bei der Verbrennung freiwerdende Wärme oder die maximal zu gewinnende Exergie im Vordergrund, die beide um mehrere Größenordnungen höher als die zur „Entmischung" benötigte Energie sind. Die Charakterisierung von Rohstoffen allein nach ihrer Konzentration erscheint deshalb äußerst fragwürdig. Zum anderen wird das wichtigste Merkmal der Energierohstoffe ignoriert, nämlich deren entropische Entwertung bzw. Nichtrezyklierbarkeit. Energierohstoffe werden, genau wie im Materiebilanzansatz, wie alle anderen Rohstoffe behandelt. Es wird grundsätzlich von der Möglichkeit der Wiederverwertung ausgegangen; auch Energierohstoffe werden durch die Nutzung lediglich diffus verteilt, d.h. ihre Konzentration in der Umwelt nimmt ab, sie erfahren sonst aber *keine* Qualitätsminderung und sind deshalb, nach ihrer erneuten Extraktion, wieder einsetzbar. In den Produktionsfunktionen wird deshalb auch nicht zwischen Energie- und Nichtenergierohstoffen unterschieden, sondern lediglich pauschal von „Rohstoffen" gesprochen. Dementsprechend ist auch Energie nicht wirklich knapp, bestehen also auf der Rohstoffseite keinerlei Grenzen für das Wirtschaftswachstum. Es ist nicht notwendig, auf das intergenerationelle Verteilungsproblem einzugehen; ohne weiteres wird die Abdiskontierung der Wohlfahrt künftiger Generationen vorausgesetzt.

Angesichts der Vernachlässigung des Hauptaspekts der Entropie wäre es nur konsequent, wenn *Faber, Niemes und Stephan* nicht nur für die Rohstoffextraktion den Minimalenergiebedarf - und somit reversible Prozesse, die keine Entropiezunahme (und damit Abnahme der Energieverfügbarkeit) verursachen - unterstellt hätten;[174] ebenso müßten die Aneignungsenergien konsequenterweise auf ideale, reversible Prozesse bezogen werden: Dann nämlich wäre die Außerachtlassung der Energiedissipation zumindest innerhalb des Modells logisch - was natürlich an ihrer Realitätsferne nichts ändert. Aber im Fall der Aneignungsenergie ersetzen *Faber, Niemes und Stephan* stattdessen die Minimalenergie implizit durch die tatsächlich benötigte Energie: Sie gehen in diesem Fall also von *irreversiblen* Prozessen aus, so daß die Unterstellung der Nichtentwertung der Energie schon rein modelltheoretisch unhaltbar ist. Eine weitere Inkonsistenz liegt darin, daß die Deckung des gesamten Energiebedarfs ausschließlich durch menschliche Arbeitskraft unterstellt wird, die offenbar keiner mengenmäßigen Beschränkung unterliegt, so daß bei der Rohstoffgewinnung selbst keine Rohstoffe, d.h. auch keine Energierohstoffe benötigt werden. Aber auch durch menschliche Arbeitskraft wird Energie dissipiert und die Arbeitskraft steht selbstverständlich nicht in unbegrenzter Menge zur Verfügung.

[174] Die Mischung von Gasen kann bei energetischem Kontakt zur Umwelt reversibel durchgeführt werden; dann muß die Mischungsentropie nicht „erzeugt" werden, sondern kann aus der Umgebung zugeführt werden, so daß die Gesamtentropie konstant bleibt (*Falk und Ruppel* 1976, 270ff); Analoges gilt für die Entmischung. Die Berechnung der Entmischungsentropie als negative Mischungsentropie impliziert ganz klar, daß von einem reversiblen (Ent-) Mischungsprozeß ausgegangen wird.

Abgesehen davon widerspricht die Unterstellung, daß zur Rohstoffgewinnung nur Energie in Form menschlicher Arbeitskraft benötigt wird, der bei der Berechnung der minimalen Extraktionsenergie getroffenen Annahme, daß *keine* Arbeit am System geleistet wird.

In beiden Fällen - d.h. bei Zugrundelegen von sowohl Minimalenergie als auch tatsächlicher Energie - gibt es keinen technischen Fortschritt. Im ersten Fall nicht, weil schon das theoretisch mögliche Ideal realisiert wurde, im zweiten Fall nicht, weil er durch die Vorgabe eines bestimmten Energiebedarfs ausgeschlossen wurde. Desgleichen wird durch die Annahme, daß lediglich Arbeit zur Rohstoffgewinnung eingesetzt wird, die Faktorsubstituierbarkeit ausgeschlossen (*H.C. Binswanger* 1991, 71). Diese Vernachlässigung von technischem Fortschritt und Substitution beim Rohstoffabbau läßt sich nur schwer mit dem - insbesondere auf die neo-österreichische Kapitaltheorie gegründeten - Anspruch vereinbaren, „intertemporale Verflechtungen zu analysieren" (*Faber, Niemes und Stephan* 1983, 2) und den Einfluß von Innovationen zu berücksichtigen (*Faber, Niemes und Stephan* 1983, 33). Vor allem aber wird durch diese Vorgehensweise die zentrale Frage der thermodynamischen Analyse (vgl. Teil V.2.1.2.3), nämlich die nach dem Verhältnis zwischen ökonomischen und thermodynamischen Optima, nicht eindeutig beantwortet: Da der Energiebedarf für die Rohstoffgewinnung fixiert wurde (entweder in Höhe des theoretischen Minimums *oder* der jeweils tatsächlich verbrauchten Menge), muß entweder von einem klaren Vorrang thermodynamischer Kriterien *oder* einer vollkommenen Irrelevanz derselben ausgegangen werden.

Aus diesen Gründen erscheint es zweifelhaft, ob selbst qualitative Aussagen über die Realitäten der Rohstoffnutzung gemacht werden können, da gerade die wichtigsten Elemente des Entropiekonzepts ausgeblendet wurden.

Im großen und ganzen handelt es sich hier nämlich um eine Variante des Materiebilanzansatzes, die auch die Rohstoffkonzentration mit berücksichtigt, aber keinesfalls den zweiten Hauptsatz und dessen Implikationen für die Umweltökonomie konsequent integriert und deshalb unter den genannten Schwächen des Materiebilanzansatzes leidet (vgl. Teil V.2.1.1). Fraglich ist darum auch der Sinn und die Notwendigkeit der Verwendung des von den Autoren tatsächlich aufgegriffenen Teils des Entropiekonzepts. Die zentrale Aussage, nämlich daß sich der Energieaufwand der Rohstoffgewinnung mit abnehmender Rohstoffkonzentration erhöht, ist eine Standardannahme der Ressourcenökonomie, was auch eingeräumt wird (*Faber* 1985, 328; *Faber, Niemes und Stephan* 1983, 96). Und diese Annahme läßt sich unter der Voraussetzung einer gegebenen Technologie durch einige Plausibilitätsüberlegungen begründen. Der Einsatz des komplizierten thermodynamischen Instrumentariums zu diesem Zweck ist überflüssig[175] - umsomehr als die thermodynamische Begründung durch eine Vielzahl unrealistischer Annahmen in Frage gestellt wird. Im übrigen haben in der Realität technischer Fortschritt und vor allem Faktorsubstitution zu einem Sinken der *gesamten* Förderkosten geführt, trotz

---

[175] Hinsichtlich der Überflüssigkeit des Entropiekonzeptes *in diesem Fall* ist also der Kritik von *Khalil* (1989) zuzustimmen.

abnehmender Rohstoffkonzentration und trotz steigenden Energieaufwands (*H.C. Binswanger und Minsch* 1992, 50ff; *Hall, Cleveland und Kaufmann* 1986, Kap. 4).

Insgesamt läßt sich festhalten, daß *Faber, Niemes und Stephan* aufgrund ihrer eingeschränkten und einseitigen Thermodynamik- und Entropieinterpretation die wesentlichen Implikationen der Thermodynamik im allgemeinen und des zweiten Hauptsatzes im besonderen nicht in die Ressourcenökonomie integrieren konnten.

2.2.2. Entropie und Umweltverschmutzung

Das Entropie- und Ordnungskonzept der statistischen Thermodynamik kann nicht nur im Rohstoff-, sondern auch im Umweltschutzbereich angewandt werden; auf seiner Grundlage soll eine Integration von Ressourcen- und Externalitätenökonomie erreicht werden, d.h. ein Ansatz, „mit dem Umweltschutz- und Rohstoffprobleme gleichermaßen untersucht werden können." (*Faber, Niemes und Stephan* 1983, 3)

In der ursprünglichen deutschen Version wird dieser Anspruch allerdings dahingehend eingeschränkt, daß nur der Rohstoffbereich mit Hilfe des thermodynamischen Instrumentariums analysiert werden soll, wohingegen für Externalitätenprobleme der Entropiebegriff „nur deskriptiv" angewandt werden soll (*Faber, Niemes und Stephan* 1983, 3). Dementsprechend dient das Entropiekonzept in bezug auf Umweltverschmutzung hauptsächlich zur Operationalisierung des Begriffs „ökologisches Gleichgewicht". Da „[e]ines der wichtigsten Ziele von Umweltschutzmaßnahmen" in der Aufrechterhaltung des ökologisches Gleichgewichts bestünde, wird das Fehlen eines eindeutigen Maßstabs zur Erfassung und Bewertung dieser sehr komplexen Größe als bedauerliches Manko angesehen (*Faber, Niemes und Stephan* 1983, 89). Um diesem Mißstand abzuhelfen, wird vorgeschlagen, ökologisches Gleichgewicht als Konstanz der Entropie in der Umwelt zu definieren, „[d]a die Entropie ein Maß für den Ordnungszustand eines Systems" sei und demzufolge Entropieproduktion in der Umwelt als Zunahme der Unordnung, als Störung des ökologischen Gleichgewichts interpretiert werden könne (*Faber, Niemes und Stephan* 1983, 90). Folglich beeinträchtigt das Wirtschaftssystem die Umweltqualität durch Entropieerhöhungen, die durch den Abbau von Rohstoffen und deren im Anschluß an ihre Nutzung erfolgende Dissipation in die Umwelt verursacht werden, wodurch die Verbindung zwischen Rohstoffnutzung und Umweltschutz hergestellt wird (*Faber, Niemes und Stephan* 1983, 91f).

Allerdings wird diese Verbindung im folgenden nicht weiter ausgeführt. Das Entropiekonzept wird zwar zur Herleitung eines steigenden Energiebedarfs der Rohstoffgewinnung herangezogen, *nicht* jedoch zur Charakterisierung der Umweltqualität. Die Einbeziehung der Umweltqualität in das Optimierungsmodell erfolgt in Gestalt eines nicht näher definierten „Umweltgüterstroms", der als

Argument in die zu maximierende intertemporale soziale Wohlfahrtsfunktion mit eingeht (*Faber, Niemes und Stephan* 1983, Kap. 8); die Konsequenzen der Schadstoffemissionen in bezug auf diesen Umweltgüterstrom werden mittels „nicht-thermodynamischer", konventioneller Schadensfunktionen erfaßt, die z.B. von der durchschnittlichen Schadstoffkonzentration im Umweltbereich abhängen können (*Faber, Niemes und Stephan* 1983, 40).

Diese konzeptionelle Lücke wurde durch die englische Version (*Faber, Niemes und Stephan* 1987) geschlossen, die im Vergleich zur deutschen Fassung im Umweltschutzbereich erweitert wurde, um dem Anspruch der Verfasser an eine „thermodynamisch integrierte" Umweltökonomie eher gerecht zu werden. Zu diesem Zweck greifen die Autoren auf eine von *Kümmel* (1977, 170ff; 1980, 24ff; 1982a, 383ff; 1986, 1019ff; 1989, 175ff) entwickelte Verschmutzungsfunktion zurück, die auf der Entropie als Maß der Gesamtverschmutzung basiert (*Faber, Niemes und Stephan* 1987, Kap. 3.9).

Kümmel definiert die Umweltverschmutzung X als Entropieerhöhung im Umweltbereich (*Kümmel* 1977, 154; 1980, 25):

$$(1) \qquad X = \frac{1}{V_U} \frac{dS}{dt}$$

Dabei bezeichnet V_U den Rauminhalt des für menschliche Aktivitäten relevanten Teils der Umwelt. Die Entropie S wird statistisch interpretiert:

$$(2) \qquad S = k \ln W$$

Die thermodynamische Wahrscheinlichkeit W wird nach den einzelnen Atomen bzw. Molekülen der verschiedenen Schadstoffe und der Luft- bzw. Wasserbestandteile differenziert, wobei letztere zwar an sich unschädlich sind, aber zur Berücksichtigung der „thermischen Verschmutzung" mit einbezogen werden; W_i gibt die Zahl der für die Atome bzw. Moleküle des Stoffes i erreichbaren Mikrozustände an. Unter der Annahme der *Wechselwirkungsfreiheit* der m relevanten Stoffe gilt:

$$(3) \qquad W = \prod_{i=1}^{m} W_i$$

Aus (2) und (3) folgt dann:

$$(4) \qquad S = k \sum_{i=1}^{m} \ln W_i$$

Entsprechend ergibt sich die Gesamtverschmutzung X als Summe der auf die verschiedenen Stoffe zurückzuführenden „Einzelverschmutzungen" X_i:

$$(5) \qquad X_i = \frac{k}{V_U} \frac{d}{dt} \ln W_i$$

$$(6) \qquad X = \sum_{i=1}^{m} X_i$$

Auf der Grundlage dieser Beziehung werden stoffspezifische Schadensfunktionen D_i konstruiert, an die einige plausible Anforderungen gestellt werden: Sie sollen dergestalt von X_i, X_{ci} und X_{oi} abhängen, daß das Wirtschaftswachstum nicht von der Verschmutzung beeinträchtigt wird, wenn X_i wesentlich kleiner als X_{ci} ist, daß es aufhören muß, wenn umgekehrt X_i wesentlich größer als X_{ci} ist, und daß sich eine Annäherung von X_i an X_{ci} umsoweniger auswirkt, je größer X_{oi} ist (*Kümmel* 1980, 25). X_{ci} bezeichnet dabei die kritische Obergrenze der durch den Stoff i bedingten Entropieerhöhung in der Umwelt, die nicht überschritten werden soll und aufgrund biologischer, medizinischer, psychologischer oder ästhetischer Erwägungen festzulegen ist. X_{oi} gibt die spezifische Regenerations- bzw. Assimilationsfähigkeit der Umwelt wieder, da z.B. thermische Verschmutzung in den Raum abgestrahlt wird oder Schadstoffe abgebaut werden. Funktionen, die diese Anforderungen erfüllen, können z.B. wie folgt aussehen:

$$(7) \qquad D_i(X_i) = \left[\exp\left(\frac{X_i - X_{ci}}{X_{oi}}\right) + 1\right]^{-1}$$

Der Gesamtschaden D wird aufgrund von weiteren Plausibilitätsüberlegungen als Produkt der „Einzelschäden" D_i definiert:

$$(8) \qquad D(X) = \prod_{i=1}^{m} D_i(X_i)$$

Die Schadensfunktionen selbst sind also *nicht* thermodynamisch fundiert oder aus Nutzen- bzw. Wohlfahrtsfunktionen abgeleitet, und unter „Schäden" werden hier nur Produktions- bzw. Wachstumseinbußen verstanden.

Dieser Ansatz von *Kümmel* wurde von *Faber, Niemes und Stephan* mit nur geringen Abänderungen übernommen.[176] Unterschiede ergeben sich erst bei der Interpretation der Schäden und der Ableitung des Gesamtschadens aus den Einzelschadensfunktionen. Der durch die Umweltverschmutzung verursachte Schaden wird hier umfassender als Nutzen- bzw. Wohlfahrtsverlust definiert. Der Gesamtschaden wird von *Faber* (1985, 326) und *Faber, Niemes und Stephan* (1987, 103) als *Summe* der Einzelschäden aufgefaßt. Davon abweichend formulieren *Faber und Wagenhals* (1988, 233) den Gesamtschaden ganz allgemein als Funktion der Einzelschäden, um so die Berücksichtigung von Synergien und Wechselwirkungen zu ermöglichen.

Diese Gesamtschadensfunktion (wie sie auch immer im einzelnen aussehen mag) geht dann in das Optimierungsmodell ein und ersetzt die bisher verwendete, nicht auf thermodynamischen Überlegungen basierende Schadensfunktion.

Ähnlich wie im Fall des Rohstoffabbaus weisen die Autoren auch hier auf einige Probleme und die Grenzen ihres Konzeptes hin, dem sie eine unmittelbare praktische Anwendbarkeit zwar absprechen, von dem sie aber behaupten, es könne zumindest

---

[176] Auch andere Autoren, wie z.B. *Faucheux* (1994, 99ff), haben auf *Kümmels* Verschmutzungsindikator „Entropie" zurückgegriffen.

grundsätzliche Aspekte der Umweltverschmutzung erfassen (*Faber, Niemes und Stephan* 1987, 124f; *Faber und Wagenhals* 1988, 234).

Aber auch hier muß diese Behauptung angezweifelt werden, da der Ansatz durch nicht unerhebliche Probleme in Frage gestellt wird.

Das fängt an mit der höchst problematischen Gleichsetzung von ökologischem Gleichgewicht mit Entropiekonstanz in der Umwelt. Diese Gleichsetzung ist Ausfluß der Überinterpretation des Ordnungsbegriffs der statistischen Thermodynamik. Entropiezunahme wird als Abnahme intuitiver Ordnung aufgefaßt, worunter auch eine Abnahme der natürlichen Ordnung, eine Störung des ökologischen Gleichgewichts verstanden wird. Das ökologische Gleichgewicht wird dabei als ungestörter ökologischer status quo eines Ökosystems bezeichnet. Aber zum einen kann das Gleichbleiben der Entropie nur als notwendige, keinesfalls als hinreichende Bedingung für die Aufrechterhaltung eines solchen Gleichgewichts angesehen werden. Es sind durchaus ökologische Katastrophen bei gleichbleibender (oder sogar abnehmender) Entropie in der Umwelt denkbar; so z.B. wenn eine Tier- oder Pflanzenpopulation ausgerottet wird, deren Biomasse durch die Vermehrung anderer Tiere bzw. Pflanzen ersetzt wird. Zum anderen ist auch die Wünschbarkeit eines so definierten Gleichgewichts fragwürdig. Denn die wichtigste Erkenntnis der Nichtgleichgewichtsthermodynamik besteht darin, daß eine Entropiezunahme durchaus mit einer größeren „Ordnung" bzw. einer größeren Komplexität einhergehen kann (vgl. Exkurs 2). Deshalb ist es möglich, ja sogar wahrscheinlich, daß eine ökologische Weiterentwicklung, die aus menschlicher Sicht positiv bewertet werden kann, von einer Entropieerhöhung begleitet wird (*O'Connor* 1988, 25f; 1991, 102f). Die Problematik der einseitigen Interpretation des ökologischen Gleichgewichts zeigt sich auch in einem unvermeidbaren Widerspruch: Zwar wird das ökologische Gleichgewicht durch konstante Umweltentropie definiert, doch wird lediglich eine Entropiezunahme als Störung angesehen (*Faber, Niemes und Stephan* 1983, 89). Auf die immerhin mögliche *Entropieabnahme* wird dagegen nicht eingegangen, da hier ein Dilemma besteht; denn in diesem Fall müßte eine Ordnungszunahme als Gleichgewichtsstörung interpretiert werden. Die Grundannahmen, wonach erstens sich ein ökologisches Gleichgewicht durch konstante Entropie auszeichnet, und zweitens ein solches Gleichgewicht erstrebenswert ist, sind also unhaltbar. Abgesehen davon ist die tatsächliche, laufende Ermittlung der absoluten Entropie in der Umwelt de facto unmöglich durchführbar.

Kann der Ansatz aber durch die Aufgabe dieser Annahmen gerettet werden? Denn diese sind für das weitere Vorgehen nicht notwendig, wenn man - wie das auch *Kümmel* getan hat - den Begriff des ökologischen Gleichgewichts außer acht läßt, sich lediglich auf die durch die Umweltverschmutzung verursachte Entropiezunahme in der Umwelt bezieht und diese als Umweltqualitätsindikator heranzieht, also alle anderen Änderungen der Umweltentropie vernachlässigt und auch keinen bestimmten absoluten Gesamtentropiewert als Zielgröße anstrebt.

Aber auch nach Ausklammerung der genannten Annahmen bleibt der Ansatz mit Unzulänglichkeiten behaftet. Zwar ist unstrittig, daß durch Umweltverschmutzung, d.h. durch jegliche Abgabe von Schadstoffen an die Umwelt, die Entropie dieser

Umwelt erhöht wird; doch alle weitergehenden Interpretationen sind höchst problematisch. Denn zum einen stellt sich die Frage, in welchem Zusammenhang die Schädlichkeit von Emissionen mit deren Entropie steht. Am wichtigsten für die Schädlichkeit ist *nicht* die Entropie per se, sondern das Vorhandensein thermodynamischer Potentiale zwischen Schadstoffen und Umwelt, also die verfügbare Energie dieser Schadstoffe, deren Dissipation negative Konsequenzen für den Menschen hat (vgl. Teil V.2.1.2.3). Geht man davon aus, daß diese Exergie früher oder später dissipiert wird, kann man anstelle der Schadstoffexergie natürlich ebensogut die entsprechende Entropieerhöhung angeben, da bei konstanter Energie und der Umgebungstemperatur T gilt (vgl. Exkurs 2, Gleichung 20):

$$(9) \qquad dS = -\frac{dF}{T}$$

Ja mehr noch, stellt man von vornherein auf Entropieerhöhungen ab, so läßt sich auch die thermische Verschmutzung durch die Berücksichtigung der davon betroffenen Luft- und Wasserbestandteile erfassen, die bei einer Exergiebetrachtung außer acht bleiben würde. Die Entropieerhöhung ist also der umfassendere Indikator für Umwelteinwirkungen.[177]

Voraussetzung für eine sinnvolle Anwendung dieses Maßstabs ist freilich die lückenlose und konsequente Erfassung der relevanten Entropieerhöhungen. Aber genau dies kann der Ansatz von *Kümmel* bzw. von *Faber* und seinen Mitautoren nicht leisten - und zwar nicht aufgrund der Bezugnahme auf die statistische Thermodynamik per se, sondern - ähnlich wie im Rohstoffbereich - aufgrund der Verengung der Betrachtung auf ideale Gase. Um die Gesamtverschmutzung als Summe der Einzelverschmutzungen darstellen zu können, muß nämlich die Wechselwirkungsfreiheit aller Teilchen unterstellt werden. So können nicht nur Schadstoffe untereinander nicht wechselwirken, es gibt auch keine Wechselwirkungen zwischen denselben und Luft bzw. Wasser, die ja ebenfalls berücksichtigt werden. Deshalb wird die Schädlichkeit von Schadstoffen ausschließlich in Abhängigkeit von deren Konzentration im Umweltbereich gesehen; die wichtigen Reaktionen aufgrund von Wechselwirkungen werden vernachlässigt, aber „with many pollutants, concentration effects *per se* are only secondary factors in the impact for better or for worse of different pollutants." (*O'Connor* 1988, 27) So ist weniger das Vorhandensein von SO_2 in der Atmosphäre ein Problem, als vielmehr die Tatsache, daß sich daraus Schwefelsäure bildet, die wiederum Pflanzen schädigt. Und deshalb ist der tatsächliche Entropieanstieg auch um ein Vielfaches höher als der nur konzentrationsbedingte Effekt.

Und der Versuch, Wechselwirkungseffekte auf der Ebene der Gesamtschadensfunktion, quasi durch die Hintertür, wieder einzuführen, führt zu einem Widerspruch: Wenn man explizit von Wechselwirkungsfreiheit ausgeht, ist es nicht möglich, eine Gesamtschadensfunktion zu formulieren, die Synergien und Wechselwirkungen berücksichtigen soll, welche es ja annahmegemäß überhaupt nicht gibt.

---

177 *Insofern* ist die Kritik *O'Connors* (1988, 28f) an dem Entropiemaß unbegründet.

Nur im Fall der thermischen Verschmutzung spiegelt die Verschmutzungsfunktion die Realität wider, da die Wirkungen dieser „Verschmutzung“ durch die Entropiezunahme der Luft- und Wasserbestandteile erfaßt werden können, ohne daß Wechselwirkungen eine Rolle spielen würden. Unterstellt man, daß *keine* Verschmutzung außer Abwärme auftritt, so ist die Gesamtverschmutzung X gleich der thermischen Verschmutzung X_{th}:

$$(10) \qquad X_{th} = \frac{1}{V_U} \frac{dS}{dt} = \frac{k}{R} \sum_{i=1}^{j} \ln W_i$$

Dabei werden nur die j verschiedenen Bestandteile von Luft und Wasser berücksichtigt. Geht man davon aus, daß die im Wirtschaftssystem eingesetzte Energie E früher oder später als Abwärme dissipiert wird, kann die thermische Verschmutzung auch indirekt, auf Grundlage dieses Energieeinsatzes, definiert werden (*Kümmel* 1982a, 383ff; 1986, 1019ff). Da

$$(11) \qquad dS = \frac{\delta Q}{T}$$

bzw. bei irreversiblen Prozessen

$$(12) \qquad dS > \frac{\delta Q}{T}$$

gilt und da die Energie annahmegemäß dissipiert wird

$$(13) \qquad E = \frac{\delta Q}{dt},$$

so ergibt sich

$$(14) \qquad X_{th} \geq \frac{1}{V_U} \frac{E}{T}.$$

Auch hier läßt sich natürlich eine Schadensfunktion formulieren mit Toleranzgrenze und Assimilationsrate - nur eben lediglich auf die Abwärme bezogen.

Insgesamt entsteht derselbe Eindruck wie im Rohstoffbereich: Die Verwendung des Entropiekonzeptes auf die hier vorgestellte Art und Weise kann nicht die in sie gesetzten Erwartungen erfüllen. Da nur auf die Konzentration der Schadstoffe abgestellt wird, erhält man im Ergebnis auch im wesentlichen konventionelle Schadensfunktionen, die nur von den durchschnittlichen Schadstoffdichten abhängen. Schließlich werden - mehr oder weniger willkürlich - Entropiegrenzwerte für jeden Schadstoff formuliert, die sich einfach in Konzentrationswerte übersetzen lassen - ja in der Praxis erst aus denselben abgeleitet werden müßten. Es ist also keineswegs notwendig, die Entropie heranzuziehen; man hätte ohne Erkenntniseinbußen gleich auf Schadstoffkonzentrationen, wie im Materiebilanzansatz (vgl. Teil V.2.1.1), abstellen können. Eine Ausnahme muß allerdings eingeräumt werden: Die thermische Verschmutzung wird beim „entropischen“ Ansatz mit berücksichtigt, was bei den „nichtentropischen“ Schadensfunktionen nicht der Fall ist. Aber in diesem Zusammenhang tritt eine schon bei der Diskussion der Rohstoffproblematik angesprochene Inkonsistenz erneut zu Tage. Ebenso wie die Verwendung realistischer Werte für den Energiebedarf der Rohstoffgewinnung impliziert die Berücksichtigung thermischen Abfalls, daß *irreversible* Prozesse unterstellt werden. Dies ist aber mit der völligen Vernachlässigung der besonderen Rolle der Energierohstoffe unvereinbar.

Aber selbst wenn die erwähnten Mängel des Ansatzes behoben werden würden, wenn man also Wechselwirkungsfreiheit nicht unterstellen und die tatsächliche Entropieerhöhung ermitteln würde, bliebe noch ein grundsätzliches Problem, das auch andere Ansätze ähnlicher Art betrifft: Es ist sehr fragwürdig, ob die komplexen Auswirkungen der verschiedenen Schadstoffe auf die menschliche Gesellschaft sinnvoll mit einem einzigen Indikator erfaßt werden können. Ebenso wie für die anderen genannten Verschmutzungsindikatoren (vgl. Teil V.2.1.1 und Teil V.2.1.2.3) gilt auch für diesen Entropie-Indikator, daß er zwar die *Existenz* von Schadstoffen anzeigen kann, daß er allein aber für eine *Bewertung* deren Schädlichkeit unzureichend ist.

> „[D]ifferent types of pollutants have very different significance in their impacts for human interests; (...) scientists often do not yet know what effects particular pollutants might have; (...) synergetic interactions between different pollutants are of critical importance in many situations; (...) many effects are very situation-specific; (...) the relevant time-scales of cumulative effects are variable and uncertain“ (*O'Connor* 1991, 111).

Von daher ist die umweltökonomische Relevanz solcher und ähnlicher eindimensionaler Verschmutzungsindikatoren als eher niedrig einzuschätzen, da sie zwangsläufig übersimplifizierend wichtige Aspekte des Umweltproblems vernachlässigen müssen.[178]

2.2.3. Zusammenfassung

Wie ist nun das gesamte Projekt von *Faber* und seinen Mitautoren abschließend zu bewerten?

Aufgrund der bisher angeführten Kritik muß man zu dem Schluß kommen, daß sie bedauerlicherweise ihr Ziel nicht erreicht haben, mit Hilfe thermodynamischer Konzepte die natürlichen Grundlagen der Ökonomie systematisch in eine einheit-

---

[178] Dies gilt nicht, wenn es sich um einen sehr pauschalen Indikator handelt, der sich nur auf Nutzen- bzw. Wohlfahrtseinbußen bezieht. Ein solcher würde aber unter mangelnder Operationalisierbarkeit leiden.

liche Umweltökonomie zu integrieren. Denn aufgrund einer sehr einseitigen Interpretation der Thermodynamik wurden deren wichtigste Implikationen für die Umweltökonomie ausgeblendet - und zwar so weit, daß die Verwendung thermodynamischer Konzepte weitgehend redundant wurde. Auf jeden Fall gilt dies für den zweiten Hauptsatz, da die umweltökonomische Analyse, wie sie hier präsentiert wurde, auch auf der Grundlage nur des ersten Hauptsatzes hätte durchgeführt werden können: Die Ergebnisse entsprechen cum grano salis denen des Materiebilanzansatzes; auch die an diesem geübte Kritik trifft hier weitestgehend zu.

Deshalb ist die Gefahr nicht zu übersehen, daß durch ein solches Vorgehen der Rückgriff auf die Thermodynamik im allgemeinen und auf den zweiten Hauptsatz im besonderen in Mißkredit gerät. Aus der Überflüssigkeit des Einsatzes des thermodynamischen Instrumentariums in diesem Fall könnte auf dessen generelle Sinnlosigkeit geschlossen werden.

Allerdings besteht unserer Auffassung nach die angemessene Reaktion auf solche und ähnliche Schwierigkeiten beim Thermodynamiktransfer nicht in der Ablehnung thermodynamischer Konzepte für die Ökonomie, sondern in der Untersuchung der Hintergründe und Ursachen dieser Schwierigkeiten. Denn aus den Problemen des thermodynamisch-statistischen Ansatzes lassen sich fruchtbare Lehren ziehen für die Übertragung bzw. Übertragbarkeit thermodynamischer Konzepte im allgemeinen. Dies gilt umsomehr, als die Bemühungen von *Faber* und seinen Mitautoren selbstverständlich nicht durchweg negativ zu beurteilen sind. Im Gegenteil, wichtige Grundvoraussetzungen für eine „natürliche" Umweltökonomie wurden erfüllt: Erstens ist das Bemühen um eine integrierte Umweltökonomie, die Externalitäten- und Ressourcenökonomie miteinander verbindet, zu nennen. Zweitens wurde die Naturferne der neoklassischen Umweltökonomie kritisiert und versucht, diese durch die Bezugnahme auf die natürlichen Grundlagen des Wirtschaftens zu überwinden. Drittens wurde die zentrale Rolle betont, die die Thermodynamik, und vor allem der zweite Hauptsatz, in diesem Zusammenhang spielen müssen (*Faber* 1985, 315ff; *Faber, Niemes und Stephan* 1983, 2ff; 1987, 3ff; *Faber und Wagenhals* 1988, 227).

Aus welchen Gründen blieb aber der wünschenswerte durchschlagende Erfolg aus? Angesichts unserer Erfahrungen mit den auf der klassischen Thermodynamik beruhenden Nebenbedingungen liegt es nahe, das Problem im ökonomischen Fundament der Analyse zu sehen.

Tatsächlich ist der angewandte ökonomische Rahmen ein recht enger und rigider. Er entspricht im wesentlichen dem neoklassischen Standardmodell. Daran vermag auch die Einbeziehung der neo-österreichischen Kapitaltheorie nur wenig zu ändern. Diese erlaubt zwar eine realistischere Darstellung des Produktionsprozesses, tangiert aber im übrigen kaum die wesentlichen Elemente des neoklassischen „hard core" - wie z.B. die Maximierung von Nutzen- bzw. Wohlfahrtsfunktionen, die Rationalitätsannahme und nicht zuletzt die „Zeitlosigkeit". Zwar wird als Merkmal der neo-österreichischen Kapitaltheorie auch „Irreversibilität" angeführt (*Faber und Proops* 1993, 76f), doch handelt es sich dabei *nicht* um die physikalische bzw. thermodynamische Irreversibilität, denn die hier gemeinte „Irreversibilität" „can be weakened or changed"(!), wenngleich „only in the very long run." (*Faber und*

Proops 1993, 77) Auf die neo-österreichische Kapitaltheorie, die unbestritten einen Fortschritt gegenüber der neoklassischen Produktionstheorie darstellt, soll hier nicht näher eingegangen werden; es ist jedoch festzuhalten, daß allein durch deren Einsatz *keine grundsätzliche Abkehr* von der neoklassischen Orthodoxie erfolgt: „The structuring of the conceptual elements is the same as for equilibrium models in neoclassical analysis.“ (*Faber und Proops* 1993, 98) Und in dieses Prokrustesbett paßt die Thermodynamik eben nur, wenn sie vorher ihrer charakteristischen, d.h. vor allem der sich auf den zweiten Hauptsatz beziehenden, Elemente entkleidet wird. Von daher war es fast unvermeidlich, daß *Faber* und seine Mitautoren bei der Heranziehung der statistischen Thermodynamik deren Ordnungsbegriff überinterpretierten und sich auf die scheinbar naheliegende und problemlose Gleichsetzung von Entropie und Unordnung konzentrierten. Denn durch diese Interpretation der Entropie als bloßer Ordnungsmaßstab war die Vernachlässigung des eigentlich zentralen Elementes dieses Konzepts, nämlich der Irreversibilität, möglich, wodurch die Integration der „Entropie“ in das neoklassische Paradigma ohne größere Schwierigkeiten gelang - allerdings um den Preis der Sinnentleerung des Entropiekonzepts. Auch im Fall der statistischen Thermodynamik würden Versuche einer umfassenden und konsequenten Übertragung des zweiten Hauptsatzes an der Unvereinbarkeit von ökonomischem Rahmen und physikalischem Konzept scheitern.

Vor dem Dilemma stehend, entweder ihre ökonomische Konzeption von Grund auf zu ändern oder aber eine konsequente Übertragung thermodynamischer Konzepte in die Ökonomie aufzugeben, haben sich *Faber* und seine Kollegen für letzteres entschieden: In neueren Werken wird die neo-österreichische Kapitaltheorie in den Mittelpunkt gestellt; Thermodynamik und Entropie tauchen nur mehr am Rande auf und erfüllen lediglich eine beschränkte heuristische, aber keine konzeptionelle Funktion mehr (vgl. z.B.: *Faber und Proops* 1993; *Faber et al.* 1990).[179]

2.3. Die Bedeutung thermodynamischer Nebenbedingungen

Wenn man die Ergebnisse unserer Diskussion der verschiedenen thermodynamischen Nebenbedingungen rekapituliert, kommt man nicht umhin, ein überwiegend negatives Fazit zu ziehen. Die zur Ergänzung des neoklassischen Standardmodells vorgeschlagenen Nebenbedingungen haben sich nämlich im großen und ganzen als unzureichend für die Etablierung einer „natürlichen“ Umweltökonomie erwiesen.

Als weitgehend unproblematisch stellte sich die Einbeziehung des ersten Hauptsatzes mittels des Materiebilanzansatzes heraus (vgl. Teil V.2.1), da der

[179] Desungeachtet wurde 1995 eine (unveränderte) zweite Auflage von *Faber, Niemes und Stephan* (1987) veröffentlicht.

Energie- bzw. Massenerhaltungssatz sich durchaus mit der neoklassischen Grundkonzeption vereinbaren läßt. Allerdings konnte auf diese Weise nur ein relativ kleiner Teil der für die Umweltökonomie relevanten Aussagen der Thermodynamik berücksichtigt werden.

Will man auch den zweiten Hauptsatz, d.h. das Entropiegesetz, integrieren, stößt man sehr schnell auf Schwierigkeiten - Schwierigkeiten, die ihren Urspung in der fundamentalen Inkompatibilität von Thermodynamik und mechanistischer Neoklassik haben. Dies gilt zum einen für die thermodynamische Analyse.[180] Diese kann nur Nebenbedingungen, die sich auf reversible, ideale Prozesse beziehen, liefern. Eine explizite Berücksichtigung der Irreversibilität und der daraus sich ergebenden Konsequenzen ist dagegen nicht möglich, da sie zu Widersprüchen mit dem neoklassischen „hard core" führen würde. Diese Problematik tritt zum anderen auch bei den auf der statistischen Thermodynamik beruhenden Nebenbedingungen auf - wenngleich in etwas anderer Form. Da in diesem Fall das Entropiekonzept ausschließlich im Sinne eines Ordnungsmaßstabs interpretiert und grundsätzlich von Reversibilität ausgegangen wird, wird die Irreversibilitätsproblematik a priori ausgeschlossen.

Aus diesen Erfahrungen ist der Schluß zu ziehen, daß die Formulierung bloßer Nebenbedingungen für die notwendige Neugestaltung der Umweltökonomie nicht ausreicht, da dieselben durch den mechanischen Charakter des zugrundeliegenden ökonomischen Konzepts zu sehr eingeschränkt werden und die wichtigsten Implikationen der Thermodynamik auf diese Weise nicht berücksichtigt werden können. Vielmehr gelten die wesentlichen Kritikpunkte an der neoklassischen Umweltökonomie auch nach deren Ergänzung durch thermodynamische Nebenbedingungen fast unverändert weiter. Zwar kann der Existenz natürlicher Grenzen durch diese Nebenbedingungen Rechnung getragen werden, doch ändert dies nichts an der Behandlung der Frage intergenerationeller Gerechtigkeit, da die normativen Grundlagen der Neoklassik unangetastet bleiben. Und die Probleme der Vernachlässigung der Komplexität der Interaktionen zwischen Umwelt und Ökonomie und der entscheidenden Rolle der Zeit werden von der Einführung der Nebenbedingungen überhaupt nicht tangiert.

Falls man aber desungeachtet weiterhin an einer sinnvollen und halbwegs vollständigen Übertragung thermodynamischer Konzepte in die Ökonomie festhält, ist eine Modifikation des ökonomischen Rahmens, d.h. eine mehr oder weniger weitgehende Abkehr von der Neoklassik, offenbar unausweichlich. Aufgrund der zentralen Position, die die Wertlehre in der Ökonomie innehat (vgl. Teil II), erscheint es notwendig, hier anzusetzen. Denn im Fall der Neoklassik impliziert die mechanistische Konzeption einen entsprechenden „mechanischen" Wertbegriff - und vice versa (vgl. Teil III.1). Deshalb liegt es nahe, in einer nicht-mechanischen Werttheorie die Voraussetzung für eine nicht-mechanische ökonomische Konzeption zu

---

[180] Die beiden anderen Zweige der Energieanalyse, die Energiebuchführung und die gesamtwirtschaftliche Energieanalyse, stellen ohnehin *keine* Nebenbedingungen zur Verfügung.

sehen, welche wiederum für eine weitergehende Übertragung thermodynamischer Konzepte in die Ökonomie erforderlich ist.

Die sich im Zusammenhang mit dem Entropiegesetz am ehesten anbietende alternative Wertlehre, die Energiewertlehre, soll im folgenden auf ihre diesbezügliche Eignung untersucht werden.

3. Energetik und Ökonomie

Nachdem wir feststellen mußten, daß die Einbeziehung „thermodynamischer" Nebenbedingungen in die neoklassische Umweltökonomie bisher nicht sehr erfolgreich war, soll in diesem Abschnitt geklärt werden, ob der ökonomischen Relevanz der Thermodynamik dadurch Rechnung getragen werden kann, daß man ihr einen zentralen Platz innerhalb der Ökonomie einräumt - in Form einer Energiewertlehre.

Diese Vorgehensweise impliziert ganz klar eine *Reduktion* ökonomischer Phänomene auf physikalische Gesetzmäßigkeiten, hier vor allem die Energie betreffend, so daß die Ökonomie gegenüber der Physik eine ähnlich untergeordnete Stellung einnimmt wie etwa die Ingenieurwissenschaften (vgl. Teil III.3). Deutlich unterschieden werden muß dieser energetische Reduktionismus von bloßen (formellen oder materiellen) Analogien, deren Verwendung nichts am selbständigen epistemologischen Status der Zielwissenschaft und ihrer Forschungsobjekte ändert. Dies gilt vor allem für die Neoklassik, bei der es sich um *keine* Energiewertlehre handelt; ihr liegt zwar ein physikalisches bzw. energetisches Wertkonzept zugrunde, doch entspricht der neoklassische Wert nur *formell* der (potentiellen) Energie, wird aber nicht von dieser *materiell* determiniert (vgl. Teil IV.1).

Die Analogiebildung geht jedoch den ökonomischen Energetikern nicht weit genug, und sie fordern explizit eine Reduktion der Ökonomie auf physikalische Konzepte (vgl. z.B. *Zagoroff* 1954, 84), vor allem die Energie. Solche Bestrebungen sind vor dem Hintergrund der *Energetik* zu sehen, die Mitte des 19. Jahrhunderts im Gefolge der Thermodynamik und der Entwicklung des Energiekonzepts entstand. Diese „Wissenschaft" wurde von *Rankine* initiiert, aber vor allem von Wissenschaftlern wie *Helmholtz*, *Joule* und *Mayer* populär gemacht. Ihr Ziel bestand in der Vereinheitlichung aller Wissenschaften unter dem Konzept der Energie, das als allumfassendes und fundamentales Erklärungsprinzip aufgefaßt wurde. „All phenomena are reduced to properties and relations of energy" (*Ostwald* 1907, 488). Der Enthusiasmus der Energetiker beschränkte sich dabei nicht auf die Naturwissenschaften, sondern erstreckte sich auch auf die Sozialwissenschaften; demnach wären auch alle sozialen Phänomene auf Energieflüsse bzw. -transformationen zurückzuführen und durch diese zu erklären. Somit wären die Sozialwissenschaften eigentlich überflüssig oder als bloße Hilfswissenschaften den Naturwissenschaften, d.h. vor allem der Physik, unterzuordnen. Erstaunlicherweise zeigten Elemente dieser sozialen Energetik ein wesentlich größeres Beharrungsvermögen als die ursprüngliche, naturwissenschaftliche Energetik. Selbst nachdem diese um die Jahrhundertwende von den Physikern ad acta gelegt wurde, finden sich vor allem unter den Sozialwissenschaftlern immer noch Protagonisten jener - was einiges über das Bestreben der Sozialwissenschaften um „natürliche" Fundierung verrät (vgl. Teil III.2).

Zur sozialen Energetik gehört auch die Energiewertlehre, d.h. die *ökonomische Energetik*. Bevor wir uns dieser zuwenden, wollen wir zunächst kurz auf die soziale Energetik im allgemeinen eingehen.

3.1. Soziale Energetik

Unter „sozialer Energetik" sind alle Theorien und Weltbilder zu subsumieren, die soziale Phänomene mittels energetischer Konzepte entweder vollständig oder doch zumindest größtenteils erklären wollen.

Deshalb können selbstverständlich die Autoren, die lediglich einen wichtigen Einfluß der Energieverfügbarkeit und -technologie auf die soziale und wirtschaftliche Entwicklung annehmen, aber eben *keine* energetische Determinierung voraussetzen, *nicht* als soziale Energetiker bezeichnet werden. Dies gilt vor allem für *Soddy* (1912, 9ff; 1933, 27f), der zwar auf die überragende Bedeutung der Energie für die Entstehung der heutigen Zivilisation hinwies, aber keinesfalls einer sozialen Energetik anhing; eher entsprach seine Einstellung derjenigen der Vertreter der Energieanalyse im allgemeinen und seine Argumentationsweise derjenigen des „historischen" Zweigs der gesamtwirtschaftlichen Energieanalyse im besonderen (vgl. Teil V.2.1.2 und Teil V.2.1.2.2).[181]

Eindeutig der sozialen Energetik zuzurechnen sind dagegen jene, die die kulturelle und geschichtliche Entwicklung ausschließlich oder hauptsächlich in Energiebegriffen interpretieren und so eine Energietheorie der Kultur bzw. Geschichte propagieren. Als einer der ersten und wichtigsten Vertreter dieser Sichtweise ist zweifelsohne *Ostwald* zu nennen. „Somit stellen sich die verschiedenen kulturellen und wirtschaftlichen Organisationen als Organisationen zur Gewinnung und Verwertung der verschiedenen Energiearten heraus." (*Ostwald* 1908, 163) D.h. „the history of civilization becomes the history of man's advancing control over energy." (*Ostwald* 1907, 511) Als erster Historiker schloß sich *Henry*

---

[181] Also vertrat *Soddy*, im Gegensatz zur Darstellung von *Proops* (1985, 160), auch *keine* Energiewertlehre (vgl. auch *Georgescu-Roegen* 1982a, 22; 1986a, 270; 1986b, 9).

Adams (1949a; 1949b) dieser Meinung an.[182] Später vertraten und vertreten noch ähnliche Positionen *R.N. Adams* (1975; 1982; 1988), *Cottrell* (1970), *Marchetti* (1980) und *White* (1943; 1949, Kap. XIII; 1954; 1959, Kap. 2). „The complexity, and therefore much of the form, of social and political organization is directly determined by the amount of energy that is being converted in the system." (*Adams* 1975, 304) Trotz dieser entscheidenden Rolle, die der Energie in historischen und kulturellen Belangen zugewiesen wird, wird der naheliegende Schritt zur *ökonomischen* Energètik, zur Energiewertlehre, in aller Regel nicht gemacht. Entweder wird sich zu dieser gar nicht geäußert (*Cottrell* 1970; *Marchetti* 1980; *White* 1943; 1949, Kap. XIII; 1954) oder diese wird sogar ausdrücklich abgelehnt (*R.N. Adams* 1988, 93ff; *Ostwald* 1907, 513f; 1908, 164). So behauptet *Ostwald* (1907, 513) zwar, daß der Wert von Gütern generell auf Energietransformationen beruhe, was insofern unstrittig ist, als daß jede ökonomische Aktivität Energie in irgendeiner Form voraussetzt; aber er lehnt die *Gleichsetzung* von Wert und Energie ab:[183] „Man würde sich irren, wenn man den Begriff des Wertes allein der Energiemenge proportional setzen wollte." (*Ostwald* 1908, 164) Lediglich *White* (1959, 336) bekennt sich, wenngleich nur in seinem Spätwerk, zu einer Art Energiewertlehre.

Offenbar räumen *Ostwald* und andere „gemäßigte" soziale Energetiker neben der Energie auch noch anderen Faktoren Einfluß auf das soziale Geschehen im allgemeinen und die Ökonomie im besonderen ein und sehen beide *nicht vollständig* durch die Energie determiniert.

Anders die „radikalen" sozialen Energetiker - deren Ziel ist es, zu „réduire aux actions physico-chimiques fondamentales (...) l'ensemble des phénomènes biologiques et sociologiques." (*Solvay* 1906, 26) Neben *Solvay* ist hier vor allem *Winiarski* zu nennen, der wirklich *alle* sozialen Phänomene - ob es sich nun um internationale Beziehungen (*Winiarski* 1900, 126) oder um Prostitution (*Winiarski* 1900, 276) handelt - energetisch erklären will. Konsequenterweise postulieren beide auch eine Energiewertlehre (*Solvay* 1906, 21ff; *Winiarski* 1900, 265ff).

Auf die Energiewerttheorie wollen wir im nächsten Abschnitt ausführlicher eingehen, in dem wir neben *Solvay* und *Winiarski* auch auf die anderen Protagonisten der ökonomischen Energetik zu sprechen kommen werden - die sich im übrigen *nicht* zur sozialen Energetik im allgemeinen äußern. Deshalb bleibt weitgehend im dunkeln, ob und inwieweit diese ökonomischen Energetiker die Energie auch als Determinante anderer, außerökonomischer sozialer Erscheinungen sehen. Insoweit der Ökonomie allerdings Bedeutung für die geschichtliche, politische und kulturelle Entwicklung beigemessen wird, muß auch die umfassende soziale Energetik implizit bejaht werden.

Auf die soziale Energetik im allgemeinen soll an dieser Stelle nicht näher eingegangen werden; es sei lediglich der Hinweis gestattet, daß allen eindimen-

---

[182] Vgl. dazu *Martinez-Alier* (1987, Kap. 8).

[183] Deshalb trifft auch die Behauptung von *Proops* (1985, 160), *Ostwald* habe eine Energiewertlehre vertreten, *nicht* zu (vgl. auch *Georgescu-Roegen* 1982a, 22; 1986a, 270; 1986b, 9). Man könnte zwar bestimmte Äußerungen von *Ostwald* mit einer Exergiewertlehre in Verbindung bringen (vgl. Teil V.3.2.1), aber auch dem steht die zitierte eindeutige Aussage entgegen.

sionalen, monokausalen und deterministischen Versuchen der Geschichts-, Kultur- und Zivilisationserklärung mit großer Vorsicht und Skepsis begegnet werden muß.

3.2. Ökonomische Energetik

Wir wollen uns nun dem für unsere Untersuchung relevanten Teilgebiet der sozialen Energetik zuwenden, der ökonomischen Energetik. Darunter versteht man alle Theorien, die die ökonomischen Phänomene ganz oder hauptsächlich durch die mit ihnen in Zusammenhang stehenden Energieflüsse und -transformationen erklären wollen, deren „hard core" also nicht mehr ökonomisch ist. Unterscheiden lassen sich hier die Energiewertlehre im engeren Sinn, der unser Hauptaugenmerk gelten soll, und eine Modifikation derselben, die Exergiewertlehre.

3.2.1. Energiewerttheorie

Die Energiewerttheorie, also die Lehre, wonach der Wert von Gütern vollständig oder größtenteils durch die für deren Produktion aufgewandte Energie determiniert wird, entstand gegen Ende des 19. Jahrhunderts.[184] Die Ehre des ersten Protagonisten einer Energiewertlehre scheint *Podolinsky* (1883) zuzukommen, wenngleich dieser sie eher andeutete als explizit postulierte und lediglich als Ergänzung zur Marxschen Arbeitswertlehre ansah (vgl. *Martinez-Alier und Naredo* 1982). Die erste konsequente Energiewerttheorie wurde von den sozialen Energetikern *Winiarski* (1900) und *Solvay* (1906) formuliert:

> „[L]a mécanique sociale (...) tend à obtenir une seule et unique équivalence commune, le prix économique, lequel nous démontrera combien nécessite d'énergie la provocation d'un certain phénomène, et

[184] Es sei nochmals darauf hingewiesen, daß weder *Ostwald* noch *Soddy* eine Energiewertlehre vertraten; gleiches gilt für *Helm* (1887), dem *Georgescu-Roegen* (1986b, 8) zu Unrecht unterstellt, er hätte Energie bzw. Exergie und ökonomischen Wert gleichgesetzt. Allerdings wurde vor allem *Georgescu-Roegen* selbst oft dieser Vorwurf fälschlicherweise gemacht: Obwohl er die Energiewertlehre scharf kritisierte und eindeutig ablehnte (vgl. z.B. *Georgescu-Roegen* 1971, 282f; 1979b, 1041ff; 1982a, 21ff; 1986a, 270ff; 1986b, 8ff), wurde er häufig für die angebliche Postulierung dieser Energiewertlehre getadelt (vgl. z.B.: *Boulding* 1972, 280; *Burness et al.* 1980, 7; *Roberts* 1982, 171; *Young* 1991, 170) - wahrscheinlich nur aus dem Grund, weil er unermüdlich auf die Bedeutung der Thermodynamik für die Ökonomie hingewiesen hat.

d'après cela jugera en même temps de la valeur ainsi que de l'utilité sociale de tout phénomène.“ (*Winiarski* 1900, 280)

„A notre point de vue, ce qu'il importe de constater, c'est que, sur ce terrain encore, la physio-énergie et la psycho-énergie, par les variations de rendement qui mesurent les phénomènes de PLAISIR et de PEINE, apparaissent comme les facteurs irréducibles et essentiels qui se trouvent à la base des phénomènes de l'économie sociale.“ (*Solvay* 1906, 22)

Allerdings wurde es mit der zunehmenden Ablehnung der naturwissenschaftlichen Energetik zunächst auch ziemlich schnell still um die soziale Energetik und damit die Energiewertlehre. Beide erlebten zwar in den USA der zwanziger und dreißiger Jahre in Form der „Technokratie-Bewegung“ um *Howard Scott* (1933) zwischenzeitlich eine gewisse Renaissance (*Alessio* 1981, 65f; *Berndt* 1985, 344ff). Aber die Energiewertlehre im engeren Sinne wurde, sieht man von *Zagoroffs* (1954) Forderung nach einem energetischen Reduktionismus einmal ab, erst Anfang der siebziger Jahre wieder zu neuem Leben erweckt und erfreut sich seitdem einiger Popularität. Ausgelöst wurde dieser Aufschwung durch die Energiekrisen, die die Aufmerksamkeit auch der Ökonomen auf die bisher vernachlässigte Energie lenkten. Dadurch entstand zunächst die Energieanalyse (vgl. Teil V.2.1.2). Viele Energieanalytiker beschränkten sich aber nicht auf die positive Analyse, sondern griffen auch die anscheinend naheliegenden normativen Aspekte auf und postulierten eine Energiewertlehre; es überrascht nicht, daß sich unter diesen auch normativ argumentierenden Energieanalytikern eine Reihe von Naturwissenschaftlern, insbesondere Ökologen befinden, die sich schon aufgrund ihrer fachlichen Herkunft sehr mit der Energie und ihren Transformationen beschäftigen.[185]

Die Motive, die hinter der Aufstellung von Energiewertlehren stehen, lassen sich unterscheiden in epistemologische und umweltökonomische.[186] Im ersten Fall, der hauptsächlich für die „alten“ Energiewertlehren relevant ist, wird die Energetik bewußt als metaphysische Grundlage und erkenntnistheoretische Ausgangsposition akzeptiert (wie bei *Solvay* oder *Winiarski*), so daß sich die Energiewertlehre zwangsläufig und quasi „von selbst“ ergibt, sobald man sein Augenmerk wirtschaftlichen Sachverhalten zuwendet. Ein wesentliches Element der Energetik, das Primat der Naturwissenschaften, dient auch *Zagoroff* (1954) zur Rechtfertigung seines „energetic approach to economic theory“ (*Zagoroff* 1954, 84):[187]

---

[185] Als Vertreter der „neuen“ Energiewertlehre sind vor allem zu nennen *Berry* (1972), *Costanza* (1980; 1981a; 1981b; 1982; 1984), *Costanza und Herendeen* (1984), *Gilliland* (1975), *Hannon* (1973a; 1973b; 1975; 1981a; 1981b), *H.T. Odum* (1971; 1973; 1977a; 1977b; 1978; 1983; 1984; 1988), *H.T. Odum und E.C. Odum* (1981) und *Slesser* (1975). *Ruth* (1993, 123f) scheint die Energiewertlehre zumindest für eine akzeptable Alternative zur üblichen Nutzenwertlehre zu halten.

[186] Die epistemologische und die umweltökonomische Rechtfertigung der Energiewertlehre lassen sich genau nur *dogmenhistorisch*, nicht aber *materiell* unterscheiden; denn letztere ist mit ersterer nicht nur vereinbar, sondern läßt sich durchaus auch als Facette derselben begreifen.

[187] Ähnliche Auffassungen vertritt *Stone* (1978), der in recht unsystematischer Weise physikalische Konzepte auf ökonomische Sachverhalte anzuwenden versucht - mit dem Ziel einer physikalischen Reduktion der Ökonomie.

„[T]his means to explain economic phenomena in terms of biology and physics; to coordinate the fundamental concepts of economic theory with those of physics, considering physics as a basic science; and to find the place of economics in the system of natural philosophy." (*Zagoroff* 1954, 84f)

Im zweiten Fall, dem der „neuen" Energiewertlehre, wird die ökonomische Energetik im wesentlichen durch die Unverzichtbarkeit der Energie für ökonomische Aktivitäten und deren Nichtrezyklierbarkeit begründet:

„When all input requirements are analyzed, it becomes clear that energy limits the ability to obtain any input. This had led to the concept of energy as the ultimate limiting factor, which is to say: (i) that energy is the only commodity for which a substitute cannot be found, (ii) that potential energy is required to run every type of system, and (iii) that energy cannot be recycled without violating the second law of thermodynamics." (*Gilliland* 1975, 1052)

Ähnlich wie bei der Energieanalyse wird bei der Energiewertlehre der Nichtrezyklierbarkeit bzw. der Entropiezunahme nur *indirekt* Rechnung getragen, durch die Konzentration auf den Faktor Energie. Eine *direkte* Berücksichtigung der Irreversibilität durch die Energiewertlehre oder irgendeine andere Wertlehre ist *nicht* möglich, da als Wertkonzept immer eine *Erhaltungsgröße* herangezogen werden muß (vgl. Teil V.3.2.2).

Die umweltökonomischen Gründe, die zugunsten der Energiewertlehre genannt werden, entsprechen denen, die auch für die (positive) Energieanalyse ins Feld geführt werden (vgl. Teil V.2.1.2). Es ist daher verständlich, daß die Neigung der Energieanalytiker groß war, den scheinbar kleinen Schritt zur so naheliegenden Energiewertlehre zu wagen: Denn besonders aus der Sicht der Naturwissenschaftler schien es klar zu sein, daß der (physikalisch) einzig wirklich knappe Faktor, die Energie, auch den Wert der Wirtschaftsgüter bestimmen müsse. Gerade in der Anfangszeit der Energieanalyse wurde die Energiewerttheorie von vielen Energieanalytikern vertreten, die in ihrem Enthusiasmus für die neue Disziplin die Probleme einer normativen Ausweitung der Energieanalyse zur Energiewertlehre übersahen - wenngleich sich einige von ihnen im Laufe der Zeit dieser Probleme bewußt wurden und ihre Einstellung revidierten.[188]

Von den Vertretern der „neuen" Energiewertlehre werden neben dem Hauptgrund, der Wichtigkeit der Energie für die Ökonomie, mitunter auch einige sekundäre Gründe angeführt, die zugunsten des Wertmaßstabs „Energie" sprechen würden: Diese beziehen sich aber nicht auf die grundsätzlichen Probleme des neoklassischen Nutzenwertes, sondern vielmehr auf die von diesem determinierten

---

[188] So sprach sich *Slesser* (1975, 170) zunächst *für*, zwei Jahre danach *gegen* eine Energiewertlehre aus (*Slesser* 1977a, 259); später änderte er seine Meinung allerdings noch einmal (*Slesser* 1989) - zugunsten einer *Exergiewertlehre* (vgl. Teil 3.2.2). Auch *Thoresen* wollte ursprünglich die Energie als „normalizing standard for value" einsetzen (*Thoresen* 1981, 150), ließ diesen Gedanken aber später fallen (vgl. z.B. *Thoresen* 1985).

Marktpreise. Die Energie würde im Gegensatz zur monetären Bewertung keinen verzerrenden Einflüßen wie Inflation, Externalitäten oder staatlichen Interventionen (in Form von Steuern, Subventionen oder Regulierungen) unterliegen und deshalb weitaus verläßlicher und informativer sein (*Gilliland* 1975, 1056; *Hannon* 1981a, 83; *Slesser* 1989, 200).

Was ist nun unter der Determinierung des Wertes durch die Energie zu verstehen? Mit der den Wert ausmachenden Energie ist selbstverständlich *nicht* der tatsächliche physikalische Energiegehalt, also der Brennwert,[189] eines Gutes gemeint, denn dies würde zu der ökonomischen Realität auf den ersten Blick widersprechenden Ergebnissen führen; z.B. wäre ein Stück Kohle weit wertvoller als ein gleich großer Diamant. Vielmehr steht, wie bei der Energiebuchführung, im Mittelpunkt der Betrachtungen die „verkörperte Energie", also die bei der Produktion eines Gutes aufgewandte Energie. Dabei wird neben der *direkten* auch die *indirekte* Energie berücksichtigt: Erstere bezeichnet den unmittelbaren Energieaufwand bei der Produktion, letztere die bei der Produktion der Vorleistungen aufgewandte Energie. Ebenso wie in der Energiebuchführung wird das Prinzip der Energiekonservierung zur Ermittlung der gesamten verkörperten Energie angewandt. Hier wie dort wird davon ausgegangen, daß der Energiegehalt aller Inputs eines ökonomischen Prozesses genau dem seiner Outputs entspricht, also keine Energie verlorengeht. Nur die Interpretation ist unterschiedlich: Im Fall der Energiebuchführung wird der Energiegehalt als Energiekosten aufgefaßt, ohne weitere Implikationen für den Wert der Güter; im Fall der Energiewertlehre wird der Energiegehalt dagegen mit dem den Gütern innewohnenden bzw. beizumessenden Wert gleichgesetzt.[190]

Am Beispiel der Energiewertlehre wird deutlich, daß selbst in den Fällen, in denen ökonomische Konservierungsprinzipien, also Werttheorien, aus der Physik entlehnt werden, nicht lediglich physikalischen Gesetzen gefolgt werden kann, sondern daß bestimmte zusätzliche, rein ökonomisch motivierte Annahmen erforderlich sind. Denn offensichtlich wohnt die „verkörperte" Energie eben *nicht* tatsächlich den Gütern inne, sondern wird bei deren Produktion durch reale, irreversible Prozesse zu einem Großteil dissipiert. Physikalisch korrekt wäre nur die erwähnte „naive" Energiewertlehre, die sich auf den tatsächlichen Energiegehalt der Güter bezieht, die aber für ökonomische Zwecke sinnlos ist und deshalb nie ernsthaft in Betracht gezogen wurde. Bei der Energiewertlehre handelt es sich also zwar um eine physikalisch-reduktionistische Wertlehre, da der Wert allein durch eine physikalische Größe, die Energie, determiniert wird; aber hinsichtlich der Art und Weise dieser Determinierung werden nicht ausschließlich physikalische Gesetze, sondern auch gewisse zusätzliche Annahmen bzw. Fiktionen herangezogen, die zwar einer

---

[189] Rekurriert man nicht auf die mit der heutigen Technologie tatsächlich gewinnbare Energie, sondern auf die „theoretische", aus der Einsteinschen Energie-Masse-Äquivalenz abgeleitete Energie, so führt dies zu einer Massetheorie des Wertes - welche aus ökonomischer Sicht nicht besonders attraktiv erscheint.

[190] Deshalb muß sich auch die Energiewertlehre bestimmten Problemen stellen, die die Energiebuchführung mit dem Hinweis auf unlösbare Ermittlungs- oder Zurechnungsschwierigkeiten vernachlässigen konnte - wie z.B. dem Problem der Berücksichtigung der menschlichen Arbeit.

physikalischen Grundlage entbehren, aber aus ökonomischen Gründen unverzichtbar sind. Insofern (*aber nur insofern!*) kann man auch nicht von einem *vollständigen* Reduktionismus sprechen, da immer noch originär ökonomische Aspekte eine Rolle spielen.

Gegenüber der neoklassischen Wertkonzeption stellt die Energiewertlehre aus dogmenhistorischer Sicht einen Rückschritt dar. Denn sie gehört - ungeachtet der Konzentration auf Energie und der Außerachtlassung der Materie - zu den *Substanztheorien* des Wertes, da sie den Wert als eine in den Gütern lokalisierte „Substanz" begreift (vgl. Teil III.1). In einem wichtigen Punkt gleicht die Energiewertlehre dem Physiokratismus: In beiden gibt es nur *einen* produktiven Sektor, in dem die Wertschöpfung stattfindet; im Fall der Physiokraten handelt es sich um die Landwirtschaft, deren Platz bei den Energiewerttheoretikern die Energiewirtschaft einnimmt.

Denn aus den Prämissen der Energiewertlehre folgt eindeutig: Nur insoweit Energie ökonomisch nutzbar gemacht wird, wird Wert geschaffen. Dies ist aber nur der Energiewirtschaft möglich, die Primär- in Sekundärenergie umwandelt und für den Wirtschaftsprozeß zur Verfügung stellt.[191] Die Wertschöpfung der Energieindustrie entspricht dabei der Nettoenergie, d.h. dem Teil der Sekundärenergie, der effektiv nutzbar ist, also nicht von der Energieindustrie selbst, direkt oder indirekt, in Anspruch genommen wird (vgl. Teil V.2.1.2.1). Da die Energiewerttheorie für Geldwirtschaften zum Energiegehalt proportionale Preise impliziert, ist es klar, daß nur in der Energieindustrie Gewinne erzielt werden: Gewinnmaximierung und Nettoenergiemaximierung sind einander äquivalent; da sämtliche Inputs Kosten in Höhe ihres Energiegehalts verursachen und der Output, die insgesamt erzeugte Sekundärenergie, dem Erlös entspricht, kann die Nettoenergie (also die Differenz zwischen Gesamtsekundärenergie und Sekundärenergiegehalt der Inputs) mit dem Gewinn der Energiewirtschaft gleichgesetzt werden (*Huettner* 1976, 102f).[192] Als Input gilt hier *nicht* die geförderte Brutto- oder Primärenergie per se, da für diese als Naturgut kein direkter Preis zu zahlen ist, sondern sie lediglich indirekt Kosten durch die zur Förderung notwendigen Produktionsfaktoren verursacht.[193] Die von der Energiewirtschaft zur Verfügung gestellte Nettoenergie, also die gesamte Wertschöpfung der Volkswirtschaft, wird von den anderen Wirtschaftssektoren lediglich von einer Form in die andere transformiert; dabei wird jedoch kein Wert geschaffen, und es fällt auch kein Gewinn an. Mit Ausnahme der Energiewirtschaft sind also alle anderen Bereiche der Volkswirtschaft - ob Industrie, Handel oder Handwerk -

---

[191] In aller Regel werden die Energiebeiträge durch direkte Sonneneinstrahlung von den Energiewerttheoretikern *nicht* berücksichtigt; insoweit dies dennoch geschieht, muß auch die Land- und Forstwirtschaft als produktiv bezeichnet werden.

[192] *Huettner* (1976) bewies die Äquivalenz von Gewinn- und Nettoenergiemaximierung *unter der Voraussetzung* der Energiewertlehre, deren Gültigkeit er allerdings energisch bestritt. Deshalb beschuldigt ihn *Georgescu-Roegen* (1979c, 1044; 1982a, 23f; 1986a, 271; 1986b, 9) fälschlicherweise einer Rechtfertigung der Energiewertlehre.

[193] So gesehen entspricht der Gewinn der (nicht gezahlten) Faktorentlohnung für die Natur (*Hall, Cleveland und Kaufmann* 1986, 75).

unproduktiv.[194] Durch den Konsum schließlich wird der Wert verzehrt und aufgebraucht.

Festzuhalten ist also, daß die Nettoenergie dem Sozialprodukt bzw. der Wertschöpfung entspricht; der Preis aller Güter bemißt sich nach ihrem Energiegehalt, wobei das absolute Preisniveau von der (absoluten) Höhe des Energiepreises, der mehr oder weniger willkürlich gewählt werden kann, abhängt.[195]

Hinsichtlich der Proportionalität von Energiegehalt und Preis werden mitunter gewisse Einschränkungen gemacht, um die in der Realität unverkennbaren Abweichungen von dieser Proportionalität mit der Theorie in Einklang zu bringen. So räumt *Solvay* (1906, 22) ein, daß „Informationsdefizite" - auf welche Art auch immer - zu Abweichungen der tatsächlichen von den „eigentlich richtigen" Energiepreisen führen können. Für dasselbe Phänomen werden auch Marktunvollkommenheiten oder auf der Mikroebene wirkende, nicht näher spezifizierte „Störfaktoren" verantwortlich gemacht (*Costanza und Herendeen* 1984, 157). Schließlich wird auf den Zeithorizont abgestellt und die Möglichkeit, ja sogar Wahrscheinlichkeit, eines kurzfristigen Auseinanderfallens von tatsächlichem Preis und Energiepreis eingeräumt, dennoch aber an deren langfristiger Äquivalenz festgehalten (*Berry* 1972, 9; *Slesser* 1989, 194). In jedem Fall wird jedoch von der grundsätzlichen Proportionalität von Preis und Energiegehalt ausgegangen, die lediglich mitunter „gestört" werden kann - wobei sich zur Natur und zum Ausmaß dieser Störung bemerkenswerterweise nicht näher geäußert wird.

Im Gegensatz dazu vertritt *H.T. Odum* zwar vehement eine Energiewertlehre, behauptet aber paradoxerweise, das Verhältnis von Preis zu Energiegehalt würde *systematisch* innerhalb der Volkswirtschaft variieren. Mit zunehmender Verarbeitungsintensität würde das Preis-Energiegehalt-Verhältnis zunehmen (*H.T. Odum* 1971, 189; 1983, 481; 1984, 192; 1988, 1136): „Actual dollars tend to be concentrated in their circulation at the terminal end of a web (final demand sectors, urban sectors, etc.). (...) Actual energies (without regard to quality) tend to be concentrated at the low quality solar energy of the system." (*H.T. Odum* 1984, 192) Allerdings führt *H.T. Odum* auch eine andere Erklärung für Disproportionalitäten an, die weniger systematisch erscheint: Ineffizienzen beim Energieeinsatz (*H.T. Odum* 1978, 74). Aber nichtsdestoweniger wird an der Energiewertlehre festgehalten und Geld als Wertmaßstab verworfen. Die Ursache für diesen Widerspruch ist im mangelnden Verständnis für die Rolle des Wertes in der Ökonomie zu suchen.

Nachdem die Energie als Quelle und Grundlage des ökonomischen Wertes erkannt wurde, müßte der nächste wesentliche Schritt auf dem Weg zu einer „energetischen" Ökonomie darin bestehen, entsprechende Verhaltensannahmen zu formulieren. Ähnlich wie die Neoklassik ihre Erklärungen nicht aus der bloßen Gleichsetzung von Wert und Nutzen, sondern vor allem mit der zusätzlichen

---

[194] Dies wird von den Energietheoretikern zwar - aus gutem Grunde - so nicht explizit behauptet, folgt aber zwingend aus den Annahmen der Energiewertlehre.

[195] Aufgrund dieser Zusammenhänge überrascht es nicht, daß insbesondere Nettoenergieanalytiker, wie z.B. *Gilliland*, auch die Energiewertlehre bejahen.

Annahme der Maximierung desselben gewinnt, ist auch eine auf der Energiewertlehre basierende Ökonomie darauf angewiesen, Annahmen zu treffen über das Verhalten der Wirtschaftssubjekte in bezug auf die den Wert repräsentierende Größe, also die Energie. Überraschenderweise herrscht in dieser Hinsicht Stillschweigen bei fast allen Energiewerttheoretikern. Lediglich *H.T. Odum* (1973, 222; 1977b, 177ff; 1978, 59ff; 1983, 492ff) äußert sich überhaupt dazu, wobei er sich - für einen Ökologen naheliegend - der Energie-Prinzipien des Biologen *Lotka* (1922a) bedient. Bei diesen handelt es sich um allgemeine Evolutionskriterien, letztlich um eine „thermodynamische" Fassung *Darwins*: Das *erste Prinzip* besagt, daß bei Vorhandensein nichtgenutzter Energiereserven eine Tendenz zur Maximierung des Energieflusses bzw. der Energiedissipation besteht.[196] Nach *Lotkas zweitem Prinzip* führt die Evolution bei begrenzten Energievorräten zu einer Maximierung der Energieeffizienz, d.h. zu einer Minimierung der Entropieproduktion.[197] Beide Prinzipien werden von *H.T. Odum* auf Wirtschaftssysteme übertragen, die im Systemwettbewerb nach Maßgabe eines dieser beiden Prinzipien selektioniert würden, wobei die jeweiligen Umweltbedingungen darüber entscheiden würden, welches Prinzip zur Anwendung kommt. Während bis Mitte des Jahrhunderts das erste Prinzip eindeutig dominiert hätte, würde mit zunehmender Energieverknappung und insbesondere seit den Ölkrisen der siebziger Jahre ein Übergang zum zweiten Prinzip erfolgen (*H.T. Odum* 1973, 92).[198] Auch *H.T. Odum* offeriert also lediglich Aussagen über die langfristige Entwicklung ganzer Wirtschaftssysteme, jedoch keine Verhaltensannahmen auf mikroökonomischer Ebene.[199]

Kommen wir nach der Darstellung der Grundzüge der Energiewertlehre nunmehr zu einer kritischen Analyse derselben.

Die Energiewertlehre wird von den vielen Ökonomen von vornherein abgelehnt, deren epistemologische Grundposition nicht mit einem physikalischen Reduktionismus vereinbar ist; dabei werden meist eher intuitive Argumente gegen die Energiewertlehre ins Feld geführt.[200]

---

[196] Von späteren Autoren, die auf *Lotka* Bezug nehmen, wurde für das erste Prinzip der mißverständliche Name „Maximum Power"-Prinzip verwandt, der nicht von *Lotka* selbst stammt. Da eine wörtliche Interpretation dieses Begriffes jedoch physikalisch unsinnig wäre (*Daly* 1984, 23f; 1991b, 216), muß „Leistung" hier als „Energienutzung" oder „Entropieproduktion" aufgefaßt werden.

[197] Im Gegensatz zur Darstellung bei *M. Binswanger* (1992, 105; 1993, 222f; 1994b, 174f) stammt also auch das zweite Prinzip von *Lotka*.

[198] Auch *Hannons* (1981a) Vorschlag impliziert das Primat der Energieeffizienz, da er fordert, als wichtigstes ökonomisches Entscheidungskriterium das Verhältnis von (diskontiertem) Energieinput zu (diskontiertem) Energieoutput zu verwenden.

[199] Allerdings scheint er manchmal den Lotka-Prinzipien auch eine mikroökonomische Bedeutung zuzumessen, wenn er Gewinn- und Energieflußmaximierung gleichsetzt (*H.T. Odum* 1983, 502).

[200] Vgl. z.B.: *R.U. Ayres* (1978, 69), *Boulding* (1977, 117), *Daly* (1981, 165ff; 1984, 23ff; 1986, 319; 1991b, 215ff; 1993c, 327), *Huettner* (1976; 1977), *Langham und McPherson* (1976), *Peskin* (1976), *Proops* (1985, 160f), *Slesser* (1977a).

Wir werden nun zeigen, daß eine genauere und vorurteilsfreie Untersuchung für die Rechtfertigung dieser ablehnenden Haltung genügend gute Gründe liefert.

Zunächst ist klar, daß die Energiewertlehre mit denselben technischen Problemen zu kämpfen hat wie die Energiebuchführung (vgl. Teil V.2.1.2.1). Neben der Frage der Vergleichbarkeit von Energie unterschiedlicher Qualität (*Boulding* 1977, 117; *G. Foley* 1978, 84; *Ostwald* 1908, 164), womit nicht nur der Exergiegehalt, sondern auch Sauberkeit, Handhabbarkeit etc. gemeint ist, bereitet vor allem die Berücksichtigung der natürlichen Sonnenenergie und der menschlichen Arbeit erhebliche Probleme. Zwar propagiert - neben *Costanza* (1980; 1981a), der seine Meinung später änderte - *H.T. Odum* (1971; 1977a; 1977b; 1978; 1983; 1984) die Einbeziehung auch des Energieinputs in Form von Sonnenwärme oder Photosyntheseleistung. Doch werden diese Energien in aller Regel vernachlässigt, da sie zwar ökologisch bedeutsam, ökonomisch aber weniger relevant sind (*Gilliland* 1978d, 98).

Wichtiger und wesentlich umstrittener ist dagegen die Frage der Berücksichtigung der menschlichen Arbeitsleistung. Am einfachsten ist es, wie in der Energiebuchführung üblich, die menschlichen Energieinputs überhaupt nicht zu berücksichtigen (*Berry* 1972; *Hannon* 1973a). Diese Alternative kann aber nicht befriedigen, da so die Zahlung von Arbeitsentgelt völlig unerklärt bleibt. Entscheidet man sich deshalb für die Berücksichtigung der Arbeit, so bieten sich verschiedene Methoden an: Erstens kann die menschliche Arbeitskraft physikalisch bewertet werden (*Kümmel* 1977, 163; 1980, 10; 1982a, 378; 1982b, 190; 1989, 165; *Kümmel und Strassl* 1985, 177; *Kümmel et al.* 1985, 293); entweder indirekt durch die geleisteten Mannstunden oder direkt durch deren Energieäquivalent (wobei wiederum zwischen dem Energiegehalt der Nahrung und der tatsächlich geleisteten physikalischen Arbeit unterschieden werden kann).[201] Diese Konzentration auf körperliche Arbeit (bei der es lediglich auf die physikalische Arbeitsleistung ankommt und z.B. auch Geschicklichkeit außer acht bleibt) erfährt eine merkwürdige Rechtfertigung, nämlich durch die „similarity of the brains and nervous systems of all human beings." (*Kümmel* 1982b, 190) Allerdings bleibt dabei das Auftreten von beträchtlichen Lohn- und Gehaltsunterschieden unerklärt.[202]

Da dieses Vorgehen als zu einseitig und als dem Faktor Arbeit unangemessen empfunden wurde, wurden verschiedene Alternativen vorgeschlagen: Nicht durchgesetzt hat sich die Idee *H.T. Odums* (1971, 189), die Arbeit eines Individuums mit der Energie, die es durch seine Arbeit kontrolliert, zu bewerten. Mehr Anklang fand die Methode, den Energiegehalt der Arbeit mit dem Energiegehalt der konsumierten

[201] Entscheidet man sich für die Erfassung mittels des Energiegehalts der Nahrung, darf dieser, um Doppelzählungen zu vermeiden, natürlich nicht zusätzlich als Energieinput berücksichtigt werden (*Kümmel* 1980, 10).

[202] *Kümmel* ist eigentlich *kein* Energiewerttheoretiker; die Bewertung der Arbeit nur mittels physikalischer Größen stellt eine Ausnahme dar, wenngleich manche seiner Aussagen auch als Befürwortung der Energiewertlehre ausgelegt werden können (dazu weiter unten näheres).

Güter gleichzusetzen,[203] wenngleich die Begründung dafür nicht sehr überzeugend und etwas weit hergeholt klingt:

> „The energy cost of the labor is the number of workers multiplied by their average per capita energy consumption. This assumes that labor energy consumption is necessary for labor productivity. So, for example, new home appliances and multi cars per family allow more laborers to work and to be more productive in the economy. That marginal increase in labor and in labor productivity more than offsets the increased per capita energy consumption which makes it possible. If it did not, the new home appliances and multi car phenomena would not have made it in the market place to begin with." (*Gilliland* 1978d, 102)

Um Doppelzählungen bei dieser Methode zu vermeiden, müssen Nettooutput bzw. Sozialprodukt so umdefiniert werden, daß der Konsum nicht mehr einbezogen wird (*Costanza* 1980, 1223; 1982; *Huettner* 1982; *Slesser* 1977a, 259), was wiederum ökonomisch recht unplausibel ist, wenn man den Konsum als Endzweck jedes Wirtschaftens ansieht. Andererseits würden Doppelzählungen zu völlig absurden Ergebnissen führen; so wären im einfachsten Fall einer gleichgewichtigen Ökonomie ohne Staat sowohl Brutto- als auch Nettoenergie gleich Null (*Georgescu-Roegen* 1982a, 26).

Die Arbeitsproblematik ist symptomatisch für ein grundsätzliches Problem der Energiewerttheorie: die Art und Weise der Behandlung der verschiedenen Produktionsfaktoren. Hierbei ist vor allem zwischen Flußgrößen (wie Energie, Rohstoffen oder Vorprodukten) und Bestandsgrößen (wie Arbeit, Boden oder Kapital) zu unterscheiden. Diese dienen dazu, jene zu Gütern zu verarbeiten, gehen aber selbst nicht mit in die Produkte ein. Für die Energiewertlehre ergibt sich jetzt folgendes Dilemma: Entweder es werden nur die Flußgrößen berücksichtigt, dann ist der Preis der Bestandsgrößen zwangsläufig Null (*Georgescu-Roegen* 1979b, 1048ff; 1982a, 23ff; 1986a, 270ff) - ein ökonomisch offensichtlich absurdes Ergebnis. Oder aber sowohl Fluß- als auch Bestandsgrößen werden mit einbezogen, wie das im Regelfall geschieht, so daß sich auch für letztere positive Preise ergeben. In diesem Fall ist aber die Bewertung dieser Größen mit Schwierigkeiten verbunden, was sich schon im Fall der menschlichen Arbeit gezeigt hat. Ähnliche Probleme treten beim Kapital auf: Entspricht dessen Energieinput der tatsächlichen physikalischen Arbeitsleistung, so daß nur entsprechende Maschinen berücksichtigt werden würden, oder dem Energiegehalt der Instandhaltungsaufwendungen oder der bei der Herstellung der Kapitalgüter eingesetzten Energie? Die letztgenannte Alternative wird von den meisten Energiewerttheoretikern bevorzugt, doch stellt sich hier die Frage nach der Zurechnung des Energiegehalts des Kapitals auf die mit seiner Hilfe produzierten Güter. Keinesfalls akzeptiert werden kann die übliche Vorgehensweise der Energiebuchführung, die die gesamten Energiekosten der Investitionsgüter ausschließlich den in der Periode ihres Erwerbs produzierten Gütern zurechnet (also

---

[203] *Costanza* (1980; 1981a), *Costanza und Herendeen* (1984), *H.T. Odum* (1978, 79ff; 1983, 490; 1984, 192), *H.T. Odum und E.C. Odum* (1981, 44f).

Investitionsgüter wie z.B. Betriebsstoffe behandelt). In jedem Fall unmöglich ist aber die Begründung der Existenz des Zinses, da eine bestimmte Energiemenge per definitionem immer gleich viel wert ist, gleichgültig zu welchem Zeitpunkt sie eingesetzt bzw. verbraucht wird (*Alessio* 1981, 68f).[204] Ähnliches gilt im Zusammenhang mit dem Faktor Boden (der in der Energiebuchführung außer acht bleiben kann): Energiewerttheoretisch darf eine reine Bodenrente nicht existieren - zumindest wenn, wie üblich, die direkte Sonneneinstrahlung unberücksichtigt bleibt.

Nicht unumstritten ist auch die Berücksichtigung des Staates analog zur Arbeit (*Costanza* 1980; 1981a; *Costanza und Herendeen* 1984); dessen „Endogenisierung" hat entsprechende Konsequenzen für das Sozialprodukt, das dann - abgesehen von einem etwaigen Außenbeitrag - nur noch aus Netto- bzw. Bruttoinvestitionen besteht.

Angesichts der Vielzahl ungelöster und umstrittener Probleme, von denen hier nur die wichtigsten genannt wurden, muß die Energiewertlehre schon aus rein praktischen Gründen verworfen werden (*G. Foley* 1978, 84) - von ihren theoretischen Unzulänglichkeiten ganz abgesehen. Zu diesen gehört vor allem das Fehlen von Verhaltensannahmen in bezug auf Energie: Ohne dieselben ist der Erklärungswert für ökonomische Fragestellungen sehr gering. Für die Konsumenten wird keinerlei Verhaltenshypothese offeriert, so daß deren Handlungen völlig im dunkeln bleiben. Was die Produzenten angeht, so ist die Annahme der Gewinnmaximierung, die man für eine Geldwirtschaft plausiblerweise unterstellt, wenig hilfreich, da sie nur für die Unternehmen der Energiewirtschaft relevant ist. Hier impliziert sie die Maximierung der Nettoenergie, die ja dem Gewinn äquivalent ist. Da alle anderen Unternehmen weder Gewinne noch Verluste erzielen, gleichgültig wie sie sich verhalten, läßt sich deren Verhalten (ja nicht einmal deren Existenz!) nicht mit der Hypothese der Gewinnmaximierung erklären. Die Nettoenergiemaximierung der Energieindustrie läßt sich gut mit dem ersten Lotka-Prinzip vereinbaren bzw. kann als dessen mikroökonomisches Äquivalent bezeichnet werden. Offenbar stellen auch die beiden Lotka-Prinzipien bzw. deren mikroökonomische Uminterpretationen die einzig möglichen und plausiblen Kandidaten für energiewerttheoretische Verhaltenshypothesen dar. Dem ersten Prinzip entspräche eine Energie- bzw. Wertmaximierung. Wie wir gesehen haben, ist eine solche für die Energieindustrie möglich, wo sie der Gewinnmaximierung entspricht und von daher nicht unplausibel ist. Für die anderen Unternehmen und die Konsumenten führt die Hypothese der Energiemaximierung dagegen nicht allzu weit: Die Unternehmen transferieren lediglich die Nettoenergie von einer Form in die andere, schöpfen aber keinen Wert und erzielen keinen Gewinn; die Energiemaximierung könnte deshalb nur als wenig plausible Umsatzmaximierung interpretiert werden. Ähnliches gilt für die Konsumenten; sie erhalten für eine bestimmte Menge Geld immer nur die Menge von Gütern, die eine genau entsprechende Energiemenge verkörpert, d.h. einen genau entsprechenden Wert hat, ganz gleichgültig wie nun die Konsumentscheidung ausfällt. Die Energie-

[204] *Hannons* (1981a) Diskontierung von Energie widerspricht deshalb offensichtlich der Energiewertlehre (*Daly* 1981, 175).

maximierung impliziert eine Konsummaximierung, was zwar nicht unplausibel ist, aber doch recht wenig erklärt und die wichtigsten Fragen, insbesondere hinsichtlich der Auswahl der Konsumgüter weiterhin unbeantwortet läßt. Das zweite Lotka-Prinzip läuft mikroökonomisch auf eine einzelwirtschaftliche Maximierung der Energieeffizienz hinaus. Auch hier ist eine Anwendung auf die Energieindustrie möglich: Bei *gegebener* Bruttoenergie wird die Energieeffizienz dann maximiert, wenn auch die Nettoenergie bzw. der Gewinn maximiert wird. Die weitere Verwendung dieser Nettoenergie und die Effizienz dieser Verwendung sind dagegen völlig ungewiß, denn eine auch nur halbwegs plausible Rechtfertigung für die Maximierung der Energieeffizienz fehlt im Fall der Konsumenten und Nichtenergieunternehmen völlig.[205] Im Zusammenhang mit der Effizienzmaximierung muß auch auf die makroökonomische Interpretation der Lotka-Prinzipien eingegangen werde; denn die mikroökonomische Effizienzmaximierung setzt den Übergang von Energie- zu Effizienzoptimierung auf Makroebene voraus. Hierbei ergeben sich gewisse Probleme: Zum einen ist nicht klar, was unter „begrenzten Energievorräten" zu verstehen ist: die Tatsache der Endlichkeit der Energievorräte, deren Erschöpfung innerhalb einer bestimmten Zeit oder das Auftreten tatsächlicher Engpässe in der Energieversorgung? Zum anderen gibt es, je nachdem wie die Begrenztheit definiert wird, zwei Möglichkeiten, den Übergang durchzuführen. Erstens kann dieser „automatisch" erfolgen, nämlich dann wenn alle nichterneuerbaren Energievorräte aufgebraucht sind und nur noch der konstante Fluß der Sonnenenergie zur Verfügung steht. Will man auch der intergenerationellen Gerechtigkeit Genüge tun, spricht einiges für die zweite Alternative, nämlich auf eine absehbare Erschöpfung der Energiereserven mit deren Rationierung, d.h. mit einer wie auch immer durchgeführten Limitierung des maximalen Bruttoenergieverbrauchs zu reagieren. Zu den wichtigen Fragen, was unter einer „absehbaren Erschöpfung" zu verstehen ist, wieviel Bruttoenergie zur Verfügung gestellt werden soll und wie eine etwaige Limitierung zu bewerkstelligen ist, äußert sich die Energiewertlehre freilich nicht. Von daher sind nicht nur die mikroökonomischen, sondern auch die makroökonomischen Lotka-Prinzipien höchst problematisch. An der evolutionstheoretischen Eignung letzterer lassen sich ohnehin erhebliche Zweifel anmelden. Denn es erscheint höchst unwahrscheinlich, daß die Stellung der Wirtschaftsysteme im Wettbewerb nur von deren Umgang mit Energie abhängt. Was das erste Lotka-Prinzip angeht, so zeigt am deutlichsten das Beispiel der ehemaligen Ostblockstaaten, daß ökonomischer Erfolg nicht nur von der Maximierung der Energiedissipation determiniert wird. Zwar ist das zweite Lotka-Prinzip wesentlich einsichtiger, da zumindest bei fühlbarer Energieknappheit die Energieeffizienz von Wirtschaftssystemen sicher ein wichtiger Wettbewerbsfaktor ist, doch kann auch in

---

[205] Man könnte allenfalls *H.T. Odum* (1978, 44) dahingehend interpretieren, daß er von einer Proportionalität der Preise nicht zum tatsächlichen, sondern zum minimal erforderlichen Energiegehalt ausgeht. Dann nämlich würden alle Unternehmen möglichst energieeffizient produzieren, um Verluste zu minimieren. Abgesehen davon, daß sich ein entsprechendes Konsumentenverhalten weiterhin nicht begründen läßt, ist diese „Werttheorie thermodynamischer Optima" selbst höchst dubios.

diesem Fall keineswegs von einer monokausalen Bestimmung der Wettbewerbsposition durch die Energieeffizienz ausgegangen werden.

Insgesamt sind also die Lotka-Prinzipien, sowohl in ihrer mikroökonomischen als auch in ihrer makroökonomischen Fassung, nur von sehr geringem ökonomischen Wert, nicht zuletzt aufgrund ihrer vagen und ambivalenten Formulierung, die sehr viel Interpretationsspielraum läßt und deshalb auch kaum eindeutig falsifizierbare Aussagen gestattet (*O'Connor* 1991, 114f).[206]

Die Hinzuziehung dieser Prinzipien ändert also kaum etwas am geringen Erklärungsgehalt der Energiewerttheorie. Sie ist unfähig, grundlegende ökonomische Phänomene zu erklären; ganz abgesehen von der Produktionsfaktorproblematik gilt dies für die Struktur von Konsum und Produktion und, aufgrund der „energetischen" Preisdeterminierung und der Vernachlässigung von Nutzengrößen, auch für Preisänderungen im Gefolge von Angebots- und/oder Nachfrageverschiebungen (*Hyman* 1980, 319f).

Aber auch aus rein umweltökonomischer Sicht ist die Energiewertlehre unbefriedigend. Empfehlungen zu einem - sowohl in bezug auf Umweltverschmutzung als auch auf drohende Ressourcenerschöpfung - verantwortungsvollen Umgang mit der natürlichen Ressource Energie lassen sich nicht ableiten. Im Gegenteil, die möglichen Aussagen zum Umgang mit Energie implizieren im Fall der Maximierung der Energiedissipation deren Verschwendung oder sind im Fall der Effizienzmaximierung unvollständig und nicht begründbar.

Es erstaunt deshalb nicht, daß die meisten Energiewerttheoretiker die Lotka-Prinzipien nicht aufgegriffen haben - erstaunlich ist vielmehr, daß sie überhaupt keine Verhaltensannahmen formulierten und dieses Versäumnis offenbar als unwesentlich empfanden. Die Ursache dafür, wie für manche andere Ungereimtheiten bei der Übertragung thermodynamischer Konzepte in die Ökonomie, ist ein mangelndes Verständnis für die Rolle und Funktion des Wertes. Denn viele Energiewerttheoretiker gehen davon aus, daß die Energiewertlehre mit der neoklassischen Verhaltensannahme der Nutzenmaximierung kombiniert werden könne - vor allem weil eine „reine" Energiewertlehre erhebliche Erklärungsdefizite aufweist. In der Regel wird diese Kombination nur angedeutet wie bei *Costanza und Herendeen* (1984, 157), die die Gültigkeit der Energiewertlehre „at the level of individual microeconomic transactions" in Frage stellen. Mitunter wird aber auch explizit die Koexistenz von Energiewertlehre und Nutzenmaximierung postuliert: „In microeconomic situations prices are a driving function on energy, but in macroeconomic situations energy flows in a relation to money flows determine prices." (*H.T. Odum* 1983, 505) Interessanterweise glaubt *H.T. Odum* auch an einen *gleichzeitigen* ökonomischen *und* energetischen Determinismus:

---

[206] Auch innerhalb der Ökologie und Biologie sind die Lotka-Prinzipien nicht unumstritten (*Wicken* 1986a). *Lotka* selbst hat vor ihrer Überbewertung gewarnt und zur Vorsicht gemahnt (*Lotka* 1956, 357f) - und im übrigen nie eine Übertragung in die Ökonomie vorgeschlagen oder selbst durchgeführt. Vollkommen unzulässig ist daher ihre Bezeichnung als „thermodynamische Gesetze" (*H.T. Odum* 1983, 101; *Vogel* 1989, 190), denn keines der Prinzipien wurde jemals, wie behauptet, „rigorously tested and confirmed" (*Vogel* 1989, 190).

„[W]e may regard energetic determinism as the quantitative principle guiding events in systems. To the extent that the energy flows and derived forces are controlled by the circular system of money, we may also regard economic determinism as important." (*H.T. Odum* 1971, 204)

Diese Auffassung liegt auch dem nach Ansicht von *H.T. Odum* unterschiedlichen Preis-Energie-Verhältnissen zugrunde; doch die Nutzenmaximierung widerspricht nicht nur der Energiewertlehre per se, sondern auch den von ihm ebenfalls verwandten Lotka-Prinzipien.[207]

Doch die Hoffnung, die Energiewertlehre mit der Nutzenmaximierung, (scheinbare) ökologische Plausibilität mit ökonomischer Rationalität zu vereinen, ist eine trügerische: Denn die geschilderten Versuche implizieren offensichtlich die Kombination *zweier* Wertkonzeptionen, der Energie *und* des Nutzens. Dies ist jedoch schon aus rein logischen Gründen völlig unmöglich: Entweder entspricht der Wert eines Gutes dessen Energiegehalt oder dessen Nutzen. Beides zusammen ist unmöglich - es sei denn, beide Wertmaßstäbe würden in einem festen Verhältnis zueinander stehen; in diesem Fall wäre freilich eines der beiden Wertkonzepte überflüssig. Zwei *voneinander unabhängige* Wertbegriffe sind aber ein Widerspruch in sich: Aufgrund der zentralen Bedeutung des Wertes für die Ökonomie kann es zwangsläufig *nur einen* relevanten Wert geben. Andernfalls wäre ökonomisch Rationalität auch gar nicht möglich: So müßte ein Konsument bereit sein, ein Gut sowohl zum „Nutzenpreis" als auch zum „Energiepreis" zu erwerben. Umgekehrt stünden Unternehmen vor der Frage, ob der Energiegehalt oder das Wertgrenzprodukt eines Produktionsfaktors die Grundlage der Faktorentlohnung sein soll.[208]

Es führt also kein Weg daran vorbei: Mit der Energiewertlehre müssen auch deren Nachteile akzeptiert werden; ihre (scheinbare) ökologische Plausibilität wird durch erhebliche ökonomische Lücken und Unzulänglichkeiten, insbesondere was sinnvolle Verhaltensannahmen angeht, erkauft. Dieses Problem ist allerdings kaum überraschend. Denn die Indeterminiertheit in bezug auf das Verhalten ist eine notwendige Folge der Determiniertheit in bezug auf den Wert. Die Energiewertlehre räumt dem menschlichen Willen in ökonomischer Hinsicht keine Freiheit ein (*Daly* 1981, 169ff; 1991b, 216f): Ganz gleichgültig wie der Mensch wirtschaftet, das Ergebnis seines Wirtschaftens, der Wert, wird immer durch die eingesetzte Energie determiniert. Da das menschliche Verhalten eine so geringe Rolle spielt, sind halbwegs sinnvolle Verhaltensannahmen nur in dem Bereich möglich, in dem der Mensch Einfluß auf das Ausmaß des Energieeinsatzes hat, also im Bereich der Energiewirtschaft. Sonst sind Aussagen über sein Verhalten nicht nur kaum möglich, sondern vom Standpunkt der Energiewertlehre aus auch höchst überflüssig. Die

---

[207] Neben *H.T. Odum* ist in diesem Zusammenhang *Zagoroff* (1954, 89ff) zu nennen, der neben dem primären Energiewert auch einen Nutzenwert kennt; daneben spricht er mißverständlicherweise vom Preis als „Geldwert".

[208] Selbstverständlich gelten diese Ausführungen auch für Versuche, die Energiewertlehre mit anderen Wertlehren zu kombinieren, etwa mit der Arbeitswertlehre (*Podolinsky* 1883).

Frage der menschlichen Willensfreiheit ist also keine „bloß philosophische" Frage (*Costanza und Herendeen* 1984, 157), sondern im Gegenteil von größter ökonomischer Bedeutung, da die negative Antwort auf diese Frage für die erhebliche Einschränkung des Erklärungsumfangs einer auf der Energiewertlehre basierenden Ökonomie verantwortlich ist, was aus ökonomischer Sicht natürlich beträchtliche Probleme mit sich bringt.[209]

Es muß also festgestellt werden, daß die Energiewertlehre ein Irrweg ist; sie ist keineswegs dazu geeignet, die Probleme der Ökonomie in Hinsicht auf ihr Verhältnis zur natürlichen Umwelt zu lösen. Im Gegenteil, sie schafft eine Unzahl neuer Probleme, ohne auch nur halbwegs sinnvolle Lösungen für die alten anzubieten. Ihr Erklärungsumfang ist absolut unzureichend und die angebotenen Erklärungen selbst sind größtenteils ökonomisch absurd. Die Energiewertlehre als Basis für die Ökonomie ist daher eindeutig abzulehnen; die Reduktion der Ökonomie auf die Physik ist nicht möglich. Dies ist auch rein intuitiv klar:

> „Value derives from the enjoyment of life, and there is more to life than energy, or even net energy or embodied energy." (*Daly* 1981, 168)

Wie kommt es aber dann, daß in verschiedenen Arbeiten empirische Bestätigungen für die angebliche Gültigkeit der Energiewertlehre gefunden wurden (*Costanza* 1980; 1981a; *Costanza und Herendeen* 1984), und zwar in Form eines für alle Güter gleichen Preis-Energie-Verhältnisses?

Die Erklärung für diese erstaunlichen Ergebnisse ist weder reiner Zufall (*Georgescu-Roegen* 1982a, 28) noch die *Tatsache* der erwähnten Einbeziehung von Arbeit oder Staat (*Herendeen* 1981, 616f). Die Erklärung liegt vielmehr in der *Art und Weise* dieser Berücksichtigung, die *allgemein* (und nicht nur in bezug auf Arbeit und Staat) in den genannten Untersuchungen Verwendung findet. Denn genau wie bei der Energiebuchführung (vgl. Teil V.2.1.2.1) wird hier auf Daten der ökonomischen Input-Output-Analyse zurückgegriffen und die insgesamt verbrauchte Primär- bzw. Sekundärenergie nach Maßgabe ihrer Preise den verschiedenen Gütern zugerechnet. So wird etwa aufgrund der „Endogenisierung" des Faktors Arbeit bzw. des Staates (die in der Energiebuchführung allerdings eher unüblich ist) deren Energieinput mit dem Energiegehalt des Konsums der Lohnempfänger bzw. des Staatsverbrauchs gleichgesetzt und dann den Unternehmen im Verhältnis ihrer Lohnzahlungen bzw. Steuerzahlungen zugerechnet. Und genau wie diese Vorgehensweise für die Unbrauchbarkeit der Ergebnisse der Energiebuchführung verantwortlich ist, ist sie auch für die Sinnlosigkeit der genannten Untersuchungen verantwortlich:

---

[209] Die wichtige und interessante philosophische Frage nach der Freiheit des menschlichen Willens soll hier nicht behandelt werden. Gleichgültig ob Willensfreiheit nun *tatsächlich* existiert oder nicht - für unsere Zwecke und für die Sozialwissenschaften im allgemeinen kann man pragmatischerweise davon ausgehen, daß die Menschen sich so verhalten, *als ob* ihr Willen frei sei. Für sozialwissenschaftliche Fragen ändert es nichts, wenn es in Wirklichkeit keinen freien Willen gibt und die Menschen lediglich aufgrund ihres begrenzten Verstandes ihre eigene Determiniertheit nicht erkennen.

Denn hier wie dort sind die festgestellten uniformen Preis-Energie-Verhältnisse ausschließlich ein Methodenartefakt, so daß Rückschlüsse auf die Realität keineswegs möglich sind. Schließlich kann jede beliebige Werttheorie mittels dieser Methode „bewiesen" werden! Das erkennt zwar auch *Costanza* (1980, 210; 1981a, 140), aber er beharrt nichtsdestotrotz auf der empirischen Relevanz seiner Untersuchungen; „the results are not merely mathematical artifacts but, rather, have some empirical implications." (*Costanza* 1981b, 189) Nicht nur aus logischen Gründen muß dies jedoch bezweifelt werden: Empirische Untersuchungen, die nicht ausschließlich auf monetären Größen basieren, kommen zu der Energiewertlehre deutlich widersprechenden Ergebnissen.[210] Auch widerspricht das gemäß Energiewertlehre konstante Verhältnis von Preis zu Energiegehalt eindeutig den Erfahrungen der letzten Jahrzehnte, für die, selbst nach Berücksichtigung der Inflation, eine abnehmende Energieintensität konstatiert werden muß (vgl. z.B. *Hannon* 1982). Nicht zuletzt ist die Energiewertlehre auf den ersten Blick mit ganz alltäglichen ökonomischen Phänomenen nicht zu vereinbaren; Preise ändern sich in Reaktion auf Angebots- oder Nachfrageeinflüsse, auch wenn die Güter und deren Energiegehalt absolut unverändert bleiben.

Es gibt also *keine* empirische Bestätigung für die Energiewertlehre, sondern im Gegenteil viele ihr widersprechende Tatsachen.

Abschließend noch ein Wort zu *Kümmel* und seinem Verhältnis zur Energiewertlehre: Wenngleich einige Äußerungen (vgl. z.B. *Kümmel* 1980, 63ff) vermuten lassen, daß er eine Energiewertlehre vertritt, stellt sich bei genauerer Analyse seiner Arbeiten heraus, daß dies nicht der Fall ist. So wird der Output zwar in „ENINs" (dem Namen der Einheit des Produkts von bei der Güterherstellung verbrauchter Energie und verarbeiteter Information) bewertet (*Kümmel* 1980, 42; 1982a, 378f; 1982b, 191; 1989, 165; *Kümmel und Strassl* 1985, 177; *Kümmel et al.* 1985, 292) und das Kapital wird in „ATONs" (so bezeichnet *Kümmel* die Einheit des Produkts aus Auslastungsgrad des Kapitals, vom Kapital geleisteter maschineller Arbeit und vom Kapital verarbeiteter Informationen) ausgedrückt (*Kümmel* 1977, 162f; 1980, 20f; 1982a, 378; 1982b, 190f; 1989, 165; *Kümmel und Strassl* 1985, 177; *Kümmel et al.* 1985, 292f). Doch sieht das nur auf den ersten Blick nach einer Energiewertlehre aus: Denn *Kümmel* führt „Äquivalenzfaktoren" sowohl beim Output als auch beim Kapital ein, mittels welcher die „physikalischen Bewertungen" mit den monetären Werten in Einklang gebracht werden (*Kümmel* 1980, 20f, 41f; 1982a, 378f; 1982b, 191). Die neoklassische Wertkonzeption wird also nicht in Frage gestellt, da letztendlich die Geldwerte (deren Ableitung von Nutzenüberlegungen unterstellt wird) Grundlage der Bewertung sind und die Äquivalenzfaktoren die Abweichung der physikalischen Werte von den Geldwerten ausgleichen.

Anlaß zu Mißverständnissen und zur Unterstellung einer Energiewertlehre gibt freilich das Weglassen bzw. die etwas vage Beschreibung dieser Äquivalenzfaktoren

[210] Vgl. z.B.: *R.U. Ayres und Kneese* (1989, 99f), *Bullard, Penner und Pilati* (1978), *Hannon* (1974), *Roberts* (1982).

in kürzeren Aufsätzen (*Kümmel* 1989, 165; *Kümmel und Strassl* 1985; *Kümmel et al.* 1985, 293) und vor allem die Bewertung der Arbeit: Diese wird rein physikalisch durchgeführt; ein Äquivalenzfaktor fehlt hier (*Kümmel* 1977, 163; 1980, 10; 1982a, 378; 1982b, 190; 1989, 165; *Kümmel und Strassl* 1985, 177; *Kümmel et al.* 1985, 293). Abgesehen davon, daß eine Energiewertlehre dadurch nahegelegt wird, daß kein Versuch unternommen wird, die physikalische Arbeitsleistung mit ihrer monetären Bewertung in Einklang zu bringen, wird auch - im Gegensatz zu Kapital und Output - die Informationsverarbeitung im Fall der Arbeit nicht berücksichtigt, was durch die Annahme identischer Informationsverarbeitungskapazitäten gerechtfertigt wird.

Diese Ungereimtheiten beeinträchtigen das weitere Vorgehen und das eigentliche Ziel *Kümmels* aber nicht, da dessen gesamtwirtschaftliche Energieanalysen (vgl. Teil V.2.1.2.2) ohnehin nur auf relative Veränderungen abstellen und meist monetäre Größen heranziehen:

> „The technical definitions and dimensions (...) are important mainly for conceptual reasons. The production function will be calculated in terms of dimensionless normalized variables where all proportionality factors drop out.“ (*Kümmel* 1989, 165)

3.2.2. Exergiewerttheorie

Eine seltene Variante der Energiewerttheorie stellt die Exergiewerttheorie dar. Die Rechtfertigung für sie ist klar: Ökonomisch ist weniger die Energiemenge per se entscheidend als vielmehr deren Potential, Veränderungen zu bewirken, d.h. Arbeit zu leisten. Da aber die Menge der verfügbaren Energie, der Exergie, trotz gleicher Energiemenge je nach den sonst vorliegenden Umständen recht unterschiedlich sein kann, liegt es nahe, die Exergie in den Mittelpunkt der ökonomischen Energetik zu stellen und eine Exergiewertlehre zu postulieren.

Eine solche ist auch dann gemeint, wenn von einer „Entropiewertlehre“ die Rede ist (*Daly* 1968; *Slesser* 1989). „[I]t would seem that entropy (...) should be the source of value.“ (*Daly* 1968, 395) Da die Entropie aber aus ökonomischer Sicht eindeutig eine „negative“ Größe ist, die die Energiequalität (hier nur bezogen auf den Grad der Energieverfügbarkeit) herabsetzt, ist eine wörtliche Interpretation solcher Entropiewertlehren offensichtlich nicht möglich (vgl. auch *Zagoroff* 1954, 97); diese sind vielmehr als Exergiewertlehren zu verstehen.

Auf den ersten Blick scheint eine Exergiewertlehre überhaupt nicht möglich zu sein: Denn beim Wert handelt es sich schließlich um das ökonomische Konservierungsprinzip und die Exergie ist *keine* Erhaltungsgröße. Letzteres ist zwar physikalisch unstrittig, doch muß die Ökonomie dem physikalischen Vorbild nicht unbedingt vollständig folgen, sondern kann für eine Werttheorie durchaus die Konservierung einer Größe unterstellen, die physikalisch gesehen gar nicht konserviert wird. Ähnliche Abweichungen gibt es auch in der Energiewertlehre (vgl. Teil V.3.2.1): Hier wird zwar von einer Erhaltungsgröße, der Energie, ausgegangen, doch erfolgt tatsächlich deren Konservierung eben *nicht* als „verkörperte" Energie in den jeweiligen Gütern; dabei handelt es sich vielmehr um eine notwendige ökonomische Fiktion. Im Fall der Exergiewertlehre wird die Exergie nicht nur in den Gütern selbst als „verkörperte Exergie", sondern überhaupt und grundsätzlich nicht erhalten. Darunter leidet zwar die intuitive Plausibilität; denn bei der Energiewertlehre dient eine physikalische Erhaltungsgröße auch als ökonomische Erhaltungsgröße, was bei der Exergiewertlehre nicht mehr der Fall ist. Aber zu einem wirklichen Rückschritt in Sachen physikalischer Korrektheit kommt es dadurch nicht; diese ist schon bei der Energiewertlehre nicht gegeben. Andererseits kann durch den Übergang von der Energie- zur Exergiewertlehre auch keine realistischere Darstellung und Erklärung erreicht werden. Zum einen weichen in den meisten Fällen die Exergie- von den Energiewerten nur unbedeutend ab (vgl. Teil V.2.1.2.3). Zum anderen wird, da die Exergie als Erhaltungsgröße behandelt werden muß, das eigentlich wesentliche des Entropiegesetzes auch hier nicht erfaßt. Wichtig ist nämlich nicht, daß nur ein Teil der Energie - nämlich die Exergie - tatsächlich zur Verfügung steht, sondern wichtig ist vor allem, daß diese Exergie in der Realität ständig abnimmt. Diese Tatsache kann aber nur indirekt berücksichtigt werden, indem die Exergie in den Mittelpunkt der Überlegungen gestellt wird. Eine solche indirekte Berücksichtigung ist jedoch genauso gut durch die Energiewertlehre möglich. Da die Exergie nicht anders als die Energie behandelt wird und als Grundlage einer Werttheorie auch nicht anders behandelt werden kann, ist im Vergleich zur Energiewertlehre kein Fortschritt möglich. Vielmehr gelten die zur Energiewertlehre angestellten Überlegungen cum grano salis auch für die Exergiewertlehre und das abschließende Urteil muß ebenso negativ ausfallen.

Das erkannte auch *Daly* sehr schnell, der sich von seiner ursprünglichen Befürwortung der Exergiewerttheorie (*Daly* 1968, 395f) abwandte und diese ebenso wie die Energiewerttheorie heute entschieden ablehnt (*Daly* 1991b, 25).

3.2.3. Zusammenfassung

Nach einer gründlichen Auseinandersetzung mit der Energiewertlehre muß man zu dem Schluß kommen, daß diese in keiner Weise den in sie gesetzten Erwartungen entsprechen kann - gleichgültig ob in Form der Energiewertlehre im engeren Sinn oder der Exergiewertlehre. Eine sinnvolle Integration der Umwelt in die ökonomische Analyse oder die sinnvolle Übertragung thermodynamischer Konzepte in die Ökonomie ist auf diesem Wege jedenfalls nicht möglich.

Nichtsdestotrotz läßt sich aus dem Projekt „Energiewerttheorie" eine wichtige Lehre ziehen: Bei der vor allem im Bereich der Umweltökonomie notwendigen interdisziplinären Zusammenarbeit ist größte Vorsicht geboten, damit diese nicht den Charakter eines energetischen Reduktionismus annimmt, dessen inakzeptable und unhaltbare Ergebnisse und Implikationen nur dazu geeignet sind, die fachübergreifende Kooperation in Verruf zu bringen.[211]

Es ist unbestritten, daß die Energie in der Ökologie eine wichtige Rolle spielt. Von daher ist es verständlich, wenn Ökologen die Einbeziehung der Energie und ihrer zentralen Funktion in die Ökonomie in Gestalt der Energiewertlehre für naheliegend, ja sogar für notwendig halten (vgl. vor allem die Veröffentlichungen von *H.T. Odum*); mitunter erscheint die Energiewertlehre offenbar als so selbstverständlich, daß sie ohne weitere Begründung einfach vorausgesetzt wird (vgl. z.B. *Giampietro und Pimentel* 1991).

Dabei wird allerdings übersehen, daß die Ökonomie sich in einem wichtigen Punkt von der Ökologie unterscheidet - im Einfluß des menschlichen Geistes und der menschlichen Kreativität. Dieser Einfluß ist es nämlich, der letztlich eine Reduktion der Ökonomie auf energetische Transformationen unmöglich macht und der eine Energiewertlehre als unhaltbar und der Ökonomie vollkommen unangemessen erscheinen läßt. Denn aus der Tatsache, daß die Naturgesetze generell und selbstverständlich auch für das menschliche Wirtschaften gelten, kann eben nicht geschlossen werden, daß sie dieses menschliche Wirtschaften vollkommen determinieren und daß keinerlei Entscheidungsspielraum besteht. Unnötig zu erwähnen, daß das andere Extrem, die Vernachlässigung oder sogar Negation dieser Naturgesetze ebenso unhaltbar ist!

Das Gesagte gilt auch für einige Ansätze, die zwar nicht die Energiewertlehre explizit postulieren, eine solche aber offenbar implizieren, da sie gewisse ökonomische Phänomene „energetisch" erklären wollen. Zu nennen wären hier *Stone* (1978), der Kapital durch physikalische Leistung definiert, vor allem aber *Vogel* (1989), der die Unternehmereigenschaft thermodynamisch erklären will, indem er die Energiedissipation als wesentliches Charakteristikum von Unternehmern bezeichnet (*Vogel* 1989, 191f). Abgesehen von ihrer Fragwürdigkeit im einzelnen sind die genannten Ansätze aufgrund ihrer fehlenden werttheoretischen Grundlage und Rechtfertigung sehr unsystematisch und willkürlich; sie entbehren jeglicher nachvollziehbarer Begründung.

---

[211] Der Reduktionismus in die andere Richtung läßt sich auch manchmal finden: So versucht *Vogel* (1988), die Ökologie auf ökonomische Konzepte zu reduzieren, indem er Entropie analog dem Nutzen interpretiert und das übliche ökonomische Maximierungskalkül anwendet. Dies führt zu noch absurderen und wertloseren Ergebnissen als die Energiewertlehre. Im Endeffekt handelt es sich hier um eine Remechanisierung der Natur - über den Umweg der neoklassischen Ökonomie.

4. Thermodynamische Analogien

Wir sind im bisherigen Verlauf unserer Arbeit immer davon ausgegangen, daß die Übertragung thermodynamischer Konzepte in die Ökonomie mit dem Ziel erfolgen soll, die Ökonomie mit den Naturgesetzen in Einklang zu bringen und insbesondere eine „natürliche" Umweltökonomie zu ermöglichen. Demzufolge haben wir die Thermodynamik ausschließlich physikalisch interpretiert. Diese Beschränkung ist jedoch nicht allgemein üblich, im Gegenteil: „Outside of physical science the entropy concept has been lavishly applied to social systems." (*Proops* 1987, 237) Ein Großteil dieser Anwendungen besteht nicht aus der Übertragung physikalischer Erkenntnisse in andere Disziplinen, sondern in der Bildung thermodynamischer Analogien. Die meist recht willkürliche, unsystematische und kaum gerechtfertigte Vorgehensweise bei der Formulierung solcher Analogien hat viel Verwirrung verursacht und ist für das Unverständnis verantwortlich, mit dem der Thermodynamik und vor allem dem Entropiekonzept in den Sozialwissenschaften begegnet wird. Unglücklicherweise besteht die Gefahr, daß dadurch auch die interdisziplinäre Zusammenarbeit in Mißkredit gebracht wird. Um dieser Gefahr zu begegnen, ist es notwendig, kurz auf die wichtigsten Versuche der thermodynamischen Analogisierung und ihre Unzulänglichkeiten einzugehen.

Am bekanntesten ist sicherlich die informationstheoretische Entropie, auf die auch in der Ökonomie zurückgegriffen wird (Teil V.4.1); daneben wird der Entropiebegriff auch in einem stochastischen Sinn verwandt (Teil V.4.2); aber die im engeren Sinn ökonomischen Analogiebildungen stellen die Versuche dar, eine „thermodynamische Ökonomie" zu konstruieren (Teil V.4.3).

4.1. Entropie und Information

Die erste und bis heute am weitesten verbreitete nichtphysikalische Verwendung thermodynamischer Begriffe erfolgte in der Informationstheorie.[212]

Implizit wurden Thermodynamik und Information zwar schon von *Gibbs* miteinander in Verbindung gebracht. Als eigentliche Vorläufer der Informationstheorie sind aber *Szilard* (1929) und *Lewis* (1930) zu nennen; letztgenannter setzte auch erstmalig explizit Entropie und Informationsverlust gleich (*Lewis* 1930, 573).

---

[212] Zum Zusammenhang von Thermodynamik und Informationstheorie vgl. z.B. *R.U. Ayres* (1994a, Kap. 2), *M. Binswanger* (1992, Kap. I.5, I.6), *K.G. Denbigh und J.S. Denbigh* (1985, Kap. 5), *Erbrich* (1988, Kap. III.3), *Tribus* (1980), *G. Weber* (1974), *E.U.v. Weizsäcker* (1974) und *Zucker* (1974, Kap. 4).

Begründet wurde die moderne Informationstheorie schließlich von *Shannon* (*Shannon* 1948; *Shannon und Weaver* 1949) und *Wiener* (1948), die den Informationsbegriff quantifizierten, wobei auf *Shannon* die Formalisierung der behaupteten Äquivalenz von Entropie und Information bzw. Informationsverlust zurückgeht.

Betrachten wir beispielsweise eine dreistellige binäre „Botschaft", eine Botschaft, die aus drei Wiederholungen von entweder 0 oder 1 besteht. Offensichtlich gibt es $2^3 = 8$ mögliche „Botschaften". Der Informationsgehalt I einer solchen Nachricht kann wie folgt definiert werden (wobei ld den logarithmus digitalis bezeichnet):

$$(1) \qquad I = \mathrm{ld}2^3 = 3$$

Rechtfertigen läßt sich diese Definition, weil *drei* zweiwertige Entscheidungen notwendig sind, um den Inhalt der Nachricht zu bestimmen; d.h. der Informationsgehalt einer solchen Nachricht beträgt drei Bits, der eines Symbols ein Bit. Durch die Verwendung des logarithmus digitalis läßt sich der Informationsgehalt also in Bits ausdrücken. Für den Informationsgehalt einer m-stelligen Nachricht im Binärcode gilt:

$$(2) \qquad I = \mathrm{ld}2^m = m$$

Und für den Informationsgehalt einer beliebig codierten Nachricht mit n möglichen, gleichwahrscheinlichen Botschaften gilt:

$$(3) \qquad I = \mathrm{ld}n$$

Mittels des Konzepts des *durchschnittlichen* Informationsgehalts H einer Nachricht lassen sich auch Fälle beschreiben, in denen die Wahrscheinlichkeiten p_i der n möglichen Botschaften nicht gleich sind.

$$(4) \qquad H = -\sum_{i=1}^{n} p_i \mathrm{ld} p_i$$

Für den Fall der Gleichverteilung, d.h. $p_i = 1/n$, gilt:

$$(5) \qquad H = -\mathrm{ld}\frac{1}{n} = \mathrm{ld}n = I$$

Information wird hier als rein *objektiver* Neuigkeitswert behandelt. H stellt ein Maß dafür dar, wie „informativ" die Nachricht ist, d.h. inwieweit sie neue Erkenntnisse vermittelt. Je mehr schon über die Nachricht bekannt ist, desto geringer ist ihr Neuigkeitswert. Das Wissen über den Inhalt der Nachricht wird von der Wahrscheinlichkeitsverteilung der möglichen Botschaften beschrieben: Ist nichts über die Nachricht bekannt, müssen alle Botschaften als gleichwahrscheinlich eingestuft werden, so daß bei gegebener Alternativenzahl der Neuigkeitswert maximal ist; umgekehrt ist er Null, wenn der Inhalt der Nachricht genau bekannt ist, also die Wahrscheinlichkeit einer bestimmten Botschaft gleich eins ist. Genaugenommen wird also nicht die tatsächliche bzw. *aktuelle* Information durch H gemessen, sondern die *potentielle*, so daß H gewissermaßen ein Maß des Nichtwissens darstellt. Hervorzuheben ist vor allem, daß „Information" hier rein technisch behandelt wird, d.h. als *syntaktische* Information, bei der die Bedeutung keinerlei Rolle spielt. So ist die Botschaft „NIEDERLAGE" informationstheoretisch der „Botschaft" „GELADRENEI" vollkommen gleichzusetzen. Bei Berücksichtigung der Bedeutung spricht man von *semantischer* Information. Die *pragmatische* Information stellt außerdem auch auf die Auswirkungen der Information ab.[213]

Die Größe H zeichnet sich durch bemerkenswerte Eigenschaften aus. Zum einen handelt es sich um die einzige Funktion, die gewisse Eigenschaften aufweist, die man sinnvollerweise von einem Informationsmaß erwarten muß. Zum anderen besteht eine unverkennbare Ähnlichkeit mit der Boltzmannschen Entropiedefinition der statistischen Mechanik (vgl. Exkurs 2, Gleichung 28). Aus diesem Grund bezeichnete *Shannon* auch H als „Entropie". Er betonte allerdings ausdrücklich, daß es sich hier um eine *rein formelle* Ähnlichkeit handele und H nichts mit der thermodynamischen Entropie zu tun habe. Dennoch hat diese Namensgebung zu der Herstellung sehr weitgehender Verbindungen zwischen der thermodynamischen und der informationstheoretischen Entropie geführt. Insbesondere *Brillouin* (1962; 1976a; 1976b) hat, ausgehend von einer subjektiven Interpretation der thermodynamischen Entropie, diese mit dem Nichtwissen (d.h. der potentiellen Information) und die Negentropie mit dem Wissen (d.h. der aktuellen Information) gleichgesetzt. Daraus folgert er die Konstanz von aktueller Information bzw. Negentropie in reversiblen und deren Abnahme in irreversiblen Prozessen; außerdem wird unterstellt, Negentropie und aktuelle Information seien ineinander überführbar. Diese materielle Gleichsetzung von Entropie bzw. Negentropie mit Information stieß jedoch auf heftige Kritik; in der Naturwissenschaft wird heute überwiegend die Meinung vertreten, daß es sich nur um eine formale Ähnlichkeit handelt.[214] Zwar kann aus Sicht der statistischen Thermodynamik die Entropie eines isolierten Systems auch als Maß für die potentielle Information, die diesem System inhärent ist, bzw. für den Grad unseres Nichtwissens über dieses System interpretiert werden; denn mit zunehmender Entropie nimmt die Zahl der möglichen Mikrozustände zu und damit quasi die Zahl der möglichen „Botschaften" des Systems. Aber auch wenn wir - auf welche Weise auch immer - genaue Kenntnis vom jeweiligen Mikrozustand des Systems hätten, die informationstheoretische Entropie bzw. die potentielle Information also Null wäre, würde sich die thermodynamische Entropie desungeachtet um keinen Deut ändern. *Eine* materielle Beziehung trivialer Art besteht freilich dennoch zwischen Thermodynamik und Information: So wie jeder Prozeß bzw. jede menschliche Aktivität Energie voraussetzt, so ist auch jedwede Art von Informationsverarbeitung auf Energie angewiesen, die in realen irreversiblen Prozessen unweigerlich dissipiert wird, wodurch die Informationsverarbeitung

---

[213] Für eine andere, aber ähnliche Informationstypologie vgl. *R.U. Ayres* (1994a, 190ff).

[214] Vgl. z.B.: *Atkins* (1986), *K.G. Denbigh und J.S. Denbigh* (1985, Kap. 5), *Fast* (1970, 325ff), *Jauch und Báron* (1972), *Peters* (1975), *Spreng* (1984), *Wicken* (1987, Kap. 1; 1988, 141ff), *Zucker* (1974, Kap. 4). Eine *materielle* Verbindung zwischen Entropie und Information stellt *C.F.v. Weizsäcker* (1974; 1986, Kap. 5) her, wofür er allerdings sowohl den Informations- als auch den Entropiebegriff uminterpretieren mußte. Es stimmt also nicht, daß die Identität von Information und Negentropie „to the satisfaction of virtually all physicists" etabliert ist (*R.U. Ayres* 1994a, 36).

entropieerhöhend wirkt (*Fricke und Borst* 1981, 45ff; *Tribus und McIrvine* 1979; *Zucker* 1974, Kap. 4) - was aber selbstverständlich kein besonderes Kennzeichen derselben ist!

Leider wurde die informationstheoretische Diskussion in den Naturwissenschaften von den Sozialwissenschaften im allgemeinen und der Ökonomie im besonderen nur sehr oberflächlich rezipiert, so daß die Anwendung informationstheoretischer Konzepte zu einer unzulässigen Überinterpretation des Entropiebegriffes führte. Zum einen wird die materielle Äquivalenz zwischen thermodynamischer und informationstheoretischer Entropie im allgemeinen einfach vorausgesetzt, wenngleich auch Ökonomen davor ausdrücklich warnen (*Georgescu-Roegen* 1977c; 1987, 156) oder dieser materiellen Äquivalenz zumindest skeptisch gegenüberstehen (*Proops* 1987, 235; *Theil* 1967, 26). Zum anderen wurden unzulässigerweise verschiedene Informationsbegriffe vermischt: Die naturwissenschaftliche Diskussion bezieht sich (fast) ausschließlich auf die syntaktische Information. Aus ökonomischer Sicht ist jedoch nicht diese, sondern eher die semantische, vor allem aber die pragmatische Information relevant. Es ist daher falsch, wenn *R.U. Ayres und Nair* schreiben: „Information, of course, has much the same meaning in economics as it does in physics or engineering" (*R.U. Ayres und Nair* 1984, 69).[215]

Auf der Grundlage dieses Irrtums werden die verschiedensten ökonomischen Informationsmaße definiert, als „Entropie" bezeichnet und mit der Thermodynamik und ihren Gesetzen in Verbindung gebracht (für einen Überblick vgl. *M. Binswanger* 1992, 141ff) - Informationsmaße die eines gemein haben: Sie haben nichts mit Entropie oder Thermodynamik zu tun, so daß die behaupteten Gesetzmäßigkeiten auch nicht durch die Thermodynamik gerechtfertigt werden können. So hatte beispielsweise *Bagno* (1963, Kap. 9) die Idee, Geldströme mit Negentropieproduktion gleichzusetzen, da Geld ökonomische Informationen übermittle und mit der Zunahme des Geldverkehrs auch die aktuelle Information zunehme.

Die Beziehungen zwischen Ökonomie, Information und Entropie sind aber keineswegs so klar und eindeutig, wie dieser Ansatz und andere Versuche unterstellen - im Gegenteil: Erstens läßt sich die ökonomisch relevante Information nicht mit informationstheoretischen Konzepten fassen, da sie praktisch nicht quantifizierbar ist, so daß „ökonomische Information (...) mit dem Shannonschen Informationsbegriff der Informationstheorie kaum sinnvoll berechnet werden kann." (*M. Binswanger* 1992, 150) Zweitens besteht zwischen der ökonomischen Informationsstruktur und der durch ihre Erzeugung, Aufrechterhaltung und Weiterentwicklung verursachten Entropieerhöhung kein eindeutiger Zusammenhang (*M. Binswanger* 1992, 151; 1994a; *Spreng und Hediger* 1987, Kap. 6). Die Steigerung der Dienstleistungs- und Informationsintensität der modernen Wirtschaft, die sich zunehmend zu einer „Informationswirtschaft" entwickelt, führt nicht unbedingt zu einer geringeren Entropieproduktion, einem geringeren Energieverbrauch oder einer größeren Umweltfreundlichkeit. Denn in bezug auf Entropieproduktion bzw. ökologische Effizienz kommt es nicht darauf an, „wieviel Information die

[215] *R.U. Ayres* hat seine Meinung allerdings inzwischen revidiert (*R.U. Ayres* 1994a, 45, 215).

mikroskopischen, makroskopischen und gesamtwirtschaftlichen ökonomischen Informationsstrukturen aufweisen. Entscheidend ist vielmehr, wozu Information eingesetzt wird." (*M. Binswanger* 1992, 372)

Der letztgenannten Überinterpretation können auch Arbeiten unterliegen, die den erstgenannten Fehler vermeiden, wofür *Hufnagel* (1995) als aktuelles Beispiel zu nennen ist: Aufgrund der wahrscheinlichkeitstheoretischen Erklärung von Erfahrungskurveneffekten gelingt es ihm, die informationstheoretische Entropie einer Nachricht über die Stückkosten eines Produzenten pragmatisch zu interpretieren, d.h. die Zunahme der aktuellen syntaktischen Information mit dem (erwarteten!) Produktivitätsfortschritt („ökonomische Entropie") gleichzusetzen (*Hufnagel* 1995, 32ff). Allerdings bringt der Rekurs auf die informationstheoretische Entropie keinen Erkenntnisfortschritt gegenüber den ursprünglichen wahrscheinlichkeitstheoretischen Überlegungen, sondern verleitet *Hufnagel* im Gegenteil zu unzulässigen Schlüssen auf die Umweltbelastung durch die Produktion (*Hufnagel* 1995, 40ff).[216]

Die meisten dieser ökonomischen Ansätze sind als eher fragwürdig einzustufen, da sie mit den informationstheoretischen und physikalischen Konzepten, auf die sie sich angeblich stützen, in aller Regel nur einige Ausdrücke gemein haben, diese aber willkürlich und unangemessen verwenden, also eigentlich mißbrauchen.[217]

Um dem Problem der Überinterpretation, das ja letztlich seinen Ursprung in der unglücklichen Wahl des Namens „Entropie" für den informationstheoretischen Neuigkeitswert hat, wirksam zu begegnen, schlug *Wicken* (1986b, 277; 1987, 24; 1988, 145) vor, diesen Namen durch die Bezeichung „Komplexität" zu ersetzen. Solange sich diese - oder ein anderes Substitut - jedoch noch nicht durchgesetzt hat, besteht weiterhin die Gefahr des Begriffswirrwarrs und -mißbrauchs, so daß eine sorgfältige Unterscheidung der verschiedenen Entropie- und Informationskonzepte unverzichtbar ist.

4.2. Die stochastische Entropie

Wie wir gesehen haben (vgl. Teil V.4.1), basiert die Verwendung des Entropiebegriffs in der Informationstheorie hauptsächlich auf einer formalen Analogie. Dies gilt auch für die „stochastische Entropie", die in den Sozialwissenschaften eine inflationäre Verbreitung erfahren hat, wodurch die ursprüngliche physikalische Bedeutung des Entropiebegriffs fast in Vergessenheit zu geraten droht.

---

[216] In diesem Zusammenhang wird auch eine „thermodynamische Produktionstheorie" aufgestellt (vgl. Teil V.4.3).

[217] *Georgescu-Roegen* (1977c; 1987, 156), *Rapoport* (1976), *Shannon* (1956), *Wicken* (1987, Kap. 1; 1988, 141ff).

Ähnlich wie im Fall der informationstheoretischen Entropie (statt des digitalen wird der natürliche Logarithmus verwandt) stützt man sich auf folgende Größe:

(1) $$H = -\sum p_i \ln p_i$$

Auch hier wird diese Größe aufgrund ihrer offensichtlichen Ähnlichkeit mit der informationstheoretischen Entropie, d.h. letztlich der Entropiedefinition der statistischen Mechanik, als „Entropie" bezeichnet. Allerdings wird sie hier nicht informationstheoretisch, sondern rein stochastisch interpretiert - und zwar als Streuungsmaß beliebiger Häufigkeitsverteilungen (*A.R. Horowitz und I. Horowitz* 1976, 121ff; *Proops* 1987, 233f). Als solches verfügt die „Entropie" über gewisse - aus statistischer Sicht - attraktive Eigenschaften, die ihre Verwendung in bestimmten Anwendungen anstelle bekannterer Maße, wie z.B. der Varianz, rechtfertigen können (*A.R. Horowitz und I. Horowitz* 1976, 124f).

In der Ökonomie wurde diese „Entropie" vor allem zur Messung und Beschreibung der Konzentration eingesetzt: Man untersuchte die Unternehmenskonzentration in bezug auf Marktanteile (vgl. z.B.: *Finkelstein und Friedberg* 1966; *A.R. Horowitz und I. Horowitz* 1968; *I. Horowitz und A.R. Horowitz* 1970) oder in geographischer Hinsicht (vgl. z.B.: *Garrison und Paulson* 1973; *Semple* 1973); auch die Einkommensverteilung (vgl. z.B. *Semple und Gauthier* 1972), die Siedlungsdichte (vgl. z.B. *Semple und Golledge* 1970), die Konsumentenpräferenzen (vgl. z.B. *Herniter* 1973) und das Einkaufsverhalten (vgl. z.B. *Wilson* 1970) wurden mittels dieser stochastischen Entropie analysiert. Schließlich wandte *Schotter* (1981, 139ff) sie auch auf den durch soziale Institutionen erreichten Ordnungsgrad einer Gesellschaft an.

Ohne auf diese Arbeiten hier näher eingehen zu wollen, muß zweierlei angemerkt werden: Zum einen handelt es sich bei dem hier verwandten Entropiebegriff um eine *statistische* Größe; eine Anwendung ist nur möglich und zulässig für Wahrscheinlichkeitsverteilungen und *nicht* für beliebige Reihen nichtnegativer Brüche, deren Summe eins ergibt, wenn Fehlinterpretationen vermieden werden sollen (*A.R. Horowitz und I. Horowitz* 1976, 122).

Zum anderen wird die Verwendung des eingängigen Begriffs „Entropie" durch gewisse Nachteile erkauft: Erstens entsteht unnötigerweise ein Begriffswirrwarr durch die verschiedenen Entropiedefinitionen, wodurch Unklarheiten und Verwechslungen geradezu provoziert werden. Zweitens besteht die Gefahr, daß mit dem Namen „Entropie" auch das *Entropiegesetz* übernommen wird und mit demselben unzulässigerweise auch nichtphysikalische Phänomene, die lediglich den *Namen* „Entropie" tragen, „erklärt" werden (*A.R. Horowitz und I. Horowitz* 1976, 128). Eine eventuelle Zunahme der stochastischen Entropie kann selbstverständlich *nicht* durch das Entropiegesetz „bewiesen" werden, sondern bedarf einer dem jeweiligen Untersuchungsgegenstand angemessenen, unabhängigen Rechtfertigung. So ist es z.B. nicht möglich, unter Bezugnahme auf den zweiten Hauptsatz von einer Maximierung des Entropiemaßes der Konsumentenpräferenzen ohne jede weitere ökonomische Begründung auszugehen (*Herniter* 1973).

Deshalb ist die inflationäre Verwendung des Entropiebegriffs höchst bedauerlich. Um die genannten Gefahren zu vermeiden, sollte - wie im Fall der informationstheoretischen Entropie - eine alternative Bezeichnung für die stochastische Entropie gewählt werden. Bis das geschieht, ist eine eindeutige und klare Abgrenzung von der Thermodynamik bei Verwendung dieser „Entropie" unabdingbar, um Verwechslungen und ungerechtfertigte Anwendungen physikalischer Gesetze zu vermeiden.

4.3. Die thermodynamische Ökonomie

Für die ökonomische Theorie und Methodologie am wichtigsten sind die eigentlichen *thermodynamisch-ökonomischen Analogien.*[218] Bevor kurz auf die verschiedenen Versuche, die Ökonomie mittels thermodynamischer Analogien zu beschreiben und zu erklären, eingegangen wird, ist auf den Unterschied, der zwischen denselben und der Energiewertlehre besteht, hinzuweisen. Letztere wird aus der thermodynamisch begründeten zentralen Rolle der Energie in der Ökonomie abgeleitet, beruht also auf physikalischen Überlegungen. Im Gegensatz dazu gehen die thermodynamischen Analogiebildungen in der Ökonomie *nicht* von der tatsächlichen Bedeutung bestimmter physikalischer Größen oder der Naturgesetze überhaupt für die Ökonomie aus. Vielmehr wird versucht, für physikalische Größen ökonomische Analoga zu finden und diese dann miteinander in Zusammenhang zu bringen, indem die physikalischen Gesetze, d.h. die Relationen zwischen den zugrundegelegten physikalischen Größen, kopiert und auf die Analoga angewandt werden - in der Hoffnung, auf diese Weise grundlegende ökonomische Erkenntnisse zu gewinnen, die den harten Kern einer ökonomischen Theorie bilden können. Diesem Verfahren verdankt auch die Neoklassik ihre Entstehung (vgl. Teil IV.1); aber während im Fall der Neoklassik die klassische Mechanik den Ausgangspunkt bildete, ist es hier die Thermodynamik, die als „Ausgangsdisziplin" herangezogen wird. Man könnte sagen, daß die (moderne) Energiewertlehre ökologisch, die thermodynamische Analogisierung aber heuristisch motiviert ist. Der grundlegend andere Ansatz der „thermodynamischen Ökonomie" schließt dabei keineswegs aus, daß ebenfalls eine Art „Energiewertlehre" formuliert wird: Allerdings handelt es sich dann eben *nicht* um ein ökologisch-naturwissenschaftlich begründetes Postulat, sondern um die rein logische Folge der Analogiebildung. Es wird also nicht behauptet, daß die Energie den Wert tatsächlich determiniert, sondern daß der ökonomische Wert der thermodynamischen Energie entspricht, daß also beide Konzepte analog beschrieben werden können.

Bei den hier behandelten Ansätzen handelt es sich überwiegend um formale Analogien, d.h. es werden nur Strukturen übertragen und ökonomische und physikalische Phänomene nicht unmittelbar miteinander in Verbindung gebracht -

[218] Deshalb sind im folgenden, wenn nur von „thermodynamischen Analogien" gesprochen wird, immer die thermodynamisch-ökonomischen Analogien gemeint.

wenngleich die Trennlinie zwischen formaler und materieller Analogie auch in diesem Fall keine klare und eindeutige ist. Zu beurteilen sind die Analogisierungen selbstverständlich aus ökonomischer Sicht, denn es sollen ja ökonomische Aussagen gemacht und ökonomische Erkenntnisse geliefert werden.

Der erste, der die Formulierung thermodynamischer Analogien in der Ökonomie vorschlug, war *Helm* (1887, 72), ein Hauptvertreter der Energetik. Er beließ es allerdings bei diesem Vorschlag und beschränkte sich auf die Darstellung der mechanischen Analogie der Neoklassik von *Jevons* und *Walras* (*Helm* 1887, 72ff).[219] Der Vorschlag *Helms* wurde erst von *Davis* (1941, 170) wieder aufgegriffen, der auf mögliche Analogien zwischen Ökonomie und Thermodynamik hinwies und z.B. die Entropie mit dem Nutzen verglich, da beide Größen maximiert werden und sich ihre Änderung jeweils als exaktes Differential darstellen läßt. Genau auf diese Analogie greift *Pikler* (1951) zurück, der dieselbe in den Mittelpunkt seiner rein formalen thermodynamischen Ökonomiekonzeption stellt. Auch diese bloß formale Analogie ist aus ökonomischer Sicht nicht unproblematisch; „it seems very difficult to state on economic grounds that the utility behaves like the entropy." (*Lisman* 1949, 61) Denn eine Gleichsetzung von Nutzen und Entropie ist nicht möglich. Der Nutzen, in seiner Rolle als neoklassischer Wert, muß einem Konservierungsprinzip unterliegen (vgl. Teil IV.1). Für die Entropie gilt dies jedoch *nicht*; weder die Entropie als solche noch die Summe bzw. Differenz von Entropie und freier Energie sind Erhaltungsgrößen (vgl. Exkurs 2). Und im Gegensatz zur Energiewertlehre, die einen recht freien Umgang mit der physikalischen Größe Energie bzw. Exergie erlaubt (vgl. Teil V.3.2), *muß* eine thermodynamische Analogie zumindest *formal* korrekt und vollständig durchgeführt werden - ja es ist nachgerade wesensnotwendig für sie! Man könnte sagen, die größere Freiheit in *materieller* Hinsicht gegenüber der Energiewertlehre wird durch einen geringeren *formalen* Spielraum erkauft. Bestünde man auf formaler *und* materieller Freiheit, würde sich die Übertragung von der Physik in die Ökonomie nurmehr auf bloße *Namen* beziehen, ohne jeden konzeptionellen Gehalt, so daß man eigentlich überhaupt nicht mehr von einer epistemologisch zumindest potentiell sinnvollen Übertragung sprechen kann.

Nicht auf den Konsum, sondern auf die Produktion bezieht sich die Analogie von *Hufnagel* (1995, 34ff), der versucht, eine „thermodynamische Produktionstheorie" von einer (informationstheoretisch fundierten) „ökonomischen Entropie" abzuleiten, indem er diese mit dem klassisch-thermodynamischen Ausdruck für die Entropie eines idealen Gases gleichsetzt und sich um ökonomische Entsprechungen für die in diesem Ausdruck vorkommenden Größen bemüht. Problematisch ist dieser Versuch zum einen deshalb, weil die als Grundlage dienende „ökonomische Entropie" *nur* stochastisch zu interpretieren ist; einer Abnahme dieser Entropie entspricht eine Senkung der *erwarteten* Stückkosten (vgl. Teil V.4.1). In der Analogie wird diese stochastische Größe dagegen rein deterministisch aufgefaßt, d.h. als *sichere*

---

[219] Im Gegensatz zur Meinung von *Proops* (1985, 157) konstruierten weder *I. Fisher* noch *Winiarski* thermodynamische Analogien: Während *I. Fisher* die *mechanische* Analogie en détail nachvollzog, vertrat *Winiarski* eine Energiewertlehre.

Stückkostensenkung. Zum anderen wird eigentlich, wie *Hufnagel* selbst schon zu erkennen scheint, „nur schon bekanntes ökonomisches Wissen (...) neu gruppiert“ (*Hufnagel* 1995, 43), so daß die formelle Analogie die Erwartungen des Autors hinsichtlich eines Erkenntnisgewinns nicht erfüllen kann; gleichfalls fragwürdig erscheint die in Aussicht gestellte Möglichkeit (materieller) umweltökonomischer Schlußfolgerungen.

Rein formaler Art ist dagegen die Analogisierung von *Lichnerowicz* (1971), der - im Gegensatz zu den vorgenannten mikroökonomisch orientierten Arbeiten - makroökonomische Zusammenhänge mittels thermodynamischer Prinzipien analysieren will; „on (...) néglige les phénomènes observables au niveau individuel ou microéconomique“ (*Lichnerowicz* 1971, 1642). Aufgrund vieler ökonomischer Widersprüche und Ungereimtheiten ist aber *Georgescu-Roegen* zuzustimmen, wonach es sich hier um „a purely formal exercise devoid of any specifically economic substance“ (*Georgescu-Roegen* 1986b, 9) handelt.

Je umfangreicher die Analogie wird, desto mehr Gewalt muß der Ökonomie angetan werden, um die angestrebte Analogie zu formulieren. Dies zeigt sich an der Arbeit von *English* (1974), der sich um eine umfassende Einführung physikalischer bzw. thermodynamischer Konzepte in die Ökonomie bemüht. So setzt er Produktion mit Entropiesenkung und Konsum mit Entropieerhöhung gleich. Da aber seiner Meinung nach eine Gesellschaft nur dauerhaft bestehen kann, wenn ihre Aktivitäten insgesamt entropiesenkend wirken (hier wird die Analogie materiell), ergibt sich für die Ökonomie folgende Notwendigkeit: „[I]n some incomprehensible way the individual must be motivated to produce on balance more than he consumes.“ (*English* 1974, 284) Auf eine ökonomische Begründung für diese höchst fragwürdige Behauptung wartet der Leser aber vergebens. Zudem geht *English* recht unsystematisch vor, da er z.B. an anderer Stelle die Entropie nicht mehr mit dem Güterbestand, sondern mit Geld gleichsetzt (*English* 1974, 285f). Von ähnlicher Qualität sind die Versuche *Franksens* (1972; 1974), der die Ökonomie analog einem elektrischen Netzwerk interpretiert und dabei auf recht originelle, aber kaum nachvollziehbare Fassungen der thermodynamischen Gesetze verfällt: Dem ersten Hauptsatz entspricht bei ihm das Walrassche Gesetz (*Franksen* 1974, 274f) und der zweite Hauptsatz wird mit dem ökonomischen Rationalitätspostulat gleichgesetzt (*Franksen* 1974, 258ff). Des weiteren vergleicht er, über die Thermodynamik hinausgehend, Spannung und Preis, elektrische Ströme und Güterflüsse etc. Im Ergebnis sollen aus dem Studium elektrischer Netzwerke Einsichten in die Prozesse der Ökonomie gewonnen werden, wofür *Franksen* freilich jeden Beweis schuldig bleibt.

Das umfangreichste, konsequenteste und konsistenteste Modell einer thermodynamischen Ökonomie stammt zweifelsohne von *Bryant* (1979; 1982; 1985). Hier werden nicht nur einige Konzepte übertragen, sondern die ganze Ökonomie wird rigoros thermodynamisch interpretiert: Das neoklassische Bild der Ökonomie als Uhrwerk wird durch das der Ökonomie als Carnot-Kreislauf ersetzt (*Bryant* 1979, 107). Dies impliziert auch die eingangs erwähnte Pseudo-Energiewertlehre (*Bryant* 1979, 103; 1982, 36; 1985, 200); daneben wird die Produktivität mit der Temperatur

(*Bryant* 1979, 105) und die Inflation mit dem Entropiezuwachs (*Bryant* 1982, 37f; 1985, 207) gleichgesetzt. Daraus wird abgeleitet, daß bei reversiblen ökonomischen Prozessen keine Inflation auftritt (*Bryant* 1982, 37f). Ökonomische Effizienzkriterien werden nach dem Vorbild des thermodynamischen Wirkungsgrades η (vgl. Exkurs 2, Gleichung 5) formuliert, so daß die ökonomische Effizienz beispielsweise durch das Verhältnis zwischen Nettowertschöpfung und Produktionswert gemessen wird; Inflation bzw. Entropiezuwachs impliziert einen Verlust an potentiellem Produktionswert (*Bryant* 1985, 202f). Trotz - oder besser wegen - der Geschlossenheit und Konsequenz des Modells von *Bryant* trifft hier die an den weniger vollständigen Analogisierungen geübte Kritik a fortiori zu. Es fehlt den thermodynamischen Analogien auch hier jeglicher ökonomischer Gehalt und Sinn. So ist aufgrund der Gleichsetzung von Entropie und Preisniveau Deflation nicht erklärbar; unklar ist auch, warum Inflation in jedem Fall, unabhängig von möglichen Anpassungsreaktionen, eine proportionale Abnahme des realen Produktionswertes zur Folge haben soll; und die Beschreibung der Ökonomie als Kreislauf vernachlässigt - genau wie die Neoklassik - die Bedeutung der natürlichen Umwelt.

Die bisher diskutierten Versuche der Bildung thermodynamischer Analogien in der Ökonomie, die Konstruktionen „thermodynamischer Ökonomien", müssen als Fehlschläge angesehen werden. Es handelt sich um sehr spekulative und offenbar ökonomisch wenig durchdachte Ansätze, deren Motivation und Rechtfertigung weitgehend im dunkeln bleibt. Warum die Ökonomie mit thermodynamischen Begriffen beschrieben werden soll und welchen Erfolg man sich davon verspricht - diese Fragen werden von keinem Autor auch nur halbwegs befriedigend beantwortet. In aller Regel begnügt man sich damit, die Absicht der Analogiebildung kundzutun und vielleicht noch auf die generelle Vorbildfunktion der Physik für die Ökonomie hinzuweisen. Die Willkür und Unbegründetheit dieses Vorgehens zeigt sich auch daran, daß trotz gleicher Zielsetzung die unterschiedlichsten und meist nicht miteinander zu vereinbarenden Analogien gebildet werden. So wird Entropie einmal mit Geld, ein anderes Mal mit Nutzen, ein drittes Mal mit dem Güterbestand und ein viertes Mal mit dem Preisniveau gleichgesetzt.

Alle diese Versuche haben jedoch eines gemeinsam - sie bringen nicht den geringsten ökonomischen Erkenntnisfortschritt. Selbst die Analogiekonstrukteure können nicht umhin festzustellen, daß sich eine thermodynamische Beschreibung der Ökonomie kaum rechtfertigen läßt: „Economics and thermodynamics are not obviously compatible" (*Bryant* 1982, 36); „economics and thermodynamics are not obvious bedfellows and they are both highly specialized disciplines." (*Bryant* 1979, 102) Warum trotz dieser Zweifel dennoch ohne weitere einsichtige Begründung detaillierte Analogien gebildet werden, bleibt freilich ein Rätsel.[220]

Zwar sollte die Analogiebildung keinen methodologischen Restriktionen unterliegen, um deren epistemologisches Potential nicht unnötig einzuschränken

---

[220] Eine mögliche Lösung dieses Rätsels deutet sich bei der Motivation von *Hufnagel* an, der seine Analogisierung *auch* mit der Chance begründet, „die Kraft der Algebra und Analysis in der Modellbildung einzusetzen." (*Hufnagel* 1995, 43)

(vgl. Teil III.3). Dennoch sollten Analogien nicht bloß um der Analogisierung willen gebildet werden, sondern man sollte sich die Beziehungen zwischen „Herkunfts-" und „Zieldisziplin" bewußt machen, so daß nachvollziehbare Begründungen für die Übertragungen von Konzepten auf dem Weg der Analogie aus diesen Beziehungen abgeleitet werden können. Andernfalls besteht die Gefahr, daß aussichtslose und sinnlose Versuche zur Analogiebildung unternommen werden - was im Fall der thermodynamischen Ökonomie bisher geschehen zu sein scheint.[221]

Werden diese Grundsätze beachtet, so können thermodynamische Analogien durchaus auch interessante Einsichten vermitteln; sie müssen nicht immer und in jedem Fall sinnlos sein. So konstruierte *R.U. Ayres* (1994a, Kap. 7) ein evolutorisches mikroökonomisches Modell in Analogie zur Thermodynamik, genauer gesagt zu deren axiomatischer Entwicklung durch *Carathéodory* (1909). Die „Fortschrittsfunktion" Z (die die Menge der ökonomisch sinnvollen Informationen beschreibt) entspricht der Entropie, das Vermögen der Wärme, die Liquidität der Temperatur und das Produkt von Liquidität und Fortschrittsfunktion der Enthalpie. Die Analogien erfahren dabei eine eigenständige und meist sinnvolle ökonomische Rechtfertigung, sind also nicht nur l'art pour l'art, und führen zu einer recht originellen und anregenden Beschreibung dynamischer ökonomischer Prozesse, die einer näheren Untersuchung durchaus wert ist. Allerdings wird an einigen Stellen die ökonomische Plausibilität bei der Interpretation der verschiedenen Größen doch überstrapaziert, wenn die angebotene ökonomische Begründung so zweifelhaft und vage ist, daß sie die nur thermodynamische Notwendigkeit der entsprechenden Größen nicht zu verbergen mag.

Für dieses Modell und die anderen vorgestellten „thermodynamischen Ökonomien" gilt jedoch gleichermaßen (und ungeachtet ihrer sonstigen Qualitäten), daß sie für die Integration der Thermodynamik in die Umweltökonomie kaum von Relevanz sind. Dieselbe hätte sich ohnehin nur „zufällig" ergeben können, da insgesamt keine umweltökonomischen Ziele verfolgt wurden.

5. Das umweltökonomische Dilemma

Wir müssen nunmehr ein Dilemma konstatieren, das im Verlauf unserer bisherigen Untersuchungen immer deutlicher in Erscheinung getreten ist - das Dilemma, dem sich eine Umweltökonomie, die um eine größere Naturnähe bemüht ist, unweigerlich gegenübersieht. Einerseits konnte gezeigt werden, daß die Thermodynamik von großer Relevanz für die Umweltökonomie ist und daß eine Berücksichtigung

[221] Das heißt nicht, daß sich nicht auch Analogien durchsetzen können, bei denen die Beziehungen zwischen beiden Disziplinen mehr als zweifelhafter Natur sind: Die Neoklassik gibt hierfür das Paradebeispiel ab.

thermodynamischer Konzepte angesichts der deutlichen Defizite der neoklassischen Umweltökonomie dringend geboten erscheint. Andererseits aber konnte eben diese Aufgabe durch keinen der diskutierten Ansätze sinnvoll erfüllt werden.

Die Formulierung thermodynamischer Nebenbedingungen für die orthodoxe Umweltökonomie stellt zwar einen Fortschritt dar, doch mußte festgestellt werden, daß die entscheidenden und eigentlich kritischen Elemente der Thermodynamik, nämlich deren zweiter Hauptsatz und dessen Implikationen, nur höchst ungenügend rezipiert werden konnten und die so ergänzte neoklassische Umweltökonomie immer noch von reversiblem und mechanischem Charakter ist. Aber auch die radikale Alternative einer völligen Neukonzeption der Ökonomie in Gestalt der Energiewertlehre erwies sich als Fehlschlag, und zwar nicht nur in allgemein ökonomischer, sondern vor allem auch in umweltökonomischer Hinsicht. Die Versuche der Bildung thermodynamischer Analogien in der Ökonomie stellten ebenfalls eine Enttäuschung dar, was aber ohnehin aufgrund deren nicht umweltökonomischer Zielsetzung kaum anders zu erwarten war.

Die hier vorgestellten Ansätze können also keine ökonomisch und ökologisch sinnvollen Aussagen zu den umweltökonomisch wichtigsten Implikationen der Thermodynamik und des Entropiegesetzes machen - die sich z.B. beziehen auf: die Ausrottung von Pflanzen- bzw. Tierarten, die Erschöpfung nicht erneuerbarer Ressourcen, das Zusammenwirken verschiedener Schadstoffe und die Beeinträchtigung komplexer Ökosysteme oder sogar globaler Kreisläufe und Regelmechanismen.[222] Angesichts der Brisanz dieser Probleme, für welche die Thermodynamik von offensichtlicher Bedeutung ist, erscheint es notwendig, trotz des Scheiterns der bisherigen Versuche am Ziel der Übertragung thermodynamischer Konzepte in die Umweltökonomie festzuhalten. „What we need to do is incorporate ecological theories that are based on thermodynamic considerations into economic theory." (*M. Binswanger* 1993, 227)

Aber wie? Im abschließenden Teil unserer Arbeit soll der Versuch unternommen werden, diese Frage zu beanworten, indem eine Alternative zu den bisher diskutierten Übertragungsversuchen vorgestellt wird.

---

[222] Einen guten Überblick über die Umweltproblematik und ihre Brisanz bietet *E.U.v. Weizsäcker* (1992).

VI. Nachhaltigkeitsprinzip und Werttheorie

Auf welchem Weg läßt sich nun das im vorangegangenen Abschnitt beschriebene umweltökonomische Dilemma überwinden?

Da den Übertragungsversuchen weder im Rahmen des neoklassischen Paradigmas noch auf dem Wege einer Energiewertlehre oder thermodynamischer Analogien Erfolg beschieden war, müssen alternative Vorgehensweisen gesucht werden.

Naheliegenderweise könnte man weiterhin der in der Ökonomiegeschichte dominierenden Strategie folgen und sein Glück mit anderen „natürlichen" Wertlehren versuchen. Diese Alternative scheint aber wenig Aussicht auf Erfolg zu haben, was sowohl für die natürlichen Wertlehren reduktionistischer als auch für die analogistischer Ausprägung gilt. Wie wir am Beispiel der Energiewertlehre - und deren Scheitern - gesehen haben, besteht das Hauptproblem des naturwissenschaftlichen Reduktionismus für die Ökonomie darin, daß zwangsläufig eine mehr oder weniger vollständige Determiniertheit menschlichen Handelns durch natürliche Größen unterstellt werden muß und so wichtige, ja sogar die entscheidenden Dimensionen ökonomischer Prozesse außer acht bleiben. Denn die Ökonomie ist eben *kein* natürliches System, sondern unterscheidet sich wesentlich von einem solchen durch ihr irreduzibles menschliches bzw. soziales Element. Vor allem deshalb mußte die Energiewertlehre bzw. eine darauf aufbauende Ökonomie als zur Beschreibung und Erklärung des menschlichen Wirtschaftens völlig ungeeignet verworfen werden. Ähnliches gilt mutatis mutandis für alle anderen denkbaren reduktionistisch-natürlichen Werttheorien, die deshalb als Ausweg aus dem umweltökonomischen Dilemma nicht in Frage kommen.

Nicht viel besser sieht es im Fall der auf dem Weg der Analogie gewonnenen natürlichen Wertlehren aus. Angesichts des großen Erfolges der mechanischen Analogie, also der Neoklassik, lag es nahe, Analogisierungen auch auf der Grundlage anderer, modernerer Konzepte aus den Naturwissenschaften zu versuchen, um so den Schwächen der Neoklassik zu begegnen. Bislang brachten diese Versuche aber keine ernstzunehmende Alternative zur Neoklassik hervor. Die thermodynamische Analogiebildung war erfolglos und führte bisher nur zu sehr fragwürdigen Ergebnissen. Wenngleich deswegen ein zukünftiger Durchbruch nicht grundsätzlich ausgeschlossen werden kann, muß diese Möglichkeit angesichts der bisherigen Erfahrungen als eher unwahrscheinlich betrachtet werden. Tatsächlich ist auch überwiegend an die Stelle der Bildung „richtiger", vollständiger thermodynamischer Analogien, die eine natürliche Werttheorie implizieren würden, die bloß metaphorische Verwendung thermodynamischer Konzepte getreten; diese werden rein heuristisch, also in einer recht vagen und nur illustrativen Art und Weise eingesetzt, hauptsächlich um auf die Unzulänglichkeiten der Neoklassik aufmerksam zu machen und diese zu verdeutlichen (vgl. z.B.: *M. Binswanger* 1992; *Fehl* 1983; *Röpke* 1977, 14ff). Etwas anders ist die Situation hinsichtlich der Biologie. Zwar fehlen rigorose und konsequente Analogiebildungen, die an die Stelle der Neoklassik treten könnten, doch gibt es zumindest in Teilbereichen durchaus sinnvoll erscheinende Ansätze, die über bloße Metaphern hinausgehen. Insgesamt überwiegt aber auch hier der heuristische Rückgriff auf die Biologie (für einen Überblick vgl. *Hodgson* 1993, die Aufsätze in *Hodgson* 1995, *Mohr* 1990 und *Ruth* 1993, 102ff).[223] Und bei der Chaostheorie, die im Moment bei vielen Ökonomen en vogue zu sein scheint, handelt es sich um eine mathematische Theorie vorwiegend instrumentalen Charakters,[224] die in der Ökonomie hauptsächlich zur *Ergänzung* des neoklassischen Theoriegebäudes und zur „Härtung" dessen Fundaments eingesetzt wird (*Mirowski* 1989a; 1990a). Auch die Chaostheorie allein scheint also kaum wesentlich zur Lösung unseres Problems beitragen zu können - wenngleich ihr Einsatz im Rahmen des gesuchten umfassenden Lösungsansatzes nicht ausgeschlossen werden kann. Es sieht alles in allem so aus, als ob von einer weiteren Imitation der Naturwissenschaften kein entscheidender umweltökonomischer Fortschritt, vor allem hinsichtlich der Integration der Thermodynamik zu erwarten ist. Das ist insofern nicht überraschend, da man nach dem Scheitern der „thermodynamischen" Werttheorien von anderen natürlichen, aber nicht-thermodynamischen Werttheorien erst recht keinen Erfolg erhoffen kann.

Deshalb, aber auch aufgrund der Probleme mit der Mechanikkopie Neoklassik, sind Forderungen nach einem fortgesetzten und wenn möglich intensivierten Kopieren der Naturwissenschaften (vgl. z.B. *Stone* 1978) nur sehr schwer zu rechtfertigen.

Folglich scheint eine sinnvolle Integration thermodynamischer Konzepte in die Ökonomie weder durch reduktionistische noch durch analogistische natürliche Wertlehren, sondern nur auf dem Wege der interdisziplinären Zusammenarbeit erreichbar zu sein.

Auf der Grundlage des neoklassischen Paradigmas bleibt eine solche interdisziplinäre Zusammenarbeit aber zum Großteil unfruchtbar. Wie wir gesehen haben (vgl. Teil V.2), gibt es zwei Hauptprobleme: In *positiver* Hinsicht ist die fortgesetzte Vernachlässigung der Komplexität der Umwelt-Ökonomie-Interaktionen und der Rolle der Zeit zu bemängeln, wodurch sich vor allem bei langfristiger Betrachtung erhebliche Probleme ergeben; dagegen ist durch die Formulierung thermodynamischer Nebenbedingungen eine realitätsgetreuere Erfassung der natürlichen Grenzen der Ökonomie möglich. *Normative* Konsequenzen werden jedoch nicht gezogen,

---

[223] Es soll nicht verschwiegen werden, daß gerade der Transfer zwischen Biologie und Ökonomie kein einseitiger ist, sondern daß es im Gegenteil viele, z.T. durchaus erfolgreiche Anwendungen ökonomischer Konzepte in der Biologie gibt (*Ruth* 1993, 93ff), auf die aber hier nicht näher eingegangen werden kann (vgl. z.B.: *Dawkins* 1994; *Rapport und J.E. Turner* 1977; *Stuart, Schulze und Mooney* 1990). Vor allem auch manche Vertreter der Energiewertlehre setzen ökonomische Konzepte für ökologische Fragestellungen ein (*Hannon* 1973b; 1979; 1984; 1991; *Hannon und Costanza* 1985).

[224] Vgl. z.B.: *Lorenz* (1988; 1992), *Puu* (1993), *Rosser* (1991), *Seiler* (1994).

und zwar auch nicht in bezug auf diese natürlichen Grenzen; auf künftige Generationen wird weiterhin wenig Rücksicht genommen; das Effizienzkriterium steht unverändert im Mittelpunkt.

Entscheidend ist die *normative* Komponente: Denn als unzulänglich wurden die im Rahmen der Neoklassik vorgenommenen Integrationsversuche vor allem deshalb empfunden, weil wir von der Prämisse einer Sorge auch für die Nachwelt ausgegangen sind. Diese Prämisse wird zwar auch von den Neoklassikern akzeptiert (vgl. Teil IV.2.3), doch bleibt es bei einem Lippenbekenntnis, da eben keine Konsequenzen für die normativen Grundlagen der Neoklassik gezogen werden. Der Formulierung thermodynamischer Nebenbedingungen ist die Aufdeckung dieser *normativen Inkonsistenz* zu verdanken, da auf diese Weise die Unvereinbarkeit zwischen den normativen Elementen des neoklassischen „hard core“ und intergenerationeller Gerechtigkeit deutlich gemacht wurde. Akzeptiert man dagegen die üblichen utilitaristischen Grundpositionen der neoklassischen Wohlfahrtsökonomie, die eine absolute und uneingeschränkte „Diktatur der Gegenwart“ implizieren, so könnte eine befriedigende Integration thermodynamischer Konzepte durchaus in der Hinzufügung einiger thermodynamischer Nebenbedingungen bestehen. Das *normative* Problem würde durch den expliziten Verzicht auf intergenerationelle Gerechtigkeit eliminiert werden; und die trotz der thermodynamischen Nebenbedingungen bestehenden *positiven* Unzulänglichkeiten würden bei dem dann unproblematischen kurzen Zeithorizont nicht allzu schwer wiegen.[225] Dementsprechend wären auch die üblichen umweltpolitischen Empfehlungen durchaus akzeptabel.

Es besteht also ein sehr enger Zusammenhang zwischen normativen Grundpositionen und Thermodynamikrezeption in der Ökonomie. Einerseits hängt von den Wertentscheidungen, insbesondere insoweit sie das Schicksal künftiger Generationen betreffen, ab, was unter einer „sinnvollen“ Berücksichtigung thermodynamischer Konzepte in der Umweltökonomie zu verstehen ist. Andererseits können thermodynamische Erkenntnisse problematische oder unangenehme Implikationen bestimmter Wertentscheidungen verdeutlichen, die nicht gesehen oder aber wie im Fall der Neoklassik verdrängt wurden.

Die Übertragung thermodynamischer Konzepte in die Umweltökonomie setzt deshalb unbedingt und in jedem Fall eine Wertentscheidung voraus, die übergeordneter Natur ist. Für die Umweltökonomie und deren politische Relevanz ist es dabei wichtig, daß erstens diese Wertentscheidung bewußt und explizit getroffen wird und daß zweitens die sich aus derselben ergebenden notwendigen Konsequenzen gezogen werden. Die von uns diskutierten Versuche einer Thermodynamik-Integration, die rein ökonomischer Art waren, *konnten* nicht befriedigen, da *keine* dieser Bedingungen erfüllt wurde.

---

[225] Grundsätzlich ist der neoklassische, wohlfahrtstheoretische Zeithorizont sehr lang, sogar unendlich; durch die Abdiskontierung der Zukunft wird er aber *effektiv* erheblich verkürzt.

Auch die wichtigste Alternative zur neoklassischen Umweltökonomie, die *ökologische Ökonomie*, beruht auf einer Wertentscheidung - nämlich der Wertentscheidung zugunsten einer bewußten Rücksichtnahme auf die Nachwelt. Die ökologische Ökonomie ist einen *zielorientierten* Weg gegangen: Sie hat sich unter weitgehender Vernachlässigung der ökonomischen Fundierung und der schlüssigen Integration der Thermodynamik in die Umweltökonomie auf die Formulierung eines umweltökonomischen *Ziels* konzentriert, von welchem dann eine Umweltpolitik abzuleiten ist, die all jenen Phänomenen Genüge tun soll, die die Neoklassik nicht beachtet. Auf Grundlage der obigen Wertentscheidung wurde das Ziel der *Nachhaltigkeit*, der *„sustainability"* postuliert. Unter einer nachhaltigen Wirtschaftsweise versteht man eine Wirtschaftsweise, die die natürlichen Lebensgrundlagen auf Dauer, d.h. auch für künftige Generationen erhält, also den „natürlichen Kapitalstock" bewahrt (zumindest insoweit keine Substitution durch ökonomisches Kapital möglich ist).[226] Dieses Ziel läßt sich nur ethisch-moralisch begründen, durch die Anerkennung bestimmter Rechte sowohl aktueller als auch künftiger Generationen, denen entsprechende Pflichten gegenüberstehen (*Hampicke* 1992, 417ff; 1994; *Jonas* 1979, Kap. 2.IV; *Pastowski* 1994, 218).[227]

> „Die (...) Aufgabe, allen Menschen eine gerechte Ausgangsausstattung zu geben, besteht gegenüber künftigen Menschen nicht einen Deut weniger als gegenüber heutigen." (*Hampicke* 1994, 143)

> „Die konkreten Rechtsansprüche der Künftigen in bezug auf den Erhalt der Natur bestehen darin, die natürlichen Lebensgrundlagen (deren Unentbehrlichkeit wir selbst empfinden) insoweit intakt hinterlassen zu erhalten, als dieselben nicht durch menschliche Anstrengungen, insbesondere durch technische Werke substituierbar sind. Nach heutigem ökologischen Kenntnisstand sind dies alle irreversibel vernichtbaren *Elemente* der Biosphäre, (...) ist es die *Selbstregulationsfähigkeit* biogeochemischer Systeme (...) und ist es auf einigen ausgewählten Gebieten auch das Prinzip der *Homöostase*" (*Hampicke* 1992, 420).

Wie wir gesehen haben (vgl. Teil V.1) kann die Ökonomie immer nur ein offenes System sein, muß es immer eine nicht-ökonomische, natürliche Umwelt geben, von der das ökonomische System abhängt. Das Konzept der Nachhaltigkeit bezieht sich aber auf das Verhältnis *beider* Systeme, Ökologie und Ökonomie, bezweckt die langfristige Abstimmung *beider* Systeme aufeinander. Demgemäß *kann* eine nachhaltige Umweltökonomie *nicht* von einer ökonomischen Grundlage abgeleitet

---

[226] Vgl. z.B.: *Bartelmus* (1994), *M. Binswanger* (1995), *Brenck* (1992), *Daly* (1990; 1992a), *Hampicke* (1992, Kap. 5.3), *Pearce und R.K. Turner* (1990, 43ff), *Tisdell* (1993), *R.K. Turner* (1988).

[227] Aufgrund dieser *deontologischen* Rechtfertigung des Nachhaltigkeitsprinzips spielt unsere (unbestreitbare) Unkenntnis der Präferenzen künftiger Generationen keine Rolle; denn deren *Rechte* sind auf jeden Fall anzuerkennen - wie auch immer ihre *Präferenzen* konkret aussehen mögen. Ein auf diese Unkenntnis gegründeter Einwand läßt sich aber sehr wohl gegen die neoklassische Maximierung intertemporaler bzw. intergenerationeller sozialer Wohlfahrtsfunktionen erheben.

werden, sei sie nun neoklassisch oder nicht. Denn die „sustainability" ist, da sie den Systemzusammenhang zwischen Ökonomie *und* Ökologie betrifft, *kein Gut* (auch kein öffentliches!); sie läßt sich nicht von der ökonomischen Logik erfassen. Ihr ist kein Preis und kein Wert zuordenbar; sie ist ein übergeordnetes Prinzip, eine Entscheidung zu ihren Gunsten ist per definitionem *meta-ökonomisch*.

Zur Ableitung von geeigneten Maßnahmen zur Realisierung dieses Nachhaltigkeitsziels werden explizit thermodynamische (und andere naturwissenschaftliche) Erkenntnisse herangezogen; das Nachhaltigkeitsziel selbst ist aber *nicht auf der Grundlage* einer thermodynamisch ergänzten Ökonomie formuliert worden - wenngleich das Bewußtsein für die ökonomischen Implikationen der Thermodynamik sicher eine Rolle gespielt hat.

Jedenfalls kommt der Marktmechanismus zur Gewährleistung der „sustainability" *nicht* in Frage. Zum einen kann - schon aus rein logischen Gründen - das ökonomische Teilsystem, d.h. im Fall der Marktwirtschaft der Markt, die Abstimmungsaufgabe allein und selbständig *nicht* leisten; die notwendigen Rückkoppelungen zum ökologischen System fehlen: Monetäre Beziehungen existieren nur innerhalb der Ökonomie und erstrecken sich nicht auf das Gesamtsystem.

> „Eine Optimierung der Größenordnung der physischen Transaktionen zwischen beiden Systemen ist aber sicherlich kein Problem der optimalen Allokation der Naturgüter und -dienste *innerhalb* des ökonomischen Systems, das über eine Änderung der relativen Preise an Märkten zu lösen wäre." (*Busch-Lüty* 1994, 212)

Zum anderen gibt es auch „praktische" Hindernisse: Keinesfalls würden künftige Generationen bei dezentraler Entscheidungskoordination auf Märkten berücksichtigt werden, selbst wenn es sich um im neoklassischen Sinn *vollkommene* Märkte handelte - einfach weil sie ihre Präferenzen auf diesen Märkten nicht äußern können. Selbst wenn die Sorge um die Nachwelt ein Argument in manchen (oder sogar allen) individuellen Nutzenfunktionen wäre, hätte dies aufgrund der bekannten Problematik öffentlicher Güter keine signifikanten Auswirkungen auf das Marktergebnis. Abgesehen davon kann die reine Nutzenbetrachtung der Neoklassik ohnehin dem auf *Rechten* basierenden Nachhaltigkeitskonzept nicht gerecht werden, da dieses die Erhaltung der natürlichen Lebensgrundlagen *unabhängig* von Nutzenabwägungen fordert.[228] Und auch wenn die nicht unbedeutende Rolle, die deontologische (neben teleologischen) Faktoren in *tatsächlichen* Ökonomien spielen, anerkannt und berücksichtigt wird, bleibt die Notwendigkeit kollektiven Handelns bestehen. Erstens ist zu bezweifeln, daß die auf die Zukunft bzw. die Nachhaltigkeit gerichteten Komponenten dieser moralischen Prinzipien so stark ausgeprägt sind, daß sie sich gegenüber Nutzenüberlegungen auch ohne jede „Institutionalisierung" Geltung verschaffen können; schließlich bestehen Interdependenzen zwischen ethischen Werten und sozialen Normen bzw. Institutionen (*Weise* 1994), und es wäre naiv zu erwarten, erstere könnten auch ohne letztere sich durchsetzen und behaupten. Aber

---

[228] Denn die neoklassische Nutzentheorie kann zwar „Altruismus", nicht aber die Befolgung von Pflichten und die Respektierung von Rechten umfassen (siehe unten).

selbst wenn dies der Fall wäre, würde zweitens die konkrete Umsetzung des allgemein vorhandenen guten Willens kollektive Aktionen erfordern, da individuelle und unkoordinierte Handlungen kaum „sustainability" zu realisieren vermögen und die wahrscheinliche Erfolglosigkeit dieser Einzelaktionen allenfalls das „moralische Kapital" erodieren würde (vgl. auch *Kirsch* 1994). Die Geltung ethischer Prinzipien, die sich auch auf das Wohlergehen der Nachwelt erstrecken (wie in der „idealen individualistischen Tauschgesellschaft" *Hampickes*; vgl. *Hampicke* 1992, Kap. 6; 1994, 126ff) ist daher zwar notwendig, damit „sustainability" überhaupt als erstrebenswertes Ziel anerkannt wird, aber keineswegs auch hinreichend für dessen Verwirklichung. Wenngleich wir „sustainability" nicht als Gut ansehen, kann also die *Realisierung* der Nachhaltigkeit, d.h. die Makrosteuerung auf der Grundlage eines entsprechend erweiterten ordnungspolitischen Rahmens, die ja durch kollektive Aktion erfolgen muß, als öffentliches Gut verstanden werden.

Deshalb wird auch von vielen Umweltökonomen und Ökologen Kritik geübt an der langfristigen Ressourcenallokation allein durch marktliche Prozesse:[229]

> „The market mechanism is simply not the adequate level to deal with long-run environmental and exhaustion problems. (...) The steering function of prices is extremely important, but the direction to be headed for must be determined by other means." (*Bruggink* 1985, 140)

Ein staatliches Eingreifen erscheint aus den genannten Gründen unausweichlich, wenn eine nachhaltige Wirtschaftsweise verwirklicht werden soll. Das „Marktversagen" im Zusammenhang mit der Gewährleistung der „sustainability" schließt natürlich die Möglichkeit eines „Staatsversagens" mit ähnlichen Wirkungen keineswegs aus. Es ist durchaus denkbar, daß nicht-nachhaltige Wirtschaftsweisen durch entsprechende staatliche Anreize unterstützt bzw. sogar erst ermöglicht werden.[230] Von der Notwendigkeit staatlicher Maßnahmen zur Gewährleistung der „sustainability" kann *nicht* auf die „Umweltverträglichkeit" aller umweltrelevanten staatlichen Aktivitäten geschlossen werden!

Aber wie sollen nun diese notwendigen staatlichen Maßnahmen zur Erfüllung des Nachhaltigkeitsziels aussehen? Angesichts unüberwindbarer natürlicher Schranken, der Tatsache der Irreversibilität und der hochkomplexen Interdependenzen von Ökologie und Ökonomie müssen gewisse *absolute* Grenzen gezogen werden, innerhalb derer sich das Wirtschaftsleben nur abspielen darf, wenn es „sustainable" sein soll. Folglich ist eine *makroökonomischen* Ergänzung der mikroökonomisch orientierten konventionellen Umweltökonomie und -politik notwendig. Auf der

---

[229] Vgl. z.B.: *R.U. Ayres* (1991, 265, 271; 1994a, 282ff), *M. Binswanger* (1993, 218), *Bürgenmeier* (1995, 65ff), *Busch-Lüty* (1994, 212), *Daly* (1991b, 201f; 1992a; 1993b, 374f), *Daly und Cobb* (1994, 141ff), *Diefenbacher* (1994, 192), *A.C. Fisher und Rothkopf* (1989), *Georgescu-Roegen* (1979d, 17f), *Hampicke* (1992, 421f), *Hyman* (1980, 322), *Pigou* (1952, Kap. 2), *Seifert* (1995, 325), *Slesser* (1993, 306), *Weise* (1994, 118ff); zur moralisch-ethischen Dimension des Marktes vgl. *Hampicke* (1992, Kap. 6; 1994) und vor allem *Sen* (1985; 1987; 1993).

[230] Dies scheint bei der Landnutzung in Lateinamerika offenbar häufig der Fall zu sein bzw. gewesen zu sein (*Dasgupta* 1990, 57f).

Makroebene wird bewußt auf die Anwendung des üblichen Optimierungs- bzw. Wirtschaftlichkeitskalküls verzichtet, dessen Einsatz auf die Mikroebene beschränkt wird; stattdessen wird die Aufrechterhaltung der für die Menschheit wichtigen Funktionen des ökologischen Systems, hauptsächlich mittels veränderter rechtlicher Rahmenbedingungen, angestrebt.[231] Für die „Makrosteuerung", wie die Vorgabe eines solchen Rahmens für das Wirtschaftssystem im folgenden genannt werden soll, werden dementsprechend auch nicht-marktliche Instrumente vorgeschlagen wie die Festsetzung bestimmter Höchstmengen für Rohstoffverbrauch und Schadstoffemission (*Maier-Rigaud* 1994), der gesetzliche Schutz von Tier- und Pflanzenarten sowie ganzer Ökosysteme oder die Vorgabe des Vorsichtsprinzips für die weitere technologische Entwicklung; als notwendig wird auch die Förderung der Entwicklung und des Einsatzes erneuerbarer Energien oder der Kernfusion gehalten. Dabei liegt es nahe, diese zusätzliche Komponente der Ordnungspolitik durch eine grundgesetzliche Ergänzung zu institutionalisieren und „abzusichern" (vgl. z.B. *Häberle* 1995). Es muß betont werden, daß die Durchsetzung einer nachhaltigen Wirtschaftsweise *nicht* mit Fortschritts- und Technikfeindlichkeit einhergehen kann: Zwar wird der Fortschrittsbegriff im Lichte gravierender Folgeschäden dessen, was man bisher unter „Fortschritt" verstanden hat, einer Neuinterpretation bedürfen, weswegen auch neue Technologien weit vorsichtiger als bislang üblich realisiert werden sollten; dennoch sind dieselben, auch und vor allem zur Verbesserung der Umweltqualität und zur Lösung des Energieproblems, sicherlich notwendig. Des weiteren soll selbstverständlich nicht auf die unbestreitbaren Vorteile des Marktmechanismus verzichtet werden; im Gegenteil, *innerhalb* der vorgegebenen Grenzen kann eine dezentrale marktliche Koordination die effiziente Nutzung der zur Verfügung stehenden natürlichen Ressourcen am ehesten gewährleisten. Auf die verschiedenen, z.T. heftig umstrittenen Konzepte und Instrumente zur Realisierung der „sustainability" soll hier aber nicht näher eingegangen werden.[232]

Eine auf dem Prinzip der Nachhaltigkeit aufbauende und die Makrosteuerung beinhaltende Umweltökonomie sollte prinzipiell in der Lage sein, die Unzulänglichkeiten der neoklassischen Umweltökonomie, sowohl in normativer wie auch in positiver Hinsicht zu vermeiden, kann also die gewünschte „natürliche" Umweltökonomie darstellen. Denn das Ziel der „sustainability" ist mit der weit verbreiteten und akzeptierten moralischen Verpflichtung zu einer Rücksichtnahme auf die Nachwelt nicht nur vereinbar, sondern wird durch dieselbe sogar erst motiviert. Und im Rahmen einer Makroumweltpolitik lassen sich die im Zusammenhang mit den natürlichen Grenzen des Wirtschaftens, der Komplexität der Interaktionen zwischen Ökologie und Ökonomie und der Rolle der Zeit relevanten thermodynamischen

---

[231] *Daly* (1991a; 1992a), *Daly und Cobb* (1994, 142ff), *Leipert* (1994, 63), *Seidel* (1994, 163f).

[232] Vgl. z.B. das Konzept der „steady-state economy" von *Daly* (1991b; vgl. auch die Aufsätze in *Daly und Townsend* 1993). Der sehr pessimistische *Georgescu-Roegen* hält selbst einen „steady state" auf Dauer für unmöglich; sein „bioökonomisches Programm" (*Georgescu-Roegen* 1975; 1976a, 30ff; 1977a; 1986a, 276f) dient lediglich dem Hinauszögern des - nach seiner Sicht - unvermeidlichen Niedergangs (vgl. Teil V.2.1.4).

Erkenntnisse berücksichtigen - jedenfalls *grundsätzlich*, denn hinsichtlich der genauen Ausgestaltung dieser Makrosteuerung besteht noch erheblicher Forschungsbedarf (*Seifert* 1995, 335ff). Soviel ist aber sicher: Die Integration thermodynamischer Konzepte muß nicht in Form der rigiden neoklassischen Nebenbedingungen erfolgen (schließlich wird auf Makroebene bewußt auf Optimierung verzichtet!), sondern kann flexibel und auf eine dem jeweiligen Problembereich angepaßte Art und Weise durchgeführt werden. So würde das Konzept der Irreversibilität als eine Art „Leitmotiv" für die Erhaltung der Biodiversität und die sorgfältige Technologiefolgenabschätzung dienen, wohingegen die Realisierung konkreter Maßnahmen auch auf die Erkenntnisse anderer Wissenschaften, wie z.B. der Ökologie, und vor allem auf politische Entscheidungen (z.B. hinsichtlich des gesellschaftlich als tragbar angesehenen Restrisikos) angewiesen bliebe. Darüber hinaus würde der Thermodynamik eine „praktischere" Rolle z.B. bei der Formulierung der Energiepolitik zufallen - nämlich die Ermittlung thermodynamischer Limits und das Aufstellen realistischer Energieverbrauchsszenarien. In jedem Fall wird *keine* einfache und eindeutige Ableitung einer „optimalen" Umweltpolitik möglich sein. Die Thermodynamik ist zwar ein wichtiger, ja unverzichtbarer Bestandteil einer „natürlichen" Umweltökonomie - aber sie bleibt dennoch immer Mittel zum Zweck, da sie zwar essentielle Informationen für die politischen und ökonomischen Entscheidungen liefern, diese selbst aber keineswegs ersetzen kann.

Abgelehnt werden müssen dagegen die Extrempositionen innerhalb der ökologischen Ökonomie - nämlich sowohl die der völligen Irrelevanz der Thermodynamik als auch die der „thermodynamischen Lösbarkeit" aller ökonomischen (und politischen) Probleme. Die aus diesen Gegensätzen resultierende „Thermodynamik-Kontroverse" (vgl. Teil I) sollte deshalb nunmehr werden - vor allem auch angesichts dringlicher Aufgaben wie die der Konkretisierung von Nachhaltigkeit und Makrosteuerung.

Wie wir am Beispiel der Neoklassik gesehen haben, ist die Nachhaltigkeit nicht die einzig denkbare Wertentscheidung. Bei anderen ethischen Aprioris ergeben sich auch andere Konsequenzen für die Umweltökonomie und die Art und Weise der Übertragung thermodynamischer Konzepte. Die Thermodynamik dient also einerseits im Zusammenspiel mit gewissen Werten zur naturwissenschaftlichen Abstützung einer normativen Grundentscheidung, andererseits zur Ableitung und Konkretisierung einer entsprechenden Umweltpolitik.

Im Fall der Akzeptanz des Nachhaltigkeitsziels besteht die „sinnvolle" Integration der Thermodynamik in der interdisziplinären Zusammenarbeit bei der Operationalisierung der Makrosteuerung, die vom Nachhaltigkeitsziel abzuleiten ist - eines Ziels, dessen Postulierung sich *auch* auf thermodynamische Einsichten stützt.

Wir wollen uns nunmehr der Frage der ökonomischen Fundierung der auf dem Nachhaltigkeitsziel basierenden Umweltökonomie zuwenden. Dieses Problem wurde von der ökologischen Ökonomie bislang weitgehend vernachlässigt, und wir wollen uns überlegen, wie eine vollständige und konsistente ökologische Ökonomie aussehen müßte. Denn wenngleich das Prinzip „sustainability" zwangsläufig ein meta-ökonomisches ist, so stellt sich doch die Frage, inwieweit sich die daraus abgeleiteten ökonomischen Maßnahmen mit der vorherrschenden, d.h. neoklassischen Ökonomie und Umweltökonomie vereinbaren lassen.

Aber ist eine solche Fundierung überhaupt notwendig? Könnte man das Problem der Vereinbarkeit von Neoklassik und Makroumweltpolitik nicht pragmatisch lösen?

Eine solche pragmatische Lösung könnte darin bestehen, daß nicht nur das Nachhaltigkeitsziel als außerökonomische Entscheidung, sondern auch die Makrosteuerung und ihre Elemente als politische Vorgaben akzeptiert werden und erst zur Umsetzung bestimmter Unterziele auf die neoklassische Analyse zurückgegriffen wird, die folglich hauptsächlich instrumentell eingesetzt werden würde. Dieses Vorgehen entspräche auf den ersten Blick dem Standard-Preis-Ansatz, der in der neoklassischen Umweltökonomie inzwischen weite Akzeptanz als „zweitbeste" Lösung gefunden hat, da die konsequente Verwirklichung des Paretooptimums als nicht praktikabel anerkannt wird (vgl. Teil IV.2.2). Warum sollte ähnliches nicht auch im Fall der Makrosteuerung möglich und akzeptabel sein? Die Neoklassik könnte dann, durch entsprechende politische Vorgaben ergänzt, weiterhin beibehalten werden, und eine grundlegende ökonomische Neuorientierung würde sich erübrigen.

Bei genauerer Betrachtung dieses Auswegs wird jedoch klar, daß es sich dabei nur um eine Notlösung handelt. Denn es ergeben sich zwei schwerwiegende Probleme, von denen das erste eher praktischer, das zweite eher theoretischer Natur ist.

Erstens wird der Geltungsbereich und Erklärungsanspruch der Ökonomie wesentlich eingeschränkt, indem wichtige Probleme, die mit dem neoklassischen Instrumentarium nicht zu bewältigen sind, in die politische Sphäre abgeschoben werden. Dies war bislang vor allem beim Problem der öffentlichen Güter der Fall. Die Neoklassik hat sich aufgrund ihrer individualistischen Orientierung unfähig gezeigt, dieses Problem (praktisch) befriedigend zu lösen, und ist im Endeffekt immer auf die „politische Lösung" verfallen.[233]

> „Insoweit die ökonomische Wissenschaft eine politikberatende Funktion hat, verliert sie diese, sobald sich Politik auf das öffentliche Angebot eines Gutes richtet. Die Wirtschaftstheorie ist schlicht nicht in der Lage, fundierte Handlungsanweisungen bezüglich der Art und Weise zu geben, in der Güter anzubieten sind, die nur unter Inkaufnahme externer Effekte konsumiert werden können." (*Weimann* 1987, 331f)

Diese Verbannung des Problems öffentlicher Güter in die politische Sphäre erscheint vor allem angesichts der doch überwiegend pessimistischen Ergebnisse der Public Choice-Theorie hinsichtlich der Leistungsfähigkeit des politischen Systems recht

[233] Die *theoretische* Lösung des Problems des Angebots öffentlicher Güter durch die Neoklassik soll damit nicht bestritten werden - ebensowenig, daß das neoklassische Instrumentarium bei der *Realisierung* der „politischen Lösung" sinnvoll eingesetzt werden kann, etwa im Rahmen der Kosten-Nutzen-Analyse.

inkonsequent (*Weimann* 1987, 331f). Auch im Fall der Umweltproblematik wird schon bislang überwiegend auf diese Vorgehensweise zurückgegriffen.

> „Das Umweltproblem ist in allererster Linie ein Problem öffentlicher Güter und damit für die wissenschaftliche Gemeinschaft neoklassischer Ökonomen nicht lösbar. Für eine Lösung des Problems wäre die Preisgabe der normativen Basis der paradigmatischen Theorie - und damit der Theorie selbst - notwendige Voraussetzung. Darauf aber kann sich die wissenschaftliche Gemeinschaft nicht einlassen, denn dann würde sie die Grundlagen ihrer Wissenschaftlichkeit aufgeben." (*Weimann* 1987, 317)

Aus diesen Gründen ist die Verdrängung des eigentlichen Problems zwar verständlich, denn auf diese Weise kann der „hard core" der Neoklassik bewahrt werden - aber angesichts der immer bedeutsamer werdenden Problematik öffentlicher Güter nur um den Preis einer zunehmenden Irrelevanz dieser ökonomischen Theorie, die sich auf eine immer detailliertere und aufwendigere Analyse immer unwichtigerer und uninteressanterer Fragen zurückzieht, also deutlich scholastizistische Züge annimmt. Diese Tendenz würde durch die genannte pragmatische Lösung weiter verstärkt, da dann dem politischen Bereich neben der Bewältigung der mikroökonomischen Umweltprobleme auch die Makrosteuerung anheimfallen würde. Damit soll keinesfalls impliziert werden, daß dieser „politische Bereich" unwichtig ist oder in der Ökonomie außer acht bleiben muß. Im Gegenteil - die Einbeziehung politischer und sozialer Faktoren in die Ökonomie ist für deren Weiterentwicklung unabdingbar! Aber im Fall der Neoklassik handelt es sich beim Verweis auf die „politische Lösung" eben *nicht* um eine *wirkliche Einbeziehung* dieser Faktoren, sondern vielmehr um deren *Ausschluß* aus der ökonomischen Analyse.

Zweitens kommt für den Fall dieser Makrosteuerung ein weiterer schwerwiegender Kritikpunkt hinzu. Das „sustainability"-Prinzip kann *nicht* durch nutzentheoretische Überlegungen, sondern nur durch die Einbeziehung von Rechten bzw. Pflichten gerechtfertigt werden. Und dieselben können im Rahmen des neoklassischen Nutzenkonzeptes (zumindest insoweit dieses nicht-tautologisch ist) *nicht* berücksichtigt werden (siehe unten). Entsprechende umweltpolitische Maßnahmen sind also *nicht* mit dem neoklassischen Paradigma dergestalt vereinbar, daß sie lediglich zur Überwindung eines „praktischen" Problems, nämlich hauptsächlich dem der Präferenzaufdeckung und -aggregation, dienen und zumindest grundsätzlich nutzentheoretisch gerechtfertigt werden können, wie dies im Fall der Mikroumweltpolitik möglich ist. Die Makrosteuerung ist durch die Neoklassik konzeptionell nicht erfaßbar: Diese ist paradigmatisch auf das Leitbild des Marktes festgelegt, an dessen *grundsätzlicher* Eignung zur Lösung aller Allokationsprobleme kein Zweifel besteht, in den nur eingegriffen werden darf, um Abweichungen vom Ergebnis des vollkommenen Marktes zu korrigieren, aber dem keinesfalls absolute Grenzen gesetzt werden dürfen. Deshalb würde auch *in diesem Fall* eine politische Lösung in direktem Widerspruch zur neoklassischen Theorie stehen, von dieser eindeutig als

„ineffizient" verurteilt werden müssen. Auch im Umweltbereich gibt es also *keine Mikrofundierung* der Makroökonomie - wie das ja für die Makroökonomie im allgemeinen gilt.

Derartige Inkonsistenzen sind sowohl theoretisch höchst unbefriedigend als auch politisch problematisch: Nicht nur ist zu befürchten, daß die ökologische Ökonomie ohne eine konsistente theoretische Fundierung das Schicksal anderer nicht-neoklassischer und ebenfalls theoretisch unfundierter ökonomischer Konzeptionen teilen wird (vgl. Teil II); auch wird eine kohärente und konsequente Umweltpolitik durch dieses Theoriedefizit erschwert.

Unmittelbar zurückzuführen ist dieses Defizit auf die erwähnte Beschränktheit des neoklassischen Nutzenkonzeptes. Denn dasselbe ist zwar sehr flexibel, aber keineswegs allumfassend - und dies kann es auch gar nicht sein, wenn es einen gewissen Erklärungswert haben soll (vgl. z.B.: *Broome* 1992; *Etzioni* 1988, Kap. 2; *Sen* 1982a; 1982b; 1995, 13ff). Zwar muß eine Nutzenfunktion nicht lediglich auf das jeweilige egoistische Selbstinteresse beschränkt sein, sondern kann auch „altruistisch" sein, d.h. die Wohlfahrt anderer als Argument haben. Dies ändert aber nichts am grundsätzlich *konsequentialistischen* Charakter des Nutzenkonzepts („welfarism"):

> „While processes may end up getting some *indirect* attention insofar as they influence people's utilities, nevertheless no direct and basic importance is attached in the utilitarian framework to rights and liberties in the evaluation of states of affairs." (*Sen* 1995, 13)

Denn sobald auch deontologische Motive unter dem Oberbegriff „Nutzen" subsumiert werden, verliert dieser jeglichen Erklärungswert und wird zur reinen Tautologie; zudem wird dadurch eine ethische Beurteilung menschlichen Verhaltens ausgeschlossen.[234] Dieser „welfarism" stellt jedoch nur eine, wenngleich sehr wichtige Komponente eines allgemeineren Problems dar - des sehr eingeschränkten Menschenbildes der Neoklassik, das sich durch die Vernachlässigung wichtiger sozialer (d.h. gesellschaftlicher) Aspekte des menschlichen Wirtschaftens (denen auch die Befolgung moralischer Pflichten zugeordnet werden kann) charakterisieren läßt.[235] Denn die Neoklassik anerkennt nur „soziale" Qualitäten von bestimmten *Gütern*, nämlich den öffentlichen Gütern, beharrt aber grundsätzlich auf einer rein individuellen *Güterbewertung* und hält für den Fall privater Güter an einer rein

---

[234] Auch die plausible konsequentialistische Erklärung der (unbewußten) gesellschaftlichen Evolution moralischer Prinzipien impliziert *keine* ebensolche Erklärung ihrer (bewußten) individuellen Befolgung.

[235] Selbstverständlich soll hier *nicht* der Kollektivismus verteidigt werden. *Alle* sozialen Phänomene sind auf individuelle Handlungen zurückzuführen. Aus diesem *ontologischen* Individualismus ergibt sich der *methodologische* Individualismus, der auch von uns vertreten wird. Letzterer impliziert aber keinesfalls die vollständige oder teilweise Ausblendung von Beziehungen zwischen Individuen - ganz im Gegenteil. Außerdem kann es durchaus sinnvoll sein, gesellschaftliche Phänomene auf höherer Ebene zu beschreiben, wenn eine rein individualistische Analyse nicht möglich oder praktikabel ist (*Blaug* 1992, 46f).

individuellen *Entscheidungskoordination* fest; lediglich bei öffentlichen Gütern ist die Entscheidung über ihre Allokation sozial, d.h. politisch zu fällen.

Aber nicht nur sind *rein* private Güter ein seltener Ausnahmefall, da von fast allen Gütern, d.h. deren Produktion oder Konsum, mehr oder weniger ausgeprägte externe Effekte ausgehen. *Auch* Bewertung und Entscheidungskoordination müssen generell im sozialen Gesamtzusammenhang gesehen werden. So erfolgt die *Bewertung* der einzelnen Güter nicht völlig unabhängig vom sozialen Kontext, denn „an economic regime (...) is not only an institutional scheme for satisfying existing desires and aspirations but a way of fashioning desires and aspirations in the future." (*Rawls* 1993, 269) Und wenngleich die Allokation nur im Fall öffentlicher Güter offensichtlich auf politischem Wege erfolgen muß, ist auch die marktliche Allokation privater Güter auf gewisse soziale Mechanismen angewiesen. Diese gehen über die Gewährung von Rechtssicherheit durch die entsprechenden Institutionen hinaus und beinhalten z.B. auch allgemein anerkannte Verhaltensregeln und moralische Prinzipien oder verbreitete „normale" Preiserwartungen. „These so-called 'imperfections' help to impose coherence and order on the market system. Markets function coherently *because of* these 'imperfections', and not *despite* them as mainstream theorists presume." (*Hodgson* 1988, 191)

Diese Zusammenhänge zwischen individueller und sozialer Ebene werden von der Neoklassik großteils ignoriert oder führen im Fall öffentlicher Güter zu unlösbaren Problemen. Ursache dieses Unvermögens ist die neoklassische natürliche Wertkonzeption bzw. deren mechanischer und individualistischer Charakter. Offenbar scheint eine beträchtliche Divergenz zu bestehen zwischen dieser theoretischen und der tatsächlich vorherrschenden „praktischen" Wertkonzeption (vgl. Teil II), die auch - im weitesten Sinn - soziale Komponenten enthält. Gerade im Fall der Umweltökonomie ist das von großer Bedeutung, da - wie wir gesehen haben - neben dem üblichen Problem der Bereitstellung öffentlicher Güter auch grundsätzliche Fragen sozialer, politischer und ethischer Natur zu klären sind.[236] Die unzureichende bzw. fehlende Integration der *sozialen* Aspekte des Wirtschaftens wiegt umso schwerer, als sich das ökonomische Erkenntnisinteresse heute weniger auf die Rechtfertigung der kapitalistisch-dezentralen Wirtschaftsordnung richtet, sondern auf die Bewältigung der Problematik des Umgangs mit öffentlichen Gütern im allgemeinen und mit Umweltgütern im besonderen (*Leipert* 1994, 60f; *Weimann* 1987, 303f). Aus diesen Gründen erscheint eine *soziale* Neukonzeption der ökonomischen Theorie notwendig - also eine Neukonzeption, die die von der Neoklassik bislang vernachlässigten sozialen Aspekte des Wirtschaftens mit umfaßt. Zu diesem Zweck ist sicherlich eine stärkere Bezugnahme auf die Ergebnisse anderer sozialwissenschaftlicher Disziplinen von Nöten, als bisher in der Ökonomie üblich war. Allerdings sollen die Neoklassik und ihre Erkenntnisse keineswegs über Bord geworfen werden, sondern diese sind vielmehr in ein umfassenderes,

---

[236] Zu diesen außerökonomischen, vor allem sozialen Aspekten der Umweltproblematik vgl. z.B.: *Blumstein et al.* (1980), *Bromley* (1991), *Daly* (1991b, Kap. II.8), *Hampicke* (1992, 347ff; 1994), *Hannon* (1975), W.W. *Harman und Carlson* (1977), *Kneese und Schulze* (1985), *Mishan* (1993), *Scherhorn* (1994), *Weise* (1994).

„soziales“ Paradigma einzugliedern; denn die erwähnten sozialen Aspekte des Wirtschaftens stehen bei einer Vielzahl ökonomischer Entscheidungen eher im Hintergrund, so daß in diesen Fällen die Anwendung des neoklassischen Instrumentariums durchaus sinnvoll sein kann.

Eine solche soziale Neukonzeption der Ökonomie fordert in jüngster Zeit die „Sozioökonomie“, die auch bewußt Erkenntnisse von Disziplinen wie Psychologie und Soziologie rezipiert (vgl. z.B.: *Bürgenmeier* 1994; *Etzioni* 1988; *Seifert und Priddat* 1995, 11ff). Bislang ist eine wirkliche Alternative zur Neoklassik allerdings noch nicht in Sicht - die eigentliche Neukonzeption befindet sich noch in den Anfängen, was sich nicht zuletzt an den recht vagen Aussagen zum Verhältnis von „moral commitments“ und „economic factors“ (*Etzioni* 1988, 63f) zeigt. An diesem unbefriedigenden Zustand kann sich auch solange nichts ändern, wie die Formulierung einer entsprechenden neuen Werttheorie unterbleibt. Denn angesichts der zentralen Bedeutung der Werttheorie für die Ökonomie (vgl. Teil II) kann nur auf der Grundlage einer *sozialen Werttheorie* die soziale Neukonzeption der Ökonomie erfolgreich durchgeführt werden; nur auf diese Weise kann die theoretische an die tatsächlich bestehende, „praktische“ Wertkonzeption angenähert werden.[237] Durch die Aufgabe des neoklassischen Wertkonzepts verfügt man zwar nicht mehr für alle Güter, alle Zeiten und alle Orte über eine einheitliche Wertdeterminante, nämlich den Nutzen, und eine der mathematischen Analyse leicht zugängliche Verhaltensannahme, nämlich die Maximierung dieses Nutzens. Der Verlust dieser illusionären Präzision und Sicherheit sollte jedoch nicht höher gewichtet werden als die Chance zu einer größeren Realitätsnähe und einem reicheren Menschen- und Gesellschaftsbild. Insbesondere können neben Nutzenvorstellungen auch moralische Erwägungen (d.h. Rechte oder Pflichten), können also teleologische *und* deontologische Faktoren berücksichtigt werden. Erste Schritte zur Postulierung einer solchen sozialen Wertlehre wurden von *Mirowski* (1990b; 1991; 1994b) unternommen, der die soziale Institution „Geld“ in den Mittelpunkt seiner Überlegungen stellte (vgl. auch *Simmel* 1930).

Es mag prima facie paradox erscheinen, daß ausgerechnet die Übertragung thermodynamischer, also naturwissenschaftlicher Konzepte Anstoß geben soll zur Forderung nach einer *sozialen* Neukonzeption der Ökonomie. Aber da die diesbezüglichen Probleme der Neoklassik nicht durch andere natürliche Werttheorien überwunden werden können, bleibt nur noch die Abkehr von den natürlichen Wertkonzepten überhaupt, also die Formulierung einer nicht-natürlichen, sozialen Wertlehre übrig. Eine auf dieser Grundlage aufbauende soziale Ökonomie wäre nicht nur - eben weil sie *nicht* die Kopie einer bestimmten naturwissenschaftlichen Konzeption ist - mit den verschiedensten ökonomisch relevanten naturwissenschaftlichen Erkenntnissen vereinbar und folglich einer interdisziplinären Zusammenarbeit gegenüber offener als dies eine „natürliche“ Ökonomie je sein könnte;

[237] Auch scheint eine soziale Wertlehre die Voraussetzung für die Anwendbarkeit der hermeneutischen Methode zu sein, in welcher seit *Vico* eine epistemologische Überlegenheit der Sozial- über die Naturwissenschaften gesehen wurde (*Abel* 1953; *Koslowski* 1991, 120ff; *Sombart* 1950, 140ff; *Weimann* 1987, 29ff).

auch hinsichtlich der Beschreibung und Erklärung ökonomischer Phänomene im allgemeinen sind beträchtliche Fortschritte gegenüber den „natürlichen" Alternativen und vor allem der Neoklassik zu erhoffen.

Nach diesem Ausblick auf ein lohnend erscheinendes, aber noch in weiter Ferne liegendes Forschungsziel wollen wir uns unserem eigentlichen Thema wieder zuwenden und die anfangs gestellte Frage, nämlich welche Rolle die Thermodynamik in der Ökonomie im allgemeinen und in der Umweltökonomie im besonderen spielen könne und solle, nunmehr zusammenfassend beantworten.

Erstens kommt der Thermodynamik eine nicht zu unterschätzende *heuristische* Funktion für die Ökonomie im allgemeinen zu, indem sie die Bedeutung der Zeit und die Implikationen der Irreversibilität verdeutlichen und so die Unzulänglichkeiten der orthodoxen Neoklassik erkennen hilft. Aber die Anwendungsmöglichkeiten der Thermodynamik in der Ökonomie sind damit bei weitem nicht erschöpft.

Zweitens, und dies bezieht sich hauptsächlich auf die Umweltökonomie, erfüllt die Thermodynamik eine *konzeptionelle* Funktion, dergestalt daß sie im Wege fachübergreifender Kooperation zur naturwissenschaftlichen Fundierung und Rechtfertigung einer nachhaltigen Wirtschaftsweise, also des Konzepts der „sustainability" dient und auf die Unverzichtbarkeit der Berücksichtigung von Rechten und Pflichten aufmerksam macht. Daraus und auch aufgrund der durch die Erfüllung ihrer heuristischen Funktion zu gewinnenden Denkanstöße ergeben sich weitreichende Implikationen für den grundsätzlichen theoretischen Aufbau der Ökonomie überhaupt, die in der Forderung nach einer sozialen Neukonzeption derselben auf Grundlage einer sozialen Werttheorie gipfeln.

Und schließlich gibt es für die Thermodynamik noch eine *dritte*, eine *analytische* Funktion: Denn bei der Operationalisierung des Nachhaltigkeitskonzepts und der Konkretisierung der Makrosteuerung ist die Heranziehung thermodynamischer Erkenntnisse, ebenfalls im Zuge interdisziplinärer Zusammenarbeit, unverzichtbar, z.B. um zu den notwendigen Annahmen über Substitutions- und Fortschrittsmöglichkeiten zu gelangen.[238]

Die Übertragung thermodynamischer Konzepte in die Umweltökonomie kann also auf verschiedenen Ebenen erfolgen und kann dabei zu wichtigen Fortschritten nicht nur in der Umweltökonomie, sondern in der Ökonomie überhaupt führen - trotz oder gerade weil eine sinnvolle Übertragung der Thermodynamik eben *nicht* in einer wahllosen Imitation, sondern in der bewußten Rezeption unter Wahrung der Identität der Ökonomie besteht.

---

[238] Das soll nicht heißen, daß sich die interdisziplinäre Zusammenarbeit auf der Seite der Ökonomie auf die Rezeption der Thermodynamik beschränken soll; sinnvoll ist sicher auch die Berücksichtigung anderer (natur- *und* sozialwissenschaftlicher) Disziplinen - und dies nicht nur in der Umweltökonomie, sondern in der Ökonomie überhaupt. Ein interessantes, wenngleich auf die Naturwissenschaften beschränktes Beispiel liefert *R.U. Ayres* (1994a), der thermodynamische, biologische und informationstheoretische Konzepte auf ökonomische Fragestellungen anwendet.

Kurzzusammenfassung/Abstract

Die Rolle der Thermodynamik in der Ökonomie im allgemeinen und in der Umweltökonomie im besonderen wird seit langem kontrovers diskutiert. Die Diskussion hat allerdings bislang nicht zu einer Klärung dieser Problematik geführt. Hierzu ist ein grundsätzliches Vorgehen notwendig, bei dem auch auf die Frage des Verhältnisses zwischen Ökonomie und Naturwissenschaften im allgemeinen einzugehen ist.

Als Ausgangspunkt kommt vor allem die Werttheorie in Frage, die der zentrale Bestandteil jeder ökonomischen Konzeption ist. Alle wichtigen Werttheorien sind bisher „natürlicher" Herkunft gewesen, d.h. aus den Naturwissenschaften abgeleitet worden, was nur ein Beispiel für die wichtige epistemologische Funktion von Übertragungen zwischen Natur- und Sozialwissenschaften ist. Diese Transfers können nicht a priori verurteilt werden; aber sie müssen bewußt und kritisch durchgeführt werden, wenn sie auch vom Standpunkt der „Zielwissenschaft" sinnvoll sein sollen.

Im Fall der Neoklassik wurde aufgrund des Strebens nach „Naturwissenschaftlichkeit" allerdings das physikalische Vorbild, die klassische Mechanik, so sklavisch kopiert, daß auf der Grundlage eines mechanistischen und individualistischen Wertkonzepts eine Ökonomie konstruiert wurde, die wesentliche ökonomische Phänomene nicht zu erfassen vermag. Neben anderen Mängeln ist der Neoklassik eine konzeptionelle „Anatürlichkeit" anzulasten, da sie die Wirtschaft als „Uhrwerk", isoliert und unabhängig von der natürlichen Umwelt, ansieht. Unter diesem mechanischen „hard core" leidet auch die neoklassische Umweltökonomie, die weder der Bedeutung natürlicher Grenzen noch der Komplexität der Interaktionen zwischen Wirtschaft und Natur noch der Rolle der Zeit gerecht zu werden vermag.

Zur Beseitigung dieser Defizite ist die Integration thermodynamischer Konzepte in die Umweltökonomie notwendig. Da die Ökonomie ein offenes, dissipatives System ist, dessen Existenz von Materie- und Energietransfers mit der natürlichen Umwelt abhängt und das selbstverständlich den thermodynamischen Gesetzen gehorchen muß, ist eine „natürliche" Umweltökonomie nur unter Berücksichtigung der Thermodynamik möglich.

Wenn man am neoklassischen Paradigma festhalten will, so kann eine Übertragung thermodynamischer Konzepte nur in Form zusätzlicher, thermodynamischer fundierter Nebenbedingungen erfolgen. Geht man von der klassischen Thermodynamik aus, so können zunächst die Konsequenzen des ersten Hauptsatzes der Thermodynamik, der die Masseerhaltung impliziert, im Rahmen des Materiebilanzansatzes berücksichtigt werden. Schon dadurch lassen sich wichtige Erkenntnisse über das Verhältnis von Wirtschaftssystem und Umwelt gewinnen. Da aber gerade der zweite Hauptsatz, das Entropiegesetz, von großer ökonomischer Relevanz ist, ist der Materiebilanzansatz allein unzureichend. Abhilfe kann durch die Energieanalyse geschaffen werden, die der besonderen Rolle der Energie (also ihrer

Unentbehrlichkeit und ihrer Entwertung gemäß dem Entropiegesetz), dadurch Rechnung trägt, daß sie diese als „ultimative Ressource" behandelt. Vor allem ein Teilbereich der Energieanalyse, die thermodynamische Analyse, kann ökonomisch bedeutsame Informationen liefern, indem sie „thermodynamische Limits" ermittelt, d.h. die Mindestenergieanforderungen verschiedener Prozesse. Aber durch diese Nebenbedingungen können nur bestimmte natürliche Grenzen, vor allem hinsichtlich Substitutierbarkeit und technischem Fortschritt, aufgezeigt werden; die anderen Unzulänglichkeiten der neoklassischen Umweltökonomie können im Rahmen der Neoklassik aus paradigmatischen Gründen nicht beseitigt werden. Deshalb kann auch mittels Nebenbedingungen, die auf der Grundlage der statistischen Thermodynamik formuliert werden, eine „natürliche" Umweltökonomie nicht realisiert werden.

Für eine konsequente Integration der Thermodynamik in die Umweltökonomie ist offenbar die Aufgabe des neoklassischen Paradigmas und damit des neoklassischen Wertkonzepts erforderlich. In diesem Zusammenhang scheint die Energiewertlehre die naheliegendste Alternative zu sein. Doch diese muß verworfen werden - nicht nur weil auf ihrer Grundlage eine sinnvolle Umweltökonomie unmöglich ist, sondern vor allem weil sie aufgrund ihres Determinismus der Vielfalt und Gestaltbarkeit der ökonomischen Prozesse und menschlichen Handelns in keiner Weise gerecht werden kann.

Da auch thermodynamische Analogiebildungen für umweltökonomische Fragestellungen wenig hilfreich sind, steht die Umweltökonomie vor einem Dilemma: Einerseits ist die Integration thermodynamischer Konzepte offenbar notwendig, andererseits sind alle diesbezüglichenVersuche bisher erfolglos gewesen.

Die Hauptursache für diese Erfolglosigkeit ist *normativer* Natur, da vor allem die Forderung nach intergenerationeller Gerechtigkeit zu Problemen geführt hat. Es zeigt sich, daß die Integration der Thermodynamik in die Umweltökonomie nur in Abhängigkeit von einer übergeordneten, meta-ökonomischen Wertentscheidung erfolgen kann, so daß das bisherige, allein an der Ökonomie orientierte Vorgehen unbefriedigend bleiben mußte. Geht man etwa, wie die ökologische Ökonomie, bewußt von der Rücksichtnahme auf die Nachwelt aus, so kann eine „natürliche" Umweltökonomie nur auf dem Prinzip der Nachhaltigkeit basieren, von dem durch die Berücksichtigung thermodynamischer Erkenntnisse eine Makroumweltpolitik abzuleiten ist, die absolute Grenzen für die Wirtschaft setzt. Da die zur Gewährleistung der „sustainability" erforderliche Makrosteuerung nicht mit der Neoklassik zu vereinbaren ist, besteht in einer sozialen Neukonzeption der Ökonomie auf der Grundlage einer nicht-natürlichen, sozialen Wertlehre ein notwendiges und sinnvolles Forschungsziel, das auch aus anderen Gründen anstrebenswert erscheint.

Die Thermodynamik ist für die Ökonomie von beträchtlicher Bedeutung: Neben einer allgemeinen heuristischen Funktion erfüllt sie für die Umweltökonomie durch die naturwissenschaftliche Fundierung des Nachhaltigkeitsziels eine wichtige konzeptionelle und durch ihre Aufgabe bei der Operationalisierung der Makrosteuerung eine wichtige analytische Funktion.

Although the role of thermodynamics for economics in general and for environmental economics in particular has been intensely, and sometimes passionately, discussed for quite some time, a convincing conclusion has still to be reached. To clarify the prevalent confusion a more fundamental approach seems to be necessary, an approach that also takes into account the relationship between economics and the natural sciences in general.

Value theory is the obvious point to start as it must needs be the centerpiece of every economic theory. All important value theories are „natural", i.e. were derived from the natural sciences, which exemplifies the epistemological importance of transfers between the social and the natural sciences. These transfers must not be condemned summarily but it is necessary for them to be carried out consciously and critically, if they are to make sense from the point of view of the „target" discipline.

The neoclassicals, however, intent on elevating economics to the rank of „true" science, copied their physical model, classical mechanics, so heedlessly that the resulting economic theory, which was based on a mechanistic and individualistic value concept, has been unable to account for important, indeed decisive, economic phenomena. Among other deficiencies, neoclassicism suffers from „a-naturalism" because the economy is regarded as a „clockwork", isolated from and independent of its environment. Due to this mechanical hard core neoclassical environmental economics, too, cannot but ignore natural limits, the complexity of economy-ecology interactions and the role of time.

To redress these insufficiencies, thermodynamic concepts have to be integrated into environmental economics. The economy is an open, dissipative system that depends on its natural environment for vital mass and energy transfers and that, of course, has to obey the laws of thermodynamics, which is why a „natural" environmental economics cannot do without thermodynamics.

With the neoclassical paradigm to be upheld a transfer of thermodynamic concepts is confined to the imposition of additional, thermodynamic constraints. They may be derived from classical thermodynamics. First, the materials balance approach allows for the consequences of the first law of thermodynamics, which implies the conservation of matter, to be taken into account. Thus, important insights into the relations between the economy and the natural environment may be gained. But the materials balance approach on its own will not lead very far because it is the second law of thermodynamics, the entropy law, that is of utmost economic importance. Energy analysis is motivated by the entropy law: It accepts energy as the „ultimate resource" because it is not only indispensable but, according to the entropy law, it is the only resource that gets irrevocably „degraded" when used. One subdiscipline, thermodynamic analysis, indeed provides useful and important information by calculating „thermodynamic limits", i.e. the minimum energy requirements for various processes. These additional constraints reveal important natural limits to substitutability and technological progress but can do nothing about the remaining flaws of neoclassical environmental economics as these are inextricably bound to the neoclassical hard core. By the same token, constraints derived from statistical thermodynamics cannot succeed either to create a „natural" environmental economics.

Evidently, a sensible integration of thermodynamics into environmental economics will be possible, only if the neoclassical paradigm and its value concept are given up. An energy theory of value looks like the obvious alternative to turn to. However, it has to be rejected - not only because a reasonable environmental economics cannot be based upon it, but mainly because its physical determinism is irreconcilably opposed to the richness and mutability of economic processes and human behaviour.

As thermodynamic analogies offer no acceptable solution either, environmental economics is faced with a dilemma: On the one hand the integration of thermodynamics is necessary, on the other all approaches thus far have failed.

The main cause of this failure is a *normative* inconsistency - it is the demand for intergenerational justice that causes most problems. It becomes clear that the integration of thermodynamics into environmental economics depends on a meta-economic value decision, which is why all the other approaches with their exclusively economic focus had to remain unsatisfactory.

If also the rights of future generations are taken into consideration, a „natural" environmental economics has to be based on the sustainability principle advocated by ecological economics. Given this principle, thermodynamics is to be used to derive a macroeconomic environmental policy which sets absolute limits to the economy. As the necessary macro policy is incompatible with neoclassical economics, future research ought to be directed towards the postulation of a new, non-natural, social theory of value on which a social reconstruction of economics can be founded - a reconstruction that seems to be necessary on other grounds, too.

Thus, thermodynamics is quite important for economics: Not only does it fulfill a general heuristic function, for environmental economics it also fulfills a decisive conceptual and an important analytical function - it supplies the scientific foundation for sustainability and macroeconomic environmental policy and it is indispensable for the operationalization of the latter.

Literaturverzeichnis

Aage, H. (1984): *Economic Arguments on the Sufficiency of Natural Resources*, in: Cambridge Journal of Economics 8, 105-113.

Abel, T. (1953): *The Operation Called Verstehen*, in: H. Feigl und M. Brodbeck (Hrsg.), Readings in the Philosophy of Science, New York: Appleton-Century-Crofts, 677-687.

Adam, G. und Hittmaier, O. (1988): *Wärmetheorie*, 3. Aufl., Braunschweig: Vieweg.

Adams, H. (1949a): *A Letter to American Teachers of History*, in: H. Adams, The Degradation of the Democratic Dogma, New York: Peter Smith, 135-263 [1919].

Adams, H. (1949b): *The Rule of Phase Applied to History*, in: H. Adams, The Degradation of the Democratic Dogma, New York: Peter Smith, 265-311 [1919].

Adams, R.N. (1975): *Energy and Structure*, Austin: University of Texas Press.

Adams, R.N. (1982): *Paradoxical Harvest*, Cambridge: Cambridge University Press.

Adams, R.N. (1988): *The Eighth Day*, Austin: University of Texas Press.

Ahern, J.E. (1980): *The Exergy Method of Energy Systems Analysis*, New York: Wiley.

Ahrendts, J. (1980): *Reference States*, in: Energy 5, 667-677.

Albert, H. (1963): *Modell-Platonismus*, in: F. Karrenberg und H. Albert (Hrsg.), Sozialwissenschaft und Gesellschaftsgestaltung, Berlin: Duncker & Humblot, 45-76.

Albert, H. (1980): *Die Einheit der Sozialwissenschaften*, in: E. Topitsch (Hrsg.), Logik der Sozialwissenschaften, 10. Aufl., Köln: Kiepenheuer & Witsch, 53-70.

Alefeld, G. (1990): *What Are Thermodynamic Losses and How to Measure Them?*, in: S.S. Stecco und M.J. Moran (Hrsg.), Future for Energy - Flowers '90, Oxford: Pergamon Press, 271-279.

Alessio, F.J. (1981): *Energy Analysis and the Energy Theory of Value*, in: Energy Journal 2, 61-74.

Amir, S. (1995): *Welfare Maximization in Economic Theory: Another Viewpoint*, in: Structural Change and Economic Dynamics 6, 359-376.

Amoroso, L. (1950): *Théorie Mathématique de l'Equilibre Economique, Equations Générales de la Dynamique*, in: Econometrica 18, 64-65.

Anderson, B.M. (1966): *Social Value*, New York: Kelley [1911].

Anderson, D. (1993): *Energy-Efficiency and the Economics of Pollution Abatement*, in: Annual Review of Energy and the Environment 18, 291-318.

d'Arge, R.C. (1972): *Economic Growth and the Natural Environment*, in: A.V. Kneese und B.T. Bower (Hrsg.), Environmental Quality Analysis, Baltimore: Johns Hopkins University Press, 11-34.

d'Arge, R.C und Kogiku, K.C. (1973): *Economic Growth and the Environment*, in: Review of Economic Studies 40, 61-77.

Arnoux, L.A. (1985): *The Value of Energy/The Energy of Value*, in: W. van Gool und J.J.C. Bruggink (Hrsg.), Energy and Time in the Economic and Physical Sciences, Amsterdam: North-Holland, 343-379.

Arrow, K.J. (1981): *The Response of Orthodox Economics*, in: H.E. Daly und A.F. Umaña (Hrsg.), Energy, Economics, and the Environment, Boulder: Westview Press, 109-113.

Arrow, K.J. und Fisher, A.C. (1974): *Environmental Preservation, Uncertainty, and Irreversibility*, in: Quarterly Journal of Economics 88, 312-319.

Arrow, K.J. und Hahn, F.H. (1971): *General Competitive Analysis*, Amsterdam: North-Holland.

Atkins, P.W. (1986): *Wärme und Bewegung*, Heidelberg: Spektrum der Wissenschaft [engl. 1984].

Atkinson, J. und Manning, N. (1995): *A Survey of International Energy Elasticities*, in: T. Barker, P. Ekins und N. Johnstone (Hrsg.), Global Warming and Energy Demand, London: Routledge, 47-105.

Ayres, C.E. (1944): *The Theory of Economic Progress*, Chapel Hill: University of North Carolina Press.

Ayres, R.U. (1978): *Resources, Environment, and Economics*, New York: Wiley.

Ayres, R.U. (1988): *Self-Organization in Biology and Economics*, in: International Journal of the Unity of the Sciences 1, 267-304.

Ayres, R.U. (1991): *Evolutionary Economics and Environmental Imperatives*, in: Structural Change and Economic Dynamics 2, 255-273.

Ayres, R.U. (1994a): *Information, Entropy, and Progress*, New York: AIP Press.

Ayres, R.U. (1994b): *Toward a Non-Linear Dynamics of Technological Progress*, in: Journal of Economic Behavior and Organization 24, 35-69.

Ayres, R.U. und Kneese, A.V. (1969): *Production, Consumption, and Externalities*, in: American Economic Review 59, 282-297.

Ayres, R.U. und Kneese, A.V. (1989): *Externalities: Economics and Thermodynamics*, in: F. Archibugi und P. Nijkamp (Hrsg.), Economy and Ecology: Towards Sustainable Development, Boston: Kluwer, 89-118.

Ayres, R.U. und Miller, S.M. (1980): *The Role of Technological Change*, in: Journal of Environmental Economics and Management 7, 353-371.

Ayres, R.U. und Nair, I. (1984): *Thermodynamics and Economics*, in: Physics Today 37, 62-71.

Backhouse, R.E. (1991): *More Heat than Light - By P. Mirowski*, in: Economica 58, 540-542.

Bagno, S. (1963): *The Angel and the Wheat*, New York: Jonah.

Bailey, S. (1967): *A Critical Dissertation on the Nature, Measure and Causes of Value*, London: Frank Cass [1825].

Barnes, B. (1992): *More Theory than Practice*, in: Philosophy of the Social Sciences 22, 112-121.

Barnett, H.J. (1979): *Scarcity and Growth Revisited*, in: V.K. Smith (Hrsg.), Scarcity and Growth Reconsidered, Baltimore: Johns Hopkins University Press, 163-217.

Barnett, H.J. und Morse, C. (1963): *Scarcity and Growth: The Economics of Natural Resource Availability*, Baltimore: Johns Hopkins University Press.

Bartelmus, P. (1994): *Environment, Growth and Development*, London: Routledge.

Bauer, A. (1993): *Der Treibhauseffekt*, Tübingen: JCB Mohr.

Baumol, W.J. und Oates, W.E. (1979): *Economics, Environmental Policy, and the Quality of Life*, Englewood Cliffs: Prentice-Hall.

Baumol, W.J. und Oates, W.E. (1988): *The Theory of Environmental Policy*, 2. Aufl., Cambridge: Cambridge University Press.

Bausor, R. (1986): *Time and Equilibrium*, in: P. Mirowski (Hrsg.), The Reconstruction of Economic Theory, Boston: Kluwer, 93-135.

Beckenbach, F. (1994): *Ökologische Ökonomie und nichtlineare Systemmodellierung*, in: F. Beckenbach und H. Diefenbacher (Hrsg.), Zwischen Entropie und Selbstorganisation, Marburg: Metropolis, 247-315.

Beckerman, W. (1972): *Economists, Scientists, and Environmental Catastrophe*, in: Oxford Economic Papers 26, 327-344.

Beckerman, W. (1991): *Global Warming: A Sceptical Economic Assessment*, in: D. Helm (Hrsg.), Economic Policy Towards the Environment, Oxford: Basil Blackwell, 52-85.

Beckerman, W. (1992): *Economic Growth and the Environment: Whose Growth? Whose Environment?*, in: World Development 20, 481-496.

Beed, C. und Kane, O. (1991): *What Is the Critique of the Mathematization of Economics?*, in: Kyklos 44, 581-612.

Berndt, E.R. (1978): *Aggregate Energy, Efficiency, and Productivity Measurement*, in: Annual Review of Energy 3, 225-273.

Berndt, E.R. (1985): *From Technocracy to Net Energy Analysis: Engineers, Economists, and Recurring Energy Theories of Value*, in: A. Scott (Hrsg.), Progress in Natural Resource Economics, Oxford: Clarendon Press, 337-367.

Berndt, E.R. und Wood, D.O. (1979): *Engineering and Econometric Interpretations of Energy-Capital Complementarity*, in: American Economic Review 69, 342-354.

Berry, R.S. (1972): *Recycling, Thermodynamics and Environmental Thrift*, in: Bulletin of the Atomic Scientists 28, 8-15.

Berry, R.S. und Fels, M.F. (1973): *The Energy Cost of Automobiles*, in: Science and Public Affairs 29, 11-17 u. 58-60.

Berry, R.S., Salamon, P. und Heal, G.M. (1978): *On a Relation Between Economic and Thermodynamic Optima*, in: Resources and Energy 1, 125-137.

Bianciardi, C., Donati, A. und Ulgiati, S. (1993): *On the Relationship Between the Economic Process, the Carnot Cycle and the Entropy Law*, in: Ecological Economics 8, 7-10.

Biela, A. (1991): *Analogy in Science*, Frankfurt: Lang [poln. 1989].

Binswanger, H.C. (1991): *Geld und Natur*, Stuttgart: Thienemanns.

Binswanger, H.C. (1994): *Geld und Natur*, in: B. Biervert und M. Held (Hrsg.), Das Naturverständnis der Ökonomik, Frankfurt: Campus, 175-188.

Binswanger, H.C. und Minsch, J. (1992): *Theoretische Grundlagen der Umwelt- und Ressourcenökonomie - Traditionelle und alternative Ansätze*, in: M.v. Hauff und U. Schmid (Hrsg.), Ökonomie und Ökologie, Stuttgart: Schäffer-Poeschel, 41-66.

Binswanger, M. (1992): *Information und Entropie*, Frankfurt: Campus.

Binswanger, M. (1993): *From Microscopic to Macroscopic Theories: Entropic Aspects of Ecological and Economic Processes*, in: Ecological Economics 8, 209-234.

Binswanger, M. (1994a): *Bewirkt wirtschaftlicher Strukturwandel einen Rückgang der Energieintensität?*, in: GAIA 3, 346-352.

Binswanger, M. (1994b): *Das Entropiegesetz als Grundlage einer ökologischen Ökonomie*, in: F. Beckenbach und H. Diefenbacher (Hrsg.), Zwischen Entropie und Selbstorganisation, Marburg: Metropolis, 155-200.

Binswanger, M. (1995): *Sustainable Development: Utopie in einer wachsenden Wirtschaft?*, in: Zeitschrift für Umweltpolitik und Umweltrecht 18, 1-19.

Blaug, M. (1992): *The Methodology of Economics*, 2. Aufl., Cambridge: Cambridge University Press.

Bloor, D. (1982): *Durkheim and Mauss Revisited: Classification and the Sociology of Knowledge*, in: Studies in History and Philosophy of Science 13, 267-297.

Blumstein, C. et al. (1980): *Overcoming Social and Institutional Barriers to Energy Conservation*, in: Energy 5, 355-371.

Boadway, R. und Bruce, N. (1984): *Welfare Economics*, Oxford: Basil Blackwell.

Boserup, M. (1980): *Are There Really Depletable Resources?*, in: C. Bliss und M. Boserup (Hrsg.), Economic Growth and Resources - Vol. 3: Natural Resources, London: Macmillan, 49-63.

Boulding, K.E. (1968): *The Economics of the Coming Spaceship Earth*, in: K.E. Boulding, Beyond Economics, Ann Arbor: University of Michigan Press, 275-287 [1966].

Boulding, K.E. (1972): *Toward the Development of a Cultural Economics*, in: Social Science Quarterly 53, 267-284.

Boulding, K.E. (1976): *The Great Laws of Change*, in: M.A. Tang, F.M. Westerfield und J.S. Worley (Hrsg.), Evolution, Welfare and Time in Economics, Lexington: Lexington Books, 3-14.

Boulding, K.E. (1977): *The Anxieties of Uncertainty in the Energy Problem*, in: K.D. Wilson (Hrsg.), Prospects for Growth, New York: Praeger, 114-126.

Brenck, A. (1992): *Moderne umweltpolitische Konzepte: Sustainable Development und ökologisch-soziale Marktwirtschaft*, in: Zeitschrift für Umweltpolitik und Umweltrecht 4, 379-413.

Brillouin, L. (1962): *Science and Information Theory*, New York: Academic Press.

Brillouin, L. (1976a): *Life, Thermodynamics, and Cybernetics*, in: W. Buckley (Hrsg.), Modern Systems Research for the Behavioral Scientist, Chicago: Aldine, 147-156 [1949].

Brillouin, L. (1976b): *Thermodynamics and Information Theory*, in: W. Buckley (Hrsg.), Modern Systems Research for the Behavioral Scientist, Chicago: Aldine, 161-165 [1950].

Brinkman, R.L. (1980): *Mankind at the Starting Point*, in: Journal of Economic Issues 14, 567-582.

Bromley, D.W. (1991): *Environment and Economy*, Oxford: Basil Blackwell.

Brooks, D.B. und Andrews, P.W. (1974): *Mineral Resources, Economic Growth, and World Population*, in: Science 185, 13-19.

Brooks, D.R. und Wiley, E.O. (1988): *Evolution as Entropy*, 2. Aufl., Chicago: University of Chicago Press.

Brooks, D.R. et al. (1989): *Entropy and Information in Evolving Biological Systems*, in: Biology and Philosophy 4, 407-432.

Broome, J. (1992): *Deontology and Economics*, in: Economics and Philosophy 8, 269-282.

Broome, J. (1994): *Discounting the Future*, in: Philosophy and Public Affairs 23, 128-156.

Brostow, W. (1972): *Between Laws of Thermodynamics and Coding of Information*, in: Science 178, 123-126.

Bruggink, J.J.C. (1985): *The Theory of Economic Growth and Thermodynamic Laws*, in: W. van Gool und J.J.C. Bruggink (Hrsg.), Energy and Time in the Economic and Physical Sciences, Amsterdam: North-Holland, 135-145.

Bryant, J. (1979): *An Equilibrium Theory of Economics*, in: Energy Economic 1, 102-111.

Bryant, J. (1982): *A Thermodynamic Approach to Economics*, in: Energy Economics 4, 36-50.

Bryant, J. (1985): *Economics, Equilibrium and Thermodynamics*, in: W. van Gool und J.J.C. Bruggink (Hrsg.), Energy and Time in the Economic and Physical Sciences, Amsterdam: North-Holland, 197-221.

Brzustowski, T.A. (1980): *Toward a Second-Law Taxonomy of Combustion Processes*, in: Energy 5, 743-755.

Buchanan, J.M. und Stubblebine, W.C. (1962): *Externality*, in: Economica 29, 371-384.

Buchanan, J.M. und Tullock, G. (1975): *Polluters' Profits and Political Response: Direct Controls Versus Taxes*, in: American Economic Review 65, 139-147.

Bürgenmeier, B. (1994): *Sozioökonomie*, Marburg: Metropolis [frz. 1990].

Bürgenmeier, B. (1995): *Die Wirtschaftswissenschaft auf der Suche nach einer sozioökonomischen Synthese: Neue Ansätze im Umweltschutz*, in: E.K. Seifert und B.P. Priddat (Hrsg.), Neuorientierungen in der ökonomischen Theorie, Marburg: Metropolis, 55-72.

Bullard, C.W. (1976): *Energy Costs and Benefits; Net Energy*, in: Energy Systems and Policy 1, 367-382.

Bullard, C.W. und Herendeen, R.A. (1977): *The Energy Cost of Goods and Services*, in: J.A.G. Thomas (Hrsg.), Energy Analysis, Guildford: IPC Science and Technology Press, 71-81 [1975].

Bullard, C.W., Penner, P.S. und Pilati, D.A. (1978): *Net Energy Analysis*, in: Resources and Energy 1, 267-313.

Burness, H.S. und Cummings, R.G. (1986): *Thermodynamic and Economic Concepts as Related to Resource-Use Policies: Reply*, in: Land Economics 62, 323-324.

Burness, H.S. et al. (1980): *Thermodynamic and Economic Concepts as Related to Resource-Use Policies*, in: Land Economics 56, 1-9.

Busch-Lüty, C. (1994): *Sustainability - Elemente einer am Leitbild der Nachhaltigkeit orientierten ökologischen Ökonomie*, in: B. Biervert und M. Held (Hrsg.), Das Naturverständnis der Ökonomik, Frankfurt: Campus, 206-223.

Buttlar, H.v. (1975): *Umweltprobleme*, in: Physikalische Blätter 31, 145-155.

Callen, H.B. (1985): *Thermodynamics and an Introduction to Thermostatistics*, 2. Aufl., New York: Wiley.

Campell, J.H. (1988): *Evolution as Nonequilibrium Thermodynamics: Halfway There?*, in: B.H. Weber, D.J. Depew und J.D. Smith (Hrsg.), Entropy, Information, and Evolution, Cambridge: MIT Press, 275-284.

Cansier, D. und Richter, W. (1995): *Erweiterung der Volkswirtschaftlichen Gesamtrechnung um Indikatoren für eine nachhaltige Umweltnutzung*, in: Zeitschrift für Umweltpolitik und Umweltrecht 18, 231-260.

Carathéodory, C. (1909): *Untersuchungen über die Grundlagen der Thermodynamik*, in: Mathematische Annalen 67, 355-386.

Chandler, W.U., Geller, H.S. und Ledbetter, M.R. (1988): *Energy Efficiency: A New Agenda*, Washington: American Council for an Energy-Efficient Economy.

Chang, K.-P. (1994): *Capital-Energy Subsitution and the Multi-Level CES Production Function*, in: Energy Economics 16, 22-26.

Chapman, P.F. (1974): *Energy Costs: A Review of Methods*, in: Energy Policy 2, 91-103.

Chapman, P.F. (1975): *Energy Analysis of Nuclear Power Stations*, in: Energy Policy 3, 285-298.

Chapman, P.F. (1977a): *Communications on Energy: The Economics of Energy Analysis Revisited*, in: Energy Policy 5, 160-161.

Chapman, P.F. (1977b): *The Economics of UK Solar Energy Schemes*, in: Energy Policy 5, 334-340.

Chapman, P.F. (1977c): *The Energy Costs of Materials*, in: J.A.G. Thomas (Hrsg.), Energy Analysis, Guildford: IPC Science and Technology Press, 27-36 [1975].

Chapman, P.F., Leach, G. und Slesser, M. (1974): *The Energy Cost of Fuels*, in: Energy Policy 2, 231-243.

Christensen, P.P. (1989): *Historical Roots for Ecological Economics - Biophysical versus Allocative Approaches*, in: Ecological Economics 1, 17-36.

Clark, C.M.A. (1992): *Economic Theory and Natural Philosophy*, Aldershot: Edward Elgar.

Clark, J.B. (1965): *The Distribution of Wealth*, New York: Kelley [1899].

Coats, A.W. (1991): *Philip Mirowski: More Heat than Light*, in: Kyklos 44, 131-135.

Coddington, A. (1970): *The Economics of Ecology*, in: New Society 15, 595-597.

Cohen, A.J. (1992): *Seeing the Light Despite the Heat*, in: Philosophy of the Social Sciences 22, 83-96.

Cohen, B. (1993): *Analogy, Homology, and Metaphor in the Interactions between the Natural Sciences and the Social Sciences, Especially Economics*, in: N. de Marchi (Hrsg.), Non-Natural Social Science, Durham: Duke University Press, 7-44.

Collard, D. (1994): *Inequality Aversion, Resource Depletion and Sustainability*, in: Economics Letters 45, 514-517.

Collier, J. (1986): *Entropy in Evolution*, in: Biology and Philosophy 1, 5-24.

Common, M.S. (1976): *The Economics of Energy Analysis Reconsidered*, in: Energy Policy 4, 158-165.

Common, M.S. (1977): *Communications on Energy: The Economics of Energy Analysis Revisited*, in: Energy Policy 5, 159-160.

Commoner, B. (1976): *The Poverty of Power*, London: Cape.

Conrad, K. (1985): *The Use of Standards and Prices for Environmental Protection and their Impact on Costs*, in: Zeitschrift für die gesamte Staatswissenschaft 141, 390-400.

Cook, E. (1976): *Man, Energy, Society*, San Francisco: Freeman.

Cooper, C.F. (1982): *Energy and Ecology: The Basic Issues*, in: G.A. Daneke (Hrsg.), Energy, Economics, and the Environment, Lexington: Lexington Books, 25-37.

Costanza, R. (1980): *Embodied Energy and Economic Valuation*, in: Science 210, 1219-1224.

Costanza, R. (1981a): *Embodied Energy, Energy Analysis, and Economics*, in: H.E. Daly und A.F. Umaña (Hrsg.), Energy, Economics, and the Environment, Boulder: Westview Press, 119-145.

Costanza, R. (1981b): *Reply: An Embodied Energy Theory of Value*, in: H.E. Daly und A.F. Umaña (Hrsg.), Energy, Economics, and the Environment, Boulder: Westview Press, 187-192.

Costanza, R. (1982): *Economic Values and Embodied Energy*, in: Science 216, 1143.

Costanza, R. (1984): *Natural Resource Valuation and Management: Toward an Ecological Economics*, in: A.-M. Jansson (Hrsg.), Integration of Economy and Ecology, Stockholm: Wallenberg Foundation, 7-18.

Costanza, R. (1989): *What Is Ecological Economics?*, in: Ecological Economics 1, 1-7.

Costanza, R., Daly, H.E. und Bartholomew, J.A. (1991): *Goals, Agenda and Policy Recommendations for Ecological Economics*, in: R. Costanza (Hrsg.), Ecological Economics: The Science and Management of Sustainability, New York: Columbia University Press, 1-20.

Costanza, R. und Herendeen, R.A. (1984): *Embodied Energy and Economic Value in the United States Economy: 1963, 1967 and 1972*, in: Resources and Energy 6, 129-163.

Cottrell, F. (1970): *Energy and Society*, Westport: Greenwood Press [1955].

Coveney, P. und Highfield, R. (1990): *The Arrow of Time*, London: Allen.

Cowie, A. und Szebehely, V.G. (1989): *Mechanics: Classical Mechanics*, in: Encyclopaedia Britannica, 15. Aufl., Chicago: Encyclopaedia Britannica, Vol. 23, 803-827.

Cropper, M.L. und Oates, W.E. (1992): *Environmental Economics: A Survey*, in: Journal of Economic Literature 30, 675-740.

Cummings, R.G. und Norton, V. (1974): *The Economics of Environmental Preservation: Comment*, in: American Economic Review 64, 1021-1024.

Daly, H.E. (1968): *On Economics as a Life Science*, in: Journal of Political Economy 76, 392-406.

Daly, H.E. (1980): *The Economic Thought of Frederick Soddy*, in: History of Political Economy 12, 469-488.

Daly, H.E. (1981): *Postscript: Unresolved Problems and Issues for Further Research*, in: H.E. Daly und A.F. Umaña (Hrsg.), Energy, Economics, and the Environment, Boulder: Westview Press, 165-185.

Daly, H.E. (1984): *Alternative Strategies for Integrating Economics and Ecology*, in: A.-M. Jansson (Hrsg.), Integration of Economy and Ecology, Stockholm: Wallenberg Foundation, 19-29.

Daly, H.E. (1986): *Thermodynamic and Economic Concepts as Related to Resource-Use Policies: Comment*, in: Land Economics 62, 319-322.

Daly, H.E. (1987): *The Economic Growth Debate: What Some Economists Have Learned But Many Have Not*, in: Journal of Environmental Economics and Management 14, 323-336.

Daly, H.E. (1990): *Toward Some Operational Principles of Sustainable Development*, in: Ecological Economics 2, 1-6.

Daly, H.E. (1991a): *Elements of Environmental Macroeconomics*, in: R. Costanza (Hrsg.), Ecological Economics: The Science and Management of Sustainability, New York: Columbia University Press, 32-46.

Daly, H.E. (1991b): *Steady-State Economics*, 2. Aufl., Washington: Island Press.

Daly, H.E. (1992a): *Allocation, Distribution, and Scale: Towards an Economics that is Efficient, Just, and Sustainable*, in: Ecological Economics 6, 185-193.

Daly, H.E. (1992b): *Is the Entropy Law Relevant to the Economics of Natural Resource Scarcity? - Yes, of Course It Is!*, in: Journal of Environmental Economics and Management 23, 91-95.

Daly, H.E. (1993a): *Introduction to Essays Toward a Steady-State Economy*, in: H.E. Daly und K.N. Townsend (Hrsg.), Valuing the Earth, Cambridge: MIT Press, 11-47.

Daly, H.E. (1993b): *Postscript: Some Common Misunderstandings and Further Issues Concerning a Steady-State Economy*, in: H.E. Daly und K.N. Townsend (Hrsg.), Valuing the Earth, Cambridge: MIT Press, 365-382.

Daly, H.E. (1993c): *The Steady-State Economy: Toward a Political Economy of Biophysical Equilibrium and Moral Growth*, in: H.E. Daly und K.N. Townsend (Hrsg.), Valuing the Earth, Cambridge: MIT Press, 325-363.

Daly, H.E. (1995): *On Nicholas Georgescu-Roegen's Contributions to Economics: An Obituary Essay*, in: Ecological Economics 13, 149-154.

Daly, H.E. und Cobb, J.B. (1994): *For the Common Good*, 2. Aufl., Boston: Beacon Press.

Daly, H.E. und Townsend, K.N. (Hrsg.) (1993): *Valuing the Earth*, Cambridge: MIT Press.

Daneke, G.A. (Hrsg.) (1982): *Energy, Economics, and the Environment*, Lexington: Lexington Books.

Daniel, V. (1955): *The Uses and Abuses of Analogy*, in: Operational Research Quarterly 6, 32-46.

Darmstadter, J. und Fri, R.W. (1992): *Interconnections Between Energy and the Environment: Global Challenges*, in: Annual Review of Energy and the Environment 17, 45-76.

Dasgupta, P.S. (1982a): *Environmental Management Under Uncertainty*, in: V.K. Smith und J.V. Krutilla (Hrsg.), Explorations in Natural Resource Economics, Baltimore: Johns Hopkins University Press, 109-140.

Dasgupta, P.S. (1982b): *The Control of Resources*, Oxford: Basil Blackwell.

Dasgupta, P.S. (1990): *The Environment as a Commodity*, in: Oxford Review of Economic Policy 6, 51-67.

Dasgupta, P.S. und Heal, G.M. (1979): *Economic Theory of Exhaustible Resources*, Cambridge: Cambridge University Press.

Davies, P.C.W. (1977): *The Physics of Time Asymmetry*, Berkeley: University of California Press.

Davis, H.T. (1941): *The Theory of Econometrics*, Bloomington: Principia Press.

Dawkins, R. (1994): *Das egoistische Gen*, 2. Aufl., Heidelberg: Spektrum Akademischer Verlag [engl. 1976].

Debreu, G. (1959): *Theory of Value*, New Haven: Yale University Press.

Denbigh, K.G. und Denbigh, J.S. (1985); *Entropy in Relation to Incomplete Knowledge*, Cambridge: Cambridge University Press.

Denton, R.F. (1977): *The Energy Cost of Goods and Services*, in: J.A.G. Thomas (Hrsg.), Energy Analysis, Guildford: IPC Science and Technology Press, 82-87 [1975].

Devarajan, S. und Fisher, A.C. (1982): *Measures of Natural Resource Scarcity Under Uncertainty*, in: V.K. Smith und J.V. Krutilla (Hrsg.), Explorations in Natural Resource Economics, Baltimore: Johns Hopkins University Press, 327-346.

Diefenbacher, H. (1994): *Grenzenlosigkeit und kurzfristige Kalküle - einige Ausgangsüberlegungen zu einer nachhaltigen Ökonomie*, in: B. Biervert und M. Held (Hrsg.), Das Naturverständnis der Ökonomik, Frankfurt: Campus, 189-205.

Dilthey, W. (1962): *Einleitung in die Geisteswissenschaften*, 5. Aufl., Stuttgart: Teubner, Vol. I [1883].

Douglas, M. (1982): *Natural Symbols*, New York: Pantheon Books.

Douglas, M. (1991): *Wie Institutionen denken*, Frankfurt: Suhrkamp [engl. 1986].

Dragan, J.C. und Demetrescu, M.C. (1991): *Entropy and Bioeconomics - The New Paradigm of Nicholas Georgescu-Roegen*, 2. Aufl., Rom: Nagard.

Durkheim, E. und Mauss, M. (1903): *De Quelques Formes Primitives de la Classification*, in: Année Sociologique 6, 1-72.

Ebeling, W. (1994): *Selbstorganisation und Entropie in ökologischen und ökonomischen Prozessen*, in: F. Beckenbach und H. Diefenbacher (Hrsg.), Zwischen Entropie und Selbstorganisation, Marburg: Metropolis, 29-45.

Edgerton, R.H. (1979): *Measures of Energy Effectiveness of Interacting Resource Processing Systems*, in: Energy 4, 1151-1160.

Edgerton, R.H. (1980): *Second Law and Radiation*, in: Energy 5, 693-707.

Edgerton, R.H. (1982): *Available Energy and Environmental Economics*, Lexington: Lexington Books.

Edgeworth, F.Y. (1881): *Mathematical Psychics*, London: Kegan Paul.

Edmonds, J.A. und Reilly, J. (1985): *Time and Uncertainty: Analytical Paradigms and Policy Requirements*, in: W. van Gool und J.J.C. Bruggink (Hrsg.), Energy and Time in the Economic and Physical Sciences, Amsterdam: North-Holland, 287-313.

Ehrlich, P.R., Ehrlich, A.H. und Holdren, J.P. (1993): *Availability, Entropy, and the Laws of Thermodynamics*, in: H.E. Daly und K.N. Townsend (Hrsg.), Valuing the Earth, Cambridge: MIT Press, 69-73 [1977].

Elsner, W. (1986): *Ökonomische Institutionenanalyse*, Berlin: Duncker & Humblot.

English, J.M. (1974): *Economic Theory - New Perspectives*, in: J.J.v. Dixhoorn und F.J. Evans (Hrsg.), Physical Structure in Systems Theory, London: Academic Press, 279-296.

Epikur (1973): *Philosophie der Freude*, Stuttgart: Kröner.

Erbrich, P. (1988): *Zufall*, Stuttgart: Kohlhammer.

Etzioni, A. (1988): *The Moral Dimension*, New York: Free Press.

Eriksson, K.-E. (1984): *Thermodynamical Aspects on Ecology/Economics*, in: A.-M. Jansson (Hrsg.), Integration of Economy and Ecology, Stockholm: Wallenberg Foundation, 39-45.

Evans-Pritchard, E.E. (1937): *Witchcraft, Oracles and Magic Among the Azande*, Oxford: Clarendon Press.

Faber, M. (1985): *A Biophysical Approach to the Economy: Entropy, Environment and Resources*, in: W. van Gool und J.J.C. Bruggink (Hrsg.), Energy and Time in the Economic and Physical Sciences, Amsterdam: North-Holland, 315-337.

Faber, M., Niemes, H. und Stephan, G. (1983): *Entropie, Umweltschutz und Rohstoffverbrauch*, Berlin: Springer.

Faber, M., Niemes, H. und Stephan, G. (1987): *Entropy, Environment and Resources*, 1. Aufl., Berlin: Springer [dt. 1983].

Faber, M., Niemes, H. und Stephan, G. (1995): *Entropy, Environment and Resources*, 2. Aufl., Berlin: Springer [dt. 1983].

Faber, M. und Proops, J.L.R. (1985): *Interdisciplinary Research Between Economists and Physical Scientists: Retrospect and Prospect*, in: Kyklos 38, 599-616.

Faber, M. und Proops, J.L.R. (1986): *Time Irreversibility in Economics: Some Lessons from the Natural Sciences*, in: M. Faber (Hrsg.), Studies in Austrian Capital Theory, Investment and Time, Berlin: Springer, 294-316.

Faber, M. und Proops, J.L.R. (1993): *Evolution, Time, Production and the Environment*, 2. Aufl., Berlin: Springer.

Faber, M. und Wagenhals, G. (1988): *Towards a Long-Term Balance Between Economics and Environmental Protection*, in: W. Salomons und U. Förstner (Hrsg.), Environmental Management of Solid Waste, Berlin: Springer, 227-242.

Faber, M. et al. (1990): *Economy-Environment Interactions in the Long Run: A Neo-Austrian Approach*, in: Ecological Economics 2, 27-55.

Falk, G. (1990): *Physik - Zahl und Realität*, Basel: Birkhäuser.

Falk, G. und Ruppel, W. (1976): *Energie und Entropie*, Berlin: Springer.

Fast, J.D. (1970): *Entropy*, 2. Aufl., London: Macmillan.

Faucheux, S. (1994): *New Approaches in Ecological Economics: Energy Analysis and the Socioeconomic Elements of Environmental Economics*, in: B. Bürgenmeier (Hrsg.), Economy, Environment, and Technology, Armonk: Sharpe, 77-105.

Fehl, U. (1983): *Die Theorie dissipativer Strukturen als Ansatzpunkt für die Analyse von Innovationsproblemen in alternativen Wirtschaftsordnungen*, in: A. Schüller, H. Leipold und H. Hamel (Hrsg.), Innovationsprobleme in Ost und West, Stuttgart: Fischer, 65-89.

Finkelstein, M.O. und Friedberg, R.M. (1966): *The Application of an Entropy Theory of Concentration to the Clayton Act*, in: Yale Law Journal 76, 677-717.

Fishelson, G. (1993): *Backstop Technology for an Exhaustible Resource: A Fresh Look at an Old Problem*, in: Resource and Energy Economics 15, 387-396.

Fisher, A.C. (1981): *Resource and Environmental Economics*, Cambridge: Cambridge University Press.

Fisher, A.C. (1984): *Economic Analysis and the Extinction of Species*, in: A.-M. Jansson (Hrsg.), Integration of Economy and Ecology, Stockholm: Wallenberg Foundation, 47-53.

Fisher, A.C. und Krutilla, J.V. (1974): *Valuing Long Run Ecological Consequences and Irreversibilities*, in: Journal of Environmental Economics and Management 1, 96-108.

Fisher, A.C., Krutilla, J.V. und Cicchetti, C.J. (1972): *The Economics of Environmental Preservation: A Theoretical and Empirical Analysis*, in: American Economic Review 62, 605-619.

Fisher, A.C. und Peterson, F.M. (1976): *The Environment in Economics: A Survey*, in: Journal of Economic Literature 14, 1-33.

Fisher, A.C. und Rothkopf, M.H. (1989): *Market Failure and Energy Policy*, in: Energy Policy 17, 397-406.

Fisher, I. (1926): *Mathematical Investigations Into the Theory of Value and Prices*, New Haven: Yale University Press.

Fisher, R.M. (1986): *The Logic of Economic Discovery: Neoclassical Economics and the Marginal Revolution*, Brighton: Wheatsheaf Books.

Foley, G. (1978): *The Energy Question*, Harmondsworth: Penguin.

Foley, V. (1976): *The Social Physics of Adam Smith*, West Lafayette: Purdue University Press.

Franksen, O.I. (1972): *A Physical Analogy of the Walrasian Model*, in: J.M. English (Hrsg.), Economics of Engineering and Social Systems, New York: Wiley, 94-150.

Franksen, O.I. (1974): *Basic Concepts in Engineering and Economics*, in: J.J.v. Dixhoorn und F.J. Evans (Hrsg.), Physical Structure in Systems Theory, London: Academic Press, 247-277.

Frautschi, S. (1988): *Entropy in an Expanding Universe*, in: B.H. Weber, D.J. Depew und J.D. Smith (Hrsg.), Entropy, Information, and Evolution, Cambridge: MIT Press, 11-22.

Frehland, E. (Hrsg.) (1984): *Synergetics - From Microscopic to Macroscopic Order*, Berlin: Springer.

Fricke, J. und Borst, W.L. (1981): *Energie*, München: Oldenbourg.

Fritsch, B. (1984): *New Synergisms in Socio-Economic Systems: More Questions than Answers*, in: E. Frehland (Hrsg.), Synergetics - From Microscopic to Macroscopic Order, Berlin: Springer, 197-206.

Fritsch, B. (1991): *Mensch - Umwelt - Wissen*, 2. Aufl., Zürich: vdf.

Gaggioli, R.A. (1980a): *Principles of Thermodynamics*, in: R.A. Gaggioli (Hrsg.), Thermodynamics: Second Law Analysis, Washington: American Chemical Society, 3-13.

Gaggioli, R.A. (Hrsg.) (1980b): *Thermodynamics: Second Law Analysis*, Washington: American Chemical Society.

Gaggioli, R.A. (Hrsg.) (1983a): *Efficiency and Costing*, Washington: American Chemical Society.

Gaggioli, R.A. (1983b): *Second Law Analysis for Process and Energy Engineering*, in: R.A. Gaggioli (Hrsg.), Efficiency and Costing, Washington: American Chemical Society, 3-50.

Gardel, A. (1979): *Energy - Economy and Perspective*, Oxford: Pergamon Press.

Garrison, G.B. und Paulson, A.S. (1973): *An Entropy Measure of the Geographic Concentration of Economic Activity*, in: Economic Geography 49, 319-324.

Georgescu-Roegen, N. (1967): *The Nature of Expectation and Uncertainty*, in: N. Georgescu-Roegen, Analytical Economics, Cambridge: Harvard University Press, 241-275 [1958].

Georgescu-Roegen, N. (1971): *The Entropy Law and the Economic Process*, Cambridge: Harvard University Press.

Georgescu-Roegen, N. (1975): *Bio-Economic Aspects of Entropy*, in: L. Kubat und J. Zeman (Hrsg.), Entropy and Information in Science and Philosophy, Amsterdam: North-Holland, 125-142.

Georgescu-Roegen, N. (1976a): *Energy and Economic Myths*, in: N. Georgescu-Roegen, Energy and Economic Myths, New York: Pergamon Press, 3-36 [1972].

Georgescu-Roegen, N. (1976b): *Measure, Quality, and Optimum Scale*, in: N. Georgescu-Roegen, Energy and Economic Myths, New York: Pergamon Press, 271-296 [1964].

Georgescu-Roegen, N. (1976c): *Process Analysis and the Neoclassical Theory of Production*, in: N. Georgescu-Roegen, Energy and Economic Myths, New York: Pergamon Press, 37-52 [1971].

Georgescu-Roegen, N. (1976d): *The Economics of Production*, in: N. Georgescu-Roegen, Energy and Economic Myths, New York: Pergamon Press, 61-69 [1969].

Georgescu-Roegen, N. (1977a): *Inequality, Limits and Growth from a Bioeconomic Viewpoint*, in: Review of Social Economy 35, 361-375.

Georgescu-Roegen, N. (1977b): *Matter Matters, Too*, in: K.D. Wilson (Hrsg.), Prospects for Growth: Changing Expectations for the Future, New York: Praeger, 293-313.

Georgescu-Roegen, N. (1977c): *The Measure of Information: A Critique*, in: J. Rose und C. Bilciu (Hrsg.), Modern Trends in Cybernetics and Systems, Springer: Berlin, Vol. 3, 187-217.

Georgescu-Roegen, N. (1977d): *The Steady State and Ecological Salvation: A Thermodynamic Analysis*, in: BioScience 27, 266-270.

Georgescu-Roegen, N. (1978): *Mechanistic Dogma and Economics*, in: British Review of Economic Issues 1, 1-10.

Georgescu-Roegen, N. (1979a): *Comments on the Papers by Daly and Stiglitz*, in: V.K. Smith (Hrsg.), Scarcity and Growth Reconsidered, Baltimore: Johns Hopkins University Press, 95-105.

Georgescu-Roegen, N. (1979b): *Energy Analysis and Economic Valuation*, in: Southern Economic Journal 45, 1023-1058.

Georgescu-Roegen, N. (1979c): *Methods in Economic Science*, in: Journal of Economic Issues 13, 317-328.

Georgescu-Roegen, N. (1979d): *Myths About Energy and Matter*, in: Growth and Change 10, 16-23.

Georgescu-Roegen, N. (1980): *Matter: A Resource Ignored by Thermodynamics - Renewable Resource Economics*, in: L.E. Saint-Pierre (Hrsg.), Proceedings of the World Conference on Future Sources of Organic Raw Materials, Frankfurt: Pergamon Press, 79-87.

Georgescu-Roegen, N. (1981): *Energy, Matter, and Economic Valuation: Where Do We Stand?*, in: H.E. Daly und A.F. Umaña (Hrsg.), Energy, Economics, and the Environment, Boulder: Westview Press, 43-79.

Georgescu-Roegen, N. (1982a): *Energetic Dogma, Energetic Economics, and Viable Technologies*, in: J.R. Moroney (Hrsg.), Advances in the Economics of Energy and Resources: Formal Energy and Resource Models, Greenwich: JAI Press, 1-39.

Georgescu-Roegen, N. (1982b): *The Crisis of Resources: Its Nature and Its Unfolding*, in: G.A. Daneke (Hrsg.), Energy, Economics, and the Environment, Lexington: Lexington Books, 9-24.

Georgescu-Roegen, N. (1984): *Feasible Recipes Versus Viable Technologies*, in: Atlantic Economic Journal 12, 21-31.

Georgescu-Roegen, N. (1986a): *Man and Production*, in: M. Baranzini und R. Scazzieri (Hrsg.), Foundations of Economics, Oxford: Basil Blackwell, 247-280.

Georgescu-Roegen, N. (1986b): *The Entropy Law and the Economic Process in Retrospect*, in: Eastern Economic Journal 12, 3-21.

Georgescu-Roegen, N. (1987): *Entropy*, in: J. Eatwell, M. Milgate und P. Newman (Hrsg.), The New Palgrave - A Dictionary of Economics, London: Macmillan, Vol. 2, 153-156.

Georgescu-Roegen, N. (1990): *Production Process and Dynamic Economics*, in: M. Baranzini und R. Scazzieri (Hrsg.), The Economic Theory of Structure and Change, Cambridge: Cambridge University Press, 198-226.

Georgescu-Roegen, N. (1993): *The Entropy Law and the Economic Problem*, in: H.E. Daly und K.N. Townsend (Hrsg.), Valuing the Earth, Cambridge: MIT Press, 75-88 [1971].

Giampietro, M. und Pimentel, D. (1991): *Energy Efficiency: Assessing the Interaction Between Humans and their Environment*, in: Ecological Economics 4, 117-144.

Gilliland, M.W. (1975): *Energy Analysis and Public Policy*, in: Science 189, 1051-1056.

Gilliland, M.W. (Hrsg.) (1978a): *Energy Analysis: A New Public Policy Tool*, Boulder: Westview Press.

Gilliland, M.W. (1978b): *Energy Analysis: The Kinds of Information It Provides Policymakers*, in: M.W. Gilliland (Hrsg.), Energy Analysis: A New Public Policy Tool, Boulder: Westview Press, 7-23.

Gilliland, M.W. (1978c): *Introduction*, in: M.W. Gilliland (Hrsg.), Energy Analysis: A New Public Policy Tool, Boulder: Westview Press, 1-6.

Gilliland, M.W. (1978d): *Summary*, in: M.W. Gilliland (Hrsg.), Energy Analysis: A New Public Policy Tool, Boulder: Westview Press, 97-110.

Goeller, H.E. und Weinberg, A.M. (1977): *The Age of Substitutability*, in: M. Goldsmith, H. Waalwijk und N. Wiedenhof (Hrsg.), A Strategy for Resources, Amsterdam: North-Holland, 119-153.

Goldsmith, E. (1981a): *Superscience - Its Mythology and Legitimisation*, in: Ecologist 11, 228-241.

Goldsmith, E. (1981b): *Thermodynamics or Ecodynamics?*, in: Ecologist 11, 178-195.

Goldstein, H. (1980): *Classical Mechanics*, 2. Aufl., Reading: Addison-Wesley.

Goodin, R.E. (1985): *Protecting the Vulnerable*, Chicago: University of Chicago Press.

Gool, W. van (1980a): *Fundamental Aspects of Energy Conservation Policy*, in: Energy 5, 429-444.

Gool, W. van (1980b): *Thermodynamic Aspects of Energy Conservation*, in Energy 5, 783-792.

Gool, W. van (1985): *Towards a Physical Interpretation of Production Functions*, in: W. van Gool und J.J.C. Bruggink (Hrsg.), Energy and Time in the Economic and Physical Sciences, Amsterdam: North-Holland, 247-256.

Gool, W. van (1987): *The Value of Energy Carriers*, in: Energy 12, 509-518.

Gool, W. van und Hoogendoorn, A.J. (1990): *Basic Aspects of Exergy Analysis and Exergy Optimization*, in: S.S. Stecco und M.J. Moran (Hrsg.), Future for Energy - Flowers '90, Oxford: Pergamon Press, 421-432.

Gool, W. van und Kümmel, R. (1986): *Limits for Cost and Energy Optimization in Macrostates*, in: M. Miyata und K. Matsui (Hrsg.), Energy Decisions for the Future, Tokio: Institute of Energy Economics, Vol. I, 90-106.

Gool, W. van und Phung, D.L. (1980): *On Industrial Energy Conservation Policy: The Trade-Off Between Energy Savings and Additional Investments*, in: Materials and Society 4, 471-479.

Gordon, R.L. (1974): *Myth and Reality in Energy Policy*, in: Energy Policy 2, 189-203.

Gowdy, J.R. (1981): *Radical Economics and Resource Scarcity*, in: Review of Social Economy 39, 165-180.

Groscurth, H.-M. und Kümmel, R. (1989): *The Cost of Energy Optimization: A Thermoeconomic Analysis of National Energy Systems*, in: Energy 14, 685-696.

Groscurth, H.-M. und Kümmel, R. (1990): *Thermoeconomics and CO_2-Emissions*, in: Energy 15, 73-80.

Groscurth, H.-M., Kümmel, R. und Gool, W. van (1989): *Thermodynamic Limits to Energy Optimization*, in: Energy 14, 241-258.

Grubbström, R.W. (1985): *Towards a Generalized Exergy Concept*, in: W. van Gool und J.J.C. Bruggink (Hrsg.), Energy and Time in the Economic and Physical Sciences, Amsterdam: North-Holland, 41-56.

Gyftopoulos, E.P. und Widmer, T.F. (1980): *Availability Analysis: The Combined Energy and Entropy Balance*, in: R.A. Gaggioli (Hrsg.), Thermodynamics: Second Law Analysis, Washington: American Chemical Society, 61-75.

Häberle, P. (1995): *Ethik im Verfassungsstaat*, in: Neue Züricher Zeitung 216, Nr. 153 (5.7.1995), 15.

Hahn, Robert W. (1990): *The Political Economy of Environmental Regulation: Towards a Unifying Framework*, in: Public Choice 65, 21-47.

Haken, H. (1983a): *Advanced Synergetics - Instability Hierarchies of Self-Organizing Systems and Devices*, Berlin: Springer.

Haken, H. (1983b): *Synergetics - An Introduction*, Berlin: Springer.

Hall, C.A.S., Cleveland, C.J. und Kaufmann, R. (1986): *Energy and Resource Quality*, New York: Wiley.

Hall, C.A.S., Lavine, M. und Sloane, J. (1979): *Efficiency of Energy Delivery Systems I: An Economic and Energy Analysis*, in: Environmental Management 3, 493-504.

Hall, C.A.S. et al. (1979): *Efficiency of Energy Delivery Systems II: Estimating Energy Costs of Capital Equipment*, in: Environmental Management 3, 505-510.

Hampicke, U. (1992): *Ökologische Ökonomie*, Opladen: Westdeutscher Verlag.

Hampicke, U. (1993): *Naturschutz und Ethik - Rückblick auf eine 20jährige Diskussion, 1973-1993, und politische Folgerungen*, in: Zeitschrift für Ökologie und Naturschutz 2, 73-86.

Hampicke, U. (1994): *Marktethik, Zukunftsethik und die fragile Natur*, in: B. Biervert und M. Held (Hrsg.), Das Naturverständnis der Ökonomik, Frankfurt: Campus, 125-146.

Hands, D.W. (1992): *More Light and Less Heat*, in: Philosophy of the Social Sciences 22, 97-111.

Hands, D.W. (1993): *More Light on Integrability, Symmetry, and Utility as Potential Energy in Mirowski's Critical History*, in: N. de Marchi (Hrsg.), Non-Natural Social Science, Durham: Duke University Press, 118-130.

Hands, D.W. (1994): *Restabilizing Dynamics*, in: Economics and Philosophy 10, 243-283.

Hanley, N. und Spash, C.L. (1993): *Cost-Benefit Analysis and the Environment*, Aldershot: Edward Elgar.

Hannon, B.M. (1973a): *An Energy Standard of Value*, in: American Academy of Political and Social Sciences Annals 410, 139-153.

Hannon, B.M. (1973b): *The Structure of Ecosystems*, in: Journal of Theoretical Biology 41, 535-546.

Hannon, B.M. (1974): *Options for Energy Conservation*, in: Technology Review 76, 25-32.

Hannon, B.M. (1975): *Energy Conservation and the Consumer*, in: Science 189, 95-102.

Hannon, B.M. (1979): *Total Energy Costs in Ecosystems*, in: Journal of Theoretical Biology 80, 271-293.

Hannon, B.M. (1981a): *The Energy Cost of Energy*, in: H.E. Daly und A.F. Umaña (Hrsg.), Energy, Economics, and the Environment, Boulder: Westview Press, 81-107.

Hannon, B.M. (1981b): *Reply*, in: H.E. Daly und A.F. Umaña (Hrsg.), Energy, Economics, and the Environment, Boulder: Westview Press, 115-117.

Hannon, B.M. (1982): *Analysis of the Energy Cost of Economic Activities: 1963 to 2000*, in: Energy Systems and Policy Journal 6, 249-278.

Hannon, B.M. (1984): *Discounting in Ecosystems*, in: A.-M. Jansson (Hrsg.), Integration of Economy and Ecology, Stockholm: Wallenberg Foundation, 73-84.

Hannon, B.M. (1991): *Accounting in Ecological Systems*, in: R. Costanza (Hrsg.), Ecological Economics: The Science and Management of Sustainability, New York: Columbia University Press, 234-252.

Hannon, B.M. und Costanza, R. (1985): *Ecosystems with Multiple Products*, in: ISEM Journal 7, 27-49.

Harman, P.M. (1982): *Energy, Force, and Matter*, Cambridge: Cambridge University Press.

Harman, W.W. und Carlson, R. (1977): *Society, the Economy, and Energy*, in: K.D. Wilson (Hrsg.), Prospects for Growth, New York: Praeger, 92-113.

Harris, D.P. und Skinner, B.J. (1982): *The Assessment of Long-Term Supplies of Minerals*, in: V.K. Smith und J.V. Krutilla (Hrsg.), Explorations in Natural Resource Economics, Baltimore: Johns Hopkins University Press, 247-326.

Hartwick, J.M. (1977): *Intergenerational Equity and the Investing of Rents from Exhaustible Resources*, in: American Economic Review 67, 972-974.

Hausman, D.M. (1992): *The Inexact and Separate Science of Economics*, Cambridge: Cambridge University Press.

Hawking, S. (1988): *Eine kurze Geschichte der Zeit*, Reinbek: Rowohlt [engl. 1988].

Heal, G.M. (1979): *Uncertainty and the Optimal Supply Policy for an Exhaustible Resource*, in: R.S. Pindyck (Hrsg.), Advances in the Economics of Energy and Resources: The Production and Pricing of Energy Resources, Greenwich: JAI Press, 119-147.

Heilbroner, R.L. (1980): *An Inquiry into the Human Prospect*, New York: Norton.

Heilbroner, R.L. (1983): *The Problem of Value in the Constitution of Economic Thought*, in: Social Research 50, 253-277.

Heister, J. und Michaelis, P. (1991): *Handelbare Emissionsrechte für Kohlendioxid*, in: Zeitschrift für angewandte Umweltforschung 1, 68-80.

Helm, G. (1887): *Die Lehre von der Energie*, Leipzig: Arthur Felix.

Henry, C. (1974): *Investment Decisions Under Uncertainty: The „Irreversibility Effect"*, in: American Economic Review 64, 1006-1012.

Herendeen, R.A. (1978): *Input-Output Techniques and Energy Cost of Commodities*, in: Energy Policy 6, 162-165.

Herendeen, R.A. (1981): *Energy Intensities in Ecological and Economic Systems*, in: Journal of Theoretical Biology 91, 607-620.

Herniter, J.D. (1973): *An Entropy Model of Brand Purchase Behavior*, in: Journal of Marketing Research 10, 361-375.

Hertzmark, D.L. (1981): *Joint Energy and Economic Optimization: A Proposition*, in: Energy Journal 2, 75-88.

Heuvel, P. van den (1985): *Engineering Production Functions: A General Framework*, in: W. van Gool und J.J.C. Bruggink (Hrsg.), Energy and Time in the Economic and Physical Sciences, Amsterdam: North-Holland, 223-237.

Hirshleifer, J. und Riley, J.G. (1992): *The Analytics of Uncertainty and Information*, Cambridge: Cambridge University Press.

Hodgson, G.M. (1988): *Economics and Institutions*, Cambridge: Cambridge University Press.

Hodgson, G.M. (1993): *Economics and Evolution*, Ann Arbor: University of Michigan Press.

Hodgson, G.M. (Hrsg.) (1995): *Economics and Biology*, Aldershot: Edward Elgar.

Hogan, W.W. und Manne, A.S. (1979): *Energy-Economy Interactions: The Fable of the Elephant and the Rabbit?*, in: R.S. Pindyck (Hrsg.), Advances in the Economics of Energy and Resources: The Structure of Energy Markets, Greenwich: JAI Press, 7-26.

Hogan, W.W. und Weyant, J.P. (1982): *Combined Energy Models*, in: J.R. Moroney (Hrsg.), Advances in the Economics of Energy and Resources: Formal Energy and Resource Models, Greenwich: JAI Press, 117-150.

Hopf, F.A. (1988): *Entropy and Evolution: Sorting Through the Confusion*, in: B.H. Weber, D.J. Depew und J.D. Smith (Hrsg.), Entropy, Information, and Evolution, Cambridge: MIT Press, 263-274.

Horowitz, A.R. und Horowitz, I. (1968): *Entropy, Markov Processes, and Competition in the Brewing Industry*, in: Journal of Industrial Economics 16, 196-211.

Horowitz, A.R. und Horowitz, I. (1976): *The Real and Illusory Virtues of Entropy-Based Measures for Business and Economic Analysis*, in: Decision Sciences 7, 121-136.

Horowitz, I. und Horowitz, A.R. (1970): *Structural Changes in the Brewing Industry*, in: Applied Economics 2, 1-13.

Horwich, P. (1989): *Asymmetries in Time*, Cambridge: MIT Press.

Hotelling, H. (1931): *The Economics of Exhaustible Resources*, in: Journal of Political Economy 39, 137-175.

Hubbert, M.K. (1971): *The Energy Resources of the Earth*, in: Scientific American 225, 60-70.

Hubbert, M.K. (1993): *Exponential Growth as a Transient Phenomenon in Human History*, in: H.E. Daly und K.N. Townsend (Hrsg.), Valuing the Earth, Cambridge: MIT Press, 113-126 [1987].

Huettner, D.A. (1976): *Net Energy Analysis: An Economic Assessment*, in: Science 192, 101-104.

Huettner, D.A. (1977): *Energy Analysis*, in: Science 196, 261-262.

Huettner, D.A. (1981): *Energy, Entropy, and Economic Analysis: Some New Directions*, in: Energy Journal 2, 123-130.

Huettner, D.A. (1982): *Economic Values and Embodied Energy*, in: Science 216, 1141-1143.

Hufnagel, R. (1995): *Erfahrung und Information*, Berlin: Köster.

Hutchison, T.W. (1977): *Knowledge and Ignorance in Economics*, Chicago: University of Chicago Press.

Hyman, E.L. (1980): *Net Energy Analysis and the Theory of Value: Is It a New Paradigm for a Planned Economic System?*, in: Journal of Environmental Systems 9, 313-324.

Immler, H. (1985): *Natur in der ökonomischen Theorie*, Opladen: Westdeutscher Verlag.

Ingrao, B. und Israel, G. (1990): *The Invisible Hand*, Cambridge: MIT Press [ital. 1987].

Jantsch, E. (1986): *Die Selbstorganisation des Universums*, 3. Aufl., München: dtv.

Jauch, J.M. und Báron, J.G. (1972): *Entropy, Information and Szilard's Paradox*, in: Helvetica Physica Acta 45, 220-232.

Jevons, W.S. (1865): *The Coal Question*, London: Macmillan.

Jevons, W.S. (1921): *The Theory of Political Economy*, 4. Aufl., London: Macmillan.

Johansson, P.-O. (1991): *Valuing Environmental Damage*, in: D. Helm (Hrsg.), Economic Policy Towards the Environment, Oxford: Basil Blackwell, 111-136.

Johansson, P.-O. (1993): *Cost-Benefit Analysis of Environmental Change*, Cambridge: Cambridge University Press.

Johnson, H.G. (1990): *Man and His Environment*, London: British-North American Committee.

Jonas, H. (1979): *Das Prinzip Verantwortung*, Frankfurt: Insel.

Jorgenson, D.W. (1978): *The Role of Energy in the U.S. Economy*, in: National Tax Journal 31, 209-220.

Kapp, K.W. (1970): *Environmental Disruption and Social Costs: A Challenge to Economics*, in: Kyklos 23, 833-848.

Keenan, J.H., Hatsopoulos, G.N. und Gyftopoulos, E.P. (1989): *Principles of Thermodynamics*, in: Encyclopaedia Britannica, 15. Aufl., Chicago: Encyclopaedia Britannica, Vol. 25, 611-636.

Kenney, W.F. (1983): *Second Law Analysis to Improve Industrial Processes*, in: R.A. Gaggioli (Hrsg.), Efficiency and Costing, Washington: American Chemical Society, 51-67.

Kenward, M. (1975): *The Analysts' Precedent*, in: New Scientist 65, 51.

Kerr, P. (1993): *Adam Smith's Theory of Growth and Technological Change Revisited*, in: Contributions to Political Economy 12, 1-27.

Kestin, J. (1980): *Availability: The Concept and Associated Terminology*, in: Energy 5, 679-692.

Khalil, E.L. (1989): *Book Review: Entropy, Environment and Resources*, in: Journal of Economic Literature 27, 647-649.

Khalil, E.L. (1990): *Entropy Law and Exhaustion of Natural Resources: Is Nicholas Georgescu-Roegen's Paradigm Defensible?*, in: Ecological Economics 2, 163-178.

Khalil, E.L. (1991): *Entropy Law and Nicholas Georgescu-Roegen's Paradigm: A Reply*, in: Ecological Economics 3, 161-163.

Kindorf, J. (1995): *Stoffliche Kombinationswirkungen und ihre Bedeutung für die Umweltpolitik*, Marburg: Metropolis.

Kirsch, G. (1994): *Umweltmoral - Ein Ersatz für staatliche Umweltpolitik?*, in: K. Mackscheidt, D. Ewringmann und E. Gawel (Hrsg.), Umweltpolitik mit hoheitlichen Zwangsabgaben?, Berlin: Duncker & Humblot, 261-271.

Kittel, C. und Krömer, H. (1984): *Physik der Wärme*, 2. Aufl., München: Oldenbourg [engl. 1980].

Kneese, A.V., Ayres, R.U. und d'Arge, R.C. (1970): *Economics and the Environment*, Baltimore: Johns Hopkins University Press.

Kneese, A.V. und Schulze, W.D. (1985): *Ethics and Environmental Economics*, in: A.V. Kneese und J.L. Sweeney (Hrsg.), Handbook of Natural Resource and Energy Economics, Amsterdam: North-Holland, Vol. I, 191-220.

Knight, F. (1935): *The Ethics of Competition*, New York: Harper & Brothers.

Koopmans, T.C. (1951): *Analysis of Production as an Efficient Combination of Activities*, in: T.C. Koopmans (Hrsg.), Activity Analysis of Production and Allocation, New York: Wiley, 33-97.

Kopp, R.J. und Smith, V.K. (1982a): *Neoclassical Measurement of Ex Ante Resource Substitution: An Experimental Evaluation*, in: J.R. Moroney (Hrsg.), Advances in the Economics of Energy and Resources: Formal Energy and Resource Models, Greenwich: JAI Press, 183-198.

Kopp. R.J. und Smith, V.K. (1982b): *The Perceived Role of Materials in Neoclassical Models of Production Technology*, in: V.K. Smith und J.V. Krutilla (Hrsg.), Explorations in Natural Resource Economics, Baltimore: Johns Hopkins University Press, 201-241.

Koslowski, P. (1991): *Ethische Ökonomie als Synthese von ökonomischer und ethischer Theorie*, in: Jahrbuch für Nationalökonomie und Statistik 208, 113-139.

Kroch, E. (1982): *Economic Growth, Energy Alternatives, and Environmental Protection*, in: J.R. Moroney (Hrsg.), Advances in the Economics of Energy and Resources: Formal Energy and Resource Models, Greenwich: JAI Press, 151-181.

Krutilla, J.V. (1967): *Conservation Reconsidered*, in: American Economic Review 57, 777-786.

Krutilla, J.V. und Fisher, A.C. (1975): *The Economics of Natural Environments*, Baltimore: Johns Hopkins University Press.

Kümmel, R. (1977): *Energie und Wirtschaftswachstum*, in: Konjunkturpolitik 23, 152-173.

Kümmel, R. (1980): *Growth Dynamics of the Energy Dependent Economy*, Königstein: Hain.

Kümmel, R. (1982a): *Energy, Environment and Industrial Growth*, in: W. Eichhorn et al. (Hrsg.), Economic Theory of Natural Resources, Würzburg: Physica, 377-388.

Kümmel, R. (1982b): *The Impact of Energy on Industrial Growth*, in: Energy 7, 189-203.

Kümmel, R. (1986): *Energy, Technical Progress and Economic Growth*, in: M. Miyata und K. Matsui (Hrsg.), Energy Decisions for the Future, Tokio: Institute of Energy Economics, Vol. II, 1005-1022.

Kümmel, R. (1989): *Energy as a Factor of Production and Entropy as a Pollution Indicator in Macroeconomic Modelling*, in: Ecological Economics 1, 161-180.

Kümmel, R., Groscurth, H.-M. und Gool, W. van (1987): *Energy Optimization in Industrial Models*, in: M. Iri und K. Yajma (Hrsg.), System Modelling and Optimization, Berlin: Springer, 518-529.

Kümmel, R. und Schüssler, U. (1991): *Heat Equivalents of Noxious Substances: A Pollution Indicator for Environmental Accounting*, in: Ecological Economics 3, 139-156.

Kümmel, R. und Strassl, W. (1985): *Changing Energy Prices, Information Technology and Industrial Growth*, in: W. van Gool und J.J.C. Bruggink (Hrsg.), Energy and Time in the Economic and Physical Sciences, Amsterdam: North-Holland, 175-194.

Kümmel, R. et al. (1985): *Technical Progress and the Energy Dependent Production Function*, in: Journal of Economics 45, 285-311.

Kuttner, R. (1985): *The Poverty of Economics*, in: Atlantic 255, 74-84.

Kuypers, F. (1989): *Klassische Mechanik*, Weinheim: VCH.

Lakatos, I. (1970): *Falsification and the Methodology of Scientific Research Programmes*, in: I. Lakatos und A. Musgrave (Hrsg.), Criticism and the Growth of Knowledge, Cambridge: Cambridge University Press, 91-196.

Langham, M.R. und McPherson, W.W. (1976): *Energy Analysis*, in: Science 192, 8.

Laszlo, E. (1987): *Evolution - The Grand Synthesis*, Boston: New Science Library.

Lavine, M.J. (1984): *Fossil Fuel and Sunlight: Relationship of Major Sources for Economic and Ecological Systems*, in: A.-M. Jansson (Hrsg.), Integration of Economy and Ecology, Stockholm: Wallenberg Foundation, 121-151.

Layzer, D. (1988): *Growth of Order in the Universe*, in: B.H. Weber, D.J. Depew und J.D. Smith (Hrsg.), Entropy, Information, and Evolution, Cambridge: MIT Press, 23-39.

Leach, G. (1975): *Energy Analysis*, in: New Scientist 65, 160.

Leach, G. (1977): *Net Energy Analysis - Is It any Use?*, in: J.A.G. Thomas (Hrsg.), Energy Analysis, Guildford: IPC Science and Technology Press, 148-160 [1975].

Leipert, C. (1994): *Die ökologische Herausforderung der ökonomischen Theorie*, in: B. Biervert und M. Held (Hrsg.), Das Naturverständnis der Ökonomik, Frankfurt: Campus, 54-68.

Leontief, W. (1970): *Environmental Repercussions and the Economic Structure: An Input-Output-Approach*, in: Review of Economics and Statistics 52, 262-271.

Leontief, W. (1977): *The Future of the World Economy*, New York: Oxford University Press.

Lewis, G.N. (1930): *The Symmetry of Time in Physics*, in: Science 71, 569-577.

Lichnerowicz, M. (1971): *Economie et Thermodynamique: Un Modèle d'Echange Economique*, in: Economies et Sociétés 5, 1641-1686.

Lisman, J.H.C. (1949): *Econometrics and Thermodynamics: A Remark on Davis' Theory of Budgets*, in: Econometrica 17, 59-62.

Lorenz, H.-W. (1988): *Neuere Entwicklungen in der Theorie dynamischer ökonomischer Systeme*, in: Jahrbuch für Nationalökonomie und Statistik 204, 295-315.

Lorenz, H.-W. (1992): *Zur Rolle der Chaosforschung in der Evolutionsökonomik*, in: U. Witt (Hrsg.), Studien zur evolutorischen Ökonomik II, Berlin: Duncker & Humblot, 65-91.

Lotka, A.J. (1922a): *Contribution to the Energetics of Evolution*, in: Proceedings of the National Academy of Sciences 8, 147-151.

Lotka, A.J. (1922b): *Natural Selection as a Physical Principle*, in: Proceedings of the National Academy of Sciences 8, 151-154.

Lotka, A.J. (1956): *Elements of Mathematical Biology*, New York: Dover [1924].

Lovins, A.B. und Price, J.H. (1975) *Non-Nuclear Futures*, Cambridge: Ballinger.

Lowe, A. (1981): *Is Economic Value Still a Problem?*, in: Social Research 48, 786-815.

Lozada, G.A. (1991): *A Defense of Nicholas Georgescu-Roegen's Paradigm*, in: Ecological Economics 3, 157-160.

Lozano, M.A. und Valero, A. (1993): *Theory of Exergetic Cost*, in: Energy 18, 939-960.

Lucca, G. (1990): *The Exergy Analysis: Role and Didactic Importance of a Standard Use of Basic Concepts, Terms and Symbols*, in: S.S. Stecco und M.J. Moran (Hrsg.), Future for Energy - Flowers '90, Oxford: Pergamon Press, 295-308.

McCloskey, D.N. (1985): *The Rhetoric of Economics*, Madison: University of Wisconsin Press.

Mäler, K.-G. (1974): *Environmental Economics: A Theoretical Inquiry*, Baltimore: Johns Hopkins University Press.

Maier-Rigaud, G. (1994): *Umweltpolitik mit Mengen und Märkten*, Marburg: Metropolis.

Mandelbrot, B.B. (1983): *The Fractal Geometry of Nature*, 2. Aufl., New York: Freeman.

Marchetti, C. (1980): *Society as a Learning System: Discovery, Invention, and Innovation Cycles Revisited*, in: Technological Forecasting and Social Change 18, 267-282.

Marchi, N. de (Hrsg.) (1993): *Non-Natural Social Science*, Durham: Duke University Press.

Marshall, A. (1959): *Principles of Economics*, 8. Aufl., London: Macmillan.

Martinez-Alier, J. (1987): *Ecological Economics*, Oxford: Basil Blackwell.

Martinez-Alier, J. und Naredo, J.M. (1982): *A Marxist Precursor of Energy Economics: Podolinsky*, in: Journal of Peasant Studies 9, 207-224.

Meadows, D.H. et al. (1972): *The Limits to Growth*, New York: Universe Books.

Meadows, D.H. et al. (1992): *Beyond the Limits*, Post Mills: Chelsea Green.

Meyerson, E. (1930): *Identity and Reality*, London: George Allen & Unwin.

Mirowski, P. (1986): *Mathematical Formalism and Economic Explanation*, in: P. Mirowski (Hrsg.), The Reconstruction of Economic Theory, Boston: Kluwer, 179-240.

Mirowski, P. (1989a): *'tis a Pity Econometrics Isn't an Empirical Endeavor: Mandelbrot, Chaos, and the Noah and Joseph Effects*, in: Ricerche Economiche 43, 76-99.

Mirowski, P. (1989b): *More Heat than Light*, Cambridge: Cambridge University Press.

Mirowski, P. (1990a): *From Mandelbrot to Chaos in Economic Theory*, in: Southern Economic Journal 57, 287-307.

Mirowski, P. (1990b): *Learning the Meaning of a Dollar*, in: Social Research 57, 689-717.

Mirowski, P. (1991): *Postmodernism and the Social Theory of Value*, in: Journal of Post Keynesian Economics 13, 565-582.

Mirowski, P. (1992a): *More Bleat than Bite*, in: Philosophy of the Social Sciences 22, 131-141.

Mirowski, P. (1992b): *Nicholas Georgescu-Roegen*, in: W.J. Samuels (Hrsg.), New Horizons in Economic Thought - Appraisals of Leading Economists, Aldershot: Edward Elgar, 86-105.

Mirowski, P. (1993a): *The Goalkeeper's Anxiety at the Penalty Kick*, in: N. de Marchi (Hrsg.), Non-Natural Social Science, Durham: Duke University Press, 307-349.

Mirowski, P. (1993b): *What Could Mathematical Rigor Mean?*, in: History of Economics Review, Nr. 20, 41-60.

Mirowski, P. (Hrsg.) (1994a): *Natural Images in Economic Thought*, Cambridge: Cambridge University Press.

Mirowski, P. (1994b): *Some Suggestions for Linking Arbitrage, Symmetries, and the Social Theory of Value*, in: A.K. Dutt (Hrsg.), New Directions in Analytical Political Economy, Aldershot: Edward Elgar, 185-210.

Mishan, E.J. (1967): *Pareto Optimality and the Law*, in: Oxford Economic Papers 19, 255-287.

Mishan, E.J. (1980): *How Valid Are Economic Evaluations of Allocative Changes?*, in: Journal of Economic Issues 14, 143-161.

Mishan, E.J. (1993): *The Costs of Economic Growth*, 2. Aufl., London: Weidenfeld & Nicolson.

Miyata, M. und Matsui, K. (Hrsg.) (1986): *Energy Decisions for the Future*, Vol. I-III, Tokio: Institute of Energy Economics.

Mohr, H. (1990): *Biologie und Ökonomik - Chancen für eine Interdisziplinarität*, in: U. Witt (Hrsg.), Studien zur evolutorischen Ökonomik I, Berlin: Duncker & Humblot, 209-219.

Monod, J. (1973): *Zufall und Notwendigkeit*, München: Piper [frz. 1970].

Moran, M.J. (1982): *Availability Analysis*, Englewood Cliffs: Prentice-Hall.

Moran, M.J. (1990): *Second Law Analysis: What Is the State of the Art?*, in: S.S. Stecco und M.J. Moran (Hrsg.), Future for Energy - Flowers '90, Oxford: Pergamon Press, 249-260.

Mueller, R.F. (1976): *Energy Analysis*, in: Science 192, 11.

Myrdal, G. (1976): *Das politische Element in der nationalökonomischen Doktrinbildung*, Bonn: Neue Gesellschaft.

Nicolis, G. und Prigogine, I. (1977): *Self-Organization in Nonequilibrium Systems*, New York: Wiley.

Nicolis, G. und Prigogine, I. (1987): *Die Erforschung des Komplexen*, München: Piper [engl. 1989].

Nordhaus, W.D. (1973): *The Allocation of Energy Resources*, in: Brookings Papers on Economic Activity, Nr. 3, 529-576.

Nordhaus, W.D. (1974): *Resources as a Constraint on Growth*, in: American Economic Review 64, 22-26.

Nordhaus, W.D. (1977): *Metering Economic Growth*, in: K.D. Wilson (Hrsg.), Prospects for Growth, New York: Praeger, 194-208.

Nordhaus, W.D. (1979): *The Efficient Use of Energy Resources*, New Haven: Yale University Press.

Nordhaus, W.D. (1991a): *A Sketch of the Economics of the Greenhouse Effect*, in: American Economic Review 81, 146-150.

Nordhaus, W.D. (1991b): *The Cost of Slowing Climate Change: A Survey*, in: Energy Journal 12, 37-65.

Nordhaus, W.D. (1992): *Lethal Model 2: The Limits to Growth Revisited*, in: Brookings Papers on Economic Activity, Nr. 2, 1-59.

Nordhaus, W.D. (1993): *Rolling the „DICE": An Optimal Transition Path for Controlling Greenhouse Gases*, in: Resource and Energy Economics 15, 27-50.

Nordhaus, W.D. (1994): *Managing the Global Commons*, Cambridge: MIT Press.

Nordhaus, W.D. und Tobin, J. (1972): *Is Growth Obsolete?*, in: National Bureau of Economic Research (Hrsg.), Economic Growth, New York: Columbia University Press, 1-80.

O'Connor, M. (1988): *The Thermodynamic Heuristic*, Heidelberg: Wirtschaftswissenschaftliche Fakultät der Universität Heidelberg (Diskussionsschrift 130).

O'Connor, M. (1989): *Codependency and Indeterminacy: A Critique of the Theory of Production*, in: Capitalism, Nature, Socialism 3, 33-57.

O'Connor, M. (1991): *Entropy, Structure, and Organisational Change*, in: Ecological Economics 3, 95-122.

Odum, H.T. (1971): *Environment, Power, and Society*, New York: Wiley.

Odum, H.T. (1973): *Energy, Ecology, and Economics*, in: Ambio 2, 220-227.

Odum, H.T. (1977a): *Energy Analysis*, in: Science 196, 261.

Odum, H.T. (1977b): *Energy, Value, and Money*, in: C.A.S. Hall und J.W. Day (Hrsg.), Ecosystem Modeling in Theory and Practice, New York: Wiley, 173-196.

Odum, H.T. (1978): *Energy Analysis, Energy Quality, and Environment*, in: M.W. Gilliland (Hrsg.), Energy Analysis: A New Public Policy Tool, Boulder: Westview Press, 55-87.

Odum, H.T. (1983): *Systems Ecology*, New York: Wiley.

Odum, H.T. (1984): *Embodied Energy, Foreign Trade, and Welfare of Nations*, in: A.-M. Jansson (Hrsg.), Integration of Economy and Ecology, Stockholm: Wallenberg Foundation, 185-199.

Odum, H.T. (1988): *Self Organization, Transformity, and Information*, in: Science 242, 1132-1139.

Odum, H.T. und Odum, E.C. (1981): *Energy Basis for Man and Nature*, 2. Aufl., New York: McGraw-Hill.

Ostwald, W. (1907): *The Modern Theory of Energetics*, in: Monist 17, 481-515 [dt. 1907].

Ostwald, W. (1908): *Die Energie*, Leipzig: Barth.

Pasinetti, L. (1986): *Theory of Value - A Source of Alternative Paradigms in Economic Analysis*, in: M. Baranzini und R. Scazzieri (Hrsg.), Foundations of Economics, Oxford: Basil Blackwell, 409-431.

Pastowski, A. (1994): *Möglichkeiten und Grenzen entropietheoretisch begründeter Folgerungen für die Wirtschafts-, Umwelt- und Energiepolitik*, in: F. Beckenbach und H. Diefenbacher (Hrsg.), Zwischen Entropie und Selbstorganisation, Marburg: Metropolis, 217-244.

Pathria, R.K. (1977): *Statistical Mechanics*, Oxford: Pergamon Press.

Pearce, D.W. und Turner, R.K. (1990): *Economics of Natural Resources and the Environment*, New York: Harvester Wheatsheaf.

Perrings, C. (1987): *Economy and Environment*, Cambridge: Cambridge University Press.

Peskin, H.M. (1976): *Energy Analysis*, in: Science 192, 11.

Peters, J. (1975): *Entropie and Information: Conformities and Controversies*, in: L. Kubat und J. Zeman (Hrsg.), Entropy and Information in Science and Philosophy, Amsterdam: North-Holland, 61-81.

Peterson, F.M. und Fisher, A.C. (1977): *The Exploitation of Extractive Resources: A Survey*, in: Economic Journal 87, 681-721.

Petit, P.J. und Gaggioli, R.A. (1980): *Second Law Procedures for Evaluating Processes*, in: R.A. Gaggioli (Hrsg.), Thermodynamics: Second Law Analysis, Washington: American Chemical Society, 15-37.

Phung, D.L. und Gool, W. van (1982): *Analyzing Industrial Energy Conservation Policies: The Method of Cost-Energy Dynamics*, in: Energy Systems and Policy 6, 1-43.

Pigou, A.C. (1952): *The Economics of Welfare*, 4. Aufl., London: Macmillan.

Pikler, A.G. (1951): *Optimum Allocation in Econometrics and Physics*, in: Weltwirtschaftliches Archiv 66, 97-132.

Pikler, A.G. (1954): *Utility Theories in Field Physics and Mathematical Economics*, in: British Journal for the Philosophy of Science 5, 47-58 u. 303-318.

Pindyck, R.S. und Rotemberg, J.J. (1983): *Dynamic Factor Demands and the Effects of Energy Price Shocks*, in: American Economic Review 73, 1066-1079.

Podolinsky, S. (1883): *Menschliche Arbeit und Einheit der Kraft*, in: Neue Zeit 1, 413-424 u. 449-457.

Polanyi, M. (1958): *Personal Knowledge*, London: Routledge & Kegan Paul.

Priddat, B.P. (1994): *Neuere Tendenzen der Ökonomie: Über das Faktum verschiedener ökonomischer Wissenschaftsstile*, Witten: Wirtschaftswissenschaftliche Fakultät der Universität Witten/Herdecke (Diskussionsschrift 9).

Prigogine, I. (1967): *Thermodynamics of Irreversible Processes*, New York: Wiley.

Prigogine, I. (1988): *Vom Sein zum Werden*, 5. Aufl., München: Piper [engl. 1980].

Prigogine, I. (1989): *What Is Entropy?*, in: Naturwissenschaften 76, 1-8.

Prigogine, I., Nicolis, G. und Babloyantz, A. (1972): *Thermodynamics of Evolution*, in: Physics Today 25, 23-28 u. 38-44.

Prigogine, I. und Stengers, I. (1986): *Dialog mit der Natur*, 5. Aufl., München: Piper [frz. 1979].

Proctor, R.N. (1991): *Value-Free Science*, Cambridge: Harvard University Press.

Proops, J.L.R. (1977): *Input-Output-Analysis and Energy Intensities: A Comparison of Some Methodologies*, in: Applied Mathematical Modelling 1, 181-186.

Proops, J.L.R. (1983): *Organisation and Dissipation in Economic Systems*, in: Journal of Social and Biological Structures 6, 353-366.

Proops, J.L.R. (1985): *Thermodynamics and Economics: From Analogy to Physical Functioning*, in: W. van Gool und J.J.C. Bruggink (Hrsg.), Energy and Time in the Economic and Physical Sciences, Amsterdam: North-Holland, 155-174.

Proops, J.L.R. (1987): *Entropy, Information and Confusion in the Social Sciences*, in: Journal of Interdisciplinary Economics 1, 225-242.

Proops, J.L.R. (1989): *Ecological Economics: Rationale and Problem Areas*, in: Ecological Economics 1, 55-76.

Puu, T. (1993): *Nonlinear Economic Dynamics*, 3. Aufl., Berlin: Springer.

Ramsey, F. (1928): *A Mathematical Theory of Saving*, in: Economic Journal 38, 543-559.

Rapoport, A. (1976): *The Promise and Pitfalls of Information Theory*, in: W. Buckley (Hrsg.), Modern Systems Research for the Behavioral Scientist, Chicago: Aldine, 137-142 [1956].

Rapport, D.J. und Turner, J.E. (1977): *Economic Models in Ecology*, in: Science 195, 367-373.

Rawls, J. (1971): *A Theory of Justice*, Cambridge: Harvard University Press.

Rawls, J. (1993): *Political Liberalism*, New York: Columbia University Press.

Ray, G.F. (1983): *Energy and the Long Cycles*, in: Energy Economics 5, 3-8.

Reistad, G.M. und Gaggioli, R.A. (1980): *Available Energy Costing*, in: R.A. Gaggioli (Hrsg.), Thermodynamics: Second Law Analysis, Washington: American Chemical Society, 143-159.

Reister, D.B. (1978): *The Energy Embodied in Goods*, in: Energy 3, 499-505.

Renault, M. (1992): *Analogie Formelle et Analogie Substantielle en Economie: L'Economie Néoclassique, l'Energétique et la Physique des Champs*, in: Economie Appliquée 45, 55-90.

Rifkin, J. (1982): *Entropie - ein neues Weltbild*, Hamburg: Hoffmann & Campe [engl. 1980].

Roberts, P.C. (1982): *Energy and Value*, in: Energy Policy 10, 171-180.

Röpke, J. (1977): *Die Strategie der Innovation*, Tübingen: JCB Mohr.

Rosenberg, N. (1980): *Technology, Natural Resources and Economic Growth*, in: C. Bliss und M. Boserup (Hrsg.), Economic Growth and Resources - Vol. 3: Natural Resources, London: Macmillan, 107-132.

Ross, M. (1978): *Second Law Efficiencies and Public Policy*, in: M.W. Gilliland (Hrsg.), Energy Analysis: A New Public Policy Tool, Boulder: Westview Press, 43-52.

Rosser, J.B. (1991): *From Catastrophe to Chaos: A General Theory of Economic Discontinuities*, Boston: Kluwer.

Ruth, M. (1993): *Integrating Economics, Ecology and Thermodynamics*, Dordrecht: Kluwer.

Saari, D.G. (1992): *The Aggregated Excess Demand Function and Other Aggregation Procedures*, in: Economic Theory 2, 359-388.

Samuelson, P.A. (1983): *Rigorous Observational Positivism: Klein's Envelope Aggregation, Thermodynamics and Economic Isomorphisms*, in: F.G. Adams und B.G. Hickman (Hrsg.), Global Econometrics: Essays in Honor of Lawrence R. Klein, Cambridge: MIT Press, 1-38.

Saraph, A. und Slesser, M. (1994): *Sadi Carnot and Economic Engines*, in: Technological Forecasting and Social Change 46, 259-268.

Scheck, F. (1990): *Mechanik*, 2. Aufl., Berlin: Springer.

Scherhorn, G. (1994): *Die Unersättlichkeit der Bedürfnisse und der kalte Stern der Knappheit*, in: B. Biervert und M. Held (Hrsg.), Das Naturverständnis der Ökonomik, Frankfurt: Campus, 224-240.

Schlegel, R. (1971): *Time and Entropy*, in: J. Zeman (Hrsg.), Time in Science and Philosophy, Prag: Academia, 27-35.

Schleicher, S.P. (1995): *Rethinking the Use of Energy Elasticities*, in: T. Barker, P. Ekins und N. Johnstone (Hrsg.), Global Warming and Energy Demand, London: Routledge, 267-283.

Schneider, D. (1990): *Aufstieg und Niedergang eines Forschungsprogramms: allgemeine Gleichgewichtsanalyse*, in: H. Scherf (Hrsg.), Studien zur Entwicklung der ökonomischen Theorie IX, Berlin: Duncker & Humblot, 95-125.

Schneider, D. (1992): *Formale Wirtschaftstheorie und empirischer Gehalt*, in: Zeitschrift für Wirtschafts- und Sozialwissenschaften 112, 607-622.

Schotter, A. (1981): *The Economic Theory of Social Institutions*, Cambridge: Cambridge University Press.

Schrödinger, E. (1951): *Was ist Leben?*, München: Lehnen [engl. 1944].

Schulenburg, J.M.v. (1993): *Marktprozeß und Marktstruktur bei unvollständigen Informationen*, in: Zeitschrift für Wirtschafts- und Sozialwissenschaften 113, 509-555.

Schurr, S.H. (1984): *Energy Use, Technological Change, and Productive Efficiency: An Economic-Historical Interpretation*, in: Annual Review of Energy 9, 409-425.

Scott, H. (1933): *Technology Smashes the Price System*, in: Harpers Magazine 166, 129-142.

Scriven, M. (1959): *Explanation and Prediction in Evolutionary Theory*, in: Science 130, 477-482.

Seidel, E. (1994): *Nachhaltiges Wirtschaften und Fristigkeit des ökonomischen Kalküls*, in: B. Biervert und M. Held (Hrsg.), Das Naturverständnis der Ökonomik, Frankfurt: Campus, 147-174.

Seifert, E.K. (1995): *„Sustainable Development" - Dauerhaftes Wirtschaften*, in: E.K. Seifert und B.P. Priddat (Hrsg.), Neuorientierungen in der ökonomischen Theorie, Marburg: Metropolis, 319-348.

Seifert, E.K. und Priddat, B.P. (1995): *Einleitung - Neuorientierungen in der ökonomischen Theorie*, in: E.K. Seifert und B.P. Priddat (Hrsg.), Neuorientierungen in der ökonomischen Theorie, Marburg: Metropolis, 7-54.

Seiler, W.K. (1994): *Was ist und was soll die Chaostheorie?*, in: Wirtschaftswissenschaftliches Studium 23, 563-569.

Semple, R.K. (1973): *Recent Trends in the Concentration of Corporate Headquarters*, in: Economic Geography 49, 309-318.

Semple, R.K. und Gauthier, H.L. (1972): *Spatial Temporal Trends in Income Inequalities in Brazil*, in: Geographical Analysis 4, 169-179.

Semple, R.K. und Golledge, R.G. (1970): *An Analysis of Entropy Changes in a Settlement Pattern over Time*, in: Economic Geography 46, 157-160.

Sen, A.K. (1982a): *Behaviour and the Concept of Preference*, in: A.K. Sen, Choice, Welfare and Measurement, Oxford: Basil Blackwell, 54-73 [1973].

Sen, A.K. (1982b): *Rational Fools: A Critique of the Behavioural Foundations of Economic Theory*, in: A.K. Sen, Choice, Welfare and Measurement, Oxford: Basil Blackwell, 84-106 [1977].

Sen, A.K. (1985): *The Moral Standing of the Market*, in: Social Philosophy and Policy 2, 1-19.

Sen, A.K. (1987): *On Ethics and Economics*, Oxford: Basil Blackwell.

Sen, A.K. (1993): *Markets and Freedoms: Achievements and Limitations of the Market Mechanism in Promoting Individual Freedoms*, in: Oxford Economic Papers 45, 519-541.

Sen, A.K. (1995): *Rationality and Social Choice*, in: American Economic Review 85, 1-24.

Shannon, C.E. (1948): *A Mathematical Theory of Communication*, in: Bell Systems Technical Journal 27, 379-423 u. 623-656.

Shannon, C.E. (1956): *The Bandwagon*, in: IRE Transactions on Information Theory 2, 3.

Shannon, C.E. und Weaver, W. (1949): *The Mathematical Theory of Communication*, Urbana: University of Illinois Press.

Siebert, H. (1983): *Ökonomische Theorie natürlicher Ressourcen*, Tübingen: JCB Mohr.

Siebert, H. (1990): *Natürliche Ressourcen und Weltwirtschaft*, in: Weltwirtschaftliches Archiv 126, 1-24.

Siebert, H. (1995): *Economics of the Environment*, 4. Aufl., Berlin: Springer.

Simmel, G. (1930): *Philosophie des Geldes*, 5. Aufl., München: Duncker & Humblot.

Simon, J.L. (1981): *The Ultimate Resource*, Oxford: Martin Robertson.

Skinner, B.J. (1976): *A Second Iron Age Ahead?*, in: American Scientist 64, 258-269.

Skourtos, M.S. (1994): *Vom Oikos zur Ressource - Entwicklung der Naturwahrnehmung in der Wirtschaftswissenschaft*, in: B. Biervert und M. Held (Hrsg.), Das Naturverständnis der Ökonomik, Frankfurt: Campus, 30-53.

Slesser, M. (1975): *Accounting for Energy*, in: Nature 254, 170-172.

Slesser, M. (1977a): *Energy Analysis*, in: Science 196, 259-261.

Slesser, M. (1977b): *Energy - The Ultimate Resource*, in: M. Goldsmith, H. Waalwijk und N. Wiedenhof (Hrsg.), A Strategy for Resources, Amsterdam: North-Holland, 156-168.

Slesser, M. (1978): *Energy in the Economy*, London: Macmillan.

Slesser, M. (1985): *The Use of Dynamic Energy Analysis in Energy Planning*, in: W. van Gool und J.J.C. Bruggink (Hrsg.), Energy and Time in the Economic and Physical Sciences, Amsterdam: North-Holland, 239-246.

Slesser, M. (1987): *Net Energy as an Energy Planning Tool*, in: Energy Policy 15, 228-238.

Slesser, M. (1989): *Forecasting Long-Term Energy Prices from an Entropy Theory of Value*, in: OPEC Review 13, 191-202.

Slesser, M. (1993): *Can Solar Energy Substitute for Oil? A Natural Capital Accounting Approach*, in: OPEC Review 17, 377-398.

Slesser, M. (1994): *The Natural Price of a Natural Resource*, in: OPEC Review 18, 159-171.

Smith, V.K. und Krutilla, J.V. (1984): *Economic Growth, Resource Availability, and Environmental Quality*, in: American Economic Review 74, 226-230.

Soddy, F. (1912): *Matter and Energy*, London: Williams & Norgate.

Soddy, F. (1922): *Cartesian Economics*, London: Hendersons.

Soddy, F. (1933): *Wealth, Virtual Wealth and Debt*, 2. Aufl., New York: Dutton.

Söllner, F. (1993a): *Neoklassik und Umweltökonomie*, in: Zeitschrift für Umweltpolitik und Umweltrecht 16, 341-460.

Söllner, F. (1993b): *The Greenhouse Effect, Property Rights and Developing Countries*, in: Zeitschrift für Wirtschafts- und Sozialwissenschaften 113, 255-272.

Sohmen, E. (1976): *Allokationstheorie und Wirtschaftspolitik*, Tübingen: JCB Mohr.

Solo, R.A. (1974): *Arithmomorphism and Entropy*, in: Economic Development and Cultural Change 22, 510-517.

Solow, J.L. (1987): *The Capital-Energy Complementarity Debate Revisited*, in: American Economic Review 77, 605-614.

Solow, R.M. (1973): *Is the End of the World at Hand?*, in: Challenge 16, 39-50.

Solow, R.M. (1974a): *Intergenerational Equity and Exhaustible Resources*, in: Review of Economic Studies 41, 29-45.

Solow, R.M. (1974b): *The Economics of Resources or the Resources of Economics*, in: American Economic Review 64, 1-14.

Solow, R.M. (1986): *On the Intergenerational Allocation of Natural Resources*, in: Scandinavian Journal of Economics 88, 141-149.

Solvay, E. (1906): *Note sur des Formules d'Introduction à l'Energétique Physio- et Psycho-Sociologique*, Brüssel: Misch & Thron.

Sombart, W. (1950): *Die drei Nationalökonomien*, München: Duncker & Humblot [1929].

Spengler, J.J. (1976): *Limits to Growth: Biospheric or Institutional?*, in: W. Breit und W.P. Culbertson (Hrsg.), Science and Ceremony, Austin: University of Texas Press, 115-133.

Spiegler, K.S. (1983): *Principles of Energetics*, Berlin: Springer.

Spreng, D.T. (1984): *On the Entropy of Economic Systems*, in: E. Frehland (Hrsg.), Synergetics - From Microscopic to Macroscopic Order, Berlin: Springer, 207-217.

Spreng, D.T. und Hediger, W. (1987): *Energiebedarf der Informationsgesellschaft*, Zürich: vdf.

Stehle, J.F. (1983): *The Economics of Entropy*, in: Review of Social Economy 40, 179-182.

Stephan, G. (1991): *Ökologisch-orientierte Wirtschaftsforschung heute: Was kann ein entropie-theoretischer Ansatz leisten?*, in: F. Beckenbach (Hrsg.), Die ökologische Herausforderung für die ökonomische Theorie, Marburg: Metropolis, 323-340.

Stephan, G. (1992): *Entropie, Umweltschutz und Rohstoffverbrauch: ein thermodynamischer Ansatz in der Umweltökonomik*, in: M.v. Hauff und U. Schmid (Hrsg.), Ökonomie und Ökologie, Stuttgart: Schäffer-Poeschel, 275-291.

Stewart, B. (1883): *The Conservation of Energy*, 6. Aufl., London: Kegan Paul.

Stiglitz, J.E. (1979): *A Neoclassical Analysis of the Economics of Natural Resources*, in: V.K. Smith (Hrsg.), Scarcity and Growth Reconsidered, Baltimore: Johns Hopkins University Press, 36-66.

Stone, M. (1978): *Synthesizing Economics and Physics*, in: Speculations in Science and Technology 1, 453-463.

Straumann, N. (1987): *Klassische Mechanik*, Berlin: Springer.

Ströbele, W. (1982): *Growth Models with Restrictions Concerning Energy Resources: An Attempt to Identify Critical Parameters and Structural Features*, in: W. Eichhorn et al. (Hrsg.), Economic Theory of Natural Resources, Würzburg: Physica, 389-406.

Ströbele, W. (1985): *An Economist's Definition of the Energy Problem: On the Optimal Intertemporal Allocation of Exergy*, in: W. van Gool und J.J.C. Bruggink (Hrsg.), Energy and Time in the Economic and Physical Sciences, Amsterdam: North-Holland, 61-78.

Ströbele, W. (1987): *Rohstoffökonomik*, München: Vahlen.

Ströbele, W. (1992): *Ill-Behaviour of Transformation Frontiers with Environmental Quality versus Pollution*, in: Environmental and Resource Economics 2, 19-32.

Stuart, C.F., Schulze, E.-D. und Mooney, H.A. (1990): *The Ecology and Economics of Storage in Plants*, in: Annual Review of Ecology and Systematics 21, 423-447.

Swaney, J.A. (1987): *Elements of a Neoinstitutional Environmental Economics*, in: Journal of Economic Issues 21, 1739-1779.

Szargut, J. (1980): *International Progress in Second Law Analysis*, in: Energy 5, 709-718.

Szilard, L. (1929): *Über die Entropievernichtung in einem thermodynamischen System bei Eingriffen intelligenter Wesen*, in: Zeitschrift für Physik 53, 840-856.

Theil, H. (1967): *Economics and Information Theory*, Amsterdam: North-Holland.

Thomas, J.A.G. (Hrsg.) (1977): *Energy Analysis*, Guildford: IPC Science and Technology Press.

Thoresen, P.E. (1981): *Impact of Energy Price Rises on Costs*, in: Energy Policy 9, 145-152.

Thoresen, P.E. (1985): *The Relationship Between Standards of Living, Production and Energy Consumption*, in: W. van Gool und J.J.C. Bruggink (Hrsg.), Energy and Time in the Economic and Physical Sciences, Amsterdam: North-Holland, 103-118.

Thornton, W. (1870): *On Labour*, 2. Aufl., London: Macmillan.

Thurow, L. (1973): *Zero Economic Growth and the Distribution of Income*, in: A. Weintraub, E. Schwartz und J.R. Aronson (Hrsg.), The Economic Growth Controversy, New York: International Arts & Sciences Press, 141-153.

Tisdell, C.A. (1993): *Environmental Economics*, Aldershot: Edward Elgar.

Townsend, K.N. (1992): *Comment: Is the Entropy Law Relevant to the Economics of Natural Resource Scarcity?*, in: Journal of Environmental Economics and Management 23, 96-100.

Tribus, M. (1980): *The Information Theory Basis for Thermostatistics: History and Recent Developments*, in: R.A. Gaggioli (Hrsg.), Thermodynamics: Second Law Analysis, Washington: American Chemical Society, 275-286.

Tribus, M. und McIrvine, E.C. (1979): *Energy and Information*, in: Scientific American 225, 179-188.

Turner, R.K. (Hrsg.) (1988): *Environmental Management: Principles and Practice*, London: Belhaven Press.

Umaña, A.F. (1981a): *Introduction*, in: H.E. Daly und A.F. Umaña (Hrsg.), Energy, Economics, and the Environment, Boulder: Westview Press, 1-19.

Umaña, A.F. (1981b): *Toward a Biophysical Foundation for Economics*, in: H.E. Daly und A.F. Umaña (Hrsg.), Energy, Economics, and the Environment, Boulder: Westview Press, 21-41.

Veblen, T. (1983): *The Engineers and the Price System*, New Brunswick: Transaction Books [1921].

Veblen, T. (1990): *The Place of Science in Modern Civilization*, New Brunswick: Transaction Publishers [1919].

Victor, P.A. (1972): *Economics of Pollution*, London: Macmillan.

Vogel, J.H. (1988): *Evolution as an Entropy Driven Process: An Economic Model*, in: Systems Research 5, 299-312.

Vogel, J.H. (1989): *Entrepreneurship, Evolution, and the Entropy Law*, in: Journal of Behavioral Economics 18, 185-204.

Wall, G. (1990): *Exergy Needs to Maintain Real Systems Near Ambient Conditions*, in: S.S. Stecco und M.J. Moran (Hrsg.), Future for Energy - Flowers '90, Oxford: Pergamon Press, 261-270.

Webb, M. und Pearce, D.W. (1975): *The Economics of Energy Analysis*, in: Energy Policy 3, 318-331.

Webb, M. und Pearce, D.W. (1977): *Communications on Energy: The Economics of Energy Analysis Revisited*, in: Energy Policy 5, 158-159.

Weber, B.H., Depew, D.J. und Smith, J.D. (Hrsg.) (1988): *Entropy, Information, and Evolution*, Cambridge: MIT Press.

Weber, B.H. et al. (1989): *Evolution in Thermodynamic Perspective: An Ecological Approach*, in: Biology and Philosophy 4, 373-405.

Weber, G. (1974): *Zuverlässigkeit von Systemen und zuverlässige Kommunikation*, in: E.U.v. Weizsäcker (Hrsg.), Offene Systeme I, Stuttgart: Klett, 265-302.

Wehrt, H. (1974): *Über Irreversibilität, Naturprozesse und Zeitstruktur*, in: E.U.v. Weizsäcker (Hrsg.), Offene Systeme I, Stuttgart: Klett, 114-199.

Weimann, J. (1987): *Normgesteuerte ökonomische Theorien*, Frankfurt: Campus.

Weinberg, A.M. (1982): *Avoiding the Entropy Trap*, in: Bulletin of the Atomic Scientists 38, 32-35.

Weintraub, E.R. (1985): *Appraising General Equilibrium Analysis*, in: Economics and Philosophy 1, 23-37.

Weise, P. (1994): *Natur, Normen, Effizienz: Prozesse der Normbildung als Gegenstand der ökonomischen Theorie*, in: B. Biervert und M. Held (Hrsg.), Das Naturverständnis der Ökonomik, Frankfurt: Campus, 106-124.

Weizsäcker, C.F.v. (1974): *Evolution und Entropiewachstum*, in: E.U.v. Weizsäcker (Hrsg.), Offene Systeme I, Stuttgart: Klett, 200-221.

Weizsäcker, C.F.v. (1986): *Aufbau der Physik*, München: Hanser.

Weizsäcker, C.F.v. (1995): *Zeit und Wissen*, München: dtv [1992].

Weizsäcker, E.U.v. (1974): *Erstmaligkeit und Bestätigung als Komponenten der pragmatischen Information*, in: E.U.v. Weizsäcker (Hrsg.), Offene Systeme I, Stuttgart: Klett, 82-113.

Weizsäcker, E.U.v. (1992): *Erdpolitik*, 3. Aufl., Darmstadt: Wissenschaftliche Buchgesellschaft.

White, L.A. (1943): *Energy and the Evolution of Culture*, in: American Anthropologist 45, 335-356.

White, L.A. (1949): *The Science of Culture*, New York: Farrar, Straus & Co.

White, L.A. (1954): *The Energy Theory of Cultural Development*, in: K.M. Kapadia (Hrsg.), Professor Ghurge Felicitation Volume, Bombay: Popular Book Depot, 1-10.

White, L.A. (1959): *The Evolution of Culture*, New York: McGraw-Hill.

Wicken, J.S. (1986a): *Evolutionary Self-Organization and Entropic Dissipation in Biological and Socioeconomic Systems*, in: Journal of Social and Biological Structures 9, 261-273.

Wicken, J.S. (1986b): *Information, Entropy and Evolution: An Agenda for Dialogue*, in: Journal of Social and Biological Structures 9, 275-277.

Wicken, J. S. (1987): *Evolution, Thermodynamics, and Information*, New York: Oxford University Press.

Wicken, J.S. (1988): *Thermodynamics, Evolution, and Emergence: Ingredients for a New Synthesis*, in: B.H. Weber, D.J. Depew und J.D. Smith (Hrsg.), Entropy, Information, and Evolution, Cambridge: MIT Press, 139-169.

Wiener, N. (1948): *Cybernetics*, Paris: Hermann.

Wieser, F.V. (1968): *Der natürliche Werth*, Frankfurt: Sauer & Auvermann [1889].

Williamson, A.G. (1993): *The Second Law of Thermodynamics and the Economic Process*, in: Ecological Economics 7, 69-71.

Wilson, A.G. (1970): *Entropy in Urban and Regional Modelling*, London: Pion.

Winiarski, L. (1900): *L'Energie Sociale et ses Mensurations*, in: Revue Philosophique 49, 113-134 u. 256-287.

Wise, M.N. (1992): *Does the History of Physics Help Him?*, in: Philosophy of the Social Sciences 22, 122-130.

Wright, D.J. (1974): *Goods and Services: An Input-Output Analysis*, in: Energy Policy 2, 307-315.

Wright, D.J. (1975): *The Natural Resource Requirements of Commodities*, in: Applied Economics 7, 31-39.

Young, J.T. (1991): *Is the Entropy Law Relevant to the Economics of Natural Resource Scarcity?*, in: Journal of Environmental Economics and Management 21, 169-179.

Young, J.T. (1994): *Entropy and Natural Resource Scarcity - A Reply to the Critics*, in: Journal of Environmental Resources and Management 26, 210-213.

Zagoroff, S.D. (1954): *The Concept of Energy in Economics*, in: Weltwirtschaftliches Archiv 72, 84-101.

Zeckhauser, R. (1973): *The Risks of Growth*, in: Daedalus 102, 103-118.

Zimmermann, E.W. (1933): *World Resources and Industries*, New York: Harper & Row.

Zimmermann, H. (1991): *Zur Rolle der Entropie in der Umwelt- und Ressourcendiskussion*, in: Zeitschrift für angewandte Umweltforschung 4, 427-430.

Zucker, F.J. (1974): *Information, Entropie, Komplementarität und Zeit*, in: E.U.v. Weizsäcker (Hrsg.), Offene Systeme I, Stuttgart: Klett, 35-81.

GPSR Compliance

The European Union's (EU) General Product Safety Regulation (GPSR) is a set of rules that requires consumer products to be safe and our obligations to ensure this.

If you have any concerns about our products, you can contact us on ProductSafety@springernature.com

In case Publisher is established outside the EU, the EU authorized representative is:

Springer Nature Customer Service Center GmbH
Europaplatz 3
69115 Heidelberg, Germany

Batch number: 10815974

Printed by Printforce, the Netherlands